普通高等教育材料类专业精品教材

塑料材料与助剂

雷彩红　徐睿杰　董智贤　陈大华　编著

中国轻工业出版社

图书在版编目（CIP）数据

塑料材料与助剂/雷彩红等编著．—北京：中国轻工业出版社，2021.9

普通高等教育材料类专业精品教材

ISBN 978-7-5184-3467-1

Ⅰ.①塑… Ⅱ.①雷… Ⅲ.①塑料-原料-高等学校-教材②助剂-高等学校-教材 Ⅳ.①TQ320.4 ②TQ047.1

中国版本图书馆 CIP 数据核字（2021）第 065805 号

责任编辑：张文佳　　责任终审：李建华　　封面设计：锋尚设计
版式设计：砚祥志远　　责任校对：晋　洁　　责任监印：张　可

出版发行：中国轻工业出版社（北京东长安街 6 号，邮编：100740）
印　　刷：三河市万龙印装有限公司
经　　销：各地新华书店
版　　次：2021 年 9 月第 1 版第 1 次印刷
开　　本：787×1092　1/16　印张：16.5
字　　数：380 千字
书　　号：ISBN 978-7-5184-3467-1　　定价：49.80 元
邮购电话：010-65241695
发行电话：010-85119835　传真：85113293
网　　址：http：//www.chlip.com.cn
Email：club@chlip.com.cn
如发现图书残缺请与我社邮购联系调换
191085J1X101ZBW

前　　言

如今，塑料在人类日常生活中扮演着极其重要的角色，塑料材料由通用塑料向工程塑料、特种工程塑料、可降解塑料的发展也反映着科技的发展和社会的进步，塑料材料的发展已经和人类社会融为一体。

塑料是高分子材料中重要的组成部分，认识、了解和正确使用塑料对人类社会的发展有重要的意义。塑料是由树脂和助剂按照一定的比例经过加工得到的材料，通过挤出、注塑、纺丝等加工方法可以制备塑料制品。因此，了解和掌握树脂和助剂的性质显得尤为重要。要了解树脂的特性，必须要掌握高分子化学、高分子物理、高分子加工工程等理论知识；而助剂则是高分子材料的伴生工业品，它与树脂合成、塑料改性息息相关，其门类庞杂，功能各异，贯穿于塑料全产业链，已成为高分子材料学不可分割的一部分。

进入21世纪以来，塑料产业发展迅速，新型树脂、助剂层出不穷，但遗憾的是近10年来缺乏一本系统总结树脂、助剂进展的教材，这也是本书编写的初衷。本书作为高等学校的高分子专业教材，涵盖了各类塑料材料、常用助剂。塑料材料方面囊括了常见的通用热塑性塑料、热固性塑料、通用工程塑料、特种工程塑料和近年来兴起的可降解塑料；助剂方面从功能群角度划分了稳定化助剂、改善加工性能助剂、改善力学性能助剂、改善燃烧性能助剂以及其他助剂等。本书较好地覆盖了常见塑料材料、助剂的种类，并有针对性地突出了常见塑料材料和助剂的组合，即配方设计。各类塑料材料、助剂之间既有侧重，又有先后顺序，全书形成了一个有机整体。这样编写，既可以省去不必要的重复教学，也可以将三者连贯起来，有利于学生学习、掌握，并且能形成立体思维，养成全面分析问题的习惯，满足实际科研、生产的需要。

本书编写的指导思想是利用学生已掌握的高分子化学、高分子物理的基本理论知识，从结构与性能的角度构建“树脂/助剂的结构和性能”与“塑料的单元组成与塑料性能”的两个层次关系。“塑料材料与助剂”是一门与工程实践结合极其紧密的课程，我们在编写中突出实例，用这些例子将学生难以理解的理论形象化，帮助学生记忆、理解和掌握常见的塑料材料的特性和加工特点、常见助剂的功能和简单配方的设计思想和步骤。本书力求全面反映本学科近年来的发展趋势，特别是近年来发展迅猛的特种工程塑料、可降解塑料和一些新型助剂，也穷举了国内具有自主知识产权的高分子材料，如PA10T、长链聚酰胺等。在教材各节后设置了一定量的思考题，有利于学生在学习后进行复习巩固，也便于教学布置作业使用。

本书适合高分子材料专业教学使用，也是高分子加工行业一本全面的工具书，这是本书将树脂、助剂和配方设计有机结合的一大特点，也请各位老师和学生提出宝贵意见。

本书由广东工业大学雷彩红、徐睿杰、董智贤老师和广东轻工职业技术学院陈大华老师共同编写。其中绪论、第一、二、六章由雷彩红老师编写，第四、五章由徐睿杰老师编写，第三章由董智贤老师编写，第七章由陈大华老师编写，全书由雷彩红老师统稿审阅。在全书的编写过程中得到了金发科技股份有限公司研发工程师的帮助，对此一并感谢。由于经验不足，有些不妥之处敬请批评指正。

编者

目　录

绪　论

一、塑料材料的发展

聚合物是由单体经聚合反应而形成的由许多重复单元以共价键相连接的较大相对分子质量的化合物。当相对分子质量不太大时称为低聚物，当相对分子质量接近 10^4 时称为准聚物，当相对分子质量大于 10^4 时称为高聚物。高聚物材料包括塑料、橡胶、纤维、涂料、黏合剂及复合材料。

《高分子辞典》中定义，塑料主要是由高相对分子质量的聚合物组成，其成品状态为非弹性体的柔韧性或刚性固体，在制造或加工过程中有一阶段能够流动成型、或由原地聚合或固化定形而成的聚合物。塑料以聚合物树脂为主要成分，但又不局限于树脂。

20 世纪，塑料成为一类迅速发展起来的新材料。今天，从日用品到汽车及航天工程，从建筑绝缘至包装，从医学技术至光学器件，从农业生产到体育休闲等各个领域，都可以看到塑料制品。中国目前塑料年产量超过 1×10^8 t。表 0-1 列出了塑料材料工业化生产发展历程。

表 0-1　　塑料材料工业化生产发展历程

时间/年	聚合物名称	时间/年	聚合物名称
1863	赛璐珞（硝化纤维塑料）	1909	酚醛树脂
1926	脲醛树脂	1927	醋酸纤维素
1930	聚苯乙烯（PS）	1932	聚甲基丙烯酸甲酯
1935	聚氯乙烯（PVC）	1936	聚醋酸乙烯酯
1936	聚酰胺 66（PA66）	1938	三聚氰胺甲醛树脂
1940	聚偏二氯乙烯	1941	聚酰胺 610（PA610）
1942	不饱和聚酯	1943	聚酰胺 6（PA6）
1946	环氧树脂（EP）	1946	聚对苯二甲酸乙二醇酯（PET）
1946	丙烯腈-丁二烯-苯二烯共聚物（ABS）	1946	聚三氟氯乙烯
1947	环氧树脂（EP）	1948	聚四氟乙烯（PTFE）
1951	低密度聚乙烯（PE-LD）	1954	聚丁烯-1
1955	聚酰胺 11（PA11）	1957	超高相对分子质量聚乙烯（PE-UHM）
1957	聚丙烯（PP）	1959	聚碳酸酯（PC）
1959	均聚聚甲醛（POM）	1959	聚酰胺 1010（PA1010）
1960	聚氟乙烯	1960	聚全氟乙丙烯
1960	线性低密度聚乙烯（PE-LLD）	1960	乙烯-醋酸乙烯酯共聚物（EVA）

续表

时间/年	聚合物名称	时间/年	聚合物名称
1961	聚偏氟乙烯	1961	聚酰亚胺（PI）
1962	共聚聚甲醛	1962	全氟磺酰氟树脂
1963	氯化聚乙烯（CPE）	1964	离聚物
1965	双酚A型聚砜	1965	聚苯醚（PPO）
1965	聚四甲基—戊烯	1966	聚酰胺12
1967	聚酰胺1313	1970	聚对苯二甲酸丁二醇酯（PBT）
1970	聚酰胺612	1971	聚酰胺1414
1971	聚苯硫醚（PPS）	1972	四氟乙烯和乙烯共聚物
1972	丙烯腈共聚物	1972	聚醚砜
1972	液晶聚合物（LCP）	1972	全氟烷基乙烯基醚与四氟乙烯共聚物
1976	聚亚苯基砜	1980	聚醚醚酮（PEEK）
1983	PA MXD-6	1984	聚酰胺4T
1985	聚酰胺46	1987	聚对苯二甲酸-1，4-环己烷二甲醇酯
1987	聚芳硫醚酮	1988	聚芳硫醚砜
1989	聚酰胺6T	1990	环烯烃共聚物
1990	聚萘二甲酸乙二醇酯	1991	茂金属PE-LLD
1993	聚丁二酸丁二醇酯	1994	聚烯烃弹性体（POE）
1995	聚对苯二甲酸酰胺	1996	聚对苯二甲酸丙二醇酯
1997	聚乳酸（PLA）	1997	茂金属PP
1997	间规聚苯乙烯	1998	聚酰胺1212
1998	聚（己二酸-对苯二甲酸）丁二醇共聚酯	1999	聚酰胺9T
2004	聚萘二甲酸丁二醇酯	2008	聚酰胺10T
2016	聚酰胺12T	—	—

二、塑料材料的分类

1. 按上游原料来源

可分为石油基和生物基。常用的聚乙烯（PE）、PP、PS等树脂聚合上游来源于石油提炼产物；而PA10T聚合单体之一癸二酸来自蓖麻油；生物基PE是以甘蔗的蔗糖为主要原材料，生产甘蔗乙醇，后经过脱水工艺生成乙烯，再聚合而成；PLA，又称为聚丙交酯，是以乳酸为原料聚合而成的生物可降解聚酯。原料乳酸主要来自淀粉（如玉米、大米）等发酵，也可以以纤维素、厨房垃圾为原料获取。聚羟基脂肪酸酯（PHAs）是经过微生物发酵制备的线性生物聚酯，利用不同的微生物已经合成多种结构的PHAs。

2. 按生物降解行为

可分为可生物降解塑料和不可生物降解塑料。可生物降解塑料又可分为石油基生物降解塑料、非石油基生物降解塑料。石油基生物降解塑料包括聚（己二酸-对苯二甲酸）

丁二醇共聚酯（PBAT）、聚丁二酸丁二醇酯（PBS）、聚己内酯（PCL）、聚丁二酸/己二酸丁二醇酯（PBSA）等。非石油基生物降解塑料包括 PLA、PHAs。不可生物降解塑料包括了通用的来自石油提炼产物的聚合物，如 PE、PP、PS 等，也包括了来自生物基的聚合物，如 PA10T、生物基 PE 等。

3. 按塑料受热后的性能表现

可分为热固性和热塑性塑料两大类。

热固性塑料其初始状态一般是相对分子质量不高的预聚物或齐聚物，在适当的溶剂中可以溶解或溶胀；受热也可以熔融。热固性树脂具有一定的反应活性，在熔融和继续受热过程中，反应性官能团发生化学反应，形成新的化学键，即所谓的“固化反应”。同时树脂由线性结构变为三维体形（网状）结构，固化后的塑料不能溶于溶剂，受热也不会熔融，即“不溶、不熔”，如酚醛树脂（PF）、氨基树脂（UF）、环氧树脂、不饱和聚酯树脂等。

热塑性塑料是以热塑性树脂为基础，其树脂的结构一般为直链形或带有少量支链的线性结构，多数为碳—碳为主链的聚合物。分子链之间主要以次价力或氢键相吸引而显示一定强度，同时表现出弹性和塑性。在适当的溶剂中能溶解或在加热状态下能熔融，其间只经历物理过程，不发生化学变化，即所谓的“可溶、可熔”的特性，如聚烯烃（PO）、PA、饱和聚酯（PET、PBT）、PC 等。

4. 按塑料应用

根据塑料应用时使用温度高低可分为通用塑料、工程塑料以及特种工程塑料等，如图 0-1 所示。通用塑料指一般用途的塑料，特点：成本低、产量大、用途广泛、制品多样，但力学性能和耐热性不高，耐热温度小于 100℃，如 PE、PP、PS、PVC 等。工程塑料按照《高分子辞典》给出的定义，指用于工业零件或外壳材料的工业用塑料，是强度、耐冲击性、耐热性、硬度及抗老化性均优的塑料。特点：强度、刚性、硬度等均比通用塑料高、耐高低温性能好，耐热温度大于 100℃，如 PA、聚甲醛（POM）、PC、PPO、PET、PBT 等。特种工程塑料是指耐热性大于 150℃、同时价格也较高的一类塑料，如 PPS、聚砜、PI、PEEK、LCP 以及高温 PA 等。

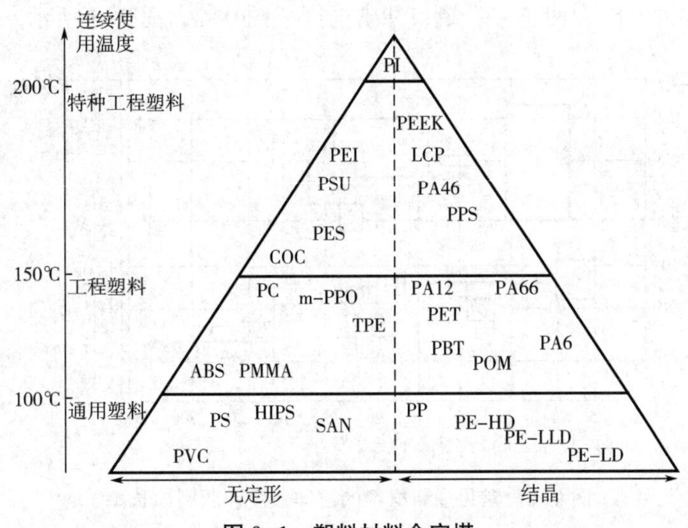

图 0-1　塑料材料金字塔

5. 按树脂的结构

按树脂大分子链上官能团的特性而分类，如聚烯烃类，包括 PE、PP、PS、PVC 等；乙烯基类，如 EVA、乙烯-甲基丙烯酸共聚物（EMA）等；聚酰胺类，如 PA6、PA66、PA1010、PA10T 等；聚酯类，如 PET、PBT、聚对苯二甲酸丙二醇酯（PTT）等。

6. 按树脂是否结晶

根据树脂的结晶性可以分为结晶型塑料和非晶型塑料。现有的塑料材料中 2/3 左右的是结晶型塑料，如 PE、PP、PA、PET、PBT、POM 等，结晶度最大可达 70%以上。根据不同的加工条件可形成球晶、串晶、柱状晶、纤维晶等不同的聚集态结构，表现不同的性能。典型的非晶塑料有 PS、PVC 等，但 PS 中苯环间规排列形成的间规聚苯乙烯则是结晶塑料，熔点高达 250℃。

7. 按加工方法

根据各种塑料不同的成型方法，可以分为模压、层压、注塑、挤出、吹塑、浇铸等多种类型。其中，注塑和挤出成型是塑料成型加工中的重要方法。挤出成型是借助螺杆的挤压作用，使塑化均匀的塑料强行通过机头成为连续制品，如管、板、丝、薄膜、电线电缆等。注塑成型是指在一定温度下，通过螺杆搅拌完全熔融的塑料材料，用高压射入模腔，经冷却固化后得到制品的方法，适用于形状复杂部件的批量生产。

三、塑料材料的性能

包括塑料材料以及制品的物理、力学、化学性能以及成型加工性能，主要有：

①物理性能：密度、结晶度、透气性、折射率、吸湿性、气密性、表面光洁度、色泽的一致性及持久性、界面性能、添加剂的渗出和迁移性（喷霜）等。

②力学性能：硬度、拉伸应力应变性能（定伸应力、拉伸强度、断裂伸长率、扯断永久变形）、拉伸模量、弯曲强度、弯曲模量、压缩强度、冲击强度、泊松比、摩擦因数、黏合强度、撕裂强度、冲击弹性（回弹性）、压缩永久变形、耐磨耗性等。常见塑料材料的拉伸强度、断裂伸长率、缺口冲击强度如图 0-2、图 0-3 所示。

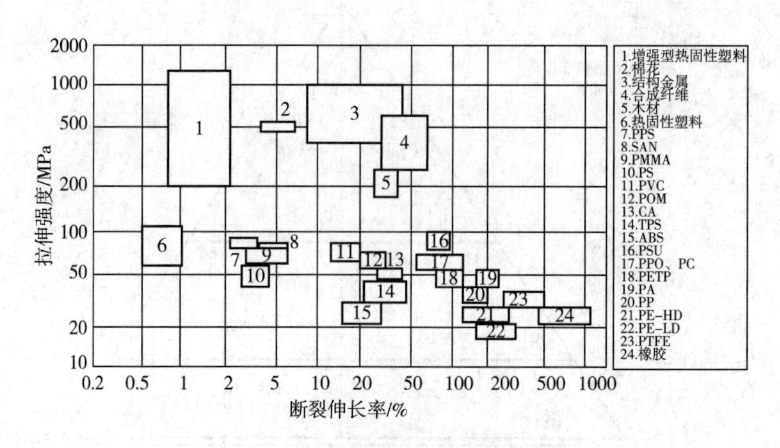

图 0-2　常见塑料材料的拉伸强度和断裂伸长率

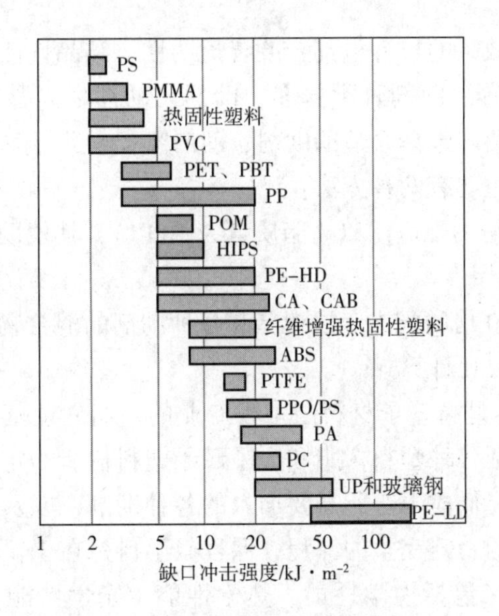

图 0-3 常见塑料材料的缺口冲击强度

③动态力学性能：损耗系数、耐疲劳性、黏弹性、应力龟裂、动态生热性等。

④热性能：熔点、耐热老化性、热变形温度、热分解温度、软化温度、连续使用温度、耐寒性、玻璃化转变温度、脆化温度、比热容、热传导系数、线膨胀系数、阻燃性（闪点、自燃点、氧指数、发烟性、毒气体、滴落性）、热膨胀性、导热性等。

⑤电学性能：体积电阻率、表面电阻率、介电常数、介电损耗、介电强度、耐电弧性、电击穿强度、电绝缘性、压电性等。

⑥耐介质性：耐化学药品性、耐酸碱性、耐溶剂性、耐油性、吸湿性、耐水性、气密性、耐候性、耐辐射性等。

⑦长期使用性（耐久性）：蠕变性、耐疲劳性、应力松弛、使用寿命等。

⑧光学性能：透明性、折射率、双折射性、非线性光学性能、光电性等。

⑨成型加工性能：加工方法、耐热稳定性、熔融温度、流变性、黏度、熔体强度、成型收缩率、尺寸允许误差、尺寸稳定性、装配方法等。

⑩法规要求：安全（阻燃、食品、医用）、环保。

四、塑料配方设计

由于每一种树脂都有一定的局限性，在设计一个具体的塑料制品时，很少有一种树脂能完全满足制品的性能要求，因此对树脂进行改性是十分必要的。配方设计是指为达到某种目的，选择在树脂中添加何种助剂，并确定合适加入量的过程。

塑料助剂（也称作塑料添加剂）是塑料材料加工过程中出于各种不同目的，如改进加工性能或使用性能，或降低成本等加入的一些有机或无机物。如用于改善塑料耐老化性的抗氧剂、热稳定剂、光稳定剂；改善加工性能的增塑剂、润滑剂、脱模剂、热稳定剂等；改善力学性能的增强剂、填充剂、偶联剂、抗冲击改性剂、交联剂、增容剂等；改善表面性能和外观的增塑剂、防雾剂、着色剂等；改善燃烧性能的阻燃剂、抑烟剂、防滴落剂等；改善静电效果的抗静电剂；改善透明性、结晶性能的成核剂；柔软化、轻量化的增塑剂、发泡剂等。助剂种类繁多，助剂与助剂之间存在协同或对抗作用。因此，如何根据制品性能要求选择合适的助剂、助剂组合、进行配方设计是核心。

塑料材料配方表示主要有两种方法：

（1）以树脂为100份的配方。以树脂质量为100份，其他助剂质量占树脂质量的百分比计算。优点：容易计量。

（2）以混合物为100份的配方。以树脂和各种助剂的混合物质量为100份，树脂和助剂在混合物中各占百分比计算。

“塑料材料与助剂”是高分子材料与工程专业的一门专业基础课，主要介绍本专业所涉及的基础材料，包括各种塑料树脂和为了赋予塑料树脂一定功能、为了改善塑料树脂的某些性能以及为了降低成本等所需要加入的各种助剂，以及为了满足不同的加工使用要求而进行配方设计的一门完整的课程。课程教学目标在于：①了解不同塑料材料的结构特点、主要的性能（包括力学性能、热学性能、光学性能、电学性能、环境性能等）、加工性能、成型方法和成型工艺条件、在生产生活各领域中的应用以及改性研究的方向和最新进展。②了解塑料材料增塑、增韧、增强、稳定化、润滑、阻燃、抗静电等的改性机理和方法，掌握主要助剂（增塑剂、增韧剂、稳定剂、润滑剂、阻燃剂、抗静电剂和无机填料等）的特性和作用原理，通过正确选用助剂，使各种塑料材料获得更好的加工和使用性能。③了解实际应用中塑料材料和助剂的选用原则、注意事项，掌握塑料配方设计的方法和原则，能够进行配方设计和配方优化。

思考题

1. 热塑性塑料与热固性塑料的区别是什么？这种区别的本质原因何在？
2. 塑料材料的韧性宏观上从哪些方面表征？
3. 塑料的力学性能主要是指哪三个方面的性能？这些性能对实际应用有何作用？
4. 生物基塑料与生物降解塑料的区别是什么？
5. 塑料、纤维、橡胶、黏合剂、涂料有什么关系？有什么区别？

第一章 通用热塑性塑料

通用热塑性塑料是指综合性能较好、耐热温度在100℃以下、应用范围广泛的一类塑料材料。主要包括聚乙烯、聚丙烯、聚氯乙烯、聚苯乙烯、聚丁烯、聚四甲基一戊烯等，产量占塑料总量的80%以上。超高相对分子质量聚乙烯、丙烯腈-丁二烯-苯乙烯共聚物以及最近发展起来的环烯烃共聚物等从应用性能角度虽然可归为工程塑料，但本书为了内容的连续性，仍然放在本章介绍。

第一节 聚乙烯

聚乙烯（Polyethylene，PE）是典型的热塑性聚合物，是通用合成树脂中产量最大的品种，主要包括低密度聚乙烯（PE-LD）、线性低密度聚乙烯（PE-LLD）、高密度聚乙烯（PE-HD）以及一些具有特殊性能的品种，广泛应用于工业、农业、包装、医疗卫生以及能源、交通等领域。

一、聚乙烯的分类

1. 按乙烯单体聚合压力

PE的化学结构、相对分子质量和其他性能很大程度上依赖于聚合方法。聚合方法决定了支链的类型和支链度。结晶度取决于分子链的规整程度。

根据聚合压力，可以分为低压聚乙烯（聚合压力0.1~1.5MPa）、中压聚乙烯（聚合压力1.5~8MPa）、高压聚乙烯（聚合压力150~200MPa）。

低压聚乙烯：1953年联邦德国K Ziegler发现以Al（C_2H_5）$_3$-$TiCl_4$为催化剂，乙烯在较低压力下可聚合。目前主要有溶液法、淤浆法和气相法，聚合温度65~100℃，反应机理是配位阴离子聚合。所得产品支链短而少、结晶度大、密度高。Philips公司于19世纪50年代实现了商业化。

中压聚乙烯：20世纪50年代初期，Philips公司发现以氧化铬-硅铝胶为催化剂，乙烯在中压下可聚合生成PE-HD，并于1957年实现工业化生产。目前，按引发剂、载体种类、工艺条件的差别分为两类：

①菲利浦法。主要采用分散于载体Al_2O_3-SiO_2上的氧化铬为引发剂，温度136~160℃、压力1.5~4.0MPa的条件下合成PE。

②标准石油公司法。主要采用分散于载体Al_2O_3上的氧化钼为引发剂，温度130~260℃、压力3.0~8.0MPa的条件下合成PE。

高压聚乙烯：主要采用高压管式法和高压釜式法生产，温度190~275℃，在微量氧的存在下，乙烯单体发生聚合反应，聚合机理是自由基聚合。由于聚合温度高、链自由基活性大，易发生链转移反应，产生支化长链，直接影响分子的对称性和空间规整性。合成的PE结晶能力降低、结晶度小、密度低。英国ICI公司于1933年第一次实验合成高压聚乙烯，并于1935年实现了工业化生产。

2. 聚合催化剂种类

催化剂发展历程中，具有划时代意义的是茂金属催化剂的出现。茂金属催化剂是甲基铝氧化物催化剂的缩写（MAO），一般由过渡金属（如钛、锆、铪）或稀土金属和至少一个环戊二烯或环戊二烯衍生物作为配体组成的一类有机金属配合物，助催化剂主要为烷基铝氧烷或有机硼化合物，其最大特点是活性中心单一、活性相同、可以制备相对分子质量分布很窄和高度立体规整的聚合物。1991年美国Exxon公司首次采用茂金属催化剂和高压离子聚合工艺生产了商品名为Exact的PE-mLLD。目前，茂金属PE（mPE）包括茂金属PE-HD、PE-LD、PE-LLD、超低密度聚乙烯、极低密度聚乙烯。

与普通PE相比，mPE的结晶度高、强度高、韧性好、刚性好、透明性好、相对分子质量分布窄、耐应力开裂性优（可超过1000h），常用作其他聚烯烃的耐应力改性剂。主要用于制备各种薄膜，如热收缩膜、垃圾袋、工业外包装、自立袋、农膜、复合包装膜、拉伸缠绕膜等。

3. 聚乙烯的相对分子质量大小及其分布

PE的相对分子质量及其分布可以采用高温凝胶渗透色谱（GPC）法测试，测试温度135℃，溶剂可以采用1,2,4-三氯苯。工业上也常采用熔体流动速率（MFR）相对表征树脂平均相对分子质量的高低，采用熔流比相对表征相对分子质量分布。按照GB/T 3682—2000标准，MFR为190℃和2.16kg压力下，单位时间内通过标准口模的质量，单位为g/10min。相对分子质量越大，MFR值越低。熔流比定义为MFR仪中高负载与低负载下MFR的比值，比值越大，相对分布越宽。

根据相对分子质量大小，10^4以下为低相对分子质量聚乙烯，11×10^4以下为中等相对分子质量聚乙烯，$11\times10^4\sim25\times10^4$为高相对分子质量聚乙烯，$50\times10^4\sim150\times10^4$为特高相对分子质量聚乙烯，$150\times10^4$以上称为超高相对分子质量聚乙烯（Ultra-High Molecular Weight Polyethylene，PE-UHMW）。

低相对分子质量聚乙烯，又称聚乙烯蜡、合成蜡，是一种无毒、无味、无腐蚀性的白色或淡黄色的蜡状物，通常相对分子质量只有500~5000。具有良好的化学稳定性、热稳定性和耐湿性，作为一种加工助剂应用于橡胶、塑料、纤维、涂料等领域。

按照相对分子质量分布曲线，有单峰聚乙烯和双峰聚乙烯，典型双峰和单峰PE-HD的相对分子质量分布曲线如图1-1所示。双峰聚乙烯由高相对分子质量聚乙烯和低相对分子质量聚乙烯组成。其中，高相对分子质量部分保证物理力学性能；低相对分子质量部分起润滑作用，改善加工性。北欧化工（Borealis）于1995年在芬兰建成了世界上第一套120kt的双峰PE-LLD树脂工业化生产装置。与普通PE相比，双峰PE产品具有优良的物理力学性能，同时改善了加工性能，广泛应用于中空容器、薄膜、管材、电缆、板材等制备中。

以日本三井公司EVOLWE®双峰PE-LLD（牌号SP2520）为代表比较双峰和单峰典型物理性能差别，如表1-1所示。

表 1-1　　双峰 PE-LLD 和单峰 PE-LLD 典型物理性能比较

性能	双峰 PE-LLD	单峰 PE-LLD
MFR/（g/10min）	1.9	4
密度/（g/cm^3）	0.925	0.903
拉伸强度/MPa	35	35
断裂伸长率/%	>700	—
耐环境应力开裂/h	>1000	—
维卡软化点/℃	110	93
熔点/℃	121	93
邵氏 D 硬度/HD	56	49

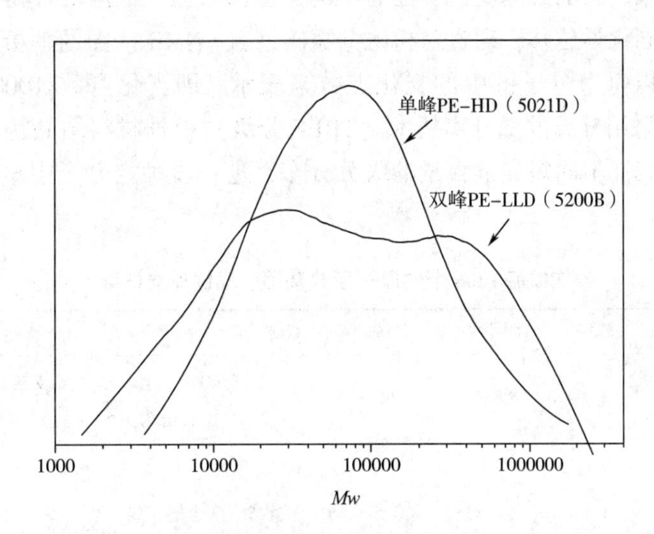

图 1-1　典型双峰和单峰 PE-HD 的 GPC 曲线

4. 聚乙烯的密度

PE 结晶度高，分子链排列有序程度越高，分子堆积越紧密，密度越大。聚合过程中，链转移带来 PE 支化，支化度越高，密度越低。可分为：PE-HD，密度 0.940～0.970g/cm^3、PE-LD，密度 0.910～0.940g/cm^3、超低密度聚乙烯（PE-ULD）、很低密度聚乙烯（PE-VLD），PE-LLD，密度 0.915～0.935g/cm^3。

PE-VLD 和 PE-ULD 目前被称为第四代聚乙烯。两者的密度范围为 0.870～0.920g/cm^3，一般 PE-VLD 密度小于 0.915g/cm^3，而 PE-ULD 密度小于 0.900g/cm^3。具有更大的柔软性、韧性和耐环境应力开裂性，均为线性非极性聚合物，其柔性和强度介于低模量、低密度的乙丙橡胶（EPR）与 PE-LD 之间。可用作乙烯-乙酸乙烯共聚物（EVA）或软聚氯乙烯（PVC）等的替代品；用作 PE-HD 的改性剂，改善抗撕裂强度及耐应力开裂性。

二、聚乙烯的结构

1. 链结构

PE 结构式可表示成$\mathrm{-[CH_2—CH_2]_{\mathit{n}}-}$，分子仅由碳、氢两种原子组成，分子结构对称无极性。当 PE 被拉伸后，大分子的构型呈锯齿形，如图 1-2 所示。C—C 单键的键长为 $1.54\times10^{-4}\mu m$，键角为 120°，齿距为 $2.53\times10^{-4}\mu m$。

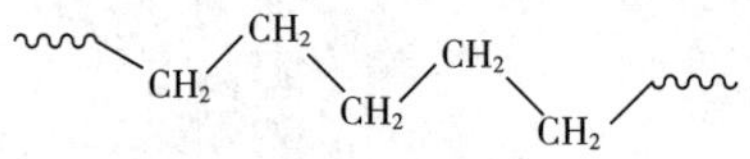

图 1-2　PE 分子链的结构

PE 主链基本是饱和的脂肪烃长链，具有与烷烃相似的结构。红外光谱显示，分子链上有甲基、短或较长的烷基支链，还有不同类型的双键。依据聚合物末端基团或支化点之间存在的不同化学位移，通过对核磁共振碳谱^{13}C-NMR 谱图的解析可定量检测支化链的数目。一般以每个分子链中的支化点数来表示，即支化点数/1000C 或支化点数/10000C。也可以采用升温淋洗分离技术（TREF 分级）根据材料结晶特性分离成多个分布较窄的级分，表征不同短支链含量的级分分布，进一步确定分子中短支链（SCB）的含量及分布。

表 1-2　　PE 每 1000 个碳原子所含基团、双键和支链数

树脂	端基	侧甲基	乙基	双键	支链
高压 PE	4.5	2.5	14	0.6	60 个，10~35 个短支链，以含 4 个碳原子的短支链为主
中压 PE	2.0	—	<1	0.7	—
低压 PE	1.5	—	0.5	0.8~1.5	7 个短支链

根据表 1-2 中支链多少，可以分为线性 PE 和支链 PE。其中，线性 PE 只含有极少的短支链；支链 PE 的支化度高且支链较长。不同聚合工艺条件得到的 PE 所含基团、双键和支链数不同。低压 PE 含有较多的双键，而高压 PE 中存在羰基和醚基，具有长短支链，有的支链呈树枝状。线性链结构的 PE 具有高密度，其密度范围为 $0.941\sim0.965g/cm^3$，通常称为 PE-HD；支化链结构的聚乙烯具有低密度，其密度范围是 $0.910\sim0.925g/cm^3$，通常称为 PE-LD。

与高压 PE 等不同，PE-LLD 是乙烯与含量约 8%的高级 α-烯烃（如丁烯-1、己烯-1 和辛烯-1 等）的共聚物，具有窄的相对分子质量分布。常见的商品化 PE-LLD 如表 1-3 所示。PE-LLD 的大分子链呈线形，短的支链呈无规分布，且每个分子共聚单体含量和支化方式差别很大。UCC 公司采用低压气相流化床法制备的乙烯与丁烯-1 共聚物，商品名 G-RESIN，密度 $0.915\sim0.935g/cm^3$；Philips 公司采用低压液相浆状法制备的乙烯与己烯-1 共聚物，商品名 Marlex，密度 $0.930\sim0.945g/cm^3$。PE-mLLD 的分子链结构可以精确控制，亦即分子链长和支链的间隔距离是一致的，每个分子链具有基本相同的共聚单体含量。目前，国外公司开发的PE-LLD约94%采用己烯-1作为共聚单体。

表1-3 常见的商品化PE-LLD

制备工艺	公司	共聚单体	密度/（g/cm^3）	商品名
低压气相流化床法	UCC	丁烯-1	0.915~0.935	G-RESIN
低压液相浆状法	Philips	己烯-1	0.930~0.945	Marlex
低压液相溶液法	Dupont	丁烯-1	0.918~0.945	Sclair
—	DOW	丁烯-1	0.917~0.935	Dowlex
—	DSM	辛烯-1	0.920~0.935	Stamylex
—	三井石化	四甲基—戊烯或丁烯-1	0.920~0.935	
高压自由基法	CDF	丁烯-1	0.920~0.935	Lotrex

长链支化聚乙烯是最早由Dow Plastics采用单活性中心引发体系生产的长链支化聚乙烯（Long-Chain Branched PE，PE-LCB），在PE链上含有长链的支化结构。PE-HD分子链上不含LCB结构，熔融状态下分子链的缠结程度较低，拉伸时无应变硬化，导致挤出涂布时容易出现边缘卷曲和收缩、多层共挤时出现流体流动不稳定、挤出发泡时泡孔塌陷等缺陷。PE-LCB是一种具有高熔体强度及明显应变硬化特性的PE。

2. 凝聚态结构

PE晶体的晶型主要有正交晶、单斜晶和六方晶，3种结构的参数如表1-4所示。PE在通常加工条件下结晶形成正交晶，是热力学稳定的晶型。单斜晶是拉伸条件下产生的亚稳态晶型，超过一定温度转变成稳定的正交晶型。20世纪70年代初发现在高压下（大于300MPa）形成了新的结构，即六方结构，六方相结构的抗剪切能力低，外力作用下表现出类似液晶的流动特性。PE在高压下结晶，六方相参与结晶并直接导致伸直链晶体的形成。

表1-4 PE晶体的3种结构

晶型	参数	备注
正交	a=0.74nm，b=0.50nm，c=0.26nm	稳定相
单斜	a=0.81nm，b=0.25nm，c=0.48nm，β=107.9°	亚稳相
六方	a=0.84nm，b=0.46nm	只存在于高压下

三、聚乙烯的性能

PE为线性聚合物，属于高分子长链脂肪烃。分子对称无极性，分子间作用力小，印刷性不好，需要采用电晕处理、火焰处理，或者表面极性处理来提高印刷性能。PE无味无毒，外观呈乳白色，手感如蜡。吸水率低，小于0.01%。易燃，氧指数仅为17.4%。燃烧时低烟，有少量熔融滴落，火焰上黄下蓝，有石蜡气味。表1-5给出了3种PE常规性能的比较。

表 1-5　　　　　　　　　　**3 种 PE 常规性能的比较**

类型	密度/g·cm^{-3}	熔点/℃	结晶度/%	相对分子质量分布	适合成型方法	适合制品
PE-LD	0.910~0.940	105~115	45~65	宽，20~50	挤出、注塑、吹塑、滚塑	薄膜、挤出涂覆、电线电缆、片材
PE-HD	0.940~0.970	126~136	85~95	较窄，2~10	吹塑、挤塑、注塑	中空容器、薄膜、单丝、管材、电线电缆、注塑制品
PE-LLD	0.915~0.935	115~130	55~65	较窄，2.8~5	注塑、滚塑	薄膜、容器、管材、电线电缆、汽车零部件

1. 力学性能

主要包括拉伸强度、抗蠕变性、抗冲击性能、耐穿刺性能等。PE 的拉伸强度较低，抗蠕变性能不好，抗冲击性能和耐穿刺性能较好。3 种常用 PE 的冲击强度：PE-LD>PE-LLD>PE-HD，拉伸强度：PE-LD<PE-LLD<PE-HD。PE-LLD 的耐穿刺性最好，用于制备地膜时可以降低制品厚度。

PE 的力学性能主要受密度、结晶度和相对分子质量的影响。树脂的支化程度越高，密度降低，对应的抗冲击性能和耐应力开裂性能增加；树脂的结晶度越高，密度越高，其刚性和强度增加，抗冲击性能相对较差。几种 PE 的力学性能数据如表 1-6 所示。

表 1-6　　　　　　　　　　**几种 PE 的力学性能数据**

性能	PE-LD	PE-LLD	PE-HD	PE-UHMW
邵氏 D 硬度/HD	41~46	40~50	60~70	64~67
拉伸强度/MPa	7~20	15~25	21~37	30~50
拉伸模量/MPa	100~300	250~550	400~1300	150~800
压缩强度/MPa	12.5	—	22.5	—
缺口冲击强度/kJ·m^{-2}	80~90	>70	40~70	>100
弯曲强度/MPa	12~17	15~25	25~40	—

2. 热性能

PE 属于结晶能力强的一种树脂，最大结晶温度下球晶生长速度达 2000μm/min。从表 1-5 可见，PE-HD 的结晶度可达 85%~95%，熔点为 126~136℃。支链的存在，破坏了树脂的结晶能力，对应 PE-LD 的结晶度降低到 45%~65%，熔点 105~115℃。对于 PE-LLD 而言，短支链（SCB）含量直接影响结晶度和对应的熔点。

PE 的耐热性不高，随相对分子质量和结晶度的提高有所改善。最高连续使用温度：PE-LD 为 82~100℃，PE-HD 约为 121℃；耐低温性能好，玻璃化转变温度（T_g）为 -80℃，脆性温度一般可达-50℃以下，并随相对分子质量的增大，最低可达-140℃。PE 的热稳定性较好，在惰性气氛中，热分解温度超过 300℃。PE 的线膨胀系数为塑料中较大的，可达 200×10^{-6}/K；热导率为塑料中较高的，达到 0.42W/（m·K）。

3. 电性能

PE 无极性，在电场中极化响应可瞬间发生，介电损耗角正切很小，且随温度和频率变化极小。PE 耐电晕性好，介电强度高，可用作高压绝缘材料。PE 的体积电阻率>$10^{15}\Omega\cdot m$，介电常数为 2. 25~2. 35（频率 50Hz）。PE 的相对分子质量对电绝缘性能的影响不大，它的体积电阻系数和击穿场强在浸水 7 天后仍然变化不大。

4. 化学性能

PE 的化学稳定性较好，室温下可耐稀硝酸、稀硫酸和任何浓度的盐酸、氢氟酸、磷酸、甲酸、醋酸、氨水、胺类、过氧化氢、氢氧化钠、氢氧化钾等溶液。但不耐发烟硫酸、浓硝酸、铬酸与硫酸的混合液，室温下这些溶剂对 PE 产生缓慢的侵蚀作用，90~100℃下浓硫酸和浓硝酸快速地侵蚀 PE，使其破坏或分解。

PE 常温下不溶于任何已知溶剂中，100℃以上可溶解于甲苯、四氢萘、三氯乙烯、十氢萘、石油醚、矿物油和石蜡中。

PE 膜的透水率低但透气性较大，不适于保鲜包装而适于防潮包装。随着结晶度的提高，PE 对水或氧气的阻隔性增加。

环境应力开裂指材料暴露于化学介质中，受到低于其屈服点的应力或者说低于其短期强度的应力较长期作用下，发生开裂而破坏的现象，是化学试剂与机械应力协同作用的结果。化学试剂渗透到分子结构中损害了聚合物链的内分子力，加快分子断裂。PE 是对环境应力开裂极敏感的材料。根据 GB/T 1842—1999《聚乙烯环境应力开裂试验方法》可以测试 PE 的环境应力开裂性能（ESCR）。通常，高结晶度、高密度、宽相对分子质量分布、低支化度导致 ESCR 性能较差。相比 PE-HD，PE-LLD 的 ESCR 性能表现较好。

5. 老化性能

PE 在大气、阳光和氧的作用下，发生变色、龟裂、变脆或粉化，丧失力学性能。鉴定 PE 材料的使用寿命通常是测定其氧化诱导期时间（OIT）。OIT 是测定试样在高温如 200℃氧气条件下开始发生自动催化氧化反应的时间，可以采用差示扫描量热仪（DSC）、差热分析（DTA）、热失重分析（TG）等热分析测试方法进行。OIT 数值越大，寿命越长。此外，PE 的老化性能可以采用力学性能变化、黄度指数、羰基指数等量化表征。采用红外光谱仪，以 PE 中亚甲基峰（波数 1385~1327cm^{-1}）作为内标，羰基峰（1770~1650cm^{-1}）吸光度与亚甲基峰吸光度的比值即羰基指数。采用测色色差仪，测试 PE 样品的 10 视野光谱 3 刺激值 X_{10}、Y_{10}、Z_{10}（国际照明委员会 1964 年规定），黄度指数（YI）的计算公式如下：

$$YI=100\ (1.30X_{10}-1.15Z_{10})\ /Y_{10} \tag{1-1}$$

6. 加工性能

PE 的吸水率低，小于 0. 01%，加工前无须干燥处理。PE 熔体为典型的非牛顿流体，黏度随温度的变化波动较小，而随剪切速率的增加呈线性下降，呈现剪切速率敏感性。几种 PE 的加工黏度随剪切速率变化的曲线如图 1-3 所示。PE-mLLD 的相对分子质量分布较窄，加工剪切下黏度相比普通 PE-LLD 高，流动性差。PE-UHMW 相对分子质量高，加工温度下 MFR 接近 0。PE 的加工温度低，在惰性气体中 300℃下也不分解，是一种加工性能很好的树脂。PE 比热容较大，约 2.3J/（g·K），塑化时需要消耗较多的热量，要求塑化装置应有较大的加热功率。加工过程中，随剪切速率的提高，挤出物表面出现凹凸不平或外形发生畸变或断裂，即熔体破碎。PE-HD 和 PE-LD 的支链结构不同，熔体破碎现象表现不同。具有长支链的 PE-LD 随着剪切速率的增加，首先出现表面粗糙，随后直接破碎。而对于具有线性结构的 PE-HD，则是表面粗糙—周期性畸变—第二光滑区—熔体破碎。可以利用第二光滑区提高加工速度和产量。PE 可用不同加工方法成型，包括片材挤塑、薄膜挤出、管材或型材挤塑、吹塑、注塑和滚塑等。PE 制品在冷却过程中易结晶，成型收缩率大于 1.5%，设计模具时需注意。

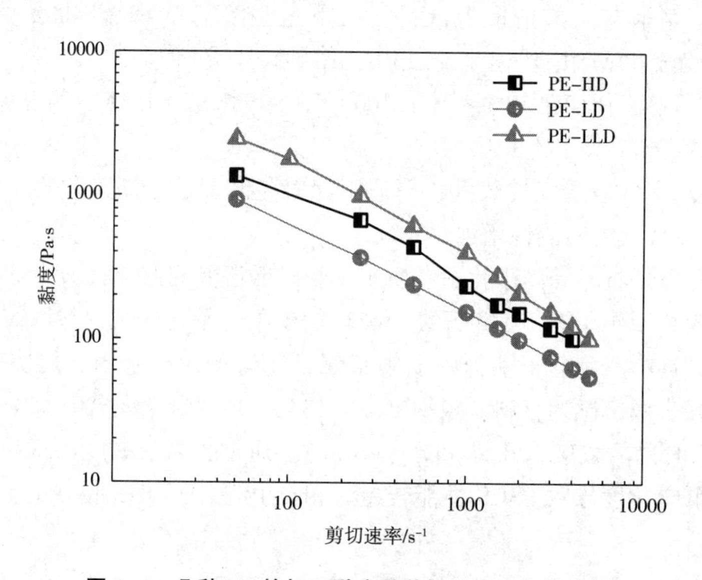

图 1-3　几种 PE 的加工黏度随剪切速率变化的曲线

四、其他聚乙烯以及聚乙烯改性

PE 可通过共聚、交联、接枝、填充、增强、共混改性。如 PE-LD/PE-LLD 共混，改善了 PE-LLD 的成膜性；添加玻璃纤维，可以提高 PE-HD 的模量、强度和尺寸稳定性。

1. 超高相对分子质量聚乙烯

超高相对分子质量聚乙烯（PE-UHMW）是一种线性结构的具有优异综合性能的热塑性工程塑料。最早由美国 Allied Chemical 公司于 1957 年实现工业化。具有以下特点：摩擦因数小，耐磨性优于许多工程塑料，如聚四氟乙烯（PTFE）、MC 聚酰胺、聚甲醛（POM）等，甚至高于许多金属材料，如碳钢、不锈钢、青铜等；冲击强度高，不仅在常温下冲击强度高，而且在低温（-40℃）仍具有高的冲击强度，甚至在液氮温度（-196℃）下还保持较高的韧性；优异的化学稳定性，除极少数溶剂对其有腐蚀性外，常见的无机、有机酸、碱、盐和有机溶剂都对其没有腐蚀性；优异的抗老化性能，在自然日照条件下老化寿命为 50 年；适温性宽，可长期在-269~80℃的温度下工作。但硬度低，抗蠕变性差。

PE-UHMW 的熔点 133~135℃，结晶温度 115~120℃，热失重起始温度 325℃，最大分解温度 480℃。PE-UHMW 粉末包含直径数十微米以内的次级粒子，微粒之间有一定的间隙，并通过纤维状的结构相连。次级微粒内部还具有更细的结构，基本形成了尺寸不同的多级孔洞结构，如图 1-4 所示。

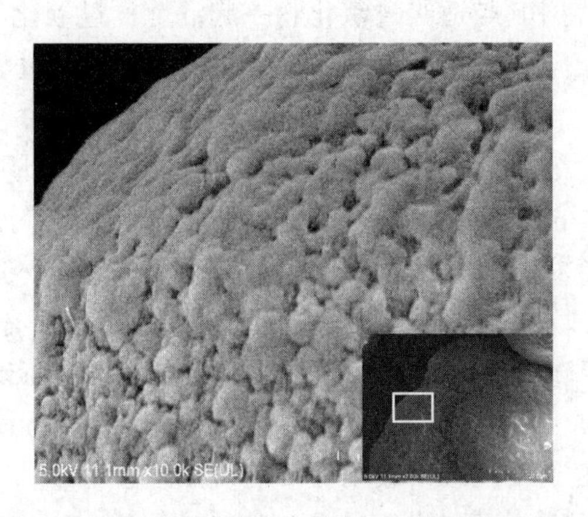

图 1-4　PE-UHMW 粉体的扫描电子显微镜（SEM）照片

超长的分子链使得 PE-UHMW 存在许多缠结点，并且缠结点分布不均一，导致熔融时熔体黏度极高，达 10^8Pa·s，流动性极差，MFR 几乎为零。PE-UHMW 熔融时为橡胶状的高弹性体，而不是黏流态，很难用常规方法加工。

PE-UHMW 有以下加工特性：常规螺杆挤出过程中，PE-UHMW 极易包覆在螺杆上，与螺杆一起旋转而很难沿螺槽方向推进，形成“料塞”；临界剪切速率低，熔体易破裂，制品表面易形成裂纹；注塑成型喷射状态下易引起脱层；所有工程塑料中，PE-UHMW 的耐磨性最好，并且具有自润滑性，但 PE-UHMW 在机筒中容易打滑而使物料无法沿螺杆方向推进。

PE-UHMW 与液状石蜡等共混依据热诱导相分离机理制备微孔膜，可应用于锂电池中作为隔膜；采用冻胶纺丝和热连续拉伸工艺制备高性能纤维；采用高压烧结工艺制备棒材、板材或切削成膜。

2. 交联 PE

对 PE 分子通过辐射、过氧化物或硅烷类交联剂引发化学反应，形成网状或体型结构的热固性塑料，受热后不再软化，可以改善 PE 树脂的性能，如工作温度、耐候性、耐油性，如表 1-7 所示。

表 1-7　　普通 PE 与交联 PE 性能比较

项目	普通 PE	交联 PE
最高工作温度/℃	75	90
瞬间短路温度/℃	—	250
耐老化性	一般	优良
耐油性	一般	优良

辐射交联法：在高能射线如γ-射线、电子射线、紫外线等作用下，打断PE中C—C键和C—H键，产生自由基，引发交联。发生交联反应的同时，伴有主链断裂反应。工业上常采用的方法是将未交联的PE先成型为所需的制品形状，再进行高能辐射转变为交联结构。

过氧化物交联法：将PE与适当过氧化物一起混炼，过氧化物分解成自由基，夺取PE大分子中的氢形成大分子自由基，而后偶合交联。常用的过氧化物有过氧化二异丙苯、过氧化二叔丁基等。

硅烷交联法：20世纪60年代研制成功硅烷交联技术。利用含有双键的乙烯基硅烷在引发剂的作用下与熔融PE反应，形成硅烷接枝聚合物，该聚合物在硅烷醇缩合催化剂的存在下，遇水发生水解，形成网状的氧烷链交联结构。除PE、硅烷外，交联中还需用催化剂、引发剂、抗氧剂等。目前，硅烷交联有两种工艺：一是Dow Corning公司发明的两步法（Sioplas法）；二是Nextrom公司和BICC公司创立的一步法（Monosil法）。

交联PE可应用于建筑工程或市政工程中的冷热水管道、饮用水管道、地面采暖系统用管或常规取暖系统用管、石油化工行业流体输送管道、食品工业中流体的输送、制冷系统管道、纯水系统管道、地埋式煤气管道等领域。

3. 氯化聚乙烯

氯化聚乙烯（Chlorinated Polyethylene，CPE）是PE大分子中的氢原子被氯原子部分取代的一种聚合物，可视为乙烯、氯乙烯和1，2-二氯乙烯共聚物。20世纪60年代，德国Hoechst公司首先研制成功并实现工业化生产。

CPE为饱和高分子材料，外观为白色粉末，无毒无味，具有优良的耐候性（-30℃仍有柔韧性）、耐臭氧性、耐磨性、电绝缘性、耐化学药品性、耐寒性和阻燃性（氧指数27%）。常用的CPE含氯量为25%~45%。

CPE直接加工时，温度大于130℃发生分解，释放出HCl，而HCl的存在又加速了分解。因此在加工过程中，需加入热稳定剂、增塑剂等助剂。

CPE目前的应用领域主要有：用作半硬质或软质PVC等树脂的不迁移性增塑剂，改善它们的耐冲击性；用作聚烯烃的阻燃剂；用作PE、PP等非极性聚合物与极性聚合物PVC的相容剂；作为非硫化橡胶及特种橡胶使用。

4. 与极性单体共聚

（1）乙烯-乙酸乙烯共聚物（EVA）。乙烯-乙酸乙烯共聚物由乙烯和乙酸乙烯酯（VA）采用本体和乳液聚合法通过自由基共聚得到。1928年美国人H F Mark首次用低压法合成EVA，1938年英国卜内门化学工业公司发表了高压聚合法制造EVA的专利，20世纪60年代初美国开始有工业产品。

与PE相比，EVA由于在分子链中引入了VA单体，降低了结晶度，提高了柔韧性、抗冲击性、填料相容性和热密封性能，VA含量为5%~15%时主要用于农用薄膜、热收缩薄膜、各种复合薄膜、电缆护套；VA含量为15%~40%时主要用于鞋底、密封条、泡沫塑料、热熔胶、封装材料；VA含量为40%~50%时用于弹性体，交联后可用于电缆工业中；VA含量为70%~95%时用于涂料、胶黏剂及用作纸张和织物涂层。

（2）乙烯与丙烯酸乙酯共聚物（EEA）。EEA是乙烯与丙烯酸乙酯以氧或过氧化物为引发剂经自由基聚合而成。一般丙烯酸乙酯含量为5%~20%，密度为0.93g/cm^3，邵氏硬度为86，软化点为64℃，脆化温度为-95℃。

EEA的耐环境应力开裂性、抗冲击性、耐弯曲疲劳性、低温性优于PE-LD。EEA的耐热性、耐环境应力开裂性、耐化学腐蚀性和低温柔韧性优于EVA。EEA可通过交联进一步提高耐热性、耐溶剂性、耐环境应力开裂性、抗蠕变性以及拉伸强度。

EEA和聚烯烃有良好的相容性，并可与大量填料混合而不变脆。主要用途有包装复合薄膜中的粘接层、热熔胶、电线电缆包覆层、医用软管、手术袋、密封圈、玩具等。

（3）乙烯-乙烯醇共聚物。聚乙烯醇（Polyvinyl Alcohol，PVA）由德国化学家Herrmann和Haehnee于1924年合成，外观为白色粉末，是一种水溶性高分子聚合物。达到完全溶解一般需加热到65~75℃。PVA是将聚醋酸乙烯在甲醇或氢氧化钠作用下进行醇解反应而得，主链为C—C链，侧基上有大量羟基（38.6%）。在不完全醇解的情况下，聚合物中实际含有乙烯醇和醋酸乙烯两单元结构。醇解度一般有78%、88%、98%三种。PVA密度为1.27~1.31g/cm^3，熔点为230℃，T_g为75~85℃。在空气中加热至100℃以上慢慢变色、脆化，加热至200℃时开始分解。通常，PVA制品的加工采用溶液法。在体系中引入水、无机盐、甘油、多元醇及其低聚物、己内酰胺、醇胺等单一或复合增塑改性剂，降低PVA的熔点，改善加工流动性。

乙烯-乙烯醇无规共聚物（EVOH），由EVA皂化得到，1972年由日本可乐丽公司发明并实现工业化生产，是一种具有链式分子结构的结晶型聚合物，密度1.13~1.21 g/cm^3，熔点158~189℃。EVOH中乙烯的含量通常为20%~45%，乙烯醇含量55%~80%。EVOH的显著特点是对气体具有极好的阻隔性，氧气透过率仅有0.02mol/（m·s·kPa），与聚偏二氯乙烯（PVDC）和PA并称为3大阻隔树脂。但由于EVOH树脂分子结构中存在羟基，具有亲水性和吸湿性。当吸附湿气后，气体阻隔性能受到影响。在包装领域，EVOH制成复合膜中间阻隔层，应用在所有的硬性和软性包装中。

（4）聚烯烃类弹性体（POE）。POE是Polyolefin Elastomer的缩写。广义POE是指乙烯-辛烯共聚物、乙烯-丁烯共聚物、乙烯-己烯共聚物等乙烯-α烯烃共聚而成的聚烯烃类弹性体，一般用茂金属催化生产。狭义POE是指乙烯-辛烯共聚物［Poly（ethylene-1-octene）或Ethylene-1-octene copolymer］，也称EOC。POE最早在1993年由美国陶氏化学公司实现工业化生产。辛烯共聚单体在分子链上均匀分布，其质量分数>20%。

少量辛烯的存在形成具有无定形结构的弹性区；剩余的PE微结晶区起到物理交联点的作用。POE的相对分子质量分布窄，力学性能较好。POE为全饱和分子链，耐紫外线性能优异。POE的耐热性低，永久变形大，通过部分交联的方式可以改善，替代EPDM制造防水卷材，耐候性更好；替代交联EVA，用于太阳能电池封装材料。微交联的POE可以制备高耐候电缆料。POE还可以用于PP、PA等的增韧改性。

（5）离子型聚合物。沙林树脂又称离子交联聚合物，也称离聚体。目前常用的离聚体是由乙烯和甲基丙烯酸共聚物引入钠或锌离子进行交联而成的产品，商品名为Surlyn。

杜邦是世界上唯一一家离子聚合树脂的生产厂家。由于大分子主链离子键的存在，聚合物具有交联大分子的物理特性，常温下强度高、韧性大。加热到一定温度时，金属离子形成的交联链可离解，不影响其熔融加工，冷却后可再交联，是一种高强韧性的热塑性塑料。

离子型聚合物有优良的熔体强度、透明性、柔软度、强度和韧度。即使在低温条件下，也表现出优越的冲击性能和抗穿刺性，是制作尖锐物品贴皮包装的理想材料。羧基中和的离子型聚合物有优良的黏合力，常用于热封和黏合层。离子型聚合物的缺点是气体阻隔性差和易吸湿。

离子型聚合物可以用一般加工设备加工。但因其易吸湿，加工前需注意不要吸收空气中的水分。此外，离子型聚合物对设备有一定的腐蚀性，应注意加强设备的防腐。

思考题

1. 如何判断某塑料原料是否为 PE 料？

2. 从 PE 的结构出发，讨论 PE 的性能特点（包括力学性能、电性能、化学稳定性和环境性能、热性能、加工性能等）。

3. 讨论 PE 的结构和相对分子质量对其性能的影响。

4. 简述 PE-LLD、PE-mLLD、POE 的结构和性能差异。

5. 简述交联 PE 的制备过程以及性能特点。

第二节　聚丙烯

聚丙烯（Polypropylene，PP）由丙烯单体聚合而成。以聚丙烯树脂为基体的塑料为聚丙烯塑料。1954 年，Natta 发现了丙烯聚合引发剂。1957 年，意大利 Montecatini 公司建立了第一套 5000t/a 的聚合装置。PP 可用注塑、挤出、吹塑、层压、流延等多种方法成型，应用于薄膜、纤维、注塑制品、中空制品、管材等领域。产量约占塑料总量的 15%，居合成塑料的第 3 位。

PP 的合成主要以气相和本体工艺为主。目前使用 Basell 公司的 Spheripol 环管/气相工艺生产的 PP 约占全球总量的 1/2，生产的 PP 粒度分布易控制，全同立构规整度可达 90%~99%。其次是 Dow Chemical 公司的 Unipol 气相工艺、BP 公司的 Innovene 气相工艺、NTH 公司的 Novolen 气相工艺、三井油化公司的 Hypol 釜式本体工艺、Borealis 公司的 Borstar 环管/气相工艺等。

一、聚丙烯的分类

1. 按照聚合采用的单体

根据聚合单体的种类可分为均聚物和共聚物。均聚 PP 是以丙烯为主要单体聚合而成的聚合物。共聚 PP 一般是在聚合釜内的 PP 均聚物中催化剂仍具有活性时加入第二、第三组分（如乙烯、丁烯、己烯、辛烯等）得到，有无规共聚、交替共聚、嵌段共聚和接枝共聚。

2. 按照聚合采用的催化剂

聚合时选用的催化剂可为 Ziegler-Natta 和茂金属。茂金属 PP（mPP）分为茂金属均聚 PP 和共聚 PP。与传统均聚 PP 相同，茂金属均聚 PP 的熔点为 162~165℃，但相对分子质量分布较窄，一般在 2.3~2.7，表现了更高的热变形温度、缺口冲击强度和断裂伸长率。与传统无规共聚 PP 相比，茂金属无规共聚 PP 同样表现了高的热变形温度（表 1-8）。

表 1-8　　茂金属与传统均聚 PP 的性能比较

项目	茂金属均聚 PP	传统均聚 PP
密度/g·cm^{-3}	0.907	0.906
MFR（230℃、2.16kg）/［g·（10min）$^{-1}$］	3.1	5.6
拉伸强度/MPa	37	37
缺口冲击强度/kJ·m^{-2}	43	34
热变形温度（0.45MPa）/℃	133	122
邵氏 D 硬度/HD	102	102

3. 按键接方式分类

按照侧链甲基在聚合物分子结构中的排布，分为等规（isotactic polypropylene，iPP）、无规（atactic polypropylene，aPP）和间规（syndiotactic polypropylene，sPP）3 种。当所有的甲基（—CH_3）都排列在主平面的同一侧，则形成 iPP。当甲基交替排列在主平面的两侧，形成 sPP。当甲基在主平面上下两方呈无规则排列，则形成 aPP，如图 1-5 所示。

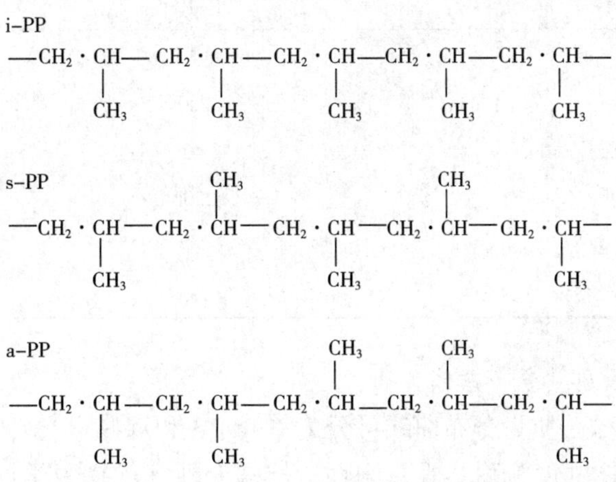

图 1-5　甲基在 PP 分子结构中的排布示意图

一般工业生产的PP树脂中，等规结构含量（等规度或等规指数）超过95%，其余部分是间规和无规。等规度一般用不溶于正庚烷部分的百分数（%）表示，也可以采用红外光谱的特征吸收谱带测定，等规度$=K \times A_{970}$（全同螺旋链段特征吸收，峰面积）/ A_{1640}（甲基的特征吸收，峰面积）。其中，K为仪器常数。还可以采用^{13}C-NMR测定。在PP中，$—CH_3$峰被分裂成3重峰，分别代表mm、mr和rr3种排列方式。其中，m代表全同结构的两个单体排列、r代表间同立构的两个单体连接。3个峰的面积比代表全同立构度，可以如下计算：

$$m(\%) = (mm+1/2mr) / (mm+mr+rr) \times 100\% \qquad (1-2)$$

纯aPP为典型的非晶态高分子材料，密度为0.86g/cm^3，软化点小于100℃，50℃以上变成黏稠状液体，加热到200℃开始降解。相对分子质量为3000~10000。aPP的力学强度和耐热性差，不能单独作为塑料使用，主要用作改性剂，用于制造热熔黏合剂、密封材料、增稠剂、乳化剂、沥青改性剂、无机填料表面改性剂、电缆填充剂等。

1989年，Fina石油化学公司采用茂金属催化剂首次获得了高纯度的sPP（间规度>80%）。sPP为低结晶度的聚合物，微晶极小，具有优异的透明性与光泽，刚性和硬度只有普通PP的1/2，冲击强度是普通PP的2倍。熔点比iPP低5~10℃。sPP晶型为δ晶型，正交晶系，密度0.936g/cm^3。sPP可作为iPP和无规共聚物的抗冲击和透明改性剂。

4. 按照有无长支链

根据PP链是否有长支链可分为常规PP和长支链PP。常规PP只有线性链结构，其软化点和熔点接近，当加工温度超过其熔点后，其熔体强度和熔体黏度迅速下降，导致其熔体强度低、耐熔垂性能差。另外，熔融状态下，PP无应变硬化效应，限制了PP在挤出发泡、热成型、挤出涂布以及吹塑薄膜等领域的应用。高熔体强度聚丙烯（PP-HMS）是一种含有长支链的PP，熔体强度是普通PP均聚物的9倍。在密度和熔体流动速率相近情况下，PP-HMS的屈服强度、弯曲模量以及热变形温度和熔点均高于普通PP，如表1-9所示。

表1-9　PP-HMS与普通PP的力学性能比较

项目	PP-HMS	普通PP
密度/g·cm^{-3}	0.91	0.90
MFR（230℃、2.16kg）/［g·（10min）$^{-1}$］	2.0	3.0
拉伸屈服强度/MPa	40	37
弯曲模量/MPa	2206	1700
缺口冲击强度（23℃）/J·m^{-1}	27	64
热变形温度（0.45MPa）/℃	135	110

5. 按照相对分子质量分布曲线

根据PP的相对分子质量分布曲线可分为单峰PP和双峰PP，如图1-6所示。双峰PP同时具备了高熔体强度、耐热性、刚性、抗蠕变性等优良力学性能和加工性能。用于制备双向拉伸薄膜时，兼顾了高相对分子质量部分的高强度和低相对分子质量部分的优良加工成膜性能，薄膜强度更高，同时可以制备更薄的薄膜。

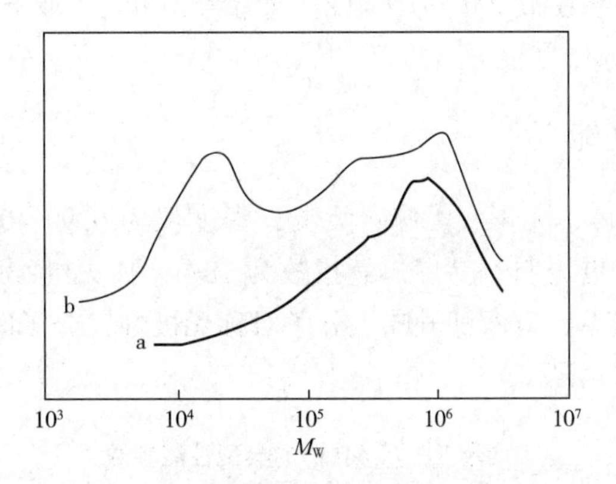

图 1-6　PP 相对分子质量分布单峰（a）和双峰（b）曲线

二、聚丙烯的结构

等规和间规 PP 的空间构象都呈螺旋结构，间规 PP 的螺旋结构较为复杂，而等规 PP 是以 3 个单体单元为一周期的螺旋结构，其等同周期为 6.5×10^{-4} μm。螺旋方向可以是左旋，也可以是右旋。

等规 PP 的晶体形态有 α、β、γ、δ 和拟六方晶型 5 种，其中以 α 和 β 晶型较为常见。不同晶型 PP 的性能与特点如表 1-10 所示。β 晶型晶片之间不交叉，排列疏松，非晶区容易塑性变形，形成微裂纹或微孔，有利于冲击能的耗散。与 α 晶型相比，β 晶型的弹性模量、屈服强度低，冲击强度较高，高速拉伸下表现出较高的韧性和延展性。但 β 晶型不稳定，在一定的温度和拉伸力场作用下转变为稳定的 α 晶型。利用这一原理可用于生产双向拉伸 PP 电工膜以及锂离子电池微孔隔膜。

通常加工条件下，PP 制品中主要形成球晶结构。在熔体拉伸流动场中，可形成垂直于挤出方向平行排列的片晶结构，呈现高回弹性。

表 1-10　　不同晶型 PP 的性能与特点

结晶结构	熔点/℃	密度/g·cm^{-3}	特点
α 晶型	176	0.936	最常见和热稳定性最好，属单斜晶系；通常成型条件，或加入山梨醇类成核剂结晶时生成
β 晶型	147	0.922	属六方晶系；特定的结晶条件下（如：190～230℃熔融后，急冷至 100～120℃）或在 β 晶型成核剂诱发下获得
γ 晶型	150	0.946	属三斜晶系；压力为 35MPa 时，出现 α 晶型向 γ 晶型的转变；压力为 500MPa 时，PP 几乎全部转变为 γ 晶型
δ 晶型	—	0.936	由间规 PP 生成，正交晶系
拟六方晶型	—	0.88	一种准结晶状态，是一种热力学上不稳定的晶体结构，在淬火或冷拉时产生

PP 的数均相对分子质量（M_n）在 7.5×10^4 ~ 20×10^4，重均相对分子质量（M_w）为 30×10^4 ~ 80×10^4，分散系数 M_w/M_n 为 2~12，通常为 3~7。工业上 PP 相对分子质量的大小也常用 MFR 相对表示。

三、聚丙烯的性能

PP 为白色蜡状固体，无毒、无味、无臭，密度仅为 0.90~0.91g/cm³。外观与 PE 类似，但比 PE 更轻、更透明。易燃，氧指数为 18%。离火继续燃烧，火焰上黄下蓝，有少量黑烟，有熔融滴落，有石油气味。分子对称无极性，分子间作用力小，印刷性不好。典型性能如表 1-11 所示。

表 1-11　均聚 PP（F401）的典型性能参数

项目	数值
MFR（230℃、2.16kg）/g·（10min）$^{-1}$	2.5
密度/g·cm^{-3}	0.91
等规度/%	96
拉伸屈服强度/MPa	38
弯曲模量/MPa	1700
洛氏硬度/R	100
维卡软化点/℃	160
热变形温度（0.45MPa）/℃	110

1. 力学性能

PP 的结晶度、结晶尺寸、相对分子质量等直接影响力学性能。等规 PP 的结构规整，结晶能力强，常规加工条件下形成球晶。结晶温度越高，形成球晶尺寸越大。球晶尺寸较小时，屈服应力、冲击强度高，透明性好。可以通过改变熔体温度、冷却速度或添加成核剂等方法控制 PP 球晶大小。等规 PP 的结晶度越高，制品的刚性、硬度和强度等越高，但冲击性能和透明度下降。一般 PP 制品的结晶度为 30%~70%。随着相对分子质量的增加，熔体黏度和拉伸强度增加，屈服强度、硬度、刚性降低。

PP 的低温冲击性能差，而且对缺口敏感。通过与弹性体如 POE 或乙丙橡胶等共混改善冲击性能是目前最常采用的方法。PP 最突出的性能是抗弯曲疲劳性，俗称“百折胶”，用它制成的铰链经 7000×10^4 次折叠弯曲不损坏。干摩擦因数与 PA 接近，但在油润滑下不如 PA。

2. 热性能

PP 的熔点为 164~170℃，长期使用温度达 100~120℃；没有外部压力作用时，在 150℃也不变形，具有良好的耐热性，可耐沸水温度，可用作热水管道，PP 制造的医疗器具可进行蒸煮消毒。PP 的耐低温性不好，低温时冲击强度急剧降低，0℃时的冲击强度是 20℃时的 1/2；脆化温度为-35℃，低于-35℃发生脆化，耐寒性不如 PE。PP 的线膨

胀系数为 $5.8\times10^{-5}\sim10.2\times10^{-5}$/K，在塑料中属较大的。热导率为 0.12~0.24W/（m·K），塑料中属中等。

3. 电性能

PP 为非极性聚合物，高频绝缘性能优良。由于它几乎不吸水，故绝缘性能不受湿度的影响。具有较高的介电系数，可以用来制作受热的电气绝缘制品。PP 的击穿电压高，适合用作电气配件等。PP 的抗电压、耐电弧性好，但静电度高，与铜接触易老化。

4. 化学性能

PP 的化学稳定性很好，除能被浓硫酸、浓硝酸侵蚀外，对其他各种化学试剂都比较稳定；但低相对分子质量的脂肪烃、芳香烃和氯化烃等能使 PP 软化和溶胀，同时它的化学稳定性随结晶度的增加还有所提高，所以 PP 适合制作各种化工管道和配件，防腐蚀效果良好。

PP 在表面活性剂浸泡时的耐应力开裂性能和在空气中一样，有良好的抵抗能力，而且 PP 相对分子质量越大，耐应力开裂性越强。通常应力开裂试验均在表面活性剂存在下进行，常用的助剂为烷基芳基聚乙二醇。

5. 老化性能

PP 由于主链上存在叔碳原子，对热、光、氧的稳定性比 PE 差。PP 在热、光、氧的作用下，极易发生氧化降解，首先生成氢过氧化物，然后分解成羰基，导致主链断裂，生成低分子化合物，力学强度大幅下降。随着降解程度的增加，最终变成粉末状。生成的羰基化合物吸收紫外线，加速 PP 降解。波长为 290~400nm 的紫外线对 PP 的破坏作用最强，羰基对 290~325nm 波段最敏感，阳光中的紫外线正好是 290nm。PP 抵御阳光的能力很弱，在阳光下放置 15d 即出现脆性，使用中必须加入抗氧剂和紫外线吸收剂。可以采用测试 OIT 或羰基指数的方法跟踪 PP 老化性能，宏观上可以采用测试 MFR 或力学性能大小跟踪老化过程。

此外，在 PP 中存在二价或二价以上的金属离子将加速其氧化过程，不同金属离子对 PP 氧化活性的强弱次序如下：

$$Cu^{2+}>Mn^{2+}>Mn^{3+}>Fe^{2+}>Ni^{2+}>Co^{2+}$$

在铜离子存在下，PP 的氧化速度显著增长，即使有抗氧化剂存在也无法消除铜离子的影响，称为“铜害”。为此，对 PP 管件中的铜嵌件及与 PP 相连的铜件都要求镀镍或镀铬处理。此外，通常需添加金属离子钝化剂，如 N,N′双［β（3,5 二叔丁基 4 羟基苯基）丙酰］肼，受阻酚结构能阻止材料受热氧化，酰肼结构与金属离子进行络合反应、破坏其作用，改善由于铜离子催化作用导致的老化。

6. 加工性能

PP 可采用常规的注塑、挤出、吹塑、发泡等工艺成型。经单向或双向拉伸后制备的 PP 薄膜广泛应用于包装等领域。

PP 对水稳定，在水中 24h 的吸水率仅为 0.01%，加工前无须干燥处理。PP 的熔体黏度不大，比较容易加工。PP 熔体属于假塑性流体，非牛顿性比 PE 显著，表观黏度随剪切速率的增大而迅速下降。PP 的熔体黏度对温度的敏感性不大。相对分子质量分布宽的 PP 比分布窄的对剪切敏感，因而具有宽相对分子质量分布的材料在注塑过程中更易于加工。某些特定的用途，特别是纤维，则要求窄相对分子质量分布。PP 的熔体强度较低，吹塑成型中空容器以及制备发泡 PP 制品比较困难，可以采用带有长支链的 PP 原料提高熔体强度。PP 在高温下对氧特别敏感，为防止加工过程中发生热降解，需加入抗氧化剂。

PP 的冷却速度快，浇注系统及冷却系统应缓慢散热，并注意控制成型温度。PP 制件的壁厚须均匀，避免缺胶、尖角，以防应力集中。PP 制品的成型收缩率大（1.6%~2%），易发生缩孔、凹痕、变形，在设计模具和确定工艺条件时需注意。

四、聚丙烯的改性

PP 具有许多优良性能，但耐低温性能不如 PE，低温甚至室温下的抗冲击性能不佳；在成型和使用中易受光、热、氧的作用而老化；抗蠕变性差、尺寸稳定性不好。

1. 高透明聚丙烯

PP 的结晶性使其制品的光泽和透明性差，在透明包装、日用品等应用领域的发展受到制约。经过透明改性后，不仅具有质轻、卫生、耐高温、易加工成型等优点，且透明性和表面光泽度可与其他一些透明树脂（PC、PS 等）相媲美。目前获得高透明 PP 可以使用以下方法：在 PP 树脂中加入透明成核剂，如二苄叉山梨醇及其衍生物等；利用 Ziegler-Natta 催化剂生产本身具有优异透明性的无规共聚 PP 产品；采用茂金属催化剂生产高透明 PP。其中，添加透明成核剂的方法是目前最活跃、最常用的 PP 高透明化的有效方法。在 PP 中加入 0.1%~0.4%的透明成核剂，透明性提高，刚性提高，成型周期缩短。

2. 聚丙烯的共聚

丙烯和乙烯共聚 PP 可分为嵌段共聚、无规共聚。

嵌段共聚 PP（PEBC，PPB）：1962 年由美国的 Eastman 公司首先工业化生产，是在单一的丙烯聚合后除去未反应的丙烯，再与乙烯聚合得到，实际上是由 PP、PE 和末端嵌段共聚物组成的混合物，乙烯含量占 5%~20%。既保持了一定程度的刚性，又提高了 PP 的抗冲击性能，特别是低温抗冲击性能，但透明度和光泽度下降明显。

乙烯-丙烯异质同晶体：由高结晶型的乙烯链段同高结晶型的丙烯链段所组成的分子结构特殊的高结晶型聚合物，乙烯含量 0.1%~7%。较高的冲击强度，是 PP 均聚物的 3~4 倍；比 PP 均聚物有更高的耐油性、耐疲劳性和耐磨性，但硬度低于 PP 均聚物；比 PE-LD 有更高的耐热温度和耐应力开裂性。主要用于耐冷冻、耐高温蒸煮杀菌包装用薄膜以及容器、桶、杯、盘、食品及药品包装。

丙烯-乙烯无规共聚物（PERC，PPR），乙烯含量 1%~3%。在聚合物链上，乙烯分子无规则地插在丙烯分子中间。在这种无规的或统计学共聚物中，大多数（通常 75%）的乙烯是以单分子插入的方式结合进去，叫作 X3 基团，即 3 个连续的乙烯［CH_2］依次排列在主链上。另有 25%的乙烯是以多分子插入的方式结合进主链的，又叫 X5 基团，即有 5 个连续的亚甲基团。无规度比值 X3/X5 可以测定。当 X3 以上基团的百分比很大时，将显著降低共聚物的结晶度。与 PP 均聚物相比，无规共聚物的刚度降低、冲击性能提高、透明度更好，主要用于薄膜、吹塑和注塑等要求高透明度的场合。乙烯含量较高的共聚物，由于熔接起始温度较低而广泛用作共挤出薄膜结构的特殊密封层。

此外，PP 的低温韧性差、黏合性差、与其他聚合物的相容性差。通过与极性单体共聚的方法将极性官能团引入 PP 链中，不但能保持其原有的性能，而且还能有效地改善其韧性、表面性能（如黏合性、染色性和印刷性）、与溶剂或其他聚合物的相容性等，如丙烯/3-丁烯-1-醇嵌段共聚物、丙烯/降冰片烯或甲基丙烯酸甲酯嵌段共聚物。

3. 聚丙烯的填充、增强改性

一些无机填料加入到 PP 中，可降低成本，改善刚性、热变形温度、耐蠕变性能、线膨胀系数及成型收缩率等。常用无机填料如玻璃纤维（玻纤）、碳酸钙、滑石粉、云母以及有机填料木粉、花生壳粉等。如玻纤增强 PP 管（FRPP 管），其硬度高、刚性好、弹性模量高、耐高温，适用于市政给排水、农业灌溉、腐蚀性液体的输送（如医药化工企业）以及安装复杂的工艺管道等。玻纤添加量一般为 20%~50%。玻纤增强 PP（GFRPP）分长纤维（纤维长度 1~10mm）和短纤维（纤维长度 0.2~0.7mm）增强。相比短纤维增强，长纤维增强 PP 复合材料具有更高的刚性和缺口冲击性能。

4. 聚丙烯的共混改性

PP 与 PE 共混：提高 PP 冲击强度和耐寒性，但 PE 加入使 PP 的拉伸强度降低。PP 与 PE 相容性差，一般加入乙烯-丙烯嵌段共聚物或 EVA 树脂，改善体系相容性。PE-LLD 含量在 50%以下的 PP 与 PE 共混物，可以挤出、吹膜或流延，制备的薄膜具有良好的热封性。

PP 与 EVA 共混：采用 EVA 树脂的 VAC（乙酸乙烯）含量为 14%~18%。EVA 为极性较低的非结晶型聚合物，对 PP 有明显的增韧作用。随着 EVA 用量的增加，其缺口冲击强度提高，断裂伸长率增大，而弯曲强度、拉伸强度、热变形温度有所下降。PP 与 EVA 共混还可明显改善 PP 的耐环境开裂性和印刷性。

PP 与 PA 等工程塑料共混：使 PP 工程化。在 PP/PA 共混体系中，加入马来酸酐接枝聚合烯（PP-g-MAH）作为反应性增容剂，酸酐与 PA 端基的 NH_2 反应生成酰胺键。同时 PP 上的—COOBu 侧基还可能与 PA 表面的 NH_2 形成氢键，从而提高两相的亲和力。

PP 与橡胶共混：改善 PP 的冲击性能和低温脆性。常用的橡胶有 EPR、EPDM、BR、SBR 及热塑性弹性体 SBS、SEBS、POE 等。EPDM 与 PP 结构相似，相容性较好，共混物的冲击强度可提高 7 倍，具有优良的耐热、耐低温及耐老化性能。与 EPDM 相比，POE 的内聚能低，无不饱和双键，耐候性更好，剪切黏度对温度的依赖性更接近 PP，相容性较好，加工温度范围较宽。

5. 发泡聚丙烯

PP 发泡珠粒（Expanded Polypropylene，EPP）以含有长支链的高熔体强度 PP 为主要原料，采用物理发泡技术制备。发泡珠粒均匀的尺寸与稳定的发泡倍率适合模塑成型，可以生产具有复杂几何结构以及高维尺寸精度的制品。

挤出法生产 EPP 是在传统挤出发泡装置后连接一个水下切粒装置。PP 颗粒与发泡剂等助剂经过挤出机均匀混合后在口模出口处由于压力骤降而发泡，发泡的材料通过水下切粒装置被切割定型成尺寸均一的发泡珠粒。如采用丁烷作发泡剂，PP-HMS 为原料，可以生产发泡倍率约 60 倍、直径为 3~5 mm、密度为 15~100 kg/m^3 的 EPP。

和常用的发泡材料EPS相比，EPP具有优良的耐热性能，最高使用温度可达130℃、良好的尺寸稳定性、相同发泡倍率下更轻等优点。EPP可在包装、汽车、热绝缘、建筑等领域发挥重要作用。

思考题

1. 如何判断某塑料原料是否为PP料？
2. 从PP的结构出发，讨论PP的性能特点（包括力学性能、电学性能、化学稳定性和环境性能、热学性能、加工性能等）。
3. 试讨论PP的结晶度和球晶大小对制品性能的影响（包括力学性能、热学性能、光学性能等）。
4. 为何PP容易氧化降解？简要阐述其机理。
5. PP改性的方法有哪些？各种方法对PP性能的影响是什么？

第三节　聚氯乙烯

聚氯乙烯（Polyvinyl chloride，PVC），是氯乙烯单体在过氧化物、偶氮化合物等引发剂，或在光、热作用下经自由基聚合而成的聚合物，如图1-7所示。1935年由德国Wacker公司实现工业化生产。

$$nCH_2{=\!=}CHCl \xrightarrow[\triangle]{\text{引发剂}} {-\!\!\!\left[CH_2{-}CHCl\right]\!\!\!-}_n$$

图1-7　PVC合成路线图

PVC具有力学强度高、阻燃、绝缘、耐磨损、耐腐蚀、软硬度可调等优点，常用于替代金属及木材等。可采用挤出、注塑、压延和吹塑等方法加工成型管材、管件、棒材、型材、薄膜、片、电线电缆绝缘材料、人造革、地板砖、玩具、鞋、瓶子、唱片、发泡材料、密封材料、纤维等制品，广泛用于轻工、建筑、农业、电力、电子电器、包装、日常生活等多方面。

一、聚氯乙烯的分类

1. 根据氯乙烯单体获得方法

可分为电石法、乙烯法。我国PVC的生产方法主要以电石法为主。

2. 根据聚合方法

可分为乳液法、悬浮法、本体法等。悬浮法PVC是产量最大的品种，占PVC总产量的80%左右。

（1）乳液法。乳液聚合是最早工业生产PVC的方法，将氯乙烯单体加入含有乳化剂、引发剂和缓冲剂的水乳液中聚合得到。聚合产物为乳胶状，乳液粒径为0.05~2μm，可以直接应用或经喷雾干燥成粉状树脂。乳液聚合法聚合周期短，树脂相对分子质量分散性大，数均相对分子质量为 $1×10^4$~$12×10^4$，适用于作 PVC 糊、人造革或浸渍制品。

乳液法 PVC 的型号为 RH-x-y，其中 R 表示乳液法；H 表示糊状树脂；x 表示树脂溶液的绝对黏度；y 表示糊黏度。x 分 1、2、3 型，1 型绝对黏度为 2.01~2.4mPa·s，2 型绝对黏度为 1.81~2.00mPa·s，3 型绝对黏度为 1.60~1.80mPa·s。y 分Ⅰ、Ⅱ、Ⅲ号，Ⅰ号糊黏度不大于 3000mPa·s，Ⅱ号糊黏度为 3000~7000mPa·s，Ⅲ号糊黏度为 7000~10000mPa·s。

（2）悬浮法。英国卜内门化学工业公司、美国联合碳化物公司及固特里奇化学公司几乎同时在 1936 年开发了氯乙烯的悬浮聚合。首先使氯乙烯单体呈微滴状悬浮分散于水相中，油溶性引发剂则溶于单体中，聚合反应在微滴中进行。为了保证微滴在水中呈珠状分散，需要加入悬浮稳定剂，如明胶、聚乙烯醇、甲基纤维素、羟乙基纤维素等。引发剂多采用有机过氧化物和偶氮化合物，如过氧化二碳酸二异丙酯、过氧化二碳酸二环己酯、过氧化二碳酸二乙基己酯和偶氮二异庚腈、偶氮二异丁腈等。聚合完成后，物料先流经单体回收罐或汽提塔内回收单体，然后流入混合釜，经水洗、离心脱水、干燥，即得 PVC 树脂成品。PVC 粉体的 SEM 如图 1-8 所示。

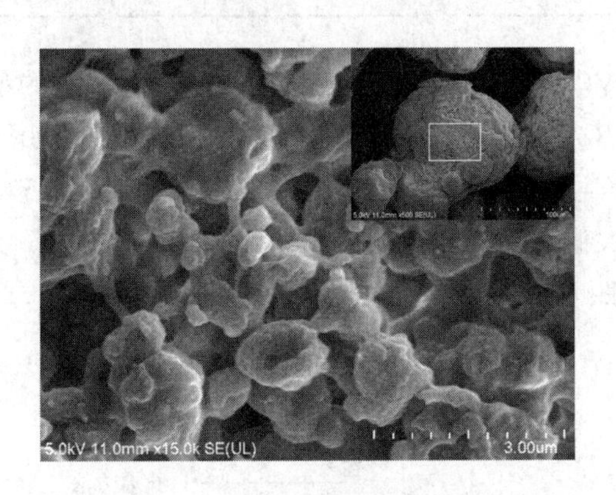

图 1-8　PVC 粉体的 SEM 图

悬浮法 PVC 按绝对黏度分 6 个型号：XS-1、XS-2、…、XS-6；XJ-1、XJ-2、…、XJ-6。X—悬浮法；S—疏松型；J—紧密型。

疏松型（XS），也称棉花球形，颗粒直径一般为 50~100μm，粒径较大，表面不规则、多孔、呈棉花球样，容易吸收增塑剂，容易塑化，成型加工性好。但制品强度相对略低于同样配方、同样工艺条件下的紧密型树脂。紧密型（XJ），也称乒乓球型，颗粒直径一般为 5~10μm，粒径较小，表面规则、呈球形、实心、像乒乓球状，不太容易吸收增塑剂，不易塑化、成型加工性稍差，但制品强度略高。颗粒形态主要取决于悬浮剂，悬浮剂选用聚乙烯醇得疏松型，选用明胶时则得紧密型。

工业上常用黏度或 K 值表示 PVC 的平均相对分子质量（或平均聚合度），也就是 PVC 分子链的长短，来决定并区分树脂的牌号和相应加工参数。每一种型号又分为疏松型和紧密型两种。PVC 树脂的相对分子质量越大，黏数越高，制品的拉伸强度、冲击强度、弹性模量越高，但树脂熔体的流动性与加工性能下降。表 1-12 列出国产悬浮法

PVC 的树脂特性。

表 1-12　　悬浮法 PVC 树脂特性

树脂型号	绝对黏度/MPa·s	平均聚合度	K 值	平均相对分子质量/$\times 10^4$	用途
XS-1 XJ-1	>2. 10	≥1340	≥74. 2	≥8. 375	高级电绝缘材料
XS-2 XJ-2	1. 90~2. 10	1110~1340	70. 3~74. 2	6. 94~8. 375	普通电绝缘材料、软制品
XS-3 XJ-3	1. 80~1. 90	980~1110	68~70. 3	6. 13~6. 94	薄膜、软管、人造革、鞋
XS-4 XJ-4	1. 70~1. 80	850~980	65. 2~68	5. 13~6. 13	硬管、硬片、单丝
XS-5 XJ-5	1. 60~1. 70	720~850	62. 2~65. 2	4. 5~5. 13	硬板、唱片、焊条、管件、阀门
XS-6 XJ-6	1. 50~1. 60	590~720	58. 5~62. 2	3. 69~4. 5	瓶硬膜、硬片

悬浮法乳液聚合 PVC 树脂是目前最常用的 PVC 树脂，它的型号表示方法一般有几种：一是按国家标准 GB/T 5761，从 SG-1 到 SG-8。二是直接用聚合度表示。三是用 K 值表示，如 K60、K55 等，是根据黏数换算出来的一个值，K57 的聚合度大概是 700，K60 大概是 800，K66 大概是 1000。一般在技术交流或资料上都习惯用 K 值，简单明了。表 1-13为 PVC 分类对照表。

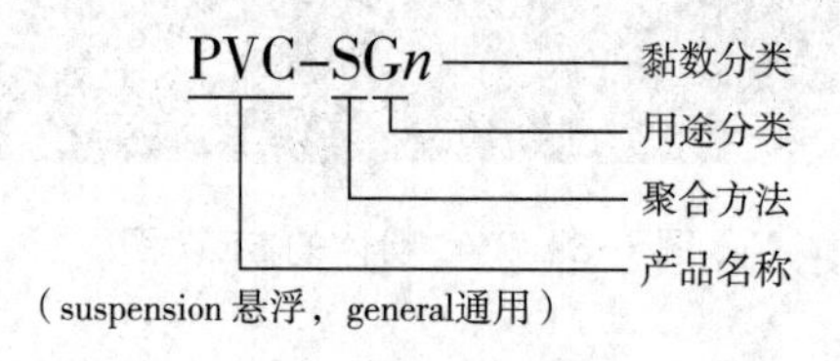

表 1-13　　PVC 分类对照表

型号	SG1	SG2	SG3	SG4	SG5	SG6	SG7	SG8
黏数/$mL\cdot g^{-1}$	156~144	143~136	135~127	126~119	118~107	106~96	95~87	86~73
K 值	77~75	74~73	72~71	70~69	68~66	65~63	62~60	59~55
平均聚合度	1785~1536	1535~1371	1370~1251	1250~1136	1135~981	980~846	845~741	740~650
用途	高级电绝缘材料	电绝缘材料、一般软制品	电线电缆、农用薄膜、输送带、日用塑料制品等	软管、人造革、高强度硬管	硬质管材、型材和板材、单丝	透明制品、硬板、焊条	硬质发泡、注塑、压延、吹塑	硬质发泡、注塑、压延、吹塑

数据来源：《悬浮法通用型聚氯乙烯树脂》国家标准 GB/T 5761—2018。

（3）本体法。1956年法国圣戈邦公司开发了本体聚合法。聚合分两段进行，单体和引发剂先在预聚合釜中预聚1h，生成种子粒子，当转化率达到8%~10%时流入第二段聚合釜中，补加与预聚物等量的单体，继续聚合。待转化率达85%~90%，排出残余单体，再经粉碎、过筛即得成品。本体聚合法生产过程简单，产品质量好，生产成本也较低。

3. 根据聚合度的高低

可分为通用型PVC树脂和高聚合度PVC树脂。高聚合度PVC树脂是指在氯乙烯单体聚合体系中加入链增长剂聚合而成的树脂。高聚合度PVC树脂一般指平均聚合度在1700以上的树脂，简称HPVC树脂。HPVC树脂除了保持普通PVC树脂的特性外，还具有吸收增塑剂能力强、拉伸和撕裂强度高、回弹性好、压缩永久变形小、耐热、耐寒、耐老化、耐疲劳、耐磨、蠕变性小等优点。但HPVC加工性能差，黏流温度比普通PVC高10℃以上，熔体黏度大。HPVC用于生产耐热耐寒电缆、耐压管、汽车方向盘、密封条、建筑防水材料、塑料玩具以及一次性使用的输血（液）薄膜袋、导管、滴管及其他医用配件。

4. 根据增塑剂含量的多少

根据增塑剂的用量可分为无增塑PVC；硬质PVC，增塑剂含量小于10%；半硬质PVC，增塑剂含量为10%~30%；软质PVC，增塑剂含量为30%~70%；PVC糊塑料，增塑剂含量为80%以上。

PVC糊树脂粒度范围一般在0.1~2μm。PVC糊树脂同增塑剂混合后经搅拌形成稳定的悬浮液，即制成PVC糊料，或称作PVC增塑糊、PVC溶胶。可根据制品需要，进一步添加各种填料、稀释剂、热稳定剂、发泡剂及光稳定剂等。PVC糊塑料在人造革、地板革、玩具、壁纸、汽车内饰材料等领域获得广泛应用。

二、聚氯乙烯的结构

1. 链结构

PVC是氯乙烯单体多数以头-尾键合方式形成的线性聚合物，分子结构式为 $\left[CH_2—\underset{\mathrm{Cl}}{\underset{|}{CH}} \right]_n$ 。主链碳原子呈锯齿形排列，所有原子均以σ键相连，所有碳原子均为 sp^3 杂化。在PVC分子链上存在短的间规立构规整结构，随着聚合反应温度的降低，间规立构规整度提高，如图1-9所示。

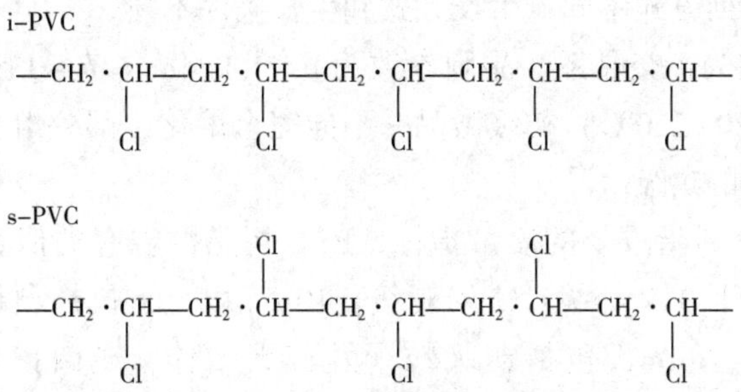

i-PVC

$$—CH_2·\underset{Cl}{\underset{|}{CH}}—CH_2·\underset{Cl}{\underset{|}{CH}}—CH_2·\underset{Cl}{\underset{|}{CH}}—CH_2·\underset{Cl}{\underset{|}{CH}}—CH_2·\underset{Cl}{\underset{|}{CH}}—$$

s-PVC

$$—CH_2·\underset{Cl}{\underset{|}{CH}}—CH_2·\overset{Cl}{\overset{|}{CH}}—CH_2·\underset{Cl}{\underset{|}{CH}}—CH_2·\overset{Cl}{\overset{|}{CH}}—CH_2·\underset{Cl}{\underset{|}{CH}}—$$

图1-9　PVC的链结构

PVC 支链和缺陷数量并不多，一般为 4~40 个/1000 个氯乙烯重复单元。聚合反应温度越高，支化和缺陷就越多。例如在-63~-53℃聚合而成的 PVC，几乎没有支链。而在 52℃聚合而成的 PVC，则有 30~35 个支链/1000 个氯乙烯重复单元。缺陷与支链结构对 PVC 的热稳定性有决定性的影响。图 1-10 给出了 PVC 聚合过程形成局部缺陷的示意图。

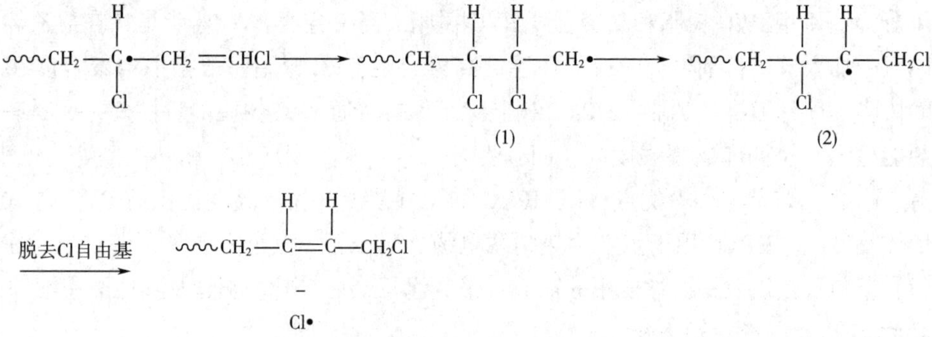

$$\sim\!\sim CH_2-\overset{H}{\underset{Cl}{C}}\bullet-CH_2=CHCl \longrightarrow \sim\!\sim CH_2-\overset{H}{\underset{Cl}{C}}-\overset{H}{\underset{Cl}{C}}-CH_2\bullet \longrightarrow \sim\!\sim CH_2-\overset{H}{\underset{Cl}{C}}-\overset{H}{\dot{C}}-CH_2Cl$$

(1) (2)

$$\xrightarrow{\text{脱去Cl自由基}} \sim\!\sim CH_2-\overset{H}{C}=\overset{H}{C}-CH_2Cl \quad Cl\bullet$$

图 1-10 PVC 链缺陷结构

PVC 大分子结构中存在着头-头结构、支链、双键、烯丙基氯、叔氯等不稳定性结构，使其热稳定性及耐老化性比较差。

工业生产的 PVC 相对分子质量一般为 5×10^4 ~ 12×10^4，具有较大的多分散性，相对分子质量随聚合温度的降低而增加。在 20~30℃或 0℃以下的低温下进行悬浮法、乳液法或本体法聚合均称低温聚合。低温聚合的 PVC 相对分子质量高、结晶度高、结构规整性好，T_g 高，耐热性、耐溶剂性好。但比普通 PVC 难加工，冲击强度稍低，用作纤维及特殊塑料制品。

2. 聚集态结构

PVC 中氯原子的引入破坏了分子链的对称性和化学、几何结构的规整性，应属于非晶聚合物。但是由于氯原子的电负性大，彼此相互排斥而错开排列，形成了类似间规立构的构型，这些间规构型的链段通过强烈的分子间力形成了微晶，使 PVC 具有一定结晶度，结晶度为 5%~10%，大部分是无定形相。

PVC 中存在两种不同的晶体结构：一种是间规构型的 PVC 分子链通过反复折叠规整排列形成的折叠链状晶体；另一种是间规构型的 PVC 分子链平行排列形成的胶束状晶体，二者的分子链排列方式不同，生长方式和生长条件不同。

PVC 中初级微晶为正交晶系，晶胞参数为 $a=1.024$nm、$b=0.524$nm、$c=0.508$nm。PVC 加工过程中（170~210℃）初级微晶并不能完全熔化，部分熔化的初级微晶在冷却过程中形成尺寸较小的次级微晶。

颗粒特性是 PVC 树脂重要的质量指标，PVC 树脂颗粒有类似石榴的层次结构。其颗粒结构大致分为以下 3 个等级：①宏观级：10μm 以上，包括颗粒和亚颗粒，肉眼可见；②微观级：0.1~10μm，包括初级粒子及其聚结体，显微镜可见；③亚微观级：0.1μm 以下，包括初级粒子核和原始微粒（微区，由 5nm 的大分子凝聚成），通常只有用 SEM 观察极低转化率的 PVC 样品时才能观察到（表 1-14）。由于 PVC 聚合物不溶解于其单体中，在悬浮聚合或本体聚合过程中，当转化率接近2%时，PVC从其单体中沉淀，形成初级粒子，初级粒子产生凝聚效应，形成初级粒子凝聚体。另一方面，在悬浮聚合开始时生成的PVC粒子被吸附到悬浮液滴界面上，并环绕液滴形成一层几乎连续的皮膜，厚度为5~10μm，这些液滴粒子会凝聚成PVC树脂颗粒。

表1-14　　PVC各级粒子尺寸

层次	微区	初级粒子	初级粒子凝聚体	液滴粒子	树脂颗粒
尺寸/μm	0.01	1	3~9	30~100	100~200

三、聚氯乙烯的性能

PVC树脂为白色或淡黄色的粉末，密度1.35~1.45g/cm^3。纯PVC的吸水率、透水率和透气率都很低，但增塑后会有较大幅度的提高。PVC分子链中约含有57%的氯元素，赋予材料良好的阻燃性，氧指数约为47%，燃烧时离火即灭，火焰呈黄色，下端呈绿色，冒白烟，有刺激性气味产生，软化。PVC燃烧时易产生致癌物质二噁英。

1. 力学性能

PVC分子链中带有电负性很强的氯原子，增大了分子链间吸引力，导致PVC分子链间距离比PE小，而氯原子体积大，空间位阻效应明显。相比PE，PVC有较高的T_g、刚性、硬度和强度，但韧性和耐寒性下降，断裂伸长率和冲击强度降低。PVC的拉伸强度为60MPa左右，冲击强度为5~10 kJ/m^2。

PVC在不同条件下形成的结晶结构对性能有很大影响。无论是未增塑PVC还是增塑PVC都含有少量的结晶相，并由微晶交联形成三维网络结构。微晶交联结构较为完善时，PVC具有较高结晶度，能形成更为致密的交联网络结构，材料具有更好的弹性，抵抗形变的能力较强，形变小。

温度对PVC交联网络结构有较明显的影响。温度高于T_g后，微晶交联无定形链段的活动性增加，材料表现出类似橡胶的特性，但当温度进一步升高，结晶部分开始熔融，交联网络结构作用力开始逐渐减弱。材料的拉伸行为主要受微晶交联结构的影响，而交联链段的活动性又受温度的影响。微晶和大分子缠结而形成的物理交联网络是PVC产生回弹力的主要原因。随着温度的升高，分子链活动性增加，升到一定温度，结晶开始熔融，分子链段开始解缠，物理网络结构就逐渐开始被破坏。

增塑剂能够减小PVC分子间的作用力，提高分子链的活动能力，对于PVC的力学性能影响很大。未增塑的PVC为硬而较脆的材料，随着增塑剂含量的增加，PVC变为软而韧的材料，各类PVC材料的力学性能，如图1-11所示。

2. 热性能

氯原子的存在增加了PVC分子间吸引力，导致PVC的分子链间距离比PE小，而氯原子体积大，空间位阻效应明显。PVC有较高的T_g，为70~80℃，80~175℃进入高弹态，175~190℃开始熔融，190~200℃为黏流态，但PVC的热稳定性较差，超过140℃就会开始分解，200℃以上急剧分解。

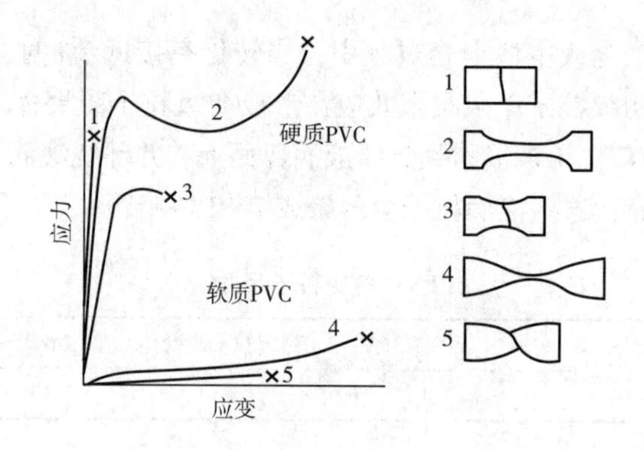

图 1-11　各类 PVC 材料的力学性能

1—硬而脆　2—硬而韧　3—硬而强　4—软而韧　5—软而弱

PVC 在 100℃以上或经长时间阳光暴晒，均会引起降解脱 HCl，在氧或空气存在下降解速度更快。温度越高，受热时间越长，降解现象越严重。此外，HCl、铁和锌离子对 PVC 脱 HCl 有催化作用。PVC 脱 HCl 后形成具有共轭双键的多烯结构，共轭双键数在 4 个以上时即出现变色，并随共轭双键的增加，PVC 树脂及制品的色泽由浅变深，由白色变成粉红、浅黄、黄橙、红橙、棕褐及黑色。PVC 脱 HCl 反应是一种极快的“拉链式”反应，物理力学性能迅速下降，在实际应用中必须加入稳定剂以提高对热和光的稳定性。

3. 电性能

由于 C—Cl 偶极键的存在，PVC 宏观上表现出明显极性，电绝缘性比非极性的聚烯烃有所降低，但仍有较高的体积电阻和击穿电压。PVC 的电性能受温度和电场频率的影响较大。PVC 的极性基团直接附着在主链上，在 T_g 以下，C—Cl 偶极子处于不活动状态，材料的电性能尚好，但随着温度升高，偶极子活动性增大，电性能下降。一般只适合作中低压和低频绝缘材料。悬浮聚合的树脂电气绝缘性比乳液聚合树脂高 10~100 倍。降解产生的氯离子会降低材料的电绝缘性。

4. 化学性能

PVC 对有机和无机酸、碱、盐均稳定，对氧化剂、还原剂和强酸有很强的抵抗力，在常温下可耐任何浓度的盐酸、90%以下的硫酸、50%~60%的硝酸和 20%以下的烧碱溶液。PVC 能够被浓氧化性酸如浓硫酸、浓硝酸所腐蚀，并且也不适用于芳香烃、氯化烃接触的场合。化学稳定性随使用温度的升高而降低。环已酮和四氢呋喃是 PVC 的良溶剂。PVC 溶解在丙酮-二硫化碳或丙酮-苯混合溶剂中，可用于干法纺丝或湿法纺丝制成纤维，俗称氯纶，具有难燃、耐酸碱、抗微生物、耐磨等优点，并具有较好的保暖性和弹性。

5. 加工性能

PVC 在加工过程中，会发生复杂的凝胶化行为，也称熔合行为。加工过程中，PVC 颗粒的层次结构在热和剪切作用下逐步发生变化，在较低的温度（140~190℃）下，先是颗粒的皮膜破裂，然后层次结构继续破坏，直至生成初级粒子流动单元。温度进一步升高，初级粒子破裂，更多微晶熔化，原先有序排列的 PVC 分子松弛伸张，贯穿到邻近的初级粒子中，初级粒子表面间有较多带状分子缠结形成三维网络结构。熔体冷却时会重新生成微晶，但此时的微晶已通过带状分子穿越界面，与邻近的初级粒子缠结，形成以微晶为物理交联点的三维网络结构，这就是 PVC 的凝胶化过程。

PVC 熔体属非牛顿型的假塑性流体，剪切速度越大，表观黏度越小，且变化相当灵敏。升高温度，PVC 熔体黏度降低不多，即使在分解温度以下，但因长时间处于较高温度，也会带来 PVC 的热及氧化降解。改善 PVC 熔体的流动性应主要考虑增加剪切速率（增加压力）。实际上，加大外作用力有助于 PVC 大分子的运动，使黏流温度有所降低。

由于纯 PVC 树脂的热稳定性和加工性很差，成型加工中不宜采用过高的温度，在高温下停留时间不宜过长。熔融加工中应尽量避免使用相对分子质量太高的品级，并与稳定剂、增塑剂和润滑剂等助剂进行合理搭配。PVC 粉料加工前宜预热以排除水分，增强塑化效果，防止产生气泡。PVC 制品的收缩率比较低，一般为 0.2%~0.6%。

PVC 可以采用挤出、注塑、压延、中空吹塑等方法成型，也可采用涂覆法将 PVC 糊制成人造革、地板革、壁纸、汽车内饰物等。采用蘸浸、搪塑成型方法制成手套、鞋、容器、球类、玩具等。

四、聚氯乙烯的改性

PVC 具有良好的综合力学性能、阻燃性和耐化学药品性，但也存在热稳定性差、易分解、难加工等缺陷。

1. 氯化聚氯乙烯

氯化聚氯乙烯［Chlorinated Poly（vinyl chloride），CPVC］是 PVC 进一步氯化改性的产品，又称过氯乙烯或耐热 PVC。氯含量高达 61%~68%，外观为白色或淡黄色，无味、无臭、无毒的疏松颗粒或粉末。阻燃性好，氧指数达 60%。

CPVC 分子链排列的不规则性和极性增加，比 PVC 更易溶于酯类、酮类、芳香烃等有机溶剂。耐酸、碱、盐、氧化剂等腐蚀性能提高。CPVC 的氯含量提高，分子间作用力增大，拉伸强度、弯曲强度提高，但冲击强度降低。CPVC 的耐热性提高，维卡软化温度由 72~82℃ 提高到 90~125℃，最高使用温度可达 110℃，长期使用温度为 95℃。CPVC 的热稳定性和加工性能比 PVC 更差，熔体黏度至少是 PVC 的 2 倍，黏流温度比 PVC 高，热分解倾向比 PVC 大。CPVC 常与 CPE、EVA、ABS、MBS 等共混使用，以改进加工性能和制品脆性。

CPVC 可以用普通 PVC 加工设备进行加工，主要用于阻燃和耐热管材。CPVC 溶液有良好的黏合性、成膜性和成纤性，可用于胶黏剂、清漆和纺丝。

2. 聚偏氯乙烯

聚偏氯乙烯［Poly（vinylidene chloride），PVDC］又称氯偏树脂、纱纶树脂。PVDC 最大优点是对气体或蒸气高阻隔性，是一种综合阻隔性能优异的包装材料。

PVDC的结构式为 $\left[\begin{array}{c}Cl\\|\\C-CH_2\\|\\Cl\end{array}\right]_n$ ，分子链单位分子中含有两个氯原子，电负性强，分子间作用力大，加之链规整度高，对称性强，侧基的空间位阻小，易形成结晶结构。由于侧基团的相互排斥，主体构象为典型的螺旋形，晶体构象属 α 型单斜晶系。此外，由于热运动使晶系变化，还有 β（六方晶系）型等变态。由于其具有以上结构特征，致使分子间凝集力强，氧分子、水分子很难在PVDC分子中移动，从而使其具有良好的阻氧性和阻水性。

PVDC的均聚物树脂由于氯含量高和结晶度高，熔融温度高、熔融时间长，一般在175℃的条件下完全熔融需5~10 min。加工温度和分解温度（210℃）接近，受热易降解。熔体黏度大，流动性差，加工性能不好。通常所说PVDC是指以偏二氯乙烯为主要成分加入其他含不饱和双键的第二单体（如VC）共聚而成的一类共聚物的统称。

PVDC树脂是一种淡黄色、无毒无味、安全可靠的高阻隔性材料，除具有塑料的一般性能外，还具有耐油性、耐腐蚀性、保味性以及优异的防潮、防霉、可直接与食品进行接触等性能，同时还具有优良的印刷性能、热封性能、热缩性、自黏性和耐辐射性，被大量用于肉食品、方便食品、奶制品、化妆品、药品及需防锈的五金制品、机械零件、军用品等各种需要有隔氧防腐、隔味保香、隔水防潮、隔油防透等阻隔要求高的产品包装。

3. 共聚改性

共聚是PVC化学改性的主要方法，通常采用无规共聚和接枝共聚两种方式。

（1）无规共聚。

①氯乙烯-乙酸乙烯酯共聚物（Vinyl chloride-vinylacetate copolymer）。

由氯乙烯与乙酸乙烯酯共聚而成的高分子化合物，白色粉末，其性质和用途决定于共聚物中两种单体的配比和相对分子质量的大小。乙酸乙烯酯用量较多时，共聚物性能接近于均聚的乙酸乙烯酯，溶解性好，适用于制涂料和黏合剂。氯乙烯用量较多时，共聚物性质接近于PVC，便于加工成型，可制备各种塑料用品，如薄膜、包装材料、绝缘材料等。

②氯乙烯-丙烯酸酯类共聚物（Vinyl chloride-acrylacetate copolymer）。

由氯乙烯和丙烯酸甲酯（MA）、丙烯酸丁酯（BA）、丙烯酸-2-乙基已酯（EHA）、甲基丙烯酸甲酯（MMA）等经悬浮法或乳液法聚合制备，丙烯酸酯含量为5%~10%，可起内增塑作用，其特点是加工性好，制品冲击强度高，透明性、耐候性、耐酸碱性好。通过调整丙烯酸酯的含量可制得硬质、半硬质或软质PVC制品。可以采用普通PVC的加工技术和加工设备进行加工成型，主要生产硬制品，如飞机窗玻璃和仪器仪表面板等。氯乙烯-丙烯酸酯乳液共聚物可用作黏合剂和防护涂料等。

（2）接枝共聚。PVC接枝共聚是以PVC分子为主链，接上其他单体形成支链，目的是提高硬质PVC的抗冲性能和耐热性、增加软质PVC的增塑稳定性。抗冲性和增塑改性主要是接枝软单体，如乙酸乙烯酯、丁二烯和BA等。耐热改性则主要是接枝刚性单体，如甲基丙烯酸甲酯（MMA）、*N*-苯基马来酰亚胺、α-甲基苯乙烯等。

①PVC与乙酸乙烯酯（VAc）接枝共聚（PVC-g-VAc）。

PVC-g-VAc共聚物是目前已实现商品化的少数的PVC接枝共聚物之一。VC与VAc无规共聚，仅能得到内增塑型的共聚物，其抗冲性能、热稳定性并没有提高。而PVC与VAc接枝共聚，则能得到加工、抗冲击和热稳定性都得到改善的PVC树脂，既适用于生产软质制品，也适用于制备高抗冲和加工流动性好的硬质制品。

PVC接枝VAc主要通过PVC脱除不稳定氯原子形成PVC大分子自由基，引发VAc在PVC上形成支链，部分VAc形成均聚物。PVC-g-VAc共聚可采用水相悬浮法、乳液法、溶液法等制备，其中水相悬浮法最常用。

PVC-g-VAc共聚物可以采用类似PVC的加工技术和加工设备进行加工，由于热稳定和加工性能均优于PVC均聚物，故加工成型较PVC容易。

②PVC与MMA接枝共聚。

将MMA接枝到PVC分子链上可以提高材料的T_g、耐热性和刚性，但是用单一MMA单体接枝提高耐热性的效果不明显，一般加入刚性更大的第二单体如N-取代马来酰亚胺、α-甲基苯乙烯等，接枝共聚得到耐热PVC。为了提高接枝效率，在接枝共聚前可将PVC进行某种化学处理，如采用胺化PVC接枝MMA可使MMA在PVC上的接枝率大大提高，达到30%~70%。

PVC-g-MMA共聚物可采用类似PVC的加工配方技术成型加工。由于共聚物具有的耐热性能，共聚树脂主要用于生产高温使用的硬质PVC制品。

4. 交联改性

通过交联可以进一步提高PVC的耐热软化性及耐油性等。目前PVC交联途径主要有：在PVC合成过程中引入交联剂，交联剂与氯乙烯共聚制得化学微交联PVC；在PVC加工配方中加入交联剂，加工过程或加工后完成交联反应；在配方中加入光敏剂、交联剂、助交联剂等，在钴等辐射源的作用下完成交联。

化学微交联PVC由于含有一定的凝胶，凝胶的存在使得制品表面具有微小的粗糙度，具有消光效果，可以作为消光树脂使用。消光树脂的研究起始于20世纪70年代，是在氯乙烯单体悬浮聚合体系中加入含有双烯或多烯结构的第二单体与之共聚，得到由PVC为基链的含有部分四氢呋喃不溶组分（凝胶）的聚合物。其机理是：首先由链引发和链增长形成PVC基链，二烯的一个双键参与共聚而进入基链，未参与共聚的其他双键成为悬挂双键，悬挂双键可继续反应，生成环化、支化或网状结构分子。消光树脂主要用于人造革、化妆品盒等，也可用于电缆外套、电线外皮以及雨衣的内里等。

5. 共混改性

PVC与弹性体的共混增韧是目前研究较多、理论和应用较成熟的改性途径之一，弹性改性组分有CPE、甲基丙烯酸甲酯-丁二烯-苯乙烯共聚物（MBS）、聚丙烯酸酯（ACR）、苯乙烯-丁二烯苯乙烯嵌段共聚物（SBS）、ABS、EDPM、EVA、丁腈橡胶（NBR）、乙丙无规共聚物（EPR）等。弹性体增韧PVC的机理主要有两种：一种是以NBR、CPE、EVA等为代表的网络增韧机理；另一种是以ABS、MBS、ACR等为代表的“剪切屈服-银纹化”机理。

思考题

1. 如何判断某塑料原料是 PVC 料？
2. PVC 分子链上侧氯原子对其性能有哪些影响？
3. PVC 有哪些优良性能？有哪些缺点？试说明原因。
4. 为什么 PVC 在加热过程中会发生变色？PVC 加工时需注意哪些问题？
5. PVC 的改性品种有哪些？试举例讨论 PVC 改性品种结构与性能之间的关系。

第四节　聚苯乙烯类树脂

聚苯乙烯（Polystyrene，PS）主要包括通用聚苯乙烯（GPPS）、可发泡聚苯乙烯（EPS）、挤出发泡聚苯乙烯（XPS）、高抗冲聚苯乙烯（HIPS）、交联聚苯乙烯（PSX）、苯乙烯-丙烯腈共聚物（SAN）和丙烯腈-丁二烯-苯乙烯共聚物（ABS），产量仅次于 PE、PVC 和 PP，位居第四。1925 年德国 I G Farben 工业公司开始从事苯乙烯的工业生产开发，1930 年实现工业化生产，1958 年我国开始了 PS 树脂的工业生产。PS 主要应用于电视机、录音机及各种电器的配件、壳体及高频电容器、一般光学仪器、透明模型、灯罩、仪器罩壳及包装容器、儿童玩具、装饰板、磁带盒、家具把手、梳子、牙刷把、笔杆及文具等领域。

一、聚苯乙烯分类

PS 是由苯乙烯单体经自由基或离子聚合得到，按聚合工艺可分为本体聚合、悬浮聚合、溶液聚合和乳液聚合等，尤以本体聚合和悬浮聚合最普遍。

1. 本体聚合法

将苯乙烯单体送入预聚釜中，再加入少量添加剂和引发剂，于 95～115℃下加热搅拌进行预聚合，待转化率达到 20%～35%之后，再送入带有搅拌器的塔式反应器内进行连续聚合反应。聚合温度逐段提高到 170℃左右，以达到完全转化。少量未反应的苯乙烯从塔顶放出，并可回收再用。聚合物连续从塔底出料，经挤出造粒即得成品。聚合得到的 PS 纯净度高，主要用来制备对电性能要求高的制品。

2. 悬浮聚合法

以水为介质，以明胶或淀粉、聚乙烯醇、羟乙基纤维素等保护胶或碳酸镁、硅酸镁、磷酸钙等不溶性无机盐等为分散剂，顺丁烯二酸酐-苯乙烯共聚物钠盐为助分散剂，以过氧化苯甲酰为引发剂，在 85℃左右引发苯乙烯单体聚合。也可不用引发剂，在高压聚合釜中于 100℃以上的高温下进行高温聚合。聚合物经洗涤、分离、干燥即得无色透明的细珠状树脂。聚合得到的 PS 相对分子质量高、分布窄，但纯度不如本体聚合 PS，可用来制造一般日用和工业用品。

乳液聚合产品主要用于涂料和 PS 泡沫塑料；溶液聚合产品主要用于配制清漆。

二、聚苯乙烯的结构

PS的结构为 $\left[\mathrm{CH_2-CH}\left(\mathrm{C_6H_5}\right)\right]_n$，是带有苯环侧基的线性大分子，存在极少量的短支链。侧苯基具有大的空间位阻，造成分子链僵硬，赋予PS刚度大、T_g 高、性脆等特点。分子链中含有叔碳（不对称碳）原子，可形成无规、间规和等规3种不同构型的PS，其性能不同，如表1-15所示。

1. 链结构

GPPS即为无规聚苯乙烯（aPS），为非晶态线性聚合物。

等规聚苯乙烯（iPS）采用Ziegler-Natta催化剂在低温下（-65～-55℃）合成，虽然熔点很高（240℃），但由于结晶速度慢，结晶度不高，难以工业化应用。

间规聚苯乙烯（sPS）是以过渡金属配合物（如茂钛配合物 $CpTiCl_3$）为催化剂，以甲基铝氧烷（MAO）或硼烷、硼酸盐为助催化剂，使苯乙烯单体进行定向配位聚合得到的苯乙烯均聚物。高的立构规整性（间同结构>98%）使得sPS具有较强的结晶能力，结晶较完全时结晶度可达50%～60%，赋予sPS良好的耐热性、耐溶剂性和尺寸稳定性。

sPS结晶具有同质多晶现象，可通过热和应变诱发结晶控制形成具有平面锯齿形构象的 α 和 β 晶型，也可通过溶剂作用控制形成具有螺旋形构象的 δ 和 γ 晶型。

sPS具有较强的结晶能力，结晶速率比iPS高两个数量级。尽管sPS与GPPS一样具有脆性，不适宜单独用作结构材料，但可通过增强、增韧改性完善其力学性能。

表1-15　PS的结构与性能

立构规整性	聚合催化剂或引发剂	固体结构	T_g/℃	T_m/℃	结晶速率
aPS	有机过氧化物、偶氮化合物、烷基锂	无定形	100	—	—
sPS	茂金属催化剂	结晶型	100	250～270	快
iPS	$TiCl_4/AlR_3$	结晶型	100	220	慢

2. 相对分子质量

相对分子质量低于 5×10^4，PS强度很低；随着相对分子质量的增加，强度提高，相对分子质量大于 10×10^4 以后，强度增加趋缓。商品化PS树脂的平均相对分子质量为 7×10^4～10×10^4。

3. 单体含量

PS中残余单体含量对聚合物的软化温度有影响，当单体含量从零增加到5%时，可使软化温度降低30℃。虽然增加单体含量能提高流动性，但在加工时单体挥发，导致制品产生银纹、斑痕等缺陷。因此，在制备中尽量降低苯乙烯含量以提高耐热性。

三、聚苯乙烯的性能

GPPS为无色无味透明颗粒，俗称透苯，制品质硬似玻璃状，落地或敲打会发出类似金属的声音；能断不能弯，断口处呈现蚌壳色银光。吸水率为 0.05%，稍大于 PE，但对制品的强度和尺寸稳定性影响不大。易燃，燃烧时产生大量黑烟，并带有松节油气味，吹熄可拉长丝。

1. 力学性能

GPPS 硬而脆、无延伸性、拉伸至屈服点附近即断裂，拉伸强度和弯曲强度在通用热塑性塑料中最高，拉伸强度可达 60MPa，但冲击强度很小。GPPS 的耐磨性差，耐蠕变性一般。GPPS 的力学性能随温度的升高显著下降。

sPS 比 GPPS 还脆，实际作为工程塑料使用的 sPS 多为玻纤增强或橡胶增韧的改性品种。sPS 与 GPPS 及聚酯、PA 等热塑性工程塑料的物理力学性能比较如表 1-16 所示。

2. 热性能

GPPS 的耐热性能不好，热变形温度为 70~100℃，长期使用温度范围为 60~80℃，分解温度为 300℃。GPPS 的耐低温性也不好，脆化温度为-30℃。在低于热变形温度 5~6℃下退火处理，可消除 GPPS 内应力，使热变形温度有所提高。若在生产过程中加入少许 α-甲基苯乙烯，也可提高 GPPS 的耐热等级。GPPS 的导热率低，泡沫塑料是良好的绝热保温材料。GPPS 的线膨胀系数大，制品不宜带有金属嵌件。

结晶使 sPS 的耐热性比 GPPS 高，熔点高达 270℃，维卡软化点为 254℃，可在 200℃以上长期使用。

3. 电性能

GPPS 的电绝缘性优良，体积电阻率和表面电阻率高，且不受温度和湿度影响，可耐适当的电晕放电，耐电弧性好，适于做高频绝缘材料。介电常数的损耗因子低于 PBT、PET、PA66、PPS 和 PC。绝缘击穿强度高于 PBT、PET、PA66、PA46、PPS，耐漏电性在 400V 以上。sPS 的介电常数值与 GPPS 基本相同。

表 1-16　　sPS 与 GPPS 及聚酯、PA 等热塑性工程塑料的物理力学性能比较

性能	sPS	GPPS	PA66	PBT	30%玻璃纤维填充		
					sPS	PA66	PBT
密度/g · cm^{-3}	1.04	1.04	1.14	1.31	1.25	1.37	1.53
T_m/℃	270	—	260	224	—	—	—
T_g/℃	100	100	70	30	—	—	—
拉伸强度/MPa	41	45	80	60	118	177	138
弯曲强度/MPa	75	65	110	80	185	255	215
弯曲模量/MPa	3000	2900	2800	2400	9000	8300	9500
悬臂梁缺口冲击强度/kJ · m^{-2}	2.0	2.2	5.4	4.4	11	10	9
维卡软化点/℃	254	104	250	215	—	—	—
热变形温度（1.82MPa）/℃	96	89	80	60	251	250	210
介电常数（23℃，1MHz）	2.6	2.6	3.4	3.2	2.9	3.3	3.6

4. 化学性能

GPPS 可耐一般酸、碱、盐、矿物油及低级醇等，但可受许多烃类、酮类及高级脂肪酸等侵蚀，产生银纹和开裂，在某些情况还会发生化学分解。GPPS 可溶于多种有机溶剂，如芳烃类的苯、甲苯、乙苯、苯乙烯；氯代烃类的四氯化碳、氯仿、二氯甲烷、氯苯；酯类的乙酸甲酯、乙酸乙酯、乙酸丁酯，以及酮类（除丙酮），如甲乙酮等。

sPS 在宽广的使用温度范围内均具有优异的化学腐蚀性和耐溶剂性。与 GPPS 相比，常温耐蚀性相同，高温耐蚀性提高。室温下没有可溶解 sPS 的溶剂，即使对 GPPS 溶解能力较强的溶剂也只能使 sPS 溶胀，只有少数溶剂在接近它的沸点时才能将 sPS 溶解。

GPPS 的耐候性不好，长期暴露在日光下变色变脆，不适于长期户外使用，使用时应加入抗氧剂，但 GPPS 的耐辐射性好。

5. 光学性能

GPPS 的透光率可达 92%，与 PC 和 PMMA 并称为 3 大透明塑料。对光的折射率为 1.59~1.60，在应力作用下，产生双折射。但某些因素（如雾晕和泛黄）会破坏 PS 的光学特性。雾晕是由于灰尘的存在和局部分子取向所引起的折射率改变造成的。泛黄可能因单体含有色杂质以及某些杂质在聚合时产生黄色，或者因老化造成。

6. 加工性能

GPPS 的吸湿性不高，物料一般可不经干燥直接使用。但为了提高制品质量，也可以在 55~70℃鼓风烘箱内预干燥 1~2h。GPPS 为无定形聚合物，95℃时开始软化，120~180℃之间呈黏流态，300℃以上开始分解，成型温度范围宽。GPPS 为假塑性流体，熔体黏度随剪切速率和温度的增加均会降低，对剪切速率更为敏感。GPPS 的比热容是热塑性塑料中比较低的，加热和冷却固化速度快，易于成型，模塑周期短。sPS 在成型温度范围内的熔体黏度及流变行为与 GPPS 基本相同。

GPPS 的加工性能良好，可采用注塑、挤塑、吹塑、发泡、热成型、粘接、涂覆、焊接、机加工、印刷等多种成型方法加工，特别适用于注射成型。

GPPS 的注射成型加工条件为：机筒温度 200℃左右，模具温度 60~80℃，注射温度 170~220℃，压力 60~150MPa，压缩比 1.6~4.0。成型后的制品为了消除内应力，可在红外线灯或鼓风烘箱内于 70℃恒温处理 2~4h；挤塑成型时一般采用的螺杆长径比 L/D 为 17~24，以空气冷却，挤塑温度 150~200℃；吹塑成型时可采用注塑和挤塑制得的型坯进行吹塑制得所需制品。吹塑压力一般为 0.1~0.3MPa。由于 GPPS 分子链的刚性大，加工成型时易产生内应力。注射成型时宜采用高料温、高模温、低注射压力，脱模斜度宜大，顶出力均匀，以防开裂。塑件壁厚均匀，最好不带嵌件，各面应圆弧连接，不宜有缺口、尖角。

四、发泡聚苯乙烯

EPS 是在 GPPS 中浸渍低沸点的物理发泡剂，加工过程中受热发泡，产量仅次于聚氨酯（PU）泡沫塑料，居第二位。EPS 的主要应用领域是包装，其次是建筑材料。

物理发泡剂一般采用低沸点的烷烃及其混合物或者卤代烃，如丙烷、正丁烷、异丁烷、正戊烷、异戊烷、新戊烷、正己烷、异己烷、正庚烷、异庚烷、石油醚、二氯甲烷和氟利昂等。

1. 生产方法

（1）泡沫珠热合法。泡沫珠热合法简称热合珠法。苯乙烯单体经悬浮聚合得到圆珠状的PS，再加入低沸点碳氢化合物或卤代烃化合物作为发泡剂，在加温加压条件下，发泡剂渗透到PS中，冷却后发泡剂留在PS中，即为EPS。EPS珠粒制备工艺有一步浸渍法（简称一步法）和二步浸渍法（简称二步法）。

一步法是将苯乙烯单体、引发剂、分散剂、水和其他助剂一同加入聚合釜中，苯乙烯：水约为1∶1，然后在80~90℃条件下聚合。当聚合反应转化率达到85%~90%时，加入发泡剂，继续聚合反应。聚合完毕后，经脱水、洗涤、干燥，得到含有发泡剂的PS珠粒，珠粒的显微结构如图1-12所示。

二步法是将EPS的聚合和浸渍分成两个独立过程，聚合工序与一步法相同。根据粒径大小确定浸渍条件。一般为：压力0.98MPa，温度70~90℃，15℃条件下放置约15d，发泡剂含量为5.5%~7.5%。

珠粒粒径在0.4~0.8mm范围的EPS适用于制造包装材料；粒径在0.8~2.5mm的EPS用于制备大尺寸的泡沫制品，如板材、块材等。珠粒粒径小于0.4mm和大于2.5mm的EPS不适于制备泡沫材料。

(a)表面

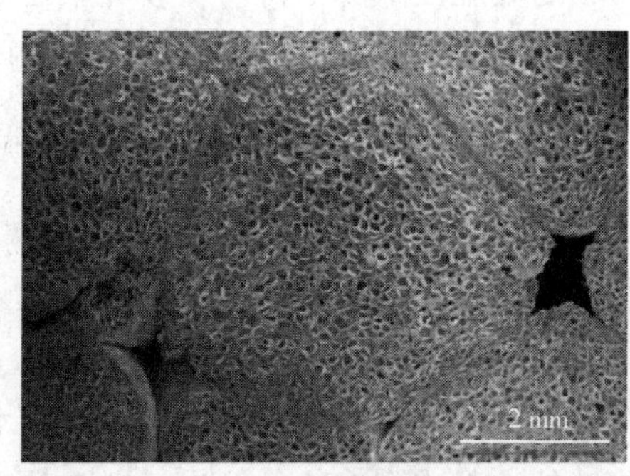

(b)断面

图1-12　EPS的显微结构

（2）挤出法。将PS与添加剂在挤出机中混合，然后在熔融状态下压入烷烃或氟化烃等发泡剂，经挤出，发泡剂在机头模腔中卸压冷却，发泡剂的气化与PS的固化同时进行，从而制得膨胀发泡制品。

挤出法发泡工艺中，一般采用蒸发型发泡剂，在室温下，这种发泡剂为气体，受压后，易液化为液体，如烷烃或氟化烃等。制备高发泡的材料，需选择汽化热较大的发泡剂。当发泡剂膨胀时，能吸收更多的热量，使树脂快速冷却，发泡结构不易破坏。相比之下，氟化烃的热导率低于空气，以它为发泡剂，可得到绝热性能良好的发泡材料。为了促使气泡核心的形成，可加入发泡成核剂。常用的成核剂一般为无机成核剂，如滑石粉、碳酸钙等，加入量为0.2%~0.5%。

挤出法适宜制备低发泡板材和片材，发泡倍率为30倍左右，制品具有较高的表观密度。

2. EPS 的性能

EPS 具有硬质独立的气泡结构，质轻；热导率低，绝热性能良好；吸水率低，透湿性小，耐水性优越；电气绝缘性好；加工容易。

随着表观密度的增加，EPS 的拉伸强度、弯曲强度、压缩强度、冲击强度均增加。表观密度相同时，挤出法生产 EPS 的力学性能高于热合珠法。EPS 的耐热性能与发泡 PE、发泡 PVC 等相似，使用温度为 70~80℃。EPS 具有良好的耐弱酸性和耐碱性，耐强酸、耐溶剂的能力和耐候性比较差，易燃。

五、高抗冲聚苯乙烯

GPPS 的最大缺点是质硬而脆，限制了使用范围。与橡胶复合是降低脆性、提高冲击性能的最有效方法，由此产生了 HIPS。根据橡胶含量多少，HIPS 可分为中抗冲 PS、高抗冲 PS 和超高抗冲 PS 3 类，其性能对比见表 1-17。HIPS 广泛应用于汽车、器械、电动产品、家具、家庭用具、电信、电子、计算机、一次性用品、医药、包装和娱乐行业。

表 1-17　　不同 HIPS 的性能对比

性能	中抗冲 PS	高抗冲 PS	超高抗冲 PS
丁二烯含量/%	3~4	5.1	14.5
密度/g·cm^{-3}	1.05	1.05	1.02
维卡软化点/℃	94	101	91
弹性模量/MPa	3100	2200	1600
悬臂梁冲击强度（缺口）/kJ·m^{-2}	3.24	7.0	24.3
拉伸强度/MPa	24.6	20.0	13.3
断裂伸长率/%	1.4	3.5	17

1. HIPS 的制备方法

（1）机械共混法。在混炼设备中，将 PS 与橡胶机械混合制备共混物。橡胶可明显增加 PS 的韧性，如天然橡胶（NR）、顺丁橡胶（BR）和丁苯橡胶（SBR）等，也可采用热塑性弹性体，如苯乙烯-丁二烯-苯乙烯嵌段共聚物（SBS）。SBR 与 PS 具有相似的化学结构，两者相容性较好，共混物性能最好，但机械混合法难以使橡胶均匀稳定地分散在 PS 中。

（2）接枝共聚法。生产工艺有本体法、本体-悬浮法和乳液法等，其中本体法的使用最为广泛。先将橡胶溶解于苯乙烯单体中，然后将溶解的胶液加入到反应器中，在引发剂、热和搅拌的作用下进行本体聚合。当单体转化率达到 80%~85%时，脱去未反应的单体和稀释剂，得到聚合物，直接造粒得成品。一般橡胶含量为 5%~10%，最多不超过 12%。

2. HIPS 的结构与性能

（1）结构。HIPS 的相态结构是一种两相的“海岛”结构，橡胶作为分散相分布在连续的 PS 之中，橡胶相中还包藏 PS 树脂相，如图 1-13 所示。接枝 PS 的橡胶作为共聚物起到相容剂作用，促进了 PS 相与橡胶相的相容和均匀分散，提高了两相界面的黏结强度。

影响 HIPS 韧性的因素包括：橡胶含量、橡胶相体积分数、橡胶粒子尺寸、橡胶颗粒结构、橡胶种类、界面黏结性能、其他因素等。

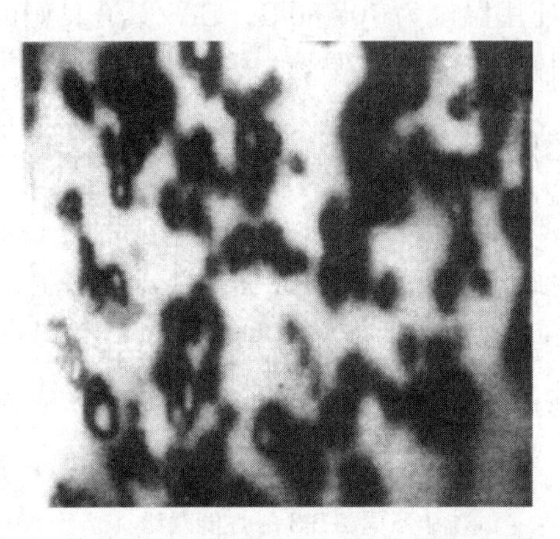

图 1-13　HIPS 的透射电子显微镜（TEM）照片，黑色为橡胶颗粒

①橡胶含量。当受到外力（冲击或拉伸）作用时，HIPS 遵循典型的多重银纹增韧机理，橡胶粒子起到引发银纹的生成和阻止银纹发展的作用。橡胶含量的增加有利于银纹的引发和终止。一般橡胶含量在 6%～8%时，冲击强度提高明显，超过 8%时冲击强度增加变缓。橡胶含量过大时，拉伸强度、弯曲强度、硬度和 MFR 降低。

②橡胶相体积分数。在橡胶质量分数相同的情况下，如果橡胶中包藏的 PS 量不同，则橡胶相的体积分数不同。在一定限度内，随着橡胶相体积分数的增加，HIPS 的悬臂梁冲击强度线性增加，拉伸强度线性减弱。橡胶相体积分数为 22%时，HIPS 的冲击性能最好。

③橡胶粒子尺寸。橡胶粒子直径小于裂纹宽度时，橡胶粒子埋入裂纹中，起不到增韧作用。橡胶粒径过大，数目减少，则诱发银纹和阻止银纹增长的概率减少，同样也很难起到增韧作用。橡胶粒子直径存在一个临界值（R_c）和一个最佳值（R_{opt}）。当 $R<R_c$ 时，橡胶粒子无增韧作用；当 $R>R_{opt}$ 时，随着粒径的增加韧性下降；只有当 R 在 R_{opt} 附近时，才能获得最大的冲击强度。在 HIPS 中，橡胶粒子尺寸为 1～5μm。

④橡胶颗粒结构。在 HIPS 中，大量 PS 被包藏于橡胶粒子中，形成细胞结构，使橡胶的体积增大 10%～40%。橡胶中包藏的 PS 对橡胶起到增强作用，这种增强的橡胶颗粒又对脆性的 PS 基体起到增韧作用。包藏结构的存在，使橡胶的体积增大。在橡胶含量相同的情况下，橡胶相体积越大，增韧效果越好。包藏在橡胶颗粒中的 PS 量为橡胶量的 2 倍左右时，增韧效果最好。

⑤橡胶种类。工业上制备 HIPS 最常用的是低顺式聚丁二烯（LCBR），其顺式结构含量占 40%左右，反式结构占 50%左右，1，2 结构占 10%左右，3 种结构呈无规分布。LCBR 具有较高的交联能力，易于产生接枝或交联，用其生产 HIPS 时可不加或少用引发

剂，或直接采取热引发方式。

⑥界面黏结性能。通过接枝共聚反应制备 HIPS 时，接枝共聚物起到了相容剂的作用，促进了 PS 基体与橡胶相之间的相容性，提高了界面黏结强度。但接枝率同样存在一个最佳值，接枝率太高，超过饱和状态，对提高体系的相容性没有作用；太低则起不到相容剂作用。

⑦其他因素。橡胶和 PS 的相对分子质量及其分布对增韧效果也有影响。基体 PS 的相对分子质量增加，冲击强度和拉伸强度增加，低相对分子质量 PS 降低 HIPS 的冲击性能。PS 的 M_w 和 M_n 分别为 250000 和 70000 左右比较合适。橡胶相对分子质量太高不利于加工，太低则橡胶强度下降。因此橡胶相对分子质量存在一个适宜的范围，相对分子质量分布过窄也不利于加工。橡胶的交联度要适当，以防止加工时颗粒被过度粉碎。

（2）性能。HIPS 外观为白色不透明珠状或粒状颗粒，密度为 1.04~1.06g/cm^3，除冲击性能优异外，还具有 GPPS 的大多数优点，如刚性高、尺寸稳定性好、易加工、制品光泽度高（光泽度为 85%）及易着色等，但其拉伸强度和透明性下降。

HIPS 的拉伸强度在 13~48MPa，随着温度的降低、应变速率的增加而增加，伸长率约为 10%，热膨胀系数为 $5×10^{-5}$~$8×10^{-5}$，线性收缩率约为 0.006cm/cm，HIPS 的维卡耐热温度为 102℃。不同级别 HIPS 的力学性能和热性能数据分别列于表 1-18 和表 1-19中。

HIPS 易燃，极限氧指数为 17.8%，燃烧时火焰呈橙黄色并伴有大量黑烟产生，材料软化、起泡、烧焦，有特殊的苯乙烯单体味道产生。

暴露在水、碱和稀的无机酸中时，HIPS 的性能不受影响。HIPS 特别容易被氯代烃和芳香烃破坏。HIPS 具有优秀的高介电性和绝缘性。

表 1-18　　不同级别 HIPS 的力学性能

产品	拉伸模量/MPa	屈服应力/MPa	标称应变断裂/%	冲击强度（23℃）/kJ·m^{-2}	冲击强度（-30℃）/kJ·m^{-2}	缺口冲击强度（23℃）/kJ·m^{-2}
超高抗冲挤出级	1900	32	25	160	80	2
制冷内衬挤出级	1500	21	35	不断	120	10
通用挤出级	1850	26	35	不断	130	12
通用注塑模塑级	2800	44	10	70	50	6
高流动模塑级	2200	26	40	120	80	12

注：拉伸性能按照（ISO 527-1、ISO 527-2）标准测试；简支梁冲击强度按照 ISO 179 标准测试。

表 1-19　　不同级别 HIPS 的热性能

产品	挠曲温度/℃	维卡软化温度/℃
超高抗冲挤出级	87	89

续表

产品	挠曲温度/℃	维卡软化温度/℃
制冷内衬挤出级	87	89
通用挤出级	83	90
通用注塑模塑级	96	96
高流动模塑级	82	84

注：挠曲温度按照（ISO 75-1、ISO 75-2）标准测试，负载为 0.45MPa；维卡软化温度按照 ISO 306 标准测试，载荷 50N，升温速度 50℃/h。

HIPS 树脂的吸水率低，通常不需干燥。但有时材料表面有水分附着，会影响外观，一般在 75℃下干燥 2～3h 即可除去水分。同 PS 一样，HIPS 的加工性能好，具有优异的热稳定性和剪切稳定性，熔体的流动性较高，加工温度范围宽，是较容易热成型的树脂之一，可用许多传统的成型方法进行加工，如注射成型、结构泡沫塑料成型、片材和薄膜挤塑、热成型以及注坯吹塑成型等。薄膜、片材和型材的挤塑是 HIPS 用得最多的加工成型方法，一般使用普通的挤塑设备，机筒温度 180～220℃，机头温度 200～220℃。注塑成型是仅次于挤塑的用得最多的加工成型方法，加工温度 200～260℃，注射压力 69～128MPa，模具温度 50～80℃。但对于阻燃级 HIPS，其加工温度必须低于 240℃，以防止添加剂产生降解反应。

六、丙烯腈-丁二烯-苯乙烯共聚物

丙烯腈-丁二烯-苯乙烯共聚物（Acrylonitrile-Butadiene-Styrene copolymer，ABS），是由丙烯腈、丁二烯和苯乙烯组成的三元共聚物。ABS 树脂兼具 3 种组分的优点：丙烯腈可以使 ABS 树脂具有较高的强度、耐热性、耐化学药品性；丁二烯可以使树脂获得弹性，提高冲击强度；苯乙烯则使之具有优良的电性能以及良好的成型加工性能。由于 ABS 具有综合的良好性能以及良好的成型加工性，应用非常广泛，其中最大应用领域是汽车、电子电器和建材。目前主要 ABS 生产企业为美国拜耳、韩国 LG、美国通用电气 GE 塑料、美国巴斯夫等。ABS 的 TEM 照片如图 1-14 所示。

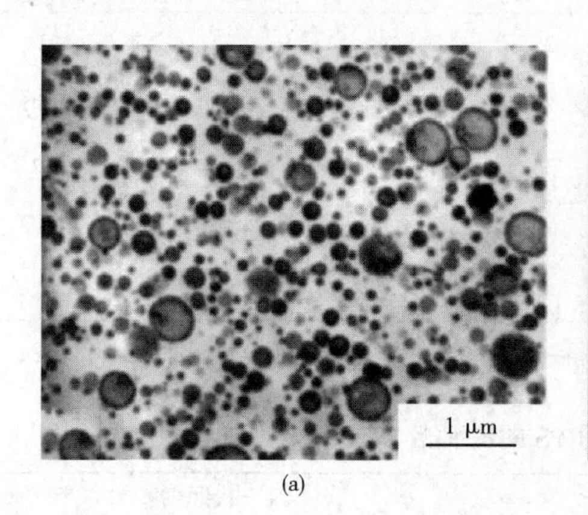

(a)

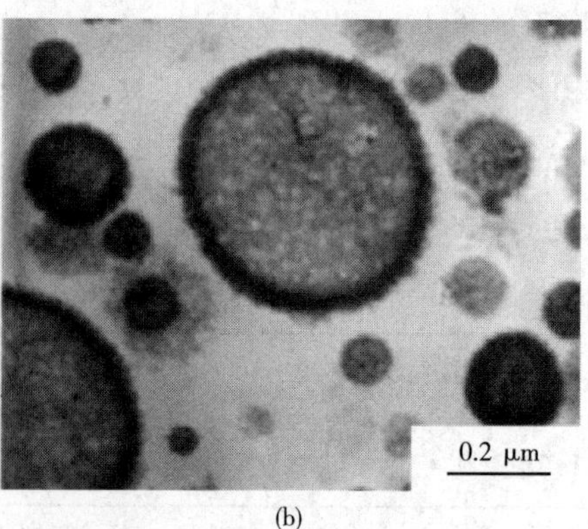

(b)

图 1-14　ABS 的 TEM 照片

1. ABS 的结构

ABS 树脂的生产方法很多，工业装置上应用较多的是乳液接枝掺合法和连续本体聚合法，工艺流程分别如图 1-15 和图 1-16 所示。两种工艺的对比列于表 1-20 中。

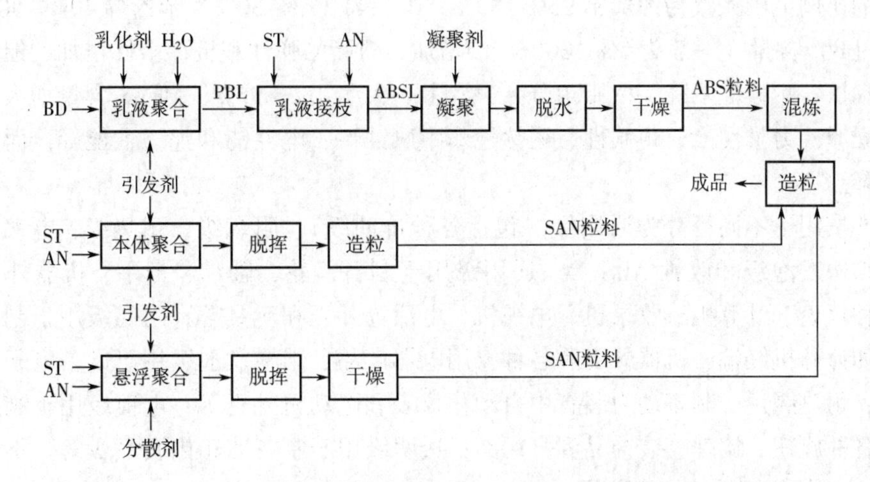

图 1-15　乳液接枝掺合法生产 ABS 的工艺流程图

主要的反应式如下：

$$p\mathrm{CH_2{=}CH{-}CH{=}CH_2} \longrightarrow \mathrm{[\!-CH_2{-}CH{=}CH{-}CH_2-\!]}_p$$

$$m\ \underset{\mathrm{C_6H_5}}{\mathrm{CH{=}CH_2}} + n\mathrm{CH_2{=}}\underset{\mathrm{CN}}{\mathrm{CH}} + \mathrm{[\!-CH_2{-}CH{=}CH{-}CH_2-\!]}_p \longrightarrow \text{本品} \qquad (1\text{-}3)$$

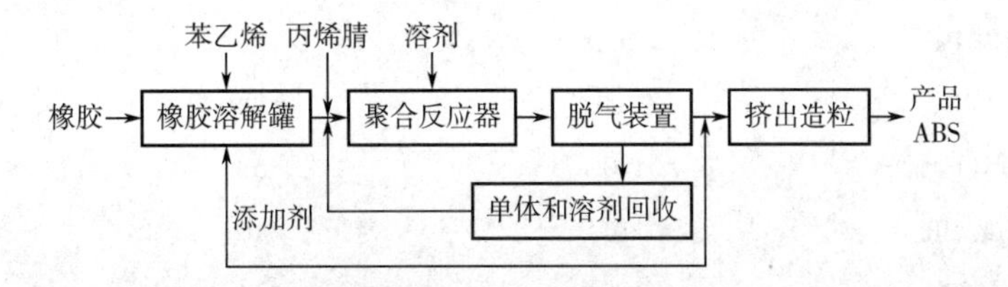

图 1-16　连续本体聚合法生产 ABS 的工艺流程图

表 1-20　乳液接枝掺合法和连续本体聚合法的对比

项目	乳液接枝掺合法	连续本体聚合法
橡胶含量	高	低
橡胶形态	交联，粒度和分散良好	无凝胶，粒度和分散不理想
橡胶粒径	一般较小	一般较大
单体回收方式	气提	真空高温脱挥
三废	有废水和废气产生	无废水排放，产生废气少
产品特点	覆盖了挤出、阻燃、耐热、电镀、注塑等各个领域	以低光泽牌号为主，适用于消光性制件或对抗冲击性要求不高的产品

通过改变3种单体的比例和聚合方法，可制得不同结构的ABS，有以丁二烯为主链的接枝共聚物和以坚硬的AS树脂为主链的接枝共聚物；或橡胶弹性体和AS树脂混合物。可得到高冲击型、中冲击型、通用冲击型和特殊冲击型等不同品种的ABS。一般3种单体的比例范围大致为丙烯腈25%~35%、丁二烯25%~30%、苯乙烯40%~50%。随丁二烯（B）含量（一般为5%~30%）的增加，树脂的弹性和抗冲击性增加，但拉伸强度、流动性、耐候性下降。树脂组分AS含量一般为70%~95%，随AS含量增大，可提高表面光泽、力学性能、耐候性、耐热性、耐腐蚀性、电性能和加工性能等，而冲击强度等下降。

ABS按用途不同可分为通用级（包括各种抗冲级）、阻燃级、耐热级、电镀级、透明级、结构发泡级和改性ABS等。通用级用于制备齿轮、轴承、把手、机器外壳和部件、各种仪表、计算机、收录机、电视机、电话等外壳和玩具等；阻燃级用于制备电子部件，如计算机终端、机器外壳和各种家用电器产品；结构发泡级用于制备电子装置的罩壳等；耐热级用于制备动力装置中自动化仪表和电动机外壳等；电镀级用于制备汽车部件、各种旋钮、铭牌、装饰品和日用品；透明级用于制备冰箱内食品盘等。不同厂家的耐热ABS的典型性能举例如图1-21所示。

表1-21　不同厂家的耐热ABS的典型性能举例

项目	普利特高耐热ABS 3450DH	奇美ABS PA-777D	LG耐热ABS XR-418
密度/g·cm^{-3}	1.06	1.06	1.06
熔体流动速率/g·（10min）$^{-1}$	4.5	5.5	6
拉伸强度/MPa	45	44	48
断裂伸长率/%	20	15	17
弯曲强度/MPa	76	75	76
弯曲模量/MPa	2500	2500	2600
缺口冲击强度/kJ·m^{-2}	150	150	160
洛氏D硬度/HR	110	110	113
维卡软化温度/℃	115	114	108
热变形温度/℃	98	96	90
收缩率/%	0.58	0.56	0.40
光泽度	75	75	75

2. ABS的性能

ABS为浅象牙色不透明粒料，其制品易着色，并具有高光泽度，密度为1.06g/cm^3，不透水，但略透水蒸气。ABS同其他材料的结合性好，可进行表面印刷、喷涂金属、电镀、焊接和粘接等二次加工。

ABS的氧指数为18%~20%，燃烧缓慢，火焰呈黄色并伴有黑烟，燃烧后软化、烧焦，发出特殊的肉桂气味，但无熔融滴落。ABS树脂的主要缺点是热变形温度低，可燃，耐候性较差。

（1）力学性能。ABS 具有优良的综合物理和力学性能，极好的低温抗冲击性能；耐磨性优良，尺寸稳定性好，又具有耐油性，可用于中等载荷和转速下的轴承。ABS 的耐蠕变性比聚砜（PSF）及 PC 大，但比 PA 及 POM 小。ABS 的弯曲强度和压缩强度属塑料中较差的。ABS 的力学性能受温度的影响较大。

（2）热性能。ABS 的热变形温度为 93~118℃，制品经退火处理后可提高 10℃左右。ABS 在-40℃时仍能表现出一定韧性，可在-40~100℃的温度范围内使用。

（3）电性能。ABS 的电绝缘性较好，几乎不受温度、湿度和频率的影响，可在大多数环境下使用。

（4）化学性能。ABS 不受水、无机盐、碱及多种酸影响，不溶于大部分醇类和烃类溶剂，但可溶于醛、酮、酯和某些氯代烃中，受冰乙酸、植物油等侵蚀会产生应力开裂。ABS 的耐候性差，在紫外光的作用下易产生降解，在户外 6 个月后，冲击强度下降 1/2。

（5）加工性能。ABS 树脂在储存运输过程中会吸收空气中的水分，吸水率随空气湿度有所变化，一般为 0.2%~0.4%，必须对材料进行充分干燥，使材料含水率降至 0.05%以下，最好在 0.02%以下，否则可能出现水花、银丝等表面不良现象。一般干燥条件为温度 80~90℃，时间 2~4 h。对特殊要求的制品（如电镀），干燥条件为温度 72~86℃，时间 17~18h。

ABS 的熔体流动性比 PS 和 HIPS 差，但比 PVC 和 PC 好。为非牛顿流体，其熔体黏度与加工温度和剪切速率都有关系，但对剪切速率更为敏感。

ABS 制品的成型收缩率小，易产生内应力，内应力的大小可通过浸入冰乙酸中检验。可进行退火处理消除内应力，具体条件为把 ABS 塑件放于 72~82℃的热风循环干燥箱内保温 2~4h，再冷却至室温。

ABS 可用注塑、挤塑和真空等多种成型方法进行加工。

七、共聚聚苯乙烯树脂

GPPS 的脆性高，耐热、耐化学药品、耐候等性能较低，通过苯乙烯与其他单体共聚，使 PS 的冲击强度、耐热性、耐候性得到改善。苯乙烯类共聚树脂品种众多，包括苯乙烯-丙烯腈共聚物（AS 或 SAN）、丙烯酸酯-丙烯腈-苯乙烯共聚物（AAS）、丙烯腈-三元乙丙橡胶-苯乙烯共聚物（AES）、丙烯腈-氯化聚乙烯-苯乙烯共聚物（ACS）、甲基丙烯酸甲酯-苯乙烯共聚物（MS）、甲基丙烯酸甲酯-丁二烯-苯乙烯共聚物（MBS）、苯乙烯-马来酸酐共聚物（SMA）、苯乙烯-马来酰亚胺共聚物（SMI）和 K 树脂等。

1. AS（也称 SAN）

SAN 由苯乙烯-丙烯腈共聚制得。由于含有极性的丙烯腈，使得 SAN 具有优良的力学性能，较高的刚性、硬度和尺寸稳定性，其力学性能优于 GPPS，特别是冲击强度明显提高（但不如 ABS）；耐化学药品稳定性，耐水、酸碱类溶液，洗涤剂、氯化烃类溶剂；对非极性化学品如汽油、油类和芳香化合物的稳定性较高，但能被某些有机化合物溶胀。

SAN 树脂与 GPPS 一样可用注塑、挤出和吹塑等方法加工成型。SAN 树脂有较高吸水性（吸水率为0.6%），加工前需要在75~85℃温度下干燥2~4h。

主要应用领域为家用电器，如洗衣机、电视机、收录机、空调机、干燥器、电话等零件；食品机械如果汁、奶油、咖啡混合容器，杯、盘，餐具等包装瓶和容器等；汽车制造，如蓄电池槽、信号灯、车灯架、仪表盘、内部装饰件、物品箱等；日用品，如保温杯、饮料杯、挂钩、各种物品架、装饰品等，以及其他产品，如照相机零件、玩具、办公用品等。

2. 丙烯酸酯/丙烯腈/苯乙烯共聚物（AAS树脂也称ASA）

AAS是苯乙烯、丙烯酸酯和丙烯腈三元共聚物，以丙烯酸酯橡胶骨架与丙烯腈-苯乙烯接枝共聚而得。与ABS相比，采用丙烯酸酯橡胶代替聚丁二烯橡胶，其耐候性和热老化性能大幅提高，如AAS在室外暴露15个月，冲击强度和断裂伸长率几乎没有下降，颜色变化也极小，而ABS的冲击强度则下降了60%。

AAS具有较高的硬度和刚性，能够承受长期的静或动负荷；耐热性能优良，在85~100℃中不变形，可在-20~70℃下长期使用；耐蠕变性能较好，耐环境应力开裂性优良。AAS的介电性能优良，有良好的耐水性，能在湿润的环境中长期使用，并能保持良好的抗静电性。AAS的耐化学药品性与ABS相似，能耐无机酸、碱、去污剂、油脂等，但不耐有机溶剂。在苯、氯仿、丙酮、二甲基甲酰胺、乙酸乙酯等溶剂中易软化变形。AAS具有良好的印刷性，不需要表面处理就可直接印刷和真空镀铝金属化。

AAS具有良好的加工性能。能够采用挤出、注塑、吹塑、压延及进行真空成型、化学镀、真空蒸镀和黏结等二次加工成型。由于AAS有一定的吸水性，加工前应在80~85℃下干燥3~4h。

AAS具有优良的耐候性和耐老化性，可用在室内和室外制品，如汽车零件、道路路标、仪表壳、灯罩、电器罩、电信器材、办公用品等，可与PVC、PC制成合金产品。

3. 丙烯腈/三元乙丙橡胶/苯乙烯共聚物（AES树脂也称EPSAN）

AES是由苯乙烯、丙烯腈与三元乙丙橡胶（EPDM）接枝的共聚物，耐候性比ABS高4~8倍；冲击性能和热稳定性优于ABS；吸水率低。

AES具有良好的加工性能，可采用通用塑料的加工成型方法。由于热稳定性良好，加工时不像ABS那样易变黄。

AES具有优良的耐候性，适合于用在室外制品，如汽车零件、广告牌、仪表壳、容器旅行箱、包装箱、盒及日用品等。

4. 丙烯腈/氯化聚乙烯/苯乙烯共聚物（ACS）

ACS是由苯乙烯、氯化聚乙烯和丙烯腈接枝共聚而成的三元共聚物，随CPE含量的增加，ACS的冲击强度增加，拉伸强度下降。ACS的耐候性优于ABS，也优于AAS。耐候性与CPE含量成比例，CPE含量越高，耐候性越好。ACS具有良好的阻燃性和耐寒性。ACS溶于甲苯、二氯乙烯、乙酸乙酯、丁酮。

ACS最大的缺点是加工性能不佳。加工温度范围较窄，限制在170~220℃，热稳定性较差，不能在加工设备中停留过长时间。为避免产生降解，应加入热稳定剂。制品表面光泽较差，外观较粗糙。ACS是无定形聚合物，成型收缩率较小，尺寸稳定性好。

ACS主要采用挤出和注塑方法加工。利用其优良的耐候性，可用于制备室外用产品以及家用电器（电视机、收录机、录像机、电子计算机）、电气设备外壳、汽车零部件、灯具、广告牌、路标、办公文化用品等。

5. 甲基丙烯酸甲酯/苯乙烯共聚物（MS）

MS是MMA与苯乙烯的共聚物，兼有PS的良好加工性和PMMA的耐候性和优良的光学性能，增加了PS的韧性，力学性能优于GPPS。MS具有与PMMA相似的透明性。

MS加工性能良好，可以挤出、注塑、吹塑成型，还可以黏结、焊接、机械加工等二次加工成型，成型条件与PS和PMMA相似。

MS主要应用于要求透明的零件制备，如仪器仪表零件、灯具、光学镜片、广告牌、办公用品及其他日用品，如牙刷、开关、标尺等。

6. 甲基丙烯酸甲酯/丁二烯/苯乙烯共聚物（MBS）

MBS是由MMA、丁二烯与苯乙烯三元共聚而得。MBS中由于引入了MMA，使树脂的折射率下降，与橡胶相的折射率相近，提高了树脂的透明度，弥补了ABS树脂不透明的缺陷，也称为透明ABS。透光率可达85%~90%，折射率为1.538。MBS耐弱酸、碱和油脂，不耐酮类、芳香烃、脂肪烃和氯代烃等溶剂。MBS的力学性能优良，是一种韧性良好的塑料；在85~90℃范围内可保持足够的刚性，在-40℃时仍具有良好的韧性。

MBS的流动性与ABS相似，可采用挤出成型方法制备型材、片材、管、膜，也可采用注塑、吹塑方法成型。MBS主要用于生产需要一定冲击强度的透明制品，如电视机、收录机、电子计算机等各种家用电器外壳，仪器仪表盘、罩、电信器材零件，玩具、日用品等，在许多场合下可以替代ABS。

MBS另一重要应用领域是用做PVC的抗冲改性剂，可使PVC的冲击强度提高6~15倍，还可改善PVC的抗老化、耐寒性和加工性能。MBS具有典型的核-壳结构，溶解度参数与PVC相近，两者的热力学相容性好，折射率相近，用MBS做PVC的抗冲改性剂不会影响PVC的透明性。

为了克服MBS力学性能方面的不足，又研制出XABS（甲基丙烯酸酯、丙烯腈、丁二烯、苯乙烯四元共聚物），XABS具有优良的力学性能和透明性，透光率达85%，冲击强度、低温冲击强度、弯曲强度、硬度都比MBS高。

7. 苯乙烯/马来酸酐共聚物（SMA）

SMA由苯乙烯与马来酸酐（MAH）无规共聚制备。SMA最大的优点是耐热性优良，由于SMA分子主链中存在五元环，增大了高分子链的刚性，使SMA的T_g和热变形温度均明显提高，并随MAH含量的增加而增加。SMA的热变形温度为96~120℃（1.82MPa负荷），远高于PS。SMA可溶于碱液、酮类、醇类和酯类中；在水、己烷及甲苯中不溶胀。

SMA具有突出的刚性和尺寸稳定性。含有橡胶成分的SMA的韧性和冲击强度提高，但失去透明性。SMA可挤出、注射成型，主要应用在汽车零件，如内装饰件、仪表板、前板、门框等，以及家用电器零件；也可用于制备各种电子仪器零件、食品容器、办公用品等。

SMA可与PVC、ABS、PC、PBT等树脂共混，改善它们的耐热性。如SMA/ABS合金的热变形温度比普通ABS提高约20℃，也超过了耐热ABS的热变形温度，而且加工性能良好。SMA/PC 合金的冲击强度、耐应力开裂性和加工性能均优于 PC。

8. 苯乙烯/马来酰亚胺共聚物（SMI）

SMI 是苯乙烯与马来酰亚胺（MI）的共聚物，主要由日本的三井东亚化学公司、触媒化学公司和日本大八化学公司 3 家公司生产。SMI 主链中含有 MI 环，MI 基上形成 C—N—O 共振结构，限制了大分子的自由运动，使 SMI 具有较大的刚性，比 SMA 具有更高的耐热性。SMA 在 210℃开始分解，而 SMI 在 320℃才开始分解。SMI 的耐热性与 MI 中氮原子上所连取代基结构密切相关。若用 N-苯基马来酰亚胺（NPMI）为单体，与苯乙烯共聚，耐热性提高比 MI 更加明显，耐热性随着 NPMI 含量的增加而增加。

SMI 的主要缺点是抗冲击性能不高，可通过与 BR、ABS、PC、PMMA、PET、PPS、PVC 等树脂共混来改性。

SMI 可采用挤出、注塑、发泡等方法进行加工，其制品可作为工程塑料使用，制备汽车零件、仪表盘、计算机、机壳、办公用品、薄膜等。

9. K 树脂

K 树脂是丁二烯-苯乙烯星形嵌段透明树脂。K 树脂中，苯乙烯与丁二烯通过化学键相连。K 树脂透明性非常突出，透光率可达 90%，接近 GPPS。通过控制丁二烯嵌段长度和聚丁二烯结构，使橡胶相粒径小于可见光波长，可控制 K 树脂的透明性。K 树脂的热变形温度低于其他苯乙烯类树脂。K 树脂易溶于甲苯、甲乙酮、乙酸乙酯、氯甲烷等。

K 树脂因具有良好的透明性和冲击性能，并且符合美国 FDA 规定，主要用于包装材料，大量用于食品、水果、蔬菜、肉类的包装，也可应用于医用容器、磁带盒、洗涤剂包装瓶、化妆品盒、高档服装衣架等。K 树脂具有良好的力学强度和透明性，易加工，性能与 GPPS 相近，但冲击性能高于 GPPS。K 树脂与 GPPS 有良好的相容性。

八、聚苯乙烯共混改性

1. PS/PPO 合金

聚 2,6-二甲基对苯醚（PPO）具有良好的力学性能、电性能、尺寸稳定性和耐热性，但熔体黏度高，加工困难，制品易产生应力开裂。PPO 基本不单独使用，都是与其他树脂共混，最著名的就是 PS/PPO 合金。PS 与 PPO 共混可达到热力学相容，共混物的力学性能具有线性加和性。

PS/PPO 合金既保持了 PPO 树脂优良的电气、机械、耐热和尺寸稳定等性能，又改善了 PPO 的成型加工性和 PS 的耐热性和耐冲击性能。PS/PPO 合金广泛用于制备汽车零件、电气电子元件、家用电器、办公设备等领域。

2. PS/PO 合金

PS 与聚烯烃（PO）的相容性不好，直接共混效果很差。相容剂一般为 PS 与 PO 的接枝共聚物，如 PE-g-PS、PP-g-PS、EP-g-PS、EPDM-g-PS 等，或是嵌段共聚物。接枝共聚物可采用化学合成的方法，也可采用熔融挤出的方法。

反应性增容也是提高 PS/PO 共混体系相容性的有效方法，反应性增容是在 PS 主链上引入反应性基团，成为反应性 PS（RPS），反应性基团能与带有氨基、酐、羧基、环氧基、酚等基团的聚合物反应，形成具有良好相容性的合金。

PE/PS合金既具有PS良好的加工性能，又具有PE的耐划痕性，水蒸气透过性小，刚性、耐低温、耐油脂和耐化学药品等性能优良，主要用于包装材料、含油脂高的食品容器及冷冻装置。

3. 其他共混改性

PS与ABS两者相容性好，PS/ABS共混体系具有良好的耐冲击性能。

PS与PA66共混物，填充30%玻璃纤维进行增强，复合材料的拉伸强度略低于PA66，但远高于未增强苯乙烯系列树脂中强度最高的AS，该材料已在汽车制备和电工技术领域得到应用。

思考题

1. 如何判断某塑料原料是否为PS料？

2. 从PS的结构出发，讨论PS的性能特点（包括力学性能、电学性能、化学稳定性和环境性能、热学性能、加工性能等）。

3. ABS树脂由单体A、B、S组成，写出各单体的名称，并指出各单体赋予ABS什么性能。由组成ABS的这几种单体还可得到哪些塑料？

4. 影响HIPS韧性的因素有哪些？

5. EPS的制备方法有哪些？

第五节　聚丁烯-1

聚丁烯-1（Polybutene-1，PB-1）是以丁烯-1为单体得到的半结晶型树脂。意大利科学家G Natta于1954年首先在实验室合成了PB-1，目前商品化的PB-1塑料主要由荷兰利安德巴塞尔（Lyondell Basell）公司、日本三井化学、韩国爱康集团提供，2013年我国第一套PB-1生产线建成。PB-1树脂具有优异的耐蠕变性、耐环境应力开裂性和良好的韧性，被广泛用于制备管材、薄膜和薄板，其中管材约占80%，膜材占15%，其他应用约占5%。

一、聚丁烯-1的合成

主要采用Ziegler-Natta催化剂。使用三氯化钛-二乙基氯化铝（$TiCl_3$-$AlEt_2Cl$）催化剂可以得到等规度98%的PB-1。但由于PB-1树脂在单体中发生溶解或溶胀，不能采用沉淀法釜式或环管式聚合，通常采用溶液法或气相法聚合。20世纪60年代，德国Huls化学公司首先采用淤浆法制得了高结晶度、高等规度的PB-1。Basell公司采用本体法（Wito-Mobil-Shell法），以四氯化钛-二氯化镁-苯甲酸乙酯作为主催化剂，三乙基铝作为助催化剂，在40~90℃、0.93MPa的条件下聚合得到PB-1。芬兰耐斯特石化公司和日本出光株式会社开发了气相法合成PB-1的工艺，可以获得稳定的晶型Ⅰ聚合物，但未见商业化产品。采用茂金属催化剂可以获得窄分布的PB-1，茂金属催化剂主要用于共聚聚丁烯的商业化合成。两种催化剂聚合得到的PB-1的性能对比见表1-22。

表1-22　Ziegler-Natta催化剂和茂金属催化剂催化聚合得到的PB-1的性能

催化剂	M_w/×10^4g·mol^{-1}	M_w/M_n	等规度/%	熔点/℃	
				T_m（晶型Ⅰ）	T_m（晶型Ⅱ）
Ziegler-Natta催化剂	23~154	6~12	75~94	123~131	113~117
茂金属催化剂	5~70	1.2~2.7	90~99	91~123	81~117

二、聚丁烯-1的结构

1. 链结构

PB-1的结构式为 $\left[CH_2 - \underset{\underset{C_2H_5}{|}}{CH} \right]_n$ ，根据空间排列可以形成全同、间同和无规3种结构。无规PB-1是一种弹性体。间规PB-1的熔点为57℃，尚未见商业化产品。全同（等规）PB-1是一种半结晶型塑料。不同全同链段含量PB-1材料的基本性能如表1-23所示。

表1-23　不同全同链段含量PB-1材料的基本性能

性能	塑料（PB-1）		热塑性弹性体	弹性体
	高强塑料	韧性塑料	（PB-TPE）	（aPB）
全同链段含量/%	≥96	80~95	50~80	<50
结晶度/%	>55	30~55	10~30	<10
主要用途	冷热水管及配件	增韧PP、薄膜	防水卷材、增韧材料、绝缘材料等	类似aPP

2. 凝聚态结构

全同PB-1是一种多晶型半晶聚合物，晶体形态有Ⅰ、Ⅱ、Ⅲ、Ⅰ′和Ⅱ′五种。各种晶体特点见表1-24。在塑料加工过程中常见的是晶型Ⅰ和Ⅱ。晶型Ⅰ是PB-1最为稳定的晶型，T_g约-30℃，熔点约130℃，空间结构是六方堆积的3/1螺旋结构，完全结晶熔融焓为141J/g。晶型Ⅱ在结晶过程中具有动力学优势，常压条件下结晶形成。晶型Ⅱ的链构象是四方堆积的11/3螺旋，完全结晶熔融焓为62J/g。但晶型Ⅱ的热力学稳定性差，经过7d的停放会自发地向晶型Ⅰ发生不可逆转变，转变后由于链的堆积密度增加，使制品的硬度、密度、结晶度、熔点、刚性和屈服强度提高，拉伸强度和断裂伸长率没有显著变化，样品尺寸收缩发生翘曲。通过加入成核剂、改变压力和温度可以加速PB-1由晶型Ⅱ向晶型Ⅰ的转变。Ⅲ型晶体可由溶液聚合和聚合物溶液中沉淀得到，熔点96℃，是由4/1螺旋链堆砌而成的正交晶胞结构，室温下稳定，接近熔点温度时转变成Ⅱ型并持续转变成Ⅰ型。PB-1在高压下熔体结晶或在适当的溶剂中进行溶液结晶可得到晶型Ⅰ′，熔点95℃，与晶型Ⅰ具有相同的晶胞参数，但在X射线衍射中表现出非孪生的六方衍射花样。Ⅱ′的报道较少。

与 PP 相比，PB-1 的结晶温度低，结晶速度慢，PB-1 在 100℃的半结晶时间接近 10min。

表 1-24 PB-1 常见晶体特点

晶型	晶型形态	螺旋结构	熔点/℃	密度/$g \cdot cm^{-3}$	邵氏 D 硬度/HD	红外光谱/cm^{-1}
Ⅰ	菱形	3/1	121~136	0.916	65	925810
Ⅱ	四方形	11/3	100~120	0.89	39	900
Ⅲ	斜方形	4/1	100~120	—	—	900810
Ⅰ′	散式菱形	—	95~100	—	—	925792

三、聚丁烯-1 的性能

1. 力学性能

PB-1 具有良好的力学性能和韧性，拉伸形变时没有明显的屈服。PB-1 制品的力学性能对取向敏感，取向后拉伸强度、弯曲强度明显提高，其屈服值、拉伸强度和冲击强度分别是 PE-LD 的 2 倍、6~10 倍、3~4 倍。PB-1 的抗蠕变性是聚烯烃材料中最好的，在不超过屈服强度的应力下，其耐蠕变性可以保持到 110℃。与其他聚烯烃相比，PB-1 的耐应力开裂性最好。PB-1 的耐湿磨性优异，MFR 为 0.1g/10min 的 PB-1 的磨耗量仅有 0.43，低于 PE-UHMW。

PB-1 比 PE-HD 和 PP 软，邵氏硬度与 PE-LD 接近。PB-1 的弯曲模量比 PP 低，而冲击强度与缺口冲击强度高于 PP。

此外，具有热力学稳定晶型 I 的 PB-1 的应力应变关系对时间和温度的依赖性不敏感，其屈服强度在 0.1s 后基本保持恒定。即使在较高温度下，力学性能对时间的依赖性也很小。

2. 热性能

全同 PB-1 是一种半结晶型塑料，T_g 约 -24℃，熔点在 96~136℃，脆化温度约 -30℃。PB-1 制品的力学性能受温度的变化影响较小。在高温下仍可保持较高的力学性能，长期使用温度可达 80~90℃，在热水中使用温度可达到 110℃，可抵抗水蒸气带来的热冲击。

3. 电性能

PB-1 是非极性聚合物，具有优异的电绝缘性和低的介电常数，可用于制备高电压的绝缘电缆，在工作时将减少发热和电损失。

4. 化学性能

PB-1 具有优异的耐化学药品性，在温度不高于 90℃的条件下，在大多数化学试剂中能保持较高的力学性能，但受热而浓的酸氧化侵蚀严重。PB-1 在室温下能耐醇、醚、醛、酮、酯及植物油。烃类和氯代溶剂在室温下可以侵蚀 PB-1，在 60℃时能完全溶解。PB-1 的气体和蒸气透过率稍低于 PE-LD。当 PB-1 用作热水管时，热水对 PB-1 中的抗氧剂有一定的抽出效应，使管材的抗老化性有一定的下降。PB-1 中残留的催化剂对耐老化性能影响明显，尤其是金属钛的存在会加速老化进程。PB-1 和 PP 的相容性较好，但与 PE 的相容性差，可在包装材料中起热封强度调节作用。

PB-1 的耐环境应力开裂性优异，远优于其他聚烯烃材料，通常将 PB-1 用于 PE 改性；在 PE-LD 中加入 7.5%的 PB-1 可提高抗环境应力开裂性能。几种聚烯烃材料抗环境应力开裂性能对比如表 1-25 所示。

表 1-25　几种聚烯烃材料抗环境应力开裂性能对比

材料	MFR/g·(10min)$^{-1}$	密度/g·cm^{-3}	耐环境应力开裂时间/h	失效率/%
PB-1	0.4	0.913	15000	0
	2.0	0.911	15000	0
PP	3.5	0.902	1124	75
	0.7	0.904	15000	40
PE	0.2	0.921	20	50
	0.2	0.921	40	100
	0.7	0.915	15	100
	4.5	0.922	17	100
	5.6	0.959	16	100

5. 加工性能

PB-1 是非极性聚合物，吸水性很低，在加工前无须干燥。PB-1 是聚烯烃材料中对剪切最敏感的材料，商用 PB-1 的相对分子质量大约在 750×10^4，但其加工性能优异。PB-1 的熔体强度大约是 PP 的 2 倍，熔融态的 PB-1 具有优异的可拉伸性和抗熔体下垂性。PB-1 的加工温度在 160~240℃，注塑时，模具温度应保持在 60℃，以加速PB-1 的结晶速度。PB-1 的挤出胀大和冷却收缩均高于 PE，因此在设计模具时应加以注意。

四、其他聚丁烯

1. 无规聚丁烯-1

无规聚丁烯-1（Atactic polybutene-1，aPB）是 PB-1 生产的副产物。aPB 的物理性能见表 1-26。在 aPB 中晶区作为物理交联点，使 aPB 的弹性介于软质 PVC 和硫化橡胶之间，具有优异的耐化学溶剂性和韧性，加工时可采用普通热塑性弹性体的加工工艺。aPB 可替代软质 PVC 制造片材或管材，还可用于房屋防水卷材、密封条、密封件等。

表 1-26　aPB 的物理性能

性能	均聚	
	范围	典型
MFR/g·(10min)$^{-1}$	0.2~20	10
密度/g·cm^{-3}	0.912~0.916	0.914

续表

性能	均聚	
	范围	典型
拉伸强度/MPa	6~28	12
断裂伸长率/%	10~600	360
邵氏 A 硬度/HD	50~90	75~85
熔点（晶型Ⅰ）/℃	100~118	106~116
维卡软化温度/℃	70~100	76~97

2. 聚丁烯无规共聚物

聚丁烯无规共聚物（PB-R）是由质量分数不少于50%的1-丁烯与其他烯烃（如乙烯、丙烯等共聚单体的一种或几种）共聚得到，有二元共聚和三元共聚。PB-R 的分子链也是等规排列的半晶聚合物。无规共聚物可以采用 Ziegler-Natta 催化剂和茂金属催化剂聚合得到。2008 年，Lyondell Basell 公司首先商业化无规共聚 PB-1，牌号为 Ako-afloor PB-R 509，用于制造地板采暖、天棚采暖和墙壁采暖等管道系统。PB-R 还可用于对聚烯烃进行改性。Lyondell Basell 公司合成的 1-丁烯-乙烯-丙烯三元无规共聚物，用于双向拉伸 PP 膜、流延膜和吹塑膜时，可以在不降低熔融温度和加工性的前提下，降低薄膜热封起始温度。

思考题

1. 为何 PB-1 具有良好的抗蠕变性能？
2. 为何 PB-1 具有良好的耐应力开裂性？
3. 简述 PB-1 的结晶特点。
4. 如何判断某塑料是 PB-1？
5. 比较 PB-1 与 PP、PE 的性能差异。

第六节　聚四甲基一戊烯

聚四甲基一戊烯（Poly-4-methy-1-pentene，P4MP 或 PMP）是以丙烯二聚物为单体的半结晶型塑料。意大利科学家 G Natta 于 1956 年首先在实验室合成，1965 年由英国帝国化学（ICI）公司实现了半工业化生产，1973 年转让给日本三井化学公司，商品名为 TPX™。PMP 主要应用领域包括医疗器械（45%）、家用电器（30%）、薄膜（10%）、餐具（5%）等。PMP 具有优异的耐高温、耐水蒸气、无毒、透明性优良的特点，制品耐蒸煮性能优良，所制备的医用注射器、血液分析池、三通阀、动物实验笼等可使用高温蒸煮消毒，还可用于制造量筒、烧杯等理化器材。相较于 PTFE，PMP 拥有极低的介电常数的同时，还具有更小的介电损耗，因此在无线电天线、微波天线、电缆以及绝缘端子上有较好的应用。由于 PMP 的表面能低，密度低，用在管材上有降低流动阻力、减轻密度的优势。

一、聚四甲基一戊烯的合成

PMP 的单体是丙烯的二聚物，聚合时采用 Ziegler-Natta 催化剂，使用三氯化钛-二乙基氯化铝（$TiCl_3$-$AlEt_2Cl$）催化剂，聚合温度为 30~60℃，在烃类溶剂中常压下进行溶液聚合。聚合后，粗产物需要洗去过量的催化剂，常使用甲醇进行纯化。

二、聚四甲基一戊烯的结构

PMP 的结构式为

$$\begin{array}{l} \left[CH_2-CH \right]_n \\ \qquad\quad | \\ \qquad H_2C-CH(CH_3)_2 \end{array}$$

，分子无极性。受侧链基团的位阻效应，导致均聚 PMP 的主链柔顺性差，T_g 高于室温，为 50~60℃。同样，由于侧链基团的位阻效应，分子链间排列较为松散，导致结晶区域密度较低以及有利于气体分子的渗透。室温下，PMP 的晶区密度（0.81 g/cm^3）低于非晶区密度（0.84 g/cm^3）。当温度达到 60℃时，两相的密度相等。当温度临近熔点时，晶区密度略高于非晶区密度（约大于 7%）。晶区分子链为螺旋构型，分子的光学各向异性低，晶区与非晶区的密度及折射率相近，材料的各向同性程度高，成为目前高透明树脂中唯一的结晶型聚合物。

侧链基团的排布分为等规、间规、无规 PMP。商品化的 PMP 是等规结构，热处理后最大结晶度可达 65%，通常在 40%左右。间同立构的 PMP 为 12/7 螺旋，与最稳定的全同立构 7/2 螺旋除去构型与构象不同，其他性能相似。

PMP 是一种多晶型半晶聚合物，有Ⅰ、Ⅱ、Ⅲ、Ⅳ、Ⅴ5 种晶型。形态Ⅰ和Ⅲ为四方晶系，形态Ⅱ为单斜晶系，形态Ⅳ为六方晶系。其中晶型Ⅰ是由熔融后结晶以及挤出成型，或者可以通过在高沸点的溶剂中结晶得到，分子链的构象是 7/2 螺旋结构，分子链堆积形成的晶格呈四方晶系排列，晶胞参数为：$a=b=1.866$nm、$c=1.380$nm。其他几种晶型都是由溶液中析出得到的，这几种晶体在适合温度下热处理均可转化成晶型Ⅰ。

商品化的 PMP 通常是共聚物，由于不同的烯烃和四甲基一戊烯可以在不同程度上实现共结晶，其中 1-己烯的共晶效果最佳。四甲基一戊烯与 1-己烯共聚后结晶速度减慢，球晶生长边缘的空隙减小，使 PMP 的透明性提高。具体参数见表 1-27。

表 1-27　四甲基一戊烯共聚物的性能

(a) 不同 1-己烯含量共聚物的结晶度和熔点

1-己烯单体含量/%	结晶度/%	熔点/℃
0	65	245
5	60	238
10	57	235
20	53	228

续表

(b) 添加 5%（质量分数）共聚单体对结晶度和熔点的影响		
共聚单体	结晶度/%	熔点/℃
空白	65	245
1-己烯	60	238
1-辛烯	50	234
1-癸烯	46	229
1-十八烯	25	225

三、聚四甲基一戊烯的性能

PMP 为外观无色、透明固体，密度为 0.83g/cm^3，是密度最小的热塑性树脂，表面硬度较低，无毒。透光性能介于 PMMA 和 PS 之间。易燃烧，氧指数为 20%，离火后继续缓慢燃烧，有熔融滴落。

1. 力学性能

PMP 室温下的力学性能（拉伸强度、断裂强度、弯曲模量等）与 PP 近似。虽然 PMP 是半结晶聚合物，但由于结晶时球晶尺寸较大，球晶边界区尺寸过大，导致 PMP 在室温下是脆性材料。表 1-28 给出了 PMP 典型的力学性能。

表 1-28　PMP 塑料室温下的力学性能

性能	典型值
密度/g·cm^{-3}	0.83
拉伸强度/MPa	27.5
断裂伸长率/%	15
拉伸模量/MPa	1500
环境应力开裂性能	开裂（与 PE-LD 近似）

2. 热性能

PMP 的熔点大约在 240℃，完全结晶熔融焓为 65.4J/g。PMP 的热导率较低，仅 0.16W/（m·K）。

PMP 制品的力学性能有典型的温度依赖性，随着温度的升高，屈服强度迅速下降，但断裂伸长率和冲击强度明显提高，同时部分性能的保持温度可达 160℃。但 T_g 只有 50~60℃，热变形温度较低，仅为 90℃，维卡软化温度约 179℃。PMP 的热容较小，仅有 2.18J/（g·K），当温度达到熔点时极易发生熔融。

3. 电性能

PMP 是非极性的半结晶聚合物，具有优异的电绝缘性，介电常数非常低，约为 2.1。介电强度可达 65kV/mm，体积电阻率为 10^{18} Ω·m。表 1-29 给出了几种材料的介电性能。

表 1-29　几种聚合物的介电性能

性能		PMP	PTFE	ETFE	PE
介电常数	10kHz	2.1	2.1	2.6	2.3
	1MHz	2.1	2.1	2.6	2.3
	10GHz	2.1	2.1	2.6	2.3
介电损耗（tanδ）	10kHz	<0.0003	<0.0003	0.0008	—
	1MHz	<0.0003	<0.0003	0.0015	—
	10GHz	0.0008	0.0005	0.0160	—

4. 光学性能

PMP 是一种透明的半结晶聚合物，由于大的侧基影响导致晶区密度与非晶区密度近似，光在穿过样品时不发生折射和散射，使 PMP 材料具有优异的透明性，对可见光的透过率达 90%，雾度小于 5%，折射率仅为 1.463，低于含氟聚合物。PMP 对紫外线的透过率比玻璃以及其他透明树脂更好。相较于共聚 PMP，均聚 PMP 的透明相对差一些，主要是因为 PMP 在结晶过程中形成较大的球晶，球晶间的空隙较大导致。

5. 气体分离性能

PMP 由于链结构的特殊性导致其气体透过性能优异，不同的气体穿过致密的 PMP 膜的速度不一，使 PMP 体现出优异的气体分离性能，可用于制备气体分离膜。表 1-30 给出了不同材料对各类气体的透过率。PMP 对不同气体的分离效率见表 1-31。

表 1-30　不同材料对各类气体的透过率

单位：mol · m/（m^2 · s · Pa）

气体种类	测试条件	树脂种类			
		PMP	PE-HD	PP	PET
水蒸气	40℃，RH90%	3.2×10^{-13}	8.45×10^{-14}	2.91×10^{-14}	5.83×10^{-14}
O_2	23℃	9.4×10^{-15}	5.88×10^{-16}	5.17×10^{-16}	3.76×10^{-18}
N_2	23℃	2.33×10^{-13}	2.12×10^{-16}	7.99×10^{-17}	—
CO_2	23℃	3.29×10^{-14}	1.18×10^{-15}	1.46×10^{-15}	—

表 1-31　PMP 对不同气体的分离效率

气体种类	O_2/N_2	H_2/N_2	CO_2/N_2	CO_2/O_2	H_2/O_2	H_2/CO_2
分离效率	4.1	16.5	8.6	2.1	4.1	1.9

6. 化学性能

PMP 的耐环境、耐药品性能很好，对多数化学物质有较强的抵抗能力，耐环境性与 PP 相仿。表 1-32 给出了几种透明塑料对化学药品的耐腐蚀性。PMP 的耐候性一般，易老化。紫外光照射后，抗张强度下降。

表 1-32　　几种透明塑料材料对化学药品的耐腐蚀性

化学药品	PMP	PMMA	PC	PS	PA
浓硫酸（98%）	A	C	C	A	D
氨水	A	A	C	A	A
NaOH（40%）	A	A	C	A	A
草酸钠	A	A	A	A	—
丙酮	A	C	C	C	B
甲乙酮	A	C	C	C	C
乙醇	A	C	A	A	A
甲苯	C	E	C	E	—
三氯乙烯	C	E	E	E	—
刹车油	A	D	C	B	—

注：测试温度 25℃，A—不受影响；B—基本不受影响；C—溶胀；D—出现裂纹；E—溶解。

7. 加工性能

受非极性结构的影响，PMP 的吸水率仅有 0.7%，使用前可不烘干。PMP 的熔点较高，但熔体黏度低，流动性优异。PMP 对剪切敏感，通过提高螺杆转速可进一步降低熔体黏度。PMP 的熔融范围较狭窄，加工过程中要特别注意温度调节。PMP 可以在热塑性塑料的通用设备上加工成型，常用加工方法有注塑成型、挤出成型、吹塑成型等。

PMP 在注塑成型时由于密度低而比容高，一次注塑的容量只达到 PS 的 65%就成为最佳状态。注塑时，模具温度在 20~60℃，选用节流的注塑喷嘴以防止“流涎”。成型时，均聚 PMP 的横向收缩率为 2%~2.5%，纵向收缩率为 0.5%~1.5%。共聚 PMP 的收缩率明显降低，且透明性更高。PMP 挤出时一般选用相对分子质量相对较大的牌号，用一般挤出机械即可挤出管、膜和电线包覆层，螺杆长径比以 28 以上为佳，理想条件下为 30。PMP 还可通过真空吸塑、吹塑和涂覆等方法成型。

思考题

1. PMP 结晶聚合物为什么是透明的？
2. PMP 材料为什么可以用于制备气体分离膜？
3. 简述 PMP 结构以及对应的热性能。
4. 与 PP、PE 相比，PMP 性能的优点和缺点是什么？
5. 简述 PMP 的结晶特点。

第七节　环烯烃共聚物

环烯烃共聚物（Cyclic olefin copolymers，COC）是线性烯烃和环状烯烃的共聚物。受早期催化剂效率的限制，COC 直到 1990 年左右才真正实现工业化，主要生产企业有德国泰科那（Ticona）、日本三井化学（Mitsui）、日本瑞翁（Zeon）、日本合成橡胶（JSR）等。最大生产厂家是 Ticona，商品名为 Topas©，2006 年被日本宝理（Polyplastic）公司收购。Mitsui 和 Zeon 产品名分别为 Apel™、Zeonex™和 Zeonor™。COC 可以采用注塑、挤出、吹塑、热成型等方法制得板材、薄膜、管道、光纤等产品，应用于光学、电子、包装、医药等领域，在光学材料领域可用于制备镜头、液晶发光导光板和光学膜。

目前所开发的产品有：降冰片烯（NBE）类开环均聚物、乙烯-降冰片烯（NBE）共聚物、双环戊二烯（DCPD）-甲基四环十二碳烯（MTD）共聚物、DCPD-乙基四环十二碳烯（ETD）共聚物等。

一、环烯烃共聚物的合成

环烯烃聚合目前采用两种方法：开环移位聚合（ROMP）和加成聚合，两种方法的比较如表 1-33 所示。

Zeon 公司在 1991 年首先采用 ROMP 法生产 COC 树脂。开环移位聚合中，聚合单体通过双键断裂移位形成新的双键，所得大分子中含有较多的残余双键，因此介电常数较高、抗氧化性和耐药品性较差。此类树脂在光学、电子电器等领域中使用时需进行后续的加氢反应才能使用。

Ticona 和 Mitsui 采用加成聚合方法，原料均为乙烯和双环戊二烯（简称 DCPD），但催化剂和共聚单体略有不同。2000 年 Ticona 公司选用茂金属催化剂进行 COC 的大批量生产。加成聚合所得产物分子链中不含有残余双键，无须进行加氢反应。

表 1-33　两种聚合方式比较

项目	开环移位聚合	加成聚合
催化剂	过渡金属氯化物，烷基金属化合物	茂金属
单体	环烯烃	环烯烃和 α-烯烃
后处理工艺	加氢	无加氢
聚合物性能	序列分布规整，光学性能优异	序列分布易控制

二、环烯烃共聚物的结构

以 NBE 共聚物为例，其结构式为 $\mathrm{-[CH_2-CH_2]_n-[CH(H)-CH(H)]_m-}$（两个 CH 碳连接于五元环）。环烯烃单元的存在破坏了材料的结晶性能。这种结构特点使其具有聚烯烃树脂耐热稳定性、耐光性等化学性质和耐药品性的特点，同时在力学性能、流动特性、尺寸精度等物理性能等方面也显示出非晶型树脂的特点。

三、环烯烃共聚物的性能

以 NBE 共聚物为例，为无色透明固体，密度约为 1.02g/cm^3，且不随共聚组分中环烯烃量的变化而改变。

1. 力学性能

受环烃的位阻影响，COC 的韧性较差，对缺口敏感，但拉伸强度和模量较高，表 1-34给出了 TOPAS® 产品中不同降冰片烯含量样品的力学性能。

表 1-34　不同降冰片烯含量 COC 的力学性能

TOPAS® 产品	8007	6013	6015	5013	6017
降冰片烯含量/%	65	78	80	78	82
拉伸模量/MPa	2600	2900	3000	3200	3000
拉伸强度/MPa	63	63	60	46	58
断裂伸长率/%	4.5	2.7	2.5	1.7	2.4
无缺口冲击强度/kJ · m^{-2}	20	15	15	13	15
缺口冲击强度/kJ · m^{-2}	2.6	1.8	1.6	1.7	2.4

2. 热性能

受较大体积的脂肪环结构的限制，COC 具有较高的 T_g，且 T_g 随降冰片烯含量的增加而升高。降冰片烯含量较少的8007 的 T_g 仅有78℃，而具有高降冰片烯含量的6017 的 T_g 可达 178℃。同时 COC 的热变形温度也较高，最高可达 170℃，远超过其他聚烯烃材料。同时由于没有不饱和双键，使其具有较好的耐热性，热分解温度可达 400℃以上。

3. 电性能

环烯烃共聚物的电性能优异，在高频下仍保持较高的电绝缘性，介电常数略高于 PTFE，但介电损耗低于 PTFE。

4. 光学性能

环烯烃共聚物在可见光区和近紫外区具有极高的透过率，折射率和光弹系数也很低，适合制作光学器件。COC 的折射率基本不随拉伸取向而发生变化，这一特性与 PMMA 和 PS 近似。表 1-35 给出了 COC 的典型光学性能。

表 1-35　几种透明塑料的光学性能

性能	TOPAS 5013	PC	PMMA
透过率/%	91.4	87~89	91~92
折射率	1.53	1.59	1.49
阿贝数	56	30~31	57~58
双折射/nm	<20	<65	<20
光弹系数/$\times10^{-12}Pa^{-1}$	-7~-2	66~70	-4.8~-4.5
饱和吸水率/%	0.01	0.2	0.3

5. 生物相容性

由于 COC 的单体无毒，且聚合纯度较高，具有非常低的水透过性、血液兼容、无细胞毒素、无诱导有机体突变等特点，符合 FDA 标准，可在医疗器械上有较多应用。同时 COC 制品可以使用水蒸气、乙醇和伽马射线进行消毒。

6. 化学性能

环烯烃共聚物具有极低的水蒸气透过性。同时COC对水溶性化学试剂、酸、碱和极性有机溶剂有很强的阻隔性。几种透明塑料的耐化学药品性如表1-36所示。

表1-36　几种透明塑料的耐化学药品性

化学药品	COC	PC	PMMA	PS	PVC
酸	○	○	○	○	○
碱	○	×	○	○	△
醇	○	△	△	△	○
酮	○	×	×	×	×
酯	○	×	×	×	×
含氯溶剂	×	×	×	×	×
芳香类溶剂	×	×	×	×	×
汽油	×	△	△	×	×
油	×	○~△	○	×	△

注：○可使用，△使用时应注意，×不可使用。

四、其他环烯烃共聚物

日本Zoen公司采用双环戊二烯为原料合成了Zeonor，主要用于低双折射率的应用领域，如背光薄膜、车灯等，而使用C5环烯烃合成的Zeonex主要用于注射器、透镜、三棱镜等高性能医学和光学领域。美国陶氏（DOW）公司生产了聚环己烯，主要用于高密度光盘，代替PC。日本三井石化的环烯烃聚合物（APO）的透过率可达93%，具有优异的化学稳定性，目前已用于制造光盘。日本合成橡胶公司以C5馏分的环戊二烯为基础合成了降冰片烯系列非晶聚合物（ARTON)，具有优异的光学和耐化学药品的性能。表1-37给出了几种COC材料的基本性能。

表1-37　几种典型COC材料的基本性能

性能	TOPAS 6013	APEL	APO	Zeonex	ARTON
密度/$g \cdot cm^{-3}$	1.02	1.02	1.05	1.01	1.08
吸水率/%	<0.01	<0.01	<0.01	<0.01	0.2
折射率	1.53	1.54	1.54	1.53	1.51
透过率/%	92	92	93	91	92
双折射/nm	<20	<20	<20	<25	<20
热变形温度/℃	138	120	129	123	164
拉伸强度/MPa	63	82	42	64.3	75
拉伸模量/MPa	2900	3200	3200	2400	3000

思考题

1. 讨论环烯烃共聚物的结构与性能的关系。
2. 与 PMMA、PC 等相比，COC 性能的优点和缺点有哪些？
3. 比较 COC 两种制备方法的优缺点。

第二章　通用热固性塑料

热固性塑料是指经加热或其他方法如辐射、催化等固化成型后不能再加热软化而重复加工的一类塑料。其树脂在加工前为线性或带支链的预聚体，加工中发生化学交联反应转变为三维网状结构，具有不溶、不熔的特点。常用的热固性塑料品种有酚醛树脂、脲醛树脂、三聚氰胺树脂、不饱和聚酯树脂、环氧树脂、有机硅树脂、聚氨酯等。此处，主要介绍酚醛树脂和氨基树脂。

第一节　酚醛树脂

酚醛树脂是以酚类单体和醛类单体在酸性或碱性催化条件下经缩聚反应而制成的聚合物。酚类主要是苯酚、甲酚、二甲酚、间苯二酚等；醛类主要是甲醛、乙二醛、糠醛等，其中以苯酚与甲醛为原料缩聚而成的酚醛树脂最为常用（Phenol－Formaldehyde，PF）。酚醛树脂是第一个工业化的合成树脂品种。1905—1907 年，美国科学家巴克兰（Baekeland）对酚醛树脂进行了系统而广泛的研究，于 1909 年提出了关于酚醛树脂“加压、加热”固化的专利，实现了酚醛树脂的实用化，有人提议将此年定为酚醛树脂元年（或合成高分子元年）。

一、酚醛树脂的分类

酚醛树脂分为热塑性酚醛树脂和热固性酚醛树脂。

热塑性酚醛树脂（或称两步法酚醛树脂）为线性结构，可反复地熔融和重新凝固，若不加固化剂，在加热条件下无法进一步缩聚成体形结构，具有可溶可熔的特点。热塑性酚醛树脂中加入甲醛或能产生甲醛的化合物，如六亚甲基四胺（也称为六次或乌洛托品），通过加热即可固化交联，形成三维网状体形结构的热固性塑料。热塑性酚醛树脂为淡黄色或微红色的有毒脆性固体，常用作酚醛树脂模塑粉和酚醛树脂泡沫塑料的原料。

热固性酚醛树脂（或称一步法酚醛树脂）的分子链中存在较多未反应的羟甲基和活泼氢原子，不用再加固化剂，加热到 170℃时就会发生交联反应，形成三维交联网状结构的不溶不熔产物。热固性酚醛树脂分为甲、乙、丙 3 个阶段，甲阶酚醛树脂为线性可溶可熔树脂，乙阶酚醛树脂为少量交联的半可溶可熔树脂，丙阶酚醛树脂为交联网状结构的不溶不熔树脂。一般合成的酚醛树脂控制在甲阶或乙阶，以保证在具体加工制品时可以流动，加工中加热即可固化。热固性酚醛树脂为红褐色的有毒和强烈苯酚味的黏稠液体或脆性固体，常用于层压、泡沫及铸造等制品的原料。

二、酚醛树脂的合成原理

酚醛树脂的合成过程完全遵循体形缩聚反应的规律，控制不同的合成条件（如酚和醛的比例、所用催化剂的类型等），可以得到不同的酚醛树脂。

1. 热固性酚醛树脂

热固性酚醛树脂的缩聚反应一般是在碱性催化剂存在下进行，常用催化剂为氢氧化钠、氨水、氢氧化钡等。苯酚和甲醛的摩尔比一般控制在 1∶1.1~1∶1.5，用氢氧化钠为催化剂时，总的反应过程可分为下述两步（图 2-1）：

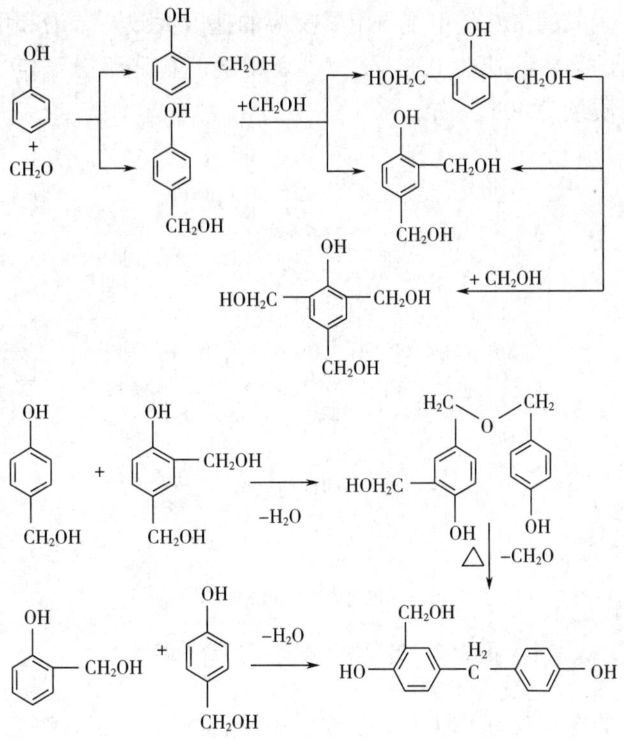

图 2-1　热固性酚醛树脂的合成路线

加热和碱催化下，羟甲基主要与酚环上邻、对位的活泼氢反应形成次甲基桥，而不是两个羟甲基之间的脱水反应。羟甲基位置及活性与发生的反应类型有关。加成反应中，酚羟基的对位较邻位的活性稍大，但由于酚环上有两个邻位，所以在实际反应中邻羟甲酚较对羟甲酚的生成速率高。缩聚反应中，对羟甲酚较邻羟甲酚活泼，此时对位反应容易进行，使酚醛树脂分子中主要留下了邻位羟甲基。由上述反应形成的一元酚醇、多元酚醇或二聚体等在反应过程中不断进行缩聚反应，使树脂相对分子质量不断增大，若反应不加控制，树脂就会形成凝胶。

通过控制反应条件，可得到结构和性能不同的甲阶酚醛树脂、乙阶酚醛树脂和丙阶酚醛树脂。甲阶酚醛树脂是酚醛类化合物（中间合成产物）缩合成的聚合度不大的线性分子的混合物，其中含有水分。甲阶酚醛树脂溶于水、乙醇、丙酮等溶剂中，具有高温固化性，属可溶性热固性酚醛树脂。乙阶酚醛树脂是将甲阶树脂继续加热，进一步发生缩聚反应，分子链增长并支化、交联而生成分子结构较复杂的树脂。加热时能软化但不熔融。丙阶酚醛树脂是将乙阶树脂继续加热，直至缩聚形成具有三维体形结构的高聚合固体高分子物质，高温下不熔融，温度足够高时则碳化，又称不熔酚醛树脂。

2. 热塑性酚醛树脂

热塑性酚醛树脂的缩聚反应一般是在强酸性催化剂存在下（pH<3），甲醛和苯酚的摩尔比小于1（如0.80~0.86）时合成的一种热塑性线性树脂（图2-2）。它是可溶、可熔性的分子内不含羟甲基的酚醛树脂。

酸性条件下，苯酚与甲醛的缩聚反应速度比加成反应速度快5倍以上，因此主要产物是二酚基甲烷。生成的二酚基甲烷与甲醛反应的速度大致与苯酚和甲醛的反应速度相同。当甲醛和苯酚的摩尔数比为0.8∶1时，所得酚醛树脂大分子链中的酚环大约有5个，数均相对分子质量为500左右。

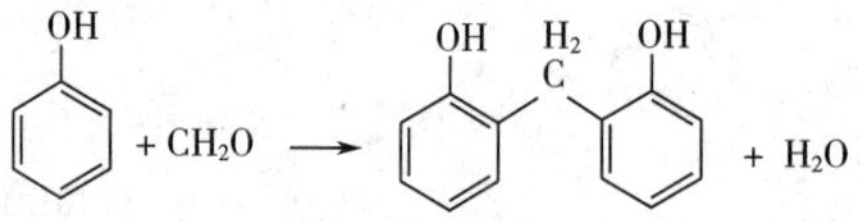

(a)热塑性酚醛树脂的合成

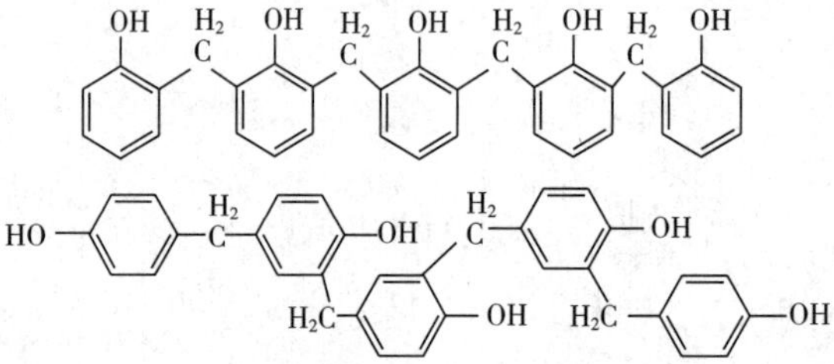

(b)酚醛树脂大分子链结构式

图2-2　热塑性酚醛树脂的合成路线

当用某些特殊的金属碱盐作催化剂，如二价金属碱盐，锰、镉、锌和钴、镁和铅；过渡金属如铜、铬和镍的氢氧化物，在pH为4~7的范围内，可合成酚环主要通过邻位连接起来的高邻位热塑性酚醛树脂，其最大优点是固化速度约比一般的热塑性酚醛树脂快2~3倍，适于热固性树脂的注塑成型；同时，用高邻位酚醛树脂制得的模压制品的刚性较好。

三、酚醛树脂固化

酚醛树脂只有在形成交联网状（或称体形）结构之后才具有优良的使用性能，包括力学性能、电绝缘性能、化学稳定性、热稳定性等。

热固性酚醛树脂是体形缩聚控制在一定程度内的产物，因此在合适的反应条件下可促使体形缩聚继续进行，固化成体形高聚物。工业上酚醛树脂的热固化温度常控制在170℃。固化压力可控制在30~50MPa的范围内。若采用其他的增强材料，则所要求的成型压力也不相同，酚醛布质层压板要求7~10MPa，而纸质层压板为6.5~8MPa。

热塑性酚醛树脂分子内留有未反应的活性点，加入能与活性点继续反应的固化剂，补足甲醛的用量，固化成体形高聚物。多聚甲醛、六次甲基四胺等固化剂能与树脂分子中酚环上的活性点反应，使树脂固化；热固性酚醛树脂分子中的羟甲基可与热塑性酚醛树脂酚环上的活泼氢反应交联成三维网状结构的产物。

酚醛树脂固化过程可以采用红外光谱（FTIR）和差示扫描量热仪（DSC）进行定量分析。FTIR 分析中，通常以 1610cm^{-1}处的苯环吸收峰作为内标，对羟甲基（1010 cm^{-1}）进行定量分析，从而可以得到固化度与温度之间的关系。DSC 法能对酚醛树脂的等温固化或动态固化过程进行记录，通过分析固化反应的吸放热效应，获得化学反应速率随时间、温度和转化率之间的关系。

四、酚醛树脂的特性以及改性

酚醛树脂最重要的特征就是耐高温性，即使在非常高的温度下，也能保持其结构的整体性和尺寸的稳定性。在温度大约为 1000℃的惰性气体条件下，酚醛树脂产生残碳，维持酚醛树脂的结构稳定性。酚醛树脂的这种特性，也是它用于耐火材料领域的一个重要原因。

交联后的酚醛树脂可以抵抗任何化学物质的分解，例如汽油、石油、醇、乙二醇、油脂和各种碳氢化合物。用于制作厨卫用具、饮用水净化设备（酚醛碳纤维）、电木茶盘茶具，并广泛用于罐头及易拉罐、液体容器等食品饮料的包装材料。

酚醛树脂虽然具有胶接强度高、耐水、耐热、耐磨及化学稳定性好等优点，但也存在以下弱点：苯酚羟基、亚甲基易氧化；强极性酚羟基易吸水，使酚醛树脂制品的电性能下降，力学性能降低；酚羟基受热或紫外光作用下易发生变化，生成醌或其他结构，致使材料变色；脆性大；对玻璃纤维的黏附性较差。

酚醛树脂改性目的在于改进脆性或其他物理力学性能（如耐水性、耐碱性、力学性能等）；提高酚醛树脂对增强材料（如玻璃纤维、碳纤维等）的粘接性能。主要方法有：封锁酚羟基；引进其他组分如有机硅、环氧树脂等；高分子链上引入杂原子（如 O、S、N 等），取代亚甲基；多价金属元素（如 Ca、Mg、Zn、Cd 等）与树脂形成络合物。

五、酚醛塑料

酚醛塑料是以酚醛树脂为基础，加入填料和助剂，经一定成型工艺制得的塑料。酚醛塑料常用作酚醛模塑料、酚醛层压、酚醛泡沫塑料、酚醛纤维、酚醛铸造、酚醛封装材料等。

1. 酚醛模塑料

酚醛模塑料又称为酚醛压塑粉，是以酚醛树脂为基础，加入粉状填料、固化剂、润滑剂、着色剂和增塑剂等添加剂，经一定加工工艺制成的粉状物料。酚醛模塑料制品具有良好的力学强度、耐化学腐蚀性、电绝缘性和尺寸稳定性，使用温度范围宽，但一般为深色，主要用作电器绝缘件、日用品、汽车电器和仪表零件等。

（1）酚醛模塑料的组成。树脂选用热塑性酚醛树脂或甲阶热固性酚醛树脂粉末，占总质量的 35%～55%，主要起黏合作用，将其他组分粘接起来成为一个整体。

填料是酚醛模塑料的重要组成部分，加入量为 30%～60%。填料的性质影响制品的力学性能、耐热性、电绝缘性和成本高低。目前制备的一些耐摩擦材料通常选用碳纤维代替过去的石棉纤维，在提高耐磨性能的同时减少可能的致癌效应；在一些耐烧蚀的制件中通常用碳纤维、高硅氧纤维、高强玻璃纤维、玄武岩纤维等。

固化剂选用热塑性酚醛树脂时加入常用六亚甲基四胺，一般用量为树脂质量的10%~15%，用量过多过少都不宜。

增塑剂改善酚醛树脂的可塑性及流动性，常用的内增塑剂为水或糠醛等，外增塑剂为二甲苯及苯乙烯等。

促进剂为氧化镁或氧化钙等，加入量为树脂质量的2%左右。

润滑剂有硬脂酸锌、硬脂酸钡、硬脂酸镁、硬脂酸和油酸等，加入量为树脂质量的1%~2%。

其他添加剂如防霉剂、抗静电剂、阻燃剂等。

（2）酚醛模塑料的成型方法。主要包括压塑法和注塑法。其中，压塑法成型温度为150~190℃，压力为10~30MPa。制品形状简单，厚壁时取温度、压力的下限；制品形状复杂，薄壁时取温度、压力的上限。酚醛模塑料的注塑对原料、注塑机和生产工艺参数的控制等均有特殊要求。

2. 酚醛层合制品

酚醛层合制品是由填料浸渍碱法酚醛树脂后，再将溶剂除去，然后经加热加压（温度155~180℃，压力5~12MPa）层压处理后固化成为层压板、管材或其他形状的制品。酚醛层合制品的树脂选用热固性甲阶酚醛树脂乳液或乙醇溶液，基材可以选择片状的牛皮纸、石棉布、玻璃布和棉布等。

酚醛层合制品的相对密度小（1.3~1.4g/cm^3）、吸水小、力学强度高、电绝缘性好、热导率低、摩擦因数小，可任意机械加工。酚醛层合制品主要用于印刷线路板及机械零件等。

3. 酚醛泡沫塑料

（1）酚醛泡沫塑料的组成。酸法酚醛泡沫塑料：用热塑性酚醛树脂，加入发泡剂（如碳酸氢钠）、固化剂（六次甲基四胺）等，加热到100~150℃时，树脂熔融，发泡剂开始分解或汽化而鼓泡，同时树脂缩聚而硬化形成泡沫塑料，即可制成泡沫塑料。

碱法酚醛泡沫塑料：将热固性甲阶酚醛树脂与发泡液混合，无须加热，靠发泡液与树脂反应热促使发泡剂分解而发泡，同时树脂缩聚而硬化形成泡沫塑料。

发泡液由酸性固化剂（磷酸、苯磺酸、酚磺酸等）、发泡剂（如偶氮化合物类）和表面活性剂（如聚乙二醇等）组成。

（2）酚醛泡沫塑料的特性。酚醛泡沫塑料具有良好的耐热性、阻燃性、压缩强度，长期使用温度为130~150℃，在200℃下开始发生热氧化降解，脆性较大。

4. 酚醛复合材料的其他成型工艺

常见的有手糊成型、树脂传递（RTM）、纤维缠绕成型、喷射成型、裱糊成型、拉挤成型、真空袋压法等。树脂传递工艺是将增强纤维放入模具中，在真空条件下注入树脂从而固化成型。喷射成型工艺是使用喷枪将短切纤维和树脂喷射至模具表面，然后进行固化的一种成型工艺方法。真空袋压法是一种将真空袋膜覆在预浸料表面，然后使用一些耗材完成密封后对整个系统进行抽真空处理，最后通过大气压力使预浸料充分贴合而得到复合材料的一种方法。

思考题

1. 简述酚醛树脂的合成原理。
2. 简述热塑性和热固性酚醛树脂的结构与固化过程的区别。
3. 简述模塑粉的主要成分以及作用。
4. 简述甲阶、乙阶、丙阶酚醛树脂的区别。
5. 简述相比 PS 泡沫，酚醛泡沫塑料的优势。

第二节　氨基树脂及塑料

氨基树脂（AF）是以含有氨基或酰胺基的单体如脲、三聚氰胺及苯胺等与醛类单体如甲醛经缩聚反应而制成的聚合物，其中脲甲醛（脲醛）树脂（UF）和三聚氰胺（蜜胺）甲醛树脂（MF）最为常用。氨基树脂的最大用途为刨花板和胶合板的黏合剂，其次为涂料和纤维，塑料制品仅占10%左右。

氨基塑料是以氨基树脂为基础，加入填料和各种助剂，经一定成型工艺制得的热固性塑料。具有良好的力学强度和电绝缘性，坚硬，耐刮伤，无色半透明，可制成色彩鲜艳的各种塑料制品。广泛用于餐具、日用、建筑、电器绝缘及装饰面板等。

一、脲醛树脂及塑料

1. 脲醛树脂的合成

脲醛树脂是以脲和甲醛在 1∶1.5~1∶2 的比例下经缩聚反应而制成的聚合物。制备不同脲醛塑料的脲醛树脂不同。用于泡沫塑料的脲醛树脂，要求聚合度高，树脂水溶液的黏度高，反应程度大，甲醛的用量大，缩聚温度高；用于模塑粉的脲醛树脂，要求黏度低，缩聚度小，相应的反应程度低，甲醛的用量小，缩聚温度也相对较低；用于层压塑料的脲醛树脂，聚合度和黏度要求介于前两者之间。

2. 脲醛树脂的固化

脲醛树脂的固化是在加热到 130~160℃下，树脂分子链中的羟甲基与另一分子链中氮原子上的活泼氢反应生成次甲基键；或者分子链中羟甲基之间的相互反应形成甲醚键，而甲醚键在加热时不稳定，易脱去甲醛并形成次甲基键；进一步缩聚形成交联结构。

为加快反应速度，可加入固化剂如硫酸锌、磷酸三丁酯、氨基磺酸铵、草酸二乙酯。脲醛黏合剂固化时常用铵盐如氯化铵做固化剂。

3. 脲醛模塑料

又称为压缩粉和电压粉，是以脲醛树脂为基础，加入填料、固化剂及润滑剂等添加剂，经一定加工工艺制成的粉状物料。

树脂：选用低聚合度、低黏度的脲醛树脂，易于浸渍填料和其他组分，主要起黏合作用。

填料：加入量25%~35%。加入填料可改善制品的耐热性、尺寸稳定性、刚性、降低成本。常用的填料有玻璃纤维、木粉、云母等。

固化剂：在模塑温度下加快固化反应速度。常用磷酸三甲酯、氨基磺酸铵、草酸、邻苯二甲酸和苯甲酸等，一般用量为总物料质量的0.2%~2%，常温下不起或少起作用，加热时可分解产生能加快固化反应速度的酸性物质。

稳定剂：可与少量分解的固化剂反应，提高模塑粉的储存期。常用稳定剂为六次甲基四胺及碳酸铵等，加入量为物料总量的0.2%~2%。

润滑剂：增加物料的流动性，并使物料易于脱模。常用的润滑剂有硬脂酸盐和无机酸酯类如硬脂酸甘油酯、硬脂酸环已酯等，加入量为物料总量的0.1%~1.5%。

增塑剂：只在高聚合度树脂模塑粉中加入，可提高其流动性，改善产品的韧性和冲击强度。常用内增塑剂为缩水甘油醚-α-甲苯基醚等。加入量为物料总量的5%~15%。

着色剂：无机颜料用量一般为物料总量的0.5%~5%；有机颜料用量一般为物料总量的0.01%~0.5%。

脲醛模塑料制品的制备方法主要有压制法和注塑法。压制法用于制备结构简单的制品。工艺条件为：预热温度70~80℃，模压温度135~140℃，压力24~25MPa，时间1~2min。厚制品宜用低温长时间；薄制品宜用高温短时间。注塑法用于生产结构复杂的制品，工艺条件：机筒后段温度45~55℃，前段温度75~100℃，喷嘴温度85~110℃，模具温度140~150℃，注射压力98~180MPa。

脲醛模塑料制品的色泽鲜艳，光泽如玉，耐油、弱酸及有机溶剂，表面硬度高，无臭无味。在0℃左右的拉伸和冲击性能最好，随温度的升高，性能下降。压缩和蠕变性能在室温时最好。电绝缘性优良，耐电弧性好，可用于低频电绝缘材料，但电性能受温度和湿度的影响较大。

脲醛模塑料制品主要用作色泽鲜艳的日用品、装饰品及低频电绝缘零件等。

4. 脲醛层压塑料

由填料浸渍UF水溶液后再将水除去后经加热加压（温度150℃，压力10~12MPa）固化，再保压冷却至50℃以下成为层压制品。脲醛层压塑料的树脂选用三聚氰胺改性的UF水溶液。基材选用片状的棉织品和玻璃布等。脲醛层压塑料主要用于桌椅面板、船舱、家具和建筑装饰材料等。

5. 脲醛泡沫塑料

以机械发泡为主。脲醛泡沫塑料质轻，相对密度不及软木的1/10，导热率低，具有耐腐蚀性，但强度低，压缩强度仅0.025~0.05MPa，冲击性能差，对水及水蒸气的作用不稳定。主要用作隔热、隔音材料等。一般在现场边施工边发泡。

常用配方：脲100份，浓度为300g/L的甲醛水溶液300份，甘油增塑剂20份，二丁基萘碳酸钠10份，间苯二酚10份，磷酸15份，水65份。树脂与发泡液的比例为5∶2。

二、三聚氰胺甲醛树脂及塑料

1. 三聚氰胺甲醛树脂的合成

三聚氰胺甲醛树脂（MF）是在弱碱条件下，以三聚氰胺和甲醛经缩聚反应而制成的聚合物。不同MF的要求不同：黏合剂用MF树脂，控制三聚氰胺与甲醛的摩尔比为1∶2~1∶3，在80~100℃，pH为8条件下进行缩聚；模塑粉用MF树脂，控制三聚氰胺与甲醛的摩尔比为1∶2~1∶3，pH为7~8，在80℃左右反应至所需缩聚程度，最后反应体系用三乙醇胺等调解至强碱性（pH为10），以增加储存的稳定性；层压塑料用MF树脂，控制三聚氰胺与甲醛的摩尔比为1∶2~1∶3，在80℃、pH大于7条件下缩聚至一定程度，反应结束后维持pH在8.5~10.0。

2. 三聚氰胺甲醛树脂的固化

MF固化是加热到130~150℃下，使树脂分子链中的羟甲基与另一分子链中氮原子上的活泼氢反应生成次甲基键，或者分子链中羟甲基之间的相互反应形成甲醚键，而甲醚键在加热时不稳定，易脱去甲醛并形成次甲基键；再进一步缩聚形成交联结构。

无须加入固化剂。少量酸性催化剂可加快固化反应速度。

3. 三聚氰胺甲醛树脂模塑料

MF模塑料又称为压缩粉或蜜胺粉，是以弱碱性的MF树脂为基础，加入填料、稳定剂及润滑剂等添加剂，经一定加工工艺制成的粉状物料。

MF模塑料的组成：树脂选用弱碱性的MF树脂；常用的填料有α-纤维素、二氧化硅、木粉、棉等。

模塑料制品的制备方法主要有压制法和注塑法。压制法用于加工结构简单的制品。工艺条件为：温度145~165℃，压力25~35MPa，时间为1min/mm。注塑法一般生产结构复杂的制品。工艺条件：机筒后段温度60~80℃，前段温度90~110℃，模具温度170℃。

MF模塑料在许多方面优于脲醛模塑粉。吸水性较低；耐果汁、饮料等水溶液的污染性强；表面硬度高；着色范围广；耐电弧性和耐刮刻性较好；耐热性与脲醛模塑粉相当；MF模塑料在潮湿和高温下的电绝缘性优良。MF模塑料制品主要用作各种餐具、钟表外壳、炊具把手及电气绝缘零件等。

4. 三聚氰胺甲醛树脂层压塑料

MF层压塑料是由填料浸渍碱性的MF水溶液后再将水除去后经加热加压（温度135~145℃，压力25~35MPa，热压1.5~3min/mm）成为层压制品。

（1）MF层压塑料的组成。树脂选用碱性的MF水溶液；基材选用片状的牛皮纸、石棉布、棉织品和玻璃布等。

（2）MF层压塑料的性能和应用。MF层压塑料的耐水性优异，力学性能高，耐热性和耐磨性好。主要用于车辆、船舶内壁的面板和家具面板等。

思考题

1. 简述氨基塑料的特点。
2. 简述脲醛树脂的合成以及固化条件。
3. 简述 MF 树脂的合成以及固化条件。
4. 简述脲醛模塑料的组分以及功能。
5. 比较酚醛树脂、脲醛树脂和密胺树脂的特点。

第三章　通用工程塑料

《高分子辞典》中，工程塑料被定义为用于工业零件或外壳材料的工业用塑料，是强度、耐冲击性、耐热性、硬度及抗老化性均优的塑料。工程塑料分为通用工程塑料和特种工程塑料两类。前者主要品种有聚酰胺、聚碳酸酯、聚甲醛、聚苯醚、热塑性聚酯等；后者主要是指耐热达150℃以上的工程塑料，主要品种有聚酰亚胺、聚苯硫醚、聚砜类、芳香族聚酰胺、聚芳酯、聚苯酯、聚芳醚酮、液晶聚合物和氟树脂等。

聚酰胺是由美国杜邦公司最先开发用于纤维的树脂，于1936年实现工业化。20世纪50年代开始开发和生产注塑制品，以取代金属满足下游工业制品轻量化、降低成本的要求。工程塑料真正得到迅速发展，是在50年代后期聚甲醛和聚碳酸酯开发成功之后。和通用塑料相比，工程塑料在力学性能、耐久性、耐腐蚀性、耐热性等方面能满足更高的要求，可替代金属材料。工程塑料被广泛应用于电子电气、汽车、建筑、办公设备、机械、航空航天等行业。

第一节　聚酰胺

聚酰胺（Polyamide，PA）是大分子链上含有“酰胺”基团重复结构单元的一类聚合物，主要由二元胺和二元酸缩聚或由氨基酸内酰胺自聚合而成。具有密度低（只有金属的1/7）、拉伸强度高、耐磨、自润滑性好、冲击韧性优异、具有刚柔兼备的性能，可以加工成各种制品来代替金属，广泛用于汽车及交通运输业。典型的制品有泵叶轮、风扇叶片、阀座、衬套、轴承、各种仪表板、汽车电器仪表、冷热空气调节阀等零部件。PA在汽车工业的消费比例最大，其次是电子电气。PA可用注塑、挤出、吹塑、压制等方法成型加工。

PA是工程塑料中用量最大、最重要的品种。根据PA分子结构中是否含有芳香环结构，可以分为脂肪族聚酰胺、半芳香聚酰胺、芳香族聚酰胺和脂环族聚酰胺。主要品种有脂肪族PA，如PA6、PA66、PA11、PA12、PA46、PA1010、PA610、PA612、PA1212、PA56、PA612；半芳香族PA，如PA4T、PA6T、PA9T、PA10T、PAMXD6；芳香族PA，如聚对苯二甲酰对苯二胺（PPTA，芳纶1414）、聚间苯二甲酰间苯二胺（MPIA，芳纶1313）和聚对苯甲酰胺（PBA，芳纶14）；脂环族PA，如PA6C和PA9C等。其中，PA6、PA66用量占整个PA产量的90%以上。PA11、PA12具有突出的低温韧性；PA1010是以蓖麻油为原料生产的我国特有的品种；PA46、PA4T、PA6T、PA9T、PA10T等耐高温PA因具有优异的耐热性而得到迅速发展。实际应用中，通常把酰胺基团间亚甲基个数多于10的PA称为长烷基链PA，如PA11、PA12、PA1212、PA1012、PA1010等。PA1010和PA1212是我国1959年和1998年在世界上首次开发成功并工业化生产的脂肪族 PA。不同脂肪族 PA 的特性以及应用领域如表 3-1 所示。

表 3-1　不同脂肪族 PA 的特性以及应用领域

品种	聚合物名称	特性	应用领域
PA6	聚己内酰胺	优良的刚性、韧性、耐磨性、机械减震性、绝缘性和耐化学性	汽车零部件、电子电器零部件
PA66	聚己二酰己二胺	与 PA6 相比，力学性能、刚性、耐热和耐磨性、抗蠕变性能更好，但冲击强度和机械减震性能下降	汽车、无人机、电子电器等
PA1010	聚癸二酰癸二胺	具有高度延展性，可牵伸至原长的 3～4 倍；拉伸强度高，-60℃下不脆，具有极佳的耐磨性、韧性、耐油性	航天、电缆、光缆、金属或线缆的涂覆
PA610	聚癸二酰己二胺	密度小，结晶性较低，吸水性低，尺寸不变性好，耐磨性好，能自熄	紧密塑料配件，输油管、容器、绳子、传送带、轴承、纺织机械零部件、电子电器中的绝缘材料和仪表壳
PA612	聚十二烷二酰己二胺	韧性较好，密度比 PA610 小，极低的吸水率，优良的耐磨性，较小的成型收缩率，耐水解性和尺寸不变性优	高档牙刷的单丝和电缆包覆
PA11	聚 ω-氨基十一酰	熔融温度低而加工温度宽，吸水性低，可在 -40～120℃连续使用，杰出的柔韧性	汽车输油管、制动系统软管、光纤电缆包覆、包装薄膜、日用品
PA12	聚十二内酰胺	分解温度高，吸水性低，耐低温性能优良	汽车输油管、仪表板、油门踏板、刹车软管，电子电器的消声部件、电缆护套
PA56	聚己二酰戊二胺	强度、柔韧度、吸湿性、回弹性优于 PA6、PA66	环保、提高终端织物的舒适性
PA1212	聚十二烷二酰十二烷二胺	吸水率在 PA 中最低、尺寸不变性好，耐油、耐碱、耐磨性好、耐化学品、透明性好、低温下具有极好的韧性	航天、汽车、纺织、仪表、医疗器材

一、聚酰胺的分类

根据脂肪族 PA 聚合时单体不同，可分为 mp 型聚酰胺和 p 型聚酰胺。

p 型聚酰胺（p 为单体中碳原子数）由 ω-氨基酸自缩聚或者内酰胺分子通过开环聚合得到，其中酰胺基沿分子链的分布规律是在每两个酰胺基之间含有 $p-1$ 个连续的亚甲基。

根据所用单体的碳链长度的不同，p 型聚酰胺可分为奇聚酰胺和偶聚酰胺。聚酰胺 6、7、8、9、11、12 和聚酰胺 3、4 等都属于 p 型聚酰胺。其中，聚酰胺 3、7、9、11 属于奇聚酰胺，聚酰胺 6、8、12 属于偶聚酰胺。在 p 型聚酰胺中，聚酰胺 6、11、12 的应用最广。聚酰胺 6 由己内酰胺开环聚合得到，聚合过程中，己内酰胺先高温水解得 6-氨基己酸，然后缩聚与加聚同时进行得到聚酰胺 6，聚酰胺 6 中每两个酰胺基之间含有 5 个连续的亚甲基，如图 3-1 所示。

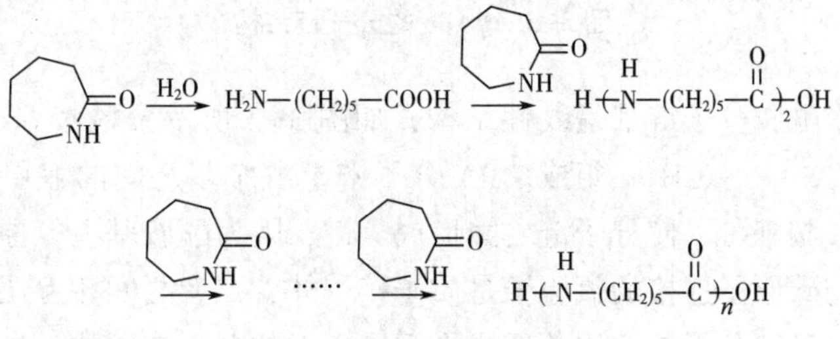

$$\text{(己内酰胺环)} \xrightarrow{H_2O} H_2N{-}(CH_2)_5{-}COOH \xrightarrow{\text{(己内酰胺环)}} H{-}\!\!\left[N(H){-}(CH_2)_5{-}\overset{\displaystyle O}{\overset{\|}{C}}\right]_2\!{-}OH$$

$$\xrightarrow{\text{(己内酰胺环)}} \cdots\cdots \xrightarrow{\text{(己内酰胺环)}} H{-}\!\!\left[N(H){-}(CH_2)_5{-}\overset{\displaystyle O}{\overset{\|}{C}}\right]_n\!{-}OH$$

图 3-1　聚酰胺 6 的合成路线

mp 型聚酰胺由二元胺与二元羧酸缩聚所得，其中 m 代表所用二元胺中所含碳原子数，p 代表所用二元羧酸的碳原子数。酰胺基沿分子链的分布规律为：在两个亚胺基之间含有 m 个连续的亚甲基，两个羧基之间含有 $p-2$ 个亚甲基。根据所用单体的碳链长度的不同，mp 型聚酰胺可分为偶-偶聚酰胺、奇-奇聚酰胺、奇-偶聚酰胺和偶-奇聚酰胺等。

mp 型聚酰胺的典型代表如 PA66，属于偶-偶聚酰胺。以己二胺与己二酸为原料，先使二者配制成 PA66 盐，再进行缩聚得到 PA66，合成路线如图 3-2 所示。

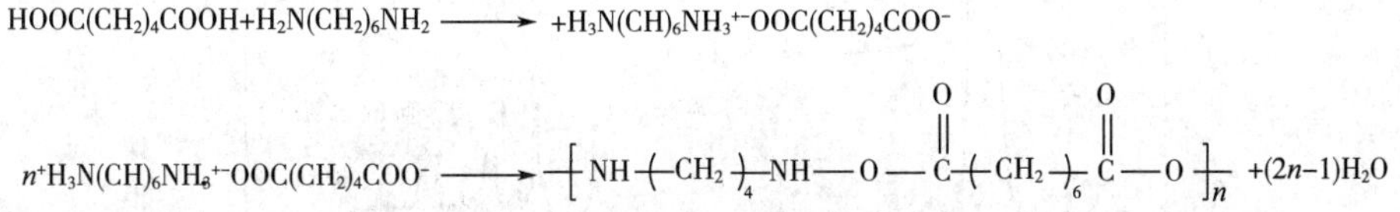

$$HOOC(CH_2)_4COOH+H_2N(CH_2)_6NH_2 \longrightarrow {}^{+}H_3N(CH)_6NH_3{}^{+-}OOC(CH_2)_4COO^-$$

$$n^+H_3N(CH)_6NH_3{}^{+-}OOC(CH_2)_4COO^- \longrightarrow \left[NH{-}(CH_2)_4{-}NH{-}O{-}\overset{\displaystyle O}{\overset{\|}{C}}{-}(CH_2)_6{-}\overset{\displaystyle O}{\overset{\|}{C}}{-}O\right]_n + (2n-1)H_2O$$

图 3-2　聚酰胺 66 的合成路线

配制时将二单体的乙醇溶液在搅拌下混合，成盐析出后，过滤、醇洗、干燥，再配制成 60% 的水溶液供缩聚用。PA66 盐在高温和水引发下缩聚成高相对分子质量的 PA66。两单体配制成 66 盐的目的是保持缩聚时两单体的严格等摩尔比，获得高相对分子质量聚合物。

聚酰胺中 PA66、PA69、PA610、PA612、PA1010、PA1012、PA1212 等都属于 mp 型聚酰胺，如 PA66 中，在两个亚胺基之间含有 6 个连续的亚甲基，两个羧基之间含有 4 个亚甲基。

下面有关聚酰胺结构与性能的介绍基于脂肪族聚酰胺如聚酰胺 6、聚酰胺 66 展开。关于半芳香族、芳香族、脂环族聚酰胺在其他品种中介绍。

二、聚酰胺的结构

1. 链结构

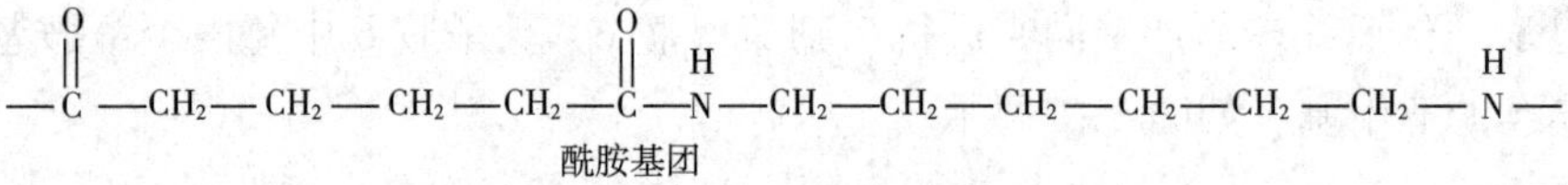

$$—\overset{O}{\overset{\|}{C}}—CH_2—CH_2—CH_2—CH_2—\overset{O}{\overset{\|}{C}}—\overset{H}{N}—CH_2—CH_2—CH_2—CH_2—CH_2—CH_2—\overset{H}{N}—$$

酰胺基团

图 3-3 PA66 的分子链结构

所有脂肪族聚酰胺分子链都是线性结构，如图 3-3 所示聚酰胺 66 分子链结构，分子链骨架由—C—N—、—CH_2—组成。PA 分子链上酰胺基之间的亚甲基赋予柔性和冲击性能。极性的酰胺基可以使分子链之间形成氢键，因为酰胺基上氮原子连接的氢原子是质子授予体，与碳原子连接的氧原子是质子接受体，二者之间相互吸引。受分子间氢键的强烈影响，聚酰胺分子链的构象形成平面锯齿形的分子链结构，以便使分子链成为平行排列的片状结构，从而使构象能尽可能低。由于PA6 和PA66 的链结构和基团相同，因此采用红外光谱的方法并不能区别两者的差别，但可以根据拉曼光谱的测试区别两种材料（图 3-4）。

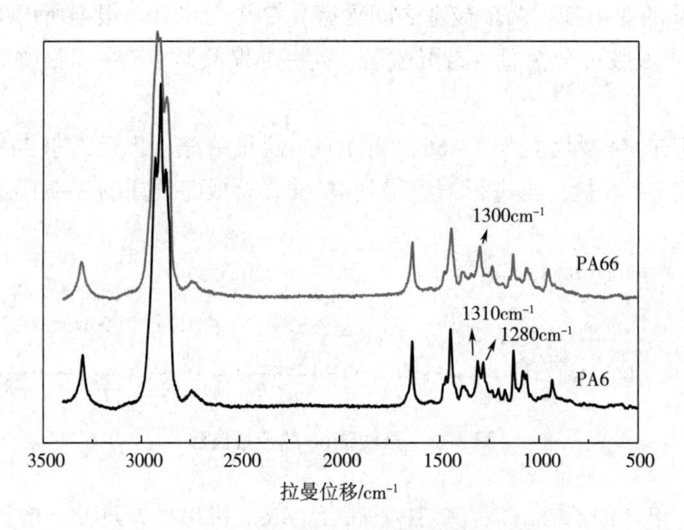

图 3-4 PA6 和 PA66 的拉曼散射图

氢键的形成增大了分子链之间的作用力，使聚合物的结晶能力进一步增强，同时也使聚合物的熔点升高。由于不同品种的聚酰胺其单体所含碳原子数不同，使分子链之间所能形成的氢键比例数及氢键沿分子链分布的疏密程度不同，导致不同聚酰胺的结晶能力和熔点有明显差别，如图 3-5 和图 3-6 所示。分子链上的酰胺间形成的氢键比例越大，材料的结晶能力越强，熔点越高。不同聚酰胺形成氢键多少的规律如下：

①p 型聚酰胺。凡单体中含有奇数个碳原子者，分子链上的酰胺基可以 100%形成氢

键。凡单体中含有偶数个碳原子者，分子链上的酰胺基仅有 50%可以形成氢键。

②mp 型聚酰胺。凡两种单体都含有偶数碳原子者，分子链上的酰胺基可以 100%形成氢键。两种单体中，其中有一种或两种含有奇数个碳原子，分子链上的酰胺基就只能 50%形成氢键。

概括以上规律可以得出：无论 p 型或 mp 型聚酰胺，凡单体中全部含有偶数个亚甲基者，其聚合物分子链上的酰胺基都可 100%形成氢键；凡单体中全部或其中一种单体含有奇数个亚甲基者，聚合物的酰胺基仅只能 50%形成氢键。如 PA66 中氢键数量比 PA6 多，PA66 分子间作用力强于 PA6，PA66 在热学性质上优于 PA6，其熔融曲线如图 3-6 所示。

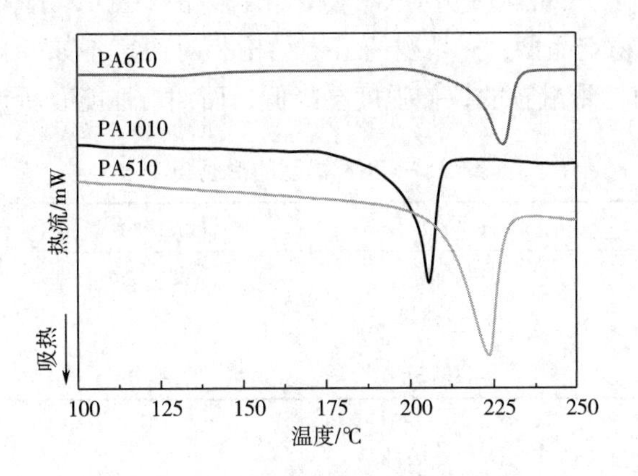

图 3-5 常见长链 mp 型聚酰胺的熔融曲线

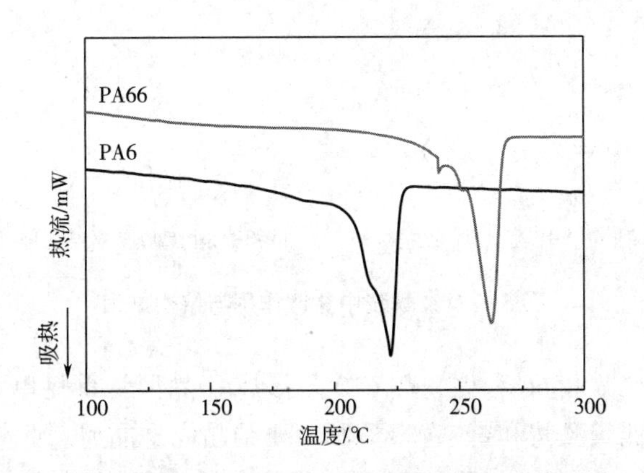

图 3-6 PA6 和 PA66 的熔融曲线

此外，聚酰胺中的酰胺基是亲水基团，因此，聚酰胺是吸湿性较强的塑料。较强极性的酰胺基对聚合物电性能有不利影响。不同聚酰胺的吸水性也有差别，取决于分子链上酰胺基的含量，如表 3-2 所示，酰胺基含量越大，吸水性越强，或者说取决于酰胺基间亚甲基链节的长短，亚甲基链节越短，吸水性越强。聚酰胺的平衡吸湿率很高，在高温环境中长期储存时，某些聚酰胺的平衡吸湿率可高达 10%。

表 3-2 不同品种聚酰胺的吸水率

聚酰胺	PA6	PA66	PA69	PA610	PA612	PA1010	PA12
酰胺基含量/%	38	38	32	30.7	28	25.4	22
24h 吸水率/%	1.3~1.9	1.0~1.3	0.5	0.4	0.4	0.39	0.25~0.3

2. 凝聚态结构

聚酰胺分子链上有规律地交替排列着较强的极性酰胺基，分子链规整，具有较强的结晶能力，结晶度可达 40%~60%。在不同的成型条件下，聚酰胺可分别形成 α、β、γ 晶，如表 3-3 所示。PA6 中的 α 晶型为单斜晶系，氢键在分子链间以反平行链方式排列形成，分子链完全伸展，如图 3-7 所示。γ 型晶体以平行链方式排列形成，与 α 晶相同，γ 晶型是聚酰胺 6 的稳定晶型，γ 晶型的氢键结构相对而言不如 α 晶型规整，当聚酰胺中 γ 晶型的量较多时，聚酰胺的拉伸强度会降低，而冲击性能有所提升。β 晶型不稳定。

表 3-3 聚酰胺 6 不同晶型的形成条件

结构	α 晶型	β 晶型	γ 晶型
晶体结构	单斜晶	假六方晶	单斜晶
熔点/℃	220	—	214
形成条件	慢速结晶	淬冷	成核剂

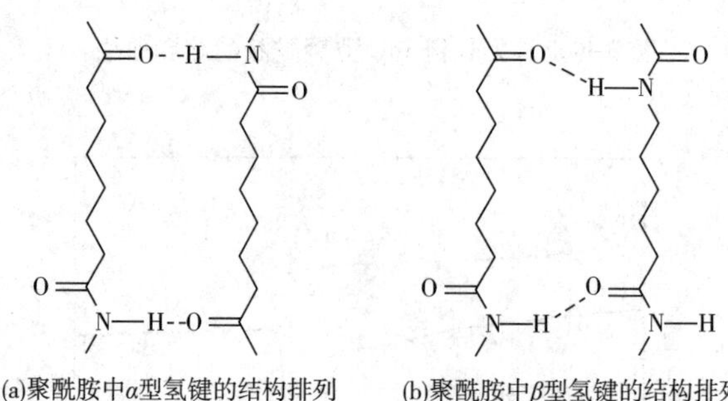

(a)聚酰胺中α型氢键的结构排列　(b)聚酰胺中β型氢键的结构排列

图 3-7 聚酰胺中氢键作用与结构排列

偶-偶聚酰胺如聚酰胺 66 和聚酰胺 610 多形成 α 晶型，重复单元中碳原子数大于 7 的偶聚酰胺以及奇-偶聚酰胺和奇-奇聚酰胺主要结晶成 γ 晶型。此外，许多脂肪族聚酰胺在升温时均表现出 Brill 转变，即常温的 α 晶型在某一温度下转变为 β 或 γ 晶型，并且转变温度随聚酰胺的结晶条件及其结构的不同而不同。如在加热过程中，聚酰胺 66 由室温下的三斜晶型转变为高温下的假六方晶型。PA1012、PA1010、PA1216 的 Brill 转变温度分别是 120℃、135℃、150℃。在一般条件下，晶粒尺寸越大、晶体越完善、结晶温度越高和结晶度越大时，其 Brill 转变温度也越高。

加工工艺条件对聚酰胺的结晶有一定影响。注塑成型时，模具温度高时熔体冷却时间较长，制品的结晶度较高，反之亦然。结晶度高的聚酰胺具有较高的强度、刚性和热变形温度，但成型收缩大，断裂伸长率较小。

脂肪族聚酰胺熔融状态的黏度都很低，在塑料中很突出，这不仅是因为它们的分子链柔性良好，还由于其相对分子质量都不太高，一般不超过$3×10^4$~$4×10^4$。例如工业上生产的PA66，最大聚合度约100，相对分子质量为$2.2×10^4$~$2.3×10^4$。只有单体浇铸PA6的相对分子质量可以达到$3.5×10^4$~$7.0×10^4$。

三、聚酰胺的性能

PA外观为透明或不透明乳白或淡黄色的粒料，表观角质、坚硬，制品表面有光泽。PA具有自熄性，燃烧时有烧羊毛或指甲的气味。

PA属于中等阻隔性塑料，阻隔性随酰胺基/亚甲基比例的增大而提高，以PA6的阻隔性最好。透气性是聚酰胺的一项重要特征，聚酰胺对氧气等气体的透过率最小，具有优良的阻隔性，是食品保鲜包装的优良材料。不同品种聚酰胺的透气率如表3-4所示。

表3-4　　不同品种聚酰胺的透气率

品种	透气率/［cm^3·cm/（m^2·s·Pa）］		
	氧气	氮气	二氧化碳
PA6	40	14	75
PA66	80	5	140
PA11	360~530	53	2400
PA12	750	200~280	2400~5200

1. 力学性能

PA在室温下的拉伸强度（70~210MPa）和冲击强度都较高，比拉伸强度高于金属，比压缩强度与金属不相上下，但它的刚性不及金属。随温度和湿度的升高，拉伸强度急剧下降，而冲击强度则明显提高。PA制品经调湿处理后使水分子吸附在PA主链酰胺基团上，导致链节间的吸引力降低，降低了材料的T_g、模量和拉伸强度，冲击强度则明显升高。各种聚酰胺按韧性大小排序为：PA66<PA66/6<PA6<PA610<PA11<PA12。

PA的耐疲劳性突出，制件经多次反复屈折仍能保持原有力学性能。玻璃纤维增强后还可以提高50%左右。PA的抗蠕变性能不好，不适于制备精密的受力制品，但玻璃纤维增强后可以改善。

PA具有优良的耐磨性和自润滑性，无油摩擦因数为0.1~0.3，约为合金的1/3，为酚醛树脂的1/4，是一种常用的耐磨性塑料品种。加入二硫化钼、石墨、PTFE及PE等还可进一步改进其摩擦性和耐磨性。在所有PA品种当中以PA1010的耐磨性最佳。常用来做拉链和齿轮。

2. 热性能

PA6的热变形温度分别为190℃（0.45MPa）和63℃（1.82MPa）；PA66的热变形温度分别为180℃（0.45MPa）和70℃（1.82MPa）。经过玻璃纤维增强以后，其热变形温度达到220℃和250℃。PA6和PA66的长期使用温度在105℃，经玻璃纤维增强和长期热老化改性后可达到180℃和210℃。

PA 有明显熔点。PA 的热性能受亚甲基的奇偶效应影响，当亚甲基的数目为偶数时比奇数的熔点高。如 PA7 的熔点为 230℃，高于 PA6 的 215℃，因为亚甲基为偶数时的氢键密度大。表 3-5 列出了不同脂肪族聚酰胺的熔点和密度。

表 3-5　不同脂肪族聚酰胺的熔点和密度

聚酰胺	PA6	PA66	PA11	PA12	PA1010	PA1212	PA1313
T_g/℃	50~65	55~58	37	50	67	46	41.5
熔点/℃	215	260	185	177	205	185	174
密度/$g \cdot cm^{-3}$	1.13	1.14	1.04	1.01	1.04	1.02	1.01
完全结晶熔融焓/$J \cdot g^{-1}$	240	301	189	140	244	292.2	321.8

PA 的耐寒性较好；PA 的线膨胀系数较大，约为 72×10^{-6}/k；PA 的热导率为 0.25W/（m·K），通过添加导热填料可以提高到 1W/（m·K）以上。

3. 电性能

PA 在低温和低湿条件下为极好的绝缘材料，但绝缘性随温度和湿度的升高而急剧恶化；并以分子中含酰胺基比例大者最敏感。聚酰胺的体积电阻很高，耐击穿电压高，是优良的电气、电器绝缘材料。

4. 化学性能

PA 具有良好的化学稳定性，常温下可耐大部分有机溶剂如醇、芳烃、酯及酮等，尤其是耐油性突出。特别是 PA11 和 PA12，汽车中用 PA12 做油路管。但酸、碱、盐类水溶液可导致其溶胀，危害最大的无机盐为氯化锌。PA 可溶于甲酸及酚类化合物。PA 的耐光性不好，在阳光下强度显著下降并变脆，不宜用于户外。

5. 加工性能

PA 较易吸湿，潮湿的聚酰胺在成型过程中，表现为黏度急剧下降并混有气泡、制品表面出现银丝，所得制品力学性能下降，加工前必须干燥处理，使含水量小于 0.1%。可在 80~100℃下干燥 6h。注意，PA 类塑料在 90℃以上干燥易引起变色。

PA 熔体黏度对温度和剪切力的变化都比较敏感，但对温度更加敏感，降低熔体黏度先从升高料筒温度入手。与 PS、PE、PP 等不同，PA 不随受热温度的升高而逐渐软化，而是在一个靠近熔点的窄的温度范围内软化，熔点很明显，温度一旦达到就出现流动。PA 的流动性好，黏度低，热稳定性较差，热降解倾向严重，应加入抗氧剂改善，并严格控制温度。PA 的熔融黏度低、易流动，容易产生“流延现象”，在注塑成型时应采用自锁式喷嘴。

PA 熔体冷却速度对制品性能影响很大，如 PA6，快速冷却时，制品的韧性好；缓慢冷却时，制品不透明，刚度大，耐磨性好，拉伸强度高。PA 制品在冷却过程中容易结晶，成型收缩率大，结晶度高低受加工条件的影响较大。

PA 制品成型后需要进行调湿处理，以降低吸水性对性能的影响，提高尺寸稳定性。调湿处理在水、液化石蜡、矿物油或聚乙二醇中进行，温度高于使用温度 10~20℃，时间 30~60min。PA 制品中易产生内应力，需对制品进行退火处理。退火处理条件为缓慢升温至 160～190℃，停留 15min，然后缓慢冷却到室温。

四、聚酰胺改性

脂肪族聚酰胺具有优良的耐磨性和自润滑性，较好的力学性能、耐油性、气体阻隔性，耐疲劳性好；但吸湿性大，耐酸性差，在潮湿环境中的尺寸变化率大，且对力学和电学性能影响大。此外，耐高温性能有待提高等。

1. 增强聚酰胺

玻璃纤维增强 PA 在 20 世纪 50 年代就有研究，但形成产业化是 20 世纪 70 年代。以玻璃纤维为增强材料，PA 的力学性能、硬度、抗蠕变性、尺寸稳定性和耐热性都明显提高，如表 3-6 所示。用金属纤维增强 PA，不仅获得高模量，还具有导电性。用矿物也有很好的增强效果，并且使加工成型更容易，成本降低。二硫化钼和 PTFE 也是聚酰胺的增强材料，且可提高耐磨性。

表 3-6　　30%玻璃纤维增强 PA6 和 PA66 的性能

性能	PA6	30% GF 增强 PA6	PA66	30% GF 增强 PA66
密度/g · cm^{-3}	1.13	1.32	1.14	1.35
热变形温度（1.82MPa）/℃	63	220	70	250
拉伸强度/MPa	45～85	90～150	50～85	130～150
断裂伸长率/%	100～150	10～12	30～100	10～12
弯曲模量/GPa	1.2～2.7	4.5～7.5	1.5～2.8	5～9
缺口冲击强度/J · m^{-1}	25～90	175～320	40～120	90～120

2. 透明聚酰胺

1960 年，诺贝尔炸药公司（Dynamit Nobel）率先研制出了透明聚酰胺。赢创在 1988 年收购了诺贝尔炸药公司化学品部，从而获得了透明聚酰胺技术，后面发展为 Trogamid T 系列。

聚酰胺透明改性主要概括为物理法和化学法两种。物理法是加入成核剂，使其晶粒尺寸减小到可见光波长范围，得到微晶态透明聚酰胺。化学法是引入含侧基或环结构的单体，破坏分子链规整性，得到非晶态透明聚酰胺。

物理法兼顾了综合性能和透明性，代表产品有赢创 Trogamid CX 系列，其组成主要是 PA12，属于微晶型聚合物，一方面由于微晶结构带来抗应力开裂等良好力学性能，另一方面透明，透光率达到 91%，透明度接近 PMMA，比 PC 高。

化学法则以综合性能降低换取了透明性，代表产品有杜邦公司的 Zytel 330 和 Selar PA-3426，还有艾曼斯的 Grilamid TR 55 等。

透明聚酰胺具有良好的拉伸强度、冲击强度、刚性、耐磨性、耐化学性、表面硬度等性能，可用于饮料和食品包装，还可制备光学仪器和计算机零件、工业生产用监视窗、X 射线仪的窥窗、计量仪表、特种灯具外罩、食具和与食品接触的容器等。

五、脂肪族高温聚酰胺

高温聚酰胺是指可以长期在150℃以上的环境中使用的聚酰胺材料，熔点一般在290~320℃，并且在很宽的温度范围和高湿度环境下保持优异的力学性能。高温聚酰胺已经可以归属为特种工程塑料，但此处为了内容的连续性，仍然把高温聚酰胺放在聚酰胺部分介绍。目前成熟的工业化高温聚酰胺品种有脂肪族PA46、半芳香族的PA6T、PA9T、PA10T、PA12T等。

其中，PA46是一种脂肪族聚酰胺，由DSM独家生产和销售，商品名为Stanyl，是由丁二胺和己二酸缩聚而成的脂肪族聚酰胺，其中DSM具有全球唯一的丁二胺原料工业化方案。

PA46分子结构具有高度对称性，酰胺的两侧分别有4个对称亚甲基。虽然PA46的分子结构与PA66相似，但PA46每个给定长度的链上的酰胺组数更多，链结构更对称；而高度对称的链结构致使其结晶度高，而且结晶速度快，因而熔点更高，达295℃。非增强型PA46的热变形温度为160℃，增强型PA46为290℃。长期使用温度可达163℃。高结晶度使其在高温下（100℃以上）极好地保持刚性，抗蠕变能力增加。同时，高结晶度和良好的晶状结构使其比大多数工程塑料和耐热塑料具有更佳的抗疲劳强度，优于PPA、PPS和PA66。

相比其他工程塑料如PA6、PA66和聚酯，PA46在耐热、高温下的力学性能、耐磨等方面具有技术优势，并且成型周期短，用于汽车执行器中，如电子节气门控制（ETC）执行器、废气再循环系统（EGR）、涡轮、通用执行器（GPa）和可变进气系统等。

六、芳香族聚酰胺

又称聚芳酰胺，是20世纪60年代开发成功的耐高温、耐辐射、耐腐蚀的聚酰胺新品种。凡是在聚酰胺分子中含有芳香环结构的都属于芳香族聚酰胺。如果仅仅将合成聚酰胺的二元胺或二元酸分别以芳香族二胺或芳香族二酸代替，则得到的聚酰胺为半芳香聚酰胺，以芳香族二酸和芳香族二胺合成得到的聚酰胺为全芳香聚酰胺。

1. 全芳香族聚酰胺

全芳香聚酰胺主要有聚对苯二甲酰对苯二胺（PPTA，俗称芳纶1414）、聚间苯二甲酰间苯二胺（MPIA，俗称芳纶1313）和聚对苯甲酰胺（PBA，俗称芳纶14）等。PBA早期用于制造Kevlar纤维，现已较少生产。

MPIA的化学结构式为：$\left[\overset{O}{\overset{\|}{C}} - C_6H_4 - \overset{O}{\overset{\|}{C}} - \underset{H}{\underset{|}{N}} - C_6H_4 - \underset{H}{\underset{|}{N}} \right]_n$，具有优异的力学性能和耐热性，可在200℃下连续使用，熔点为410℃；电绝缘性一般，但在较高温度或湿度下仍能保持较好的电性能；难燃，具有自熄性；耐老化性和耐辐射性优异，耐光性较差。MPIA主要用于纤维和耐高温膜、耐高温装饰板、防火墙、H级绝缘材料及耐辐射材料等。

PPTA 的化学结构式为：$\left[\overset{O}{\overset{\|}{C}} - C_6H_4 - \overset{O}{\overset{\|}{C}} - \underset{H}{\underset{|}{N}} - C_6H_4 - \underset{H}{\underset{|}{N}} \right]_n$，其拉伸强度为 200MPa，软化温度为 280℃，耐候性、耐疲劳性和尺寸稳定性好，线膨胀系数低，是近年来开发最快的高强度、高模量、高耐温纤维，也可制成薄膜或层压材料。

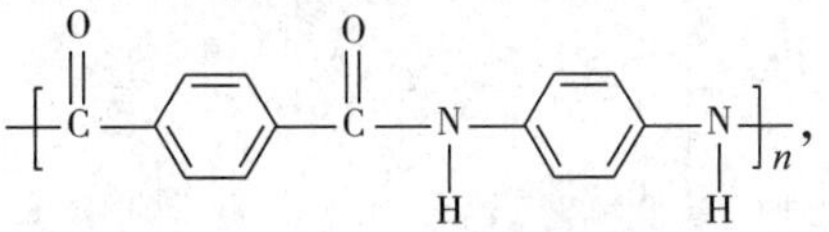

2. 半芳香族聚酰胺

半芳香聚酰胺是一种通过含芳环的二元酸（一般是对苯二甲酸）和脂肪族二胺发生缩聚反应而制成的半芳香族聚酰胺，主要品种有 PA4T、PA6T 共聚物、PA9T、PA10T、PA11T、PA12T 等，其中 PA6T 共聚物最为常见，其次是 PA9T 和 PA10T；也可以是通过脂肪族二元酸与含芳环的二元胺（如间苯二甲胺）发生缩聚反应而制成的半芳香族聚酰胺，如聚己二酰间苯二甲胺（PAMXD6）。

半芳香聚酰胺分子主链中由于存在耐热性能好的芳香环，又能形成氢键，使其具有比脂肪族聚酰胺更高的强度、刚性和尺寸稳定性。同时，与全芳香族聚酰胺相比，半芳香聚酰胺的熔点较低，既可以注塑成型也可以挤出成型，提高了生产效率。

（1）PA4T。PA4T 由 DSM 推出，其化学结构式为：$\left[\overset{O}{\overset{\|}{C}} - C_6H_4 - \overset{O}{\overset{\|}{C}} - \underset{H}{\underset{|}{N}} - (CH_2)_4 - \underset{H}{\underset{|}{N}} \right]_n$。PA4T 具有卓越的耐热性和力学性能，也有较低的吸水率。与 PA6T 均聚物相似，PA4T 均聚物的熔点高，达 430℃，熔点和分解温度接近而且难以加工，需要经过共聚改性降低其熔点，才能通过正常加工成型。DSM 公司的专利 PA4T/6T 显示，经共聚改性后材料的结晶性基本不变，熔点降低为 330℃。

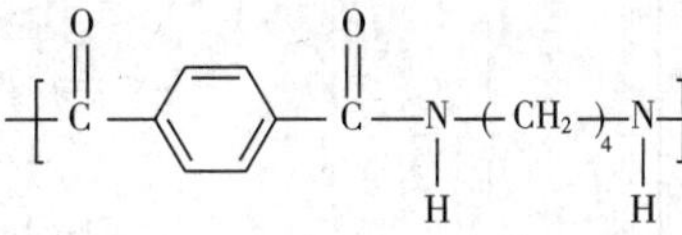

PA4T 具有卓越的空间稳定性、无铅焊接兼容性、高熔点，在温度上升的情况下具有很高的硬度和力学性能，且相比 DSM 公司原有的 PA46 产品，其吸水率降低。

（2）PA6T。PA6T 由对苯二甲酸与己二胺通过界面聚合和固相聚合而成，1989 年实现工业化生产，是三井化学所开发出来的，其化学结构式为：$\left[\overset{O}{\overset{\|}{C}} - C_6H_4 - \overset{O}{\overset{\|}{C}} - \underset{H}{\underset{|}{N}} - (CH_2)_6 - \underset{H}{\underset{|}{N}} \right]_n$。PA6T 均聚物的熔点在 370℃，已经高于一般聚酰胺的分解温度（350℃）。正是由于 PA6T 均聚物过高的熔点，使得其不能像一般的脂肪族聚酰胺一样，进行注塑成型，这就使其应用受到了一定的限制。

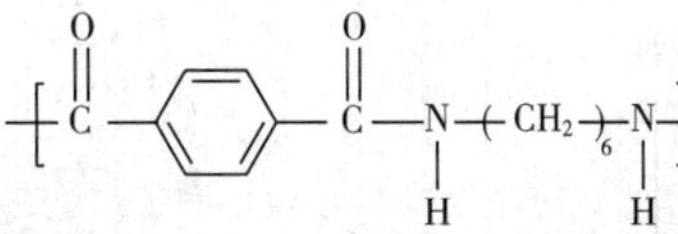

PA6T 均聚物必须与其他单体共聚后，将熔点降到一般的加工温度，方能在工业上应用于注射成型。常见的共聚组合有 6T/66、6T/6I、6T/DT、6T/6I/66、6T/6 等，其结构和耐热性如表 3-7 所示。PA6T 共聚物的熔点在 320℃左右，热变形温度约 290℃，具备优异的耐焊接性、低吸水率、优良流动性等，在汽车零件、机械零件以及电气/电子零件上均有广泛应用。日本三井化学所开发的改性 PA6T 具有高刚性、高强度、低吸水性等特性，主要用于汽车内燃机部件、耐热电器部件、传动部件和电子装配件等。

表 3-7 常见的聚酰胺 6T 共聚物产品

厂商	商品名	组成	结构	耐热性	
				T_m/℃	T_g/℃
Mitsui	Arien C	6T/66	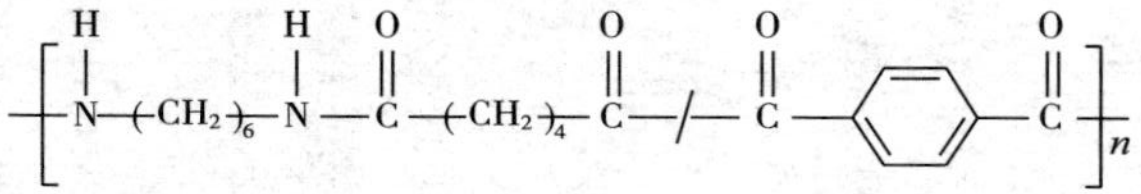 $-[NH-(CH_2)_6-NH-CO-(CH_2)_4-CO / CO-C_6H_4-CO]_n-$	290~300	90~110
—	Arien A	6T/6I	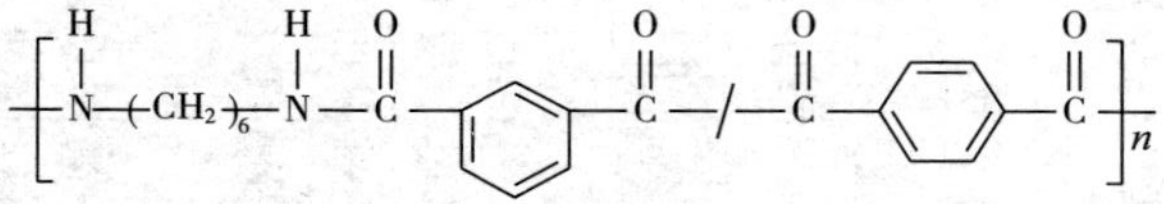 $-[NH-(CH_2)_6-NH-CO-C_6H_4-CO / CO-C_6H_4-CO]_n-$	320	125
Dupont	Zytel HTN	6T/DT	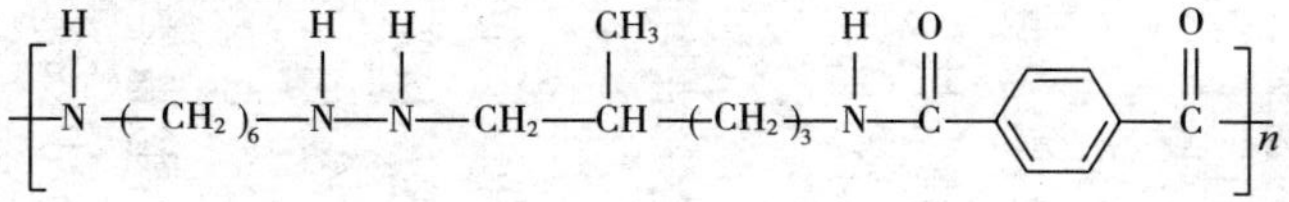 $-[NH-(CH_2)_6-NH-NH-CH_2-CH(CH_3)-(CH_2)_3-NH-CO-C_6H_4-CO]_n-$	305	135
Solvay	Amodel	6T/6I/66	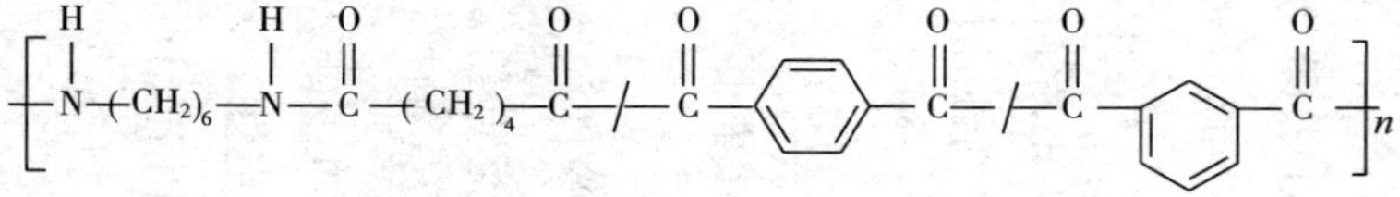 $-[NH-(CH_2)_6-NH-CO-(CH_2)_4-CO / CO-C_6H_4-CO / CO-C_6H_4-CO]_n-$	315	120
BASF	Ultramide T	6T/6	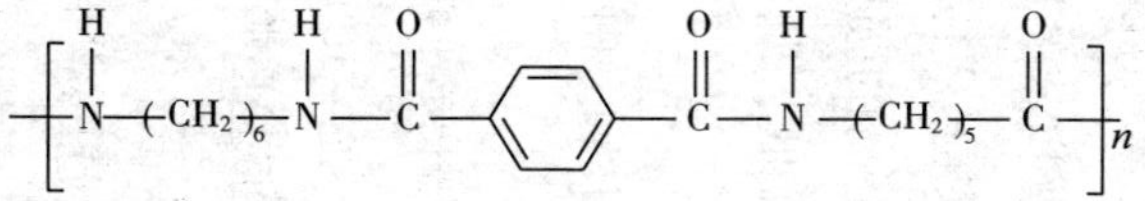 $-[NH-(CH_2)_6-NH-CO-C_6H_4-CO-NH-(CH_2)_5-CO]_n-$	295	105

（3）PA9T。PA9T 由可乐丽株式会社（KURARAY）公司首度开发成功并实现工业化，商品名为 Genestar，是壬二胺和对苯二甲酸聚合而得，其化学结构式为：$\left[\overset{O}{\overset{\|}{C}} - C_6H_4 - \overset{O}{\overset{\|}{C}} - \underset{H}{\underset{|}{N}} - (CH_2)_9 - \underset{H}{\underset{|}{N}} \right]_n$。PA9T 的熔点为 306℃，不需要通过共聚改性降低熔点。相比 PA6T，PA9T 兼有耐热性和可熔融加工性。但是，合成 PA9T 的主要原料壬二胺的合成路线较为复杂，丁二烯经过水合、转位、羟基化和氨化还原等步骤的化学反应，才能最终得到壬二胺。

PA9T 的吸水率是 PA46 的 1/10，是 PA6T 的 1/3，使其在多种用途的实用性评估上，均不会发生因吸水导致的尺寸变化、物性下降或膨胀起泡等异常，并在高温环境中有更好的稳定性。主要应用在电气电子工业、汽车工业及纤维工业 3 个领域。

（4）PA10T。PA10T 由金发科技股份有限公司在全球率先实现产业化。PA10T 是以对苯二甲酸和癸二胺为单体，经缩聚聚合而成，其化学结构式为：$\left[\overset{O}{\overset{\|}{C}} - C_6H_4 - \overset{O}{\overset{\|}{C}} - \underset{H}{\underset{|}{N}} - (CH_2)_{10} - \underset{H}{\underset{|}{N}} \right]_n$。PA10T 具有优异的耐热性能，熔点为 316℃，耐化学腐蚀性能，吸水率低，尺寸稳定性好，玻璃纤维增强改性后耐无铅焊锡温度超过 280℃，适合 SMT 制程，综合性能优异。并且，PA10T 的原料之一癸二胺，全部来源于自然界中的蓖麻油，属于生物基环保材料。

与其他短链高温聚酰胺如 PA46、PA4T、PA6T、PA6I、PAMXD6 等相比，PA10T 具有较长的二胺柔性长链，使得大分子具有一定的柔顺性，从而具有较高的结晶速率和结晶度，适用于快速成型，制作一些小型的电子元器件，比如 LED 反射支架、连接器等。又由于其分子主链中的苯环结构所带来的刚性和耐腐蚀性等优异性能，PA10T 的改性产品也可以应用到一些化学试剂和/或耐热的环境中，比如水处理、纳米注塑 NMT、发动机周边等。

（5）PA12T。聚对苯二甲酰十二烷二胺，简称 PA12T，由对苯二甲酸与十二碳二元胺缩聚而成，其化学结构式为：$\left[\overset{O}{\overset{\|}{C}} - C_6H_4 - \overset{O}{\overset{\|}{C}} - \underset{H}{\underset{|}{N}} - (CH_2)_{12} - \underset{H}{\underset{|}{N}} \right]_n$。与其他半芳香聚酰胺相比，①PA12T 的热变形温度为 130℃，熔点为 310℃，T_g 为 120℃，初始分解温度约 450℃以上，是一种耐热性良好的半芳香聚酰胺；②PA12T 可通过传统的热塑性塑料成型方法加工；③合成 PA12T 的单体十二碳二元胺属于长碳链，其上游原料十二碳二元酸来自微生物发酵，来源广泛，价格较低。

（6）PAMXD6。高阻隔性聚酰胺 PAMXD6 是 Lum 等于 20 世纪 50 年代以间苯二甲胺和己二酸为原料，通过缩聚反应合成的一种结晶型聚酰胺树脂，熔点 243℃，其化学结构式为：$\left[\underset{}{\overset{H}{\overset{|}{N}}} - CH_2 - C_6H_4 - CH_2 - \overset{H}{\overset{|}{N}} - \overset{O}{\overset{\|}{C}} - (CH_2)_6 - \overset{O}{\overset{\|}{C}} \right]_n$。日本三菱瓦斯化学公司采用直接缩

聚法、东洋纺织公司采用聚酰胺盐法分别合成了 PAMXD6。直接缩聚法合成的 PAMXD6 可用于制备阻隔性材料或工程结构材料；用聚酰胺盐法合成的 PAMXD6 可用于生产纤维。

作为一种结晶型半芳香聚酰胺，结晶度为35%，属于三斜方晶系，晶胞参数为 $a:b:c=1.201:0.483:2.98$；$\alpha:\beta:\gamma=75:26:65$，$T_g$ 为 75~85 ℃，密度为 1.20~1.23 g/cm^3。PAMXD6 具有吸水率低、热变形温度高、拉伸强度和弯曲强度高、成型收缩率小、对 O_2、CO_2 等气体的阻隔性好等特点。PAMXD6 由于具有较宽的加工温度，可以与 PP 共挤出、与 PE-HD 共挤吹塑。在工业上，PAMXD6 主要用于包装材料和代替金属做工程结构材料。前者包括食品与饮料的包装、仪器设备包装（防潮、消振的软垫和发泡材料）；后者包括高耐热品级 Reny PAMXD6/PPO 的合金、抗振级 Reny PAMXD6 等。除此之外，PAMXD6 还应用于磁性塑料、透明胶黏剂等。

七、脂环族聚酰胺

由脂环族二酸与脂肪族二胺聚合而成，比如旭化成的 PA6C，其相关专利显示是由 1,4-环已烷二甲酸和六亚甲基二胺聚合而成的，由于和 PA6T 结构相似，因此也是与其他单体共聚的半脂环族聚酰胺（又称“PA6C 共聚聚酰胺”）。

八、单体浇铸聚酰胺

单体浇铸 PA（Monomer Casting Nylon，MCPA）又称为铸型聚酰胺，是由已内酰胺单体在熔融条件下，加入强碱性的物质（催化剂）和活性助剂等原料后发生一系列反应，然后将其直接注入已经预热至某一温度的模具中，在模具内产物快速反应聚合成型为铸型聚酰胺。在已内酰胺单体中加入碱金属和碱土金属等为催化剂聚合浇铸聚酰胺的专利是由 Joyce 和 Ritter 在 1941 年合作发表的，由美国 Polymer 公司于 20 世纪 50 年代开发成功并投入生产。

MCPA 的相对分子质量比 PA6 大 1 倍，其力学性能、尺寸稳定性、耐疲劳性、耐磨性、冲击强度、耐热性、吸水性及电性能等都比 PA6 高约 1 倍以上，二者的性能比较见表 3-8。主要用于机械工业，制作难于注塑成型的大型制品，如大型齿轮、大型阀座、大型蜗轮以及大型轴套和轴瓦等，特别适用于制作高载荷、高速度运转的轴承。此外，还用于制备导向环、导轨、辊套、摩擦板、传送带轮、支撑台架、梭子、衬套和螺旋推进器等，也可用于制备板材、管材和棒材等。

表 3-8　　PA6 与单体浇铸聚酰胺的性能比较

性能	PA6	MCPA
吸水率/%	1.3~1.9	0.9
热变形温度/℃	63	120
熔点/℃	220	225
拉伸强度/MPa	45~85	75~110

续表

性能	PA6	MCPA
拉伸模量/MPa	26000	40000
压缩强度/MPa	84	100~140
弯曲强度/MPa	100	140~170
摩擦因数	0.39	0.09~0.3

九、反应注射成型聚酰胺

反应注射成型（reaction injection molding，RIM）是20世纪60年代末发展起来的集聚合与加工于一体的聚合物加工方法，它是直接将两种或两种以上反应物（单体或低聚物）精确计量，经高压碰撞混合后充入模内，完成聚合、交联、固化、成型等一系列反应，加工成制品的工艺过程。RIM工艺具有生产效率高、能耗低、产品设计灵活、性能优良、适应面广等特点。

美国的Monsanto公司在20世纪80年代开发了PA6-RIM技术，具有良好的耐热性能、耐油性、耐化学药品性以及优良的力学性能、耐磨性、无毒、无污染环境等优点。而后，荷兰DSM公司把PA6-RIM技术成功用于生产汽车外部构件。RIM聚酰胺6所用的原料系统与一般的己内酰胺有所不同，其主要区别是首先用聚醚多元醇与催化剂反应制成预聚物，然后再与己内酰胺共聚制成嵌段共聚物。

思考题

1. mp型、p型PA分子链上氢键的形成有什么规律?
2. 试述mp型、p型PA分子结构的特点。
3. 试述脂肪族PA的结构特点和性能特点。
4. 比较单体浇铸PA6与常规PA6的性能。
5. 试述半芳香族PA的结构特点和性能特点。

第二节　聚碳酸酯

聚碳酸酯（Polycarbonate，PC）为大分子链上含有“碳酸酯型”重复结构单元的一类聚合物。在6大类工程塑料中，PC是唯一具有良好透明性的产品。就工程塑料而言，最具有应用价值的是双酚A型PC。

1953年拜耳（Bayer）公司首先申请PC制备专利，1959年首次实现工业化生产。目前国外生产商有SABIC（原美国GE）、盛禧奥（原陶氏化学）、科思创（原拜耳)、帝人、三菱、韩国乐天（原LG）等。国内有鲁西化工、万华化学、浙铁大风等。

双酚A型PC具有突出的冲击韧性、透明性和尺寸稳定性；优良的力学性能和电绝缘性；较宽的使用温度范围（-60~120℃）；并可与许多其他树脂共混，形成共混物。可采用注塑、挤出、模压、吹塑、热成型、印刷、粘接、涂覆和机加工，制品广泛应用在包装建筑、电子电器工业、交通运输和纺织工业、医疗器械、光学元件、通信设备和生活日用品中。

一、聚碳酸酯的分类

1. 按照分子结构中的酯基结构

按照酯基结构，PC可以是脂肪族、脂环族、脂肪-芳香族或芳香族PC，各自特性如表3-9所示。线性脂肪族PC一般可由脂肪族二元醇制备而成，如聚亚乙基碳酸酯（PEC）是结构最简单的脂肪族PC，虽然力学性能不理想，但是具有良好的生物相容性和生物可降解性。聚三亚甲基碳酸酯（PTMC）及其聚合物是目前研究最为广泛的一类脂肪族PC，摩尔质量介于6000~50000g/mol的PTMC为柔软的塑料，有较好的弹性。但是由于脂肪族和脂肪族-芳香族PC的力学性能较低，限制了它们在工程塑料方面的应用。作为工程塑料，以双酚A型PC最重要。本章后续关于PC合成、结构、性能的介绍主要围绕双酚A型PC展开。

表3-9　不同品种PC及其特性

PC品种	特点
脂肪族PC	如PEC、PTMC及其共聚物，熔点低、溶解度大、亲水、热稳定性差、力学性能不高，不能作为工程塑料使用；具有生物相容性和生物可降解性，在微生物作用下被降解成CO_2和中性的二元醇，可在药物缓释放载体、手术缝合线、骨骼支撑材料等方面获得应用
脂环族PC 脂肪-芳香族PC	相比脂肪族PC，其熔点提高、溶解度下降，但结晶趋势较大、性脆、力学性能仍不足，难以满足工程塑料要求
芳香族PC	性能突出，具有工业应用价值，以双酚A型PC最重要

2. 按照聚合方法

（1）熔融酯交换法。酯交换法又称熔融缩聚法。在碱性催化剂存在下，由双酚A与碳酸二苯酯（1∶1.05mol）在高温、高真空度条件下，经酯交换反应（余压1.33~6.65kPa；175~230℃）和缩聚反应（余压小于133Pa；295~300℃）生成PC的一种工艺过程，化学反应式如图3-8所示。

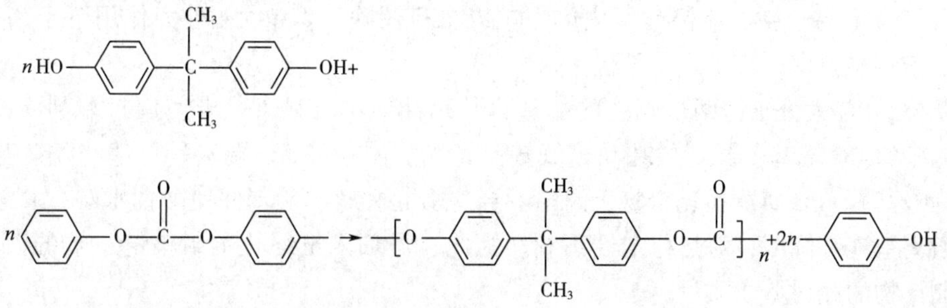

$$n\,HO-C_6H_4-C(CH_3)_2-C_6H_4-OH + n\,C_6H_5-O-\overset{O}{\overset{\|}{C}}-O-C_6H_5 \longrightarrow \left[O-C_6H_4-C(CH_3)_2-C_6H_4-O-\overset{O}{\overset{\|}{C}} \right]_n + 2n\,C_6H_5-OH$$

图 3-8　PC 熔融酯交换法合成路线

（2）光气法。光气界面缩聚法是在常温常压下，由双酚 A 钠盐与光气进行界面缩聚得到 PC，化学反应式如图 3-9 所示。

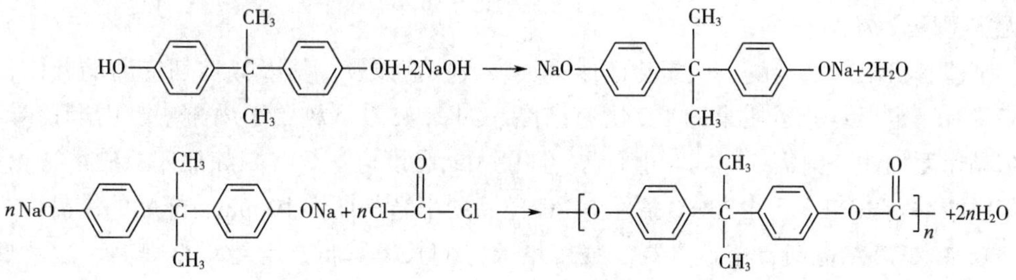

$$HO-C_6H_4-C(CH_3)_2-C_6H_4-OH+2NaOH \longrightarrow NaO-C_6H_4-C(CH_3)_2-C_6H_4-ONa+2H_2O$$

$$n\,NaO-C_6H_4-C(CH_3)_2-C_6H_4-ONa + n\,Cl-\overset{O}{\overset{\|}{C}}-Cl \longrightarrow \left[O-C_6H_4-C(CH_3)_2-C_6H_4-O-\overset{O}{\overset{\|}{C}} \right]_n +2nH_2O$$

图 3-9　PC 光气法合成路线

光气法 PC 的相对分子质量可高达 $15\times10^4 \sim 20\times10^4$。常用相对分子质量调节剂如苯酚、甲醇、硫醇等单体官能团进行调整。光气界面缩聚法是目前 PC 生产最成熟和完善的工艺，但存在使用剧毒物质光气、去除产物中的杂质和钠盐时需要使用大量的去离子水、反应中使用的溶剂二氯甲烷回收困难且具有较高的挥发性和毒性、副产物氯化氢腐蚀生产设备等问题。

二、聚碳酸酯的结构

1. 链结构

双酚 A 型 PC 的结构式为：$\left[O-C_6H_4-C(CH_3)_2-C_6H_4-O-\overset{O}{\overset{\|}{C}} \right]_n$。其中，大共轭芳香环状体难以弯曲，带来力学性能、耐热性、耐化学药品性、耐候性和尺寸稳定性提高，在有机溶剂中的溶解性和吸水性降低；氧基提高分子链段柔顺性，易于发生分子内旋转，加大溶解性和吸水性；羰基增强分子链间的相互作用力，增大刚性；酯基极性较大，但属于分子链中较薄弱的部分，易水解断裂，易溶于极性有机溶剂，是造成 PC 电绝缘性能不如非极性甚至弱极性聚合物的重要原因。受官能团对分子链刚性的影响，苯基和羰基的共同作用超过氧基的相反作用，导致分子链间吸引力较大，彼此缠结不易解除，分子链间相对滑动困难；大分子链取向困难，不易结晶；外力强迫取向

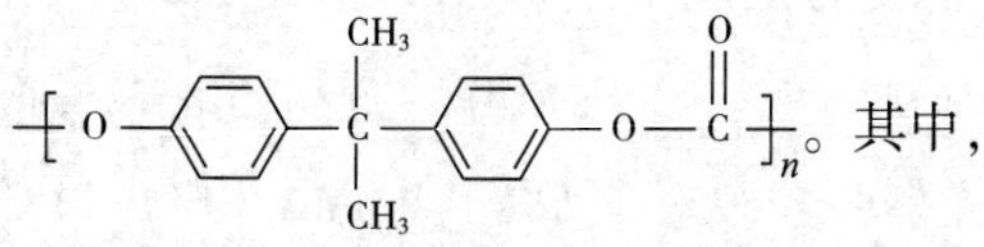

后，分子链不易松弛，制品残留内应力难以自行消除。但 PC 在外力作用下不易变形，尺寸稳定性较高。

此外，PC 大分子链两末端上的端基对其热性能影响显著。未使用封端剂下，酯交换法制备的 PC 端基主要是羟基和苯氧基；光气法制备的 PC 端基是羟基和酰氯基（水解后为羧基）。PC 属酯类化合物，高温下羟基引起醇解、羧基促使酸性水解，并进一步导致游离基连锁降解，对热稳定性不利。为此，需加入链终止剂封锁链末端的活性基，并控制产物的相对分子质量。

2. 凝聚态结构

PC 分子链中含有较多的苯环，刚性链段特性导致其本体结晶速率极为缓慢。在结晶速率最大时的温度下，如 190℃，需 1d 的时间才能观察到微晶生成，1 周甚至更长的时间获得具备较为完善球晶结构的结晶型材料。PET 和 PE 的最大球晶生长速率较 PC 分别快 1×10^3 倍及 5×10^5倍。半结晶时间为 12d，且样品的结晶度较低。一般双酚 A 型 PC 为无定型聚合物。

某些有机溶剂如丙酮、四氯化碳或蒸气、成核剂以及高压及高剪切应力的共同作用可使具有一定相对分子质量的 PC 快速结晶。如在 45℃下放置于丙酮中，丙酮诱导 PC 的结晶速度加快，只需 3~4s 即可完成，且最大结晶度可达 20%。如加入 1% 2-氯-4-硝基苯甲酸钠（SCNB），在 230℃条件下 PC 样品的半结晶期为 10 min，样品的结晶度可以达到 65%。PC 结晶时，熔点升高、强度增大、伸长率降低、电绝缘性提高、溶解性和吸湿性降低。

线性高聚物分子容易敛集成束，链束中分子敛集可松可紧，链束也可再组成不同形式的超分子结构，如原纤维状、捆状等。PC 易形成的最稳定的超分子结构是不对称、长而硬的原纤维状结构，它们混合交错地连接组成疏松的网络，使高聚物中存在大量微空隙。原纤维内部分子敛集的规整度及分子间的作用力较大，成为一种整体性的结构单元。当外力作用时，首先是以原纤维为单位开始移动。原纤维骨架在高聚物中呈现增强作用；而聚合物中大量微小空隙的存在又使原纤维骨架在受到冲击作用时能迅速位移以致显示出更高的弹性，所以常温下 PC 具有很高的冲击强度。

三、聚碳酸酯的性能

PC 无味、无毒，着色性好，为透明的白色或微黄色的硬而韧的树脂，密度为 $1.20g/cm^3$。透光率可达 89%，仅次于 PMMA 和 PS。PC 的氧指数高达 24.9%，燃烧时慢燃，离火后自熄，火焰明亮起炱，试样外形熔化、分解焦化，分解出的气体呈中性。PC 的吸水率为 0.23%~0.26%。

1. 力学性能

PC 的拉伸应力-应变曲线属于典型的硬而韧类型，拉伸过程中产生明显的屈服点，拉伸强度 60~70MPa，断裂伸长率 60%~130%，弯曲模量 2000~2500MPa。冲击性能优异，在低温下仍保持较高的力学强度，是一种强韧性材料。PC 的耐蠕变性优于 PA 和 POM，尺寸稳定性高，但耐疲劳强度较低、缺口敏感性高、耐磨性较差。PC 的耐应力开裂性较差。PC的熔体黏度大，成型时易产生内应力，内应力使分子间力和链的缠结数减少，在外力作用下，承受点减少，易断裂。增加相对分子质量有利于改善应力开裂性能。

2. 热性能

PC具有较好的耐热性和耐寒性，长期使用温度可在-60~120℃范围内，脆化温度-135℃，T_g为150℃。PC的热变形温度分别为136~142℃（0.45MPa）和130~136℃（1.82MPa）。PC无明显熔点，220~230℃呈熔融状态。PC在320℃以下很少降解，330~340℃出现氧化降解和热降解。

3. 电性能

PC的分子极性小，T_g高，具有优良的电绝缘性能，但比非极性聚合物差。在较宽的温度范围和潮湿条件下，仍可保持较优异的电性能，如介电常数和介电损耗角正切在室温至125℃范围内几乎不变；在120℃加热后，电性能也基本保持不变；在-120~-40℃的低温下，体积电阻率仅比常温下稍有降低；在电场电压为2kV/mm内，体积电阻率与电压无关，受湿度影响小。

4. 化学性能

PC具有一定的耐化学药品性，对有机酯、稀无机酸、盐类、油、脂肪烃及醇都比较稳定；不耐稀碱、浓酸、王水、氯烃、胺、酮、酯、芳烃及糠醛等。酯基的存在使PC较容易溶于极性有机溶剂。常用的溶剂是二氯甲烷、三氯甲烷和四氯乙烷。PC的耐辐射性能欠佳。

PC的耐候性较好，对热、空气、臭氧的稳定性好。制品在室外暴露1年，力学性能基本不变。但较长时间暴露于紫外光时，会因光氧化反应而发黄、降解、变脆。故常加入光稳定剂、热稳定剂等以改善其性能。

5. 加工性能

PC在温度达220~230℃时呈熔融状态，成型温度可控制在250~310℃。在水、铁或残余碱等杂质存在下，树脂易变黄，相对分子质量降低，力学性能降低。微量水分在高温下加工会使制品产生白浊色泽、银丝和气泡，因此，PC在加工前必须干燥处理，使含水量小于0.02%。

PC在240~300℃下，熔融黏度为$1.0\times10^4 \sim 2.1\times10^4$ Pa·s，对注塑充模有影响，因为流动长度随黏度的增大而缩短。PC的流动特性接近牛顿流体，熔融黏度受剪切速率的影响较小，对温度的变化则十分敏感，如图3-10所示。因此，在注塑成型过程中，通过提高温度来降低黏度比增大压力更有效。

PC的刚性大，制品中易产生内应力，需对制品进行退火处理。处理温度应选择在T_g以下16~20℃。一般控制在125~135℃。处理时间视制件厚度和形状而定。制件越厚，处理时间越长。PC为无定形聚合物，成型收缩率低，一般为0.5%~0.7%。成型时的收缩性大致各向同性，有利于成型高精度的制品。PC的耐环境应力开裂性差，缺口敏感性高，因而成型带金属嵌件的制件比较困难。PC的冲击韧性高，可进行冷压、冷拉、冷辊压等冷成型加工。

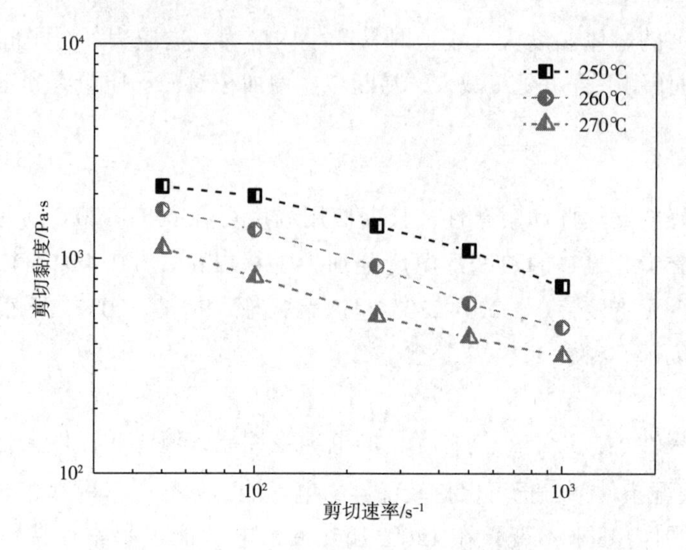

图 3-10　PC 在不同温度下的剪切黏度随剪切速率变化的曲线

四、聚碳酸酯的改性

PC 具有高的冲击强度、刚性和透明性，但存在缺口敏感、耐磨性差、耐疲劳强度低、熔体黏度大、易发生应力开裂、成型大尺寸和薄壁制件困难等问题。可以通过物理和化学改性弥补 PC 原有的性能局限，或者进一步提升 PC 的优异性能，扩展 PC 应用。

1. 物理改性

（1）填充增强。以玻璃纤维、碳纤维及硼纤维等为增强材料，增强后 PC 的力学性能、疲劳强度、尺寸稳定性和耐热性、耐应力开裂性都明显提高，降低吸水性、线膨胀系数和成型收缩率。但冲击强度会有所下降，加工性能变差，制品失去透明性。玻璃纤维的用量以10%~40%为宜。性能如表 3-10 所示。

玻璃纤维增强的 PC 可替代铝、锌等压铸领域的负荷件及尺寸要求极高的制品，广泛用于机械、仪表、电气、电信等工业产品中，如制备电动工具外壳、电子计算机零件、飞机零件、宇航员头盔、自行车零件和其他对刚性、尺寸稳定、耐冲击有较高要求的零部件。

表 3-10　　30%玻璃纤维增强 PC 与未增强 PC 的性能比较

项目	未增强 PC	30%长玻璃纤维	30%短玻璃纤维
密度/g·cm⁻³	1.20	1.45	1.45
拉伸强度/MPa	60~70	130~140	110~120
断裂伸长率/%	60~120	<5	<5
缺口冲击强度/kJ·m⁻²	15~25	10~13	7~9
热变形温度（1.82MPa）/℃	130~136	146	140
成型收缩率/%	0.5~0.7	0.2	0.2~0.5

（2）合金改性。

①PC/ABS 合金。PC/ABS 合金是最经典的合金改性代表。PC 与 ABS 共混物可以综合二者的优良性能，一方面可以提高 ABS 的耐热性、抗冲击性能和拉伸强度，另一方面可以降低 PC 的熔体黏度，改善加工性能，减少制品内应力和冲击强度对制品厚度的敏感性。该合金适于制作薄壁及复杂形状制品，应用于汽车内外部件、电脑及周边设备、通信器材、家电等多个领域。

②PC/PE-HD 合金。采用机械共混法制备，PE-HD 的引入可降低 PC 熔体的黏度，改善加工性能，提高冲击强度，改善耐应力开裂性。一般 PE-HD 含量少于 30%，冲击强度可为 PC 的 3~4 倍，耐沸水性、耐热老化性、残余应力均优于纯 PC。主要用于制作餐具、容器、机械零件、电工零件以及安全帽等防护用品。

③PC/POM 合金。两者可以任意比例混合。POM 为 30%以下时，PC 的力学性能变化不大，但可显著提高耐溶剂性和耐应力开裂性，耐热性也有明显提高。

④PC/PA 合金。加入 PA 可以改善 PC 的耐油性、耐化学品性、耐应力开裂性及加工性能，降低 PC 的成本，并能保持 PC 较高的耐冲击性和耐热性。

⑤PC/PMMA 合金。二者均为透明塑料，合金为多层结构，由于折射率不同，产生光干涉使合金不透明，但具有珠光色彩。特别适宜制作食品和化妆品容器，也可以制作人造珍珠作为装饰品。

⑥PC/PET、PBT 合金。可改善 PC 的耐应力开裂性和耐溶剂性，降低 PC 成本，又可以提高 PBT 或 PET 的耐热性及韧性。目前国外 PC/PBT 合金产品主要用于汽车保险杠、包装薄膜材料、汽车底座和座位等。

⑦PC/PS 合金。加入少量的 PS 可使 PC 熔体黏度大幅下降，降低 PC 粘流活化能，改善 PC 的加工流动性；PS 在 PC 中还可以起到刚性有机填料的作用；二者折射率非常接近，因此 PC/PS 合金透明，具有良好的光学特性。

2. 化学改性

（1）卤代双酚 A 型 PC。与普通 PC 相比，卤代双酚 A 型 PC 具有更高的 T_g、拉伸强度和优良的阻燃性。按分子组成单元，目前主要有均聚和共聚两类结构的产品，如图 3-11所示。外观呈白色粉末状树脂。

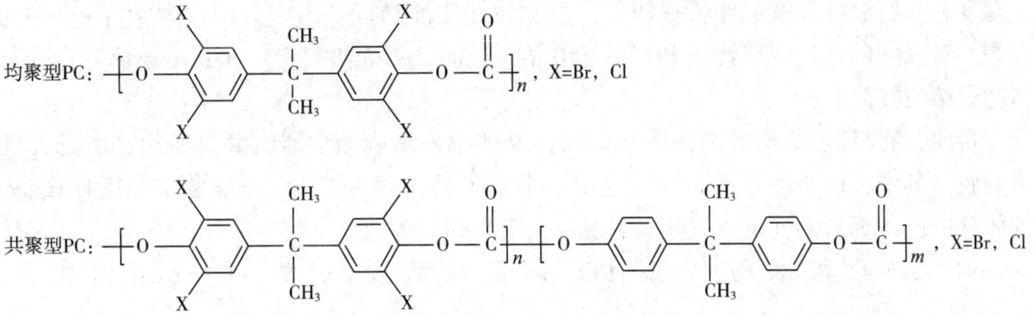

图 3-11　卤代双酚 A 型 PC 的结构

其中，溴代物比氯代物更耐高温、更阻燃。但是，卤代双酚 A 型 PC 的成型加工性能较差。卤代双酚 A 型 PC 与普遍 PC 的性能比较如表 3-11 所示。

表 3-11　　卤代双酚 A 型 PC 与普通 PC 的性能比较

项目	普通双酚 A 型 PC	四溴双酚 A 型 PC	四氯双酚 A 型 PC
密度/$g \cdot cm^{-3}$	1.20	1.9	1.42
熔融温度/℃	220~230	350~370	250~260
T_g/℃	150	225	180
拉伸强度/MPa	60~70	100	100
阻燃性	可燃	不燃	不燃

（2）聚酯碳酸酯。聚酯碳酸酯（Polyester-carbonates，PEC）的大分子链中兼有聚苯二甲酸双酚 A 酯嵌段和双酚 A 型 PC 嵌段，结构式为：

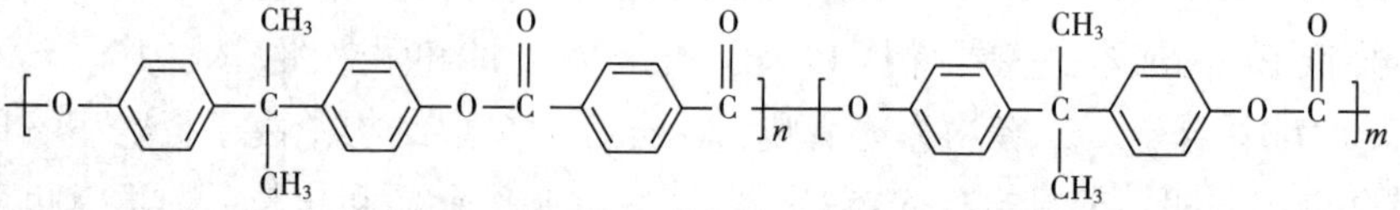

$$\left[O-C_6H_4-C(CH_3)_2-C_6H_4-O-\overset{O}{\overset{\|}{C}}-C_6H_4-\overset{O}{\overset{\|}{C}} \right]_n \left[O-C_6H_4-C(CH_3)_2-C_6H_4-O-\overset{O}{\overset{\|}{C}} \right]_m$$

PEC 兼具了聚芳酯的高耐热性和 PC 突出的冲击强度，连续使用温度可达 160~170℃，短时间处于 380℃ 质量也不会明显变化；耐蠕变性和耐老化性、耐环境开裂性好，能经受 132℃ 高温蒸气反复消毒处理而不泛黄。

PEC 具有优良的耐热性、抗冲击性、透明性和电绝缘性等，已成功用于电气、汽车等工业部门做电子电气元部件、连接器、插座、前灯透镜、灯罩等。特别是在医疗器械方面，因耐反复高温水蒸气消毒处理而备受关注。

（3）有机硅-聚碳酸酯。聚二甲基硅氧烷-双酚 A 型 PC 的嵌段共聚物（Silicone-polycarbonate block copolymer），结构式为：

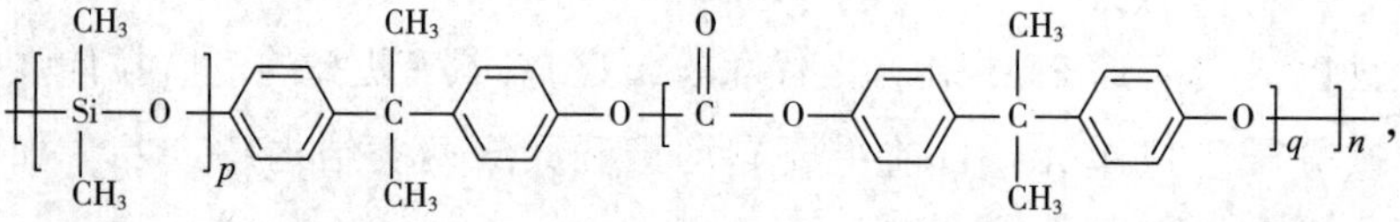

$$\left[\left[Si(CH_3)_2-O \right]_p C_6H_4-C(CH_3)_2-C_6H_4-O \left[\overset{O}{\overset{\|}{C}}-O-C_6H_4-C(CH_3)_2-C_6H_4-O \right]_q \right]_n$$

，嵌段共聚物大分子链中含有一定数量的有机硅嵌段和 PC 嵌段。有机硅嵌段含量增大，软化温度降低，加工温度和分解温度加宽，伸长率加大，力学性能逐渐降低。由于分子中大量硅-氧键的存在，对氧气的透过率比普通 PC 约高 10 倍。同时，对无机材料，尤其是玻璃等含硅材料的黏结力提高。

目前，有机硅-聚碳酸酯嵌段共聚物主要被用来制造光学透明薄膜（片）和选择性渗透膜。其中，选择性渗透膜可广泛用于宇宙飞船、潜水艇、水下实验室和医疗设备、气体分析设备等的供气系统或呼吸系统及人工心肺机等。

（4）环己烷双酚 A 型 PC。环己烷双酚 A 型 PC 的结构式为：

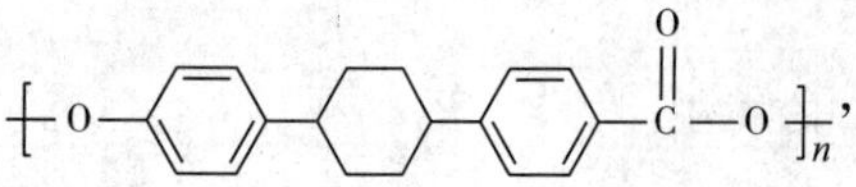

$$\left[O-C_6H_4-C_6H_{10}-C_6H_4-\overset{O}{\overset{\|}{C}}-O \right]_n$$

，由于环己烷基比甲基体积大，增大了空间位阻，分子活动性降低。当环己烷双酚比例较小时，其熔体黏度与双酚 A 型 PC 相差无几。随着环己烷双酚比例的增大，熔体黏度不断增大，T_g 逐渐升高。这种新型 PC 的耐热性、力学性能、电绝缘性、耐应力开裂性和透明度等都要优于普通 PC。

（5）含醚键双酚型 PC。利用 4,4′-二羟基二苯醚 HO—C₆H₄—O—C₆H₄—OH 和另一种通式为 HO—C₆H₄—R—C₆H₄—OH 的双酚缩聚反应制得。与双酚 A 型 PC 相比，含醚键双酚型 PC 的耐热性、力学性能、耐老化性能等均有所改进，成型加工性能更好。

（6）交联 PC。将 PC 树脂长期置于约 250℃ 的 O_2 中或短期置于 400℃ 的 O_2 中，发生氧化交联，得到一种透明的不溶、不熔物质，可应用于电缆、涂料等领域。PC 及其共聚物可与聚环氧化合物（如双酚 A 型环氧树脂等）混合加热，得到一种无色透明的不溶不熔、具有良好力学性能的材料，可作热压制品、表面涂料、层压板和黏合剂等。此外，PC 经处理后，在一定光线照射激发下亦能发生交联反应，获得不溶不熔材料，制成光敏性塑料，应用于电子技术、制版技术等方面。

思考题

1. 双酚 A 型 PC 分子链是刚性链，为什么具有优异的韧性？
2. 双酚 A 型 PC 可以结晶吗？为什么得到无定形制品？
3. 双酚 A 型 PC 有哪些工艺特性？对成型加工有何影响？
4. PC/ABS 合金具有什么特性？
5. 与 PMMA、PS 等透明塑料相比，PC 有什么性能优势？

第三节 热塑性聚酯

大分子主链的重复单元中含有“酯基”结构的高聚物统称为聚酯，包含热塑性聚酯和热固性聚酯。其中，热塑性聚酯是由饱和的二元羧酸（酯）和二元醇通过缩聚反应制得的线性聚合物；不饱和聚酯是一种热固性聚合物，由不饱和二元羧酸（或羧酐）与二元醇缩聚得到。

在热塑性聚酯大家族中，由脂肪族二元酸和脂肪族二元醇合成的聚酯的熔点低，柔性好，一般应用于聚酯弹性体、热熔胶及生物降解塑料。用作工程塑料的热塑性聚酯通常由芳香族二元酸和各种二元醇合成制得，包括 PET、PBT、PCT、PEN、PBN、聚酯液晶聚合物系列和聚芳酯等。主要工业化品种为 PET 和 PBT。本节主要介绍 PET、PBT、PCT、PEN 和 PBN。聚芳酯和液晶聚合物将在特种工程塑料部分介绍。生物降解性聚酯将在生物降解塑料部分介绍。

一、聚对苯二甲酸乙二醇酯

聚对苯二甲酸乙二醇酯（Polyethylene Terephthalate，PET）是对苯二甲酸与乙二醇的缩聚产物，是一种线性热塑性材料。PET可以采用注塑、挤出、吹塑、涂覆、黏结、机加工、电镀、真空镀金属、印刷等方法成型加工。根据其制品形式，可分为纤维、薄膜、注塑件和瓶类四大类。

在塑料分类中，PET的代号是1号。PET目前几个领域的应用比例为：电器电子26%，汽车22%，机械19%，用具10%，消费品10%，其他13%。PET树脂可用于各类容器的制作，制备冷灌装饮料、食品等用的中空容器及农药、医药、日化产品包装。PET还可用于生产制作绝缘材料、磁带带基、电影或照相胶片和真空包装等的薄膜产品。

1946年英国发表了第一件制备PET的专利，1949年由英国ICI公司完成中试，但美国杜邦公司购买该专利后于1953年建立了生产装置，并最先实现工业化生产。

1. 聚对苯二甲酸乙二醇酯的合成

先后发展有直接酯化法和酯交换法两种合成技术。

（1）直接酯化法。对苯二甲酸或对苯二甲酰氯与过量乙二醇在200℃下先酯化成低聚合度PET，而后在280℃下缩聚成高聚合度的最终聚酯产品（$n=100\sim200$）。反应式如图3-12所示。

$$n\,\mathrm{HO{-}\overset{O}{\overset{\|}{C}}{-}C_6H_4{-}\overset{O}{\overset{\|}{C}}{-}OH} + n\,\mathrm{HO{-}CH_2{-}CH_2{-}OH} \xrightarrow[\text{Heat}]{\text{acid}} \mathrm{\left[\overset{O}{\overset{\|}{C}}{-}C_6H_4{-}\overset{O}{\overset{\|}{C}}{-}O{-}CH_2{-}CH_2{-}O\right]_{\mathit{n}}} + 2n\mathrm{H_2O}$$

$$n\,\mathrm{ClO{-}\overset{O}{\overset{\|}{C}}{-}C_6H_4{-}\overset{O}{\overset{\|}{C}}{-}OCl} + n\,\mathrm{HO{-}CH_2{-}CH_2{-}OH} \longrightarrow \mathrm{\left[\overset{O}{\overset{\|}{C}}{-}C_6H_4{-}\overset{O}{\overset{\|}{C}}{-}O{-}CH_2{-}CH_2{-}O\right]_{\mathit{n}}} + 2n\mathrm{HCl}$$

图3-12 PET的直接酯化法合成路线

随着缩聚反应程度的提高，缩聚体系的黏度增加。在聚合工程上，将缩聚反应分段在两反应器内进行。前段预缩聚：温度270℃，真空度2000~3300Pa。后段终缩聚：温度280~285℃，真空度60~130Pa。

（2）酯交换法。PET的酯交换法合成又称间接酯化法，是一种传统生产方法，由甲酯化、酯交换和终缩聚3步组成，甲酯化的目的是便于对苯二甲酸二甲酯精制提纯。

首先对苯二甲酸与稍过量甲醇反应，先甲酯化成对苯二甲酸二甲酯。蒸出水分、多余甲醇和苯甲酸甲酯等低沸物，再经过精馏工艺，即得纯的对苯二甲酸二甲酯，纯度>99.9%；然后在190~200℃下，以醋酸镉或三氧化二锑等催化剂，对苯二甲酸二甲酯与乙二醇（摩尔比约1∶2.4）发生酯交换反应，形成聚酯低聚物。然后馏出甲醇，使酯交换充分；最后，在高于PET熔点下，如283℃，以三氧化二锑为催化剂，对苯二甲酸乙二醇酯发生自缩聚反应或酯交换反应，采用减压蒸馏工艺，不断馏出副产物乙二醇，逐步提高聚合度。反应式如图3-13所示。

$$H_3CO-\overset{\overset{O}{\|}}{C}-\langle C_6H_4\rangle-\overset{\overset{O}{\|}}{C}-OCH_3+HO-CH_2-CH_2-OH \longrightarrow OH-CH_2-CH_2O-\overset{\overset{O}{\|}}{C}-\langle C_6H_4\rangle-\overset{\overset{O}{\|}}{C}-OCH_2-CH_2-OH+2CH_3OH$$

$$nHO-CH_2-CH_2O-\overset{\overset{O}{\|}}{C}-\langle C_6H_4\rangle-\overset{\overset{O}{\|}}{C}-OCH_2-CH_2-OH \longrightarrow \left[O-\overset{\overset{O}{\|}}{C}-\langle C_6H_4\rangle-\overset{\overset{O}{\|}}{C}-OCH_2\cdot CH_2\right]_n+nHO-CH_2-CH_2-OH$$

图 3-13 PET 的酯交换法合成路线

2. 聚对苯二甲酸乙二醇酯的结构

（1）链结构。PET 的分子式为：$\left[O-\overset{\overset{O}{\|}}{C}-\langle C_6H_4\rangle-\overset{\overset{O}{\|}}{C}-OCH_2-CH_2\right]_n$，PET 分子主链中含有柔顺性的亚甲基、刚性的苯环和极性的酯基，同时酯基和苯环之间形成共轭体系。其中，苯环提供刚性、力学性能和耐化学稳定性，提高 T_g 和熔融温度；酯基，赋予较强的分子间作用力、一定的吸水性和水解性，与苯环形成大共轭体系，进一步增大了分子链的刚性；乙基赋予分子链一些柔性。由于酯基和苯环间形成了共轭体系，增加了分子链刚性，当大分子链围绕着这个刚性基团转动时，由于位阻较大，分子只能作为一个整体运动，从而使得柔性烷基的作用无法发挥，导致 PET 韧性较差、冲击强度较低。

PET 属结晶型饱和聚酯，数均分子量为 $1.5\times10^4\sim3.6\times10^4$。纤维级的 PET 的数均分子量为 $1.5\times10^4\sim2\times10^4$，相应的特性黏度为 0.55~0.67dL/g；瓶级 PET 的数均分子量为 $2.4\times10^4\sim3.6\times10^4$，相应的特性黏度为 0.75~1.00dL/g。

（2）凝聚态结构。PET 化学结构的规整性和对称性好，分子中没有支链，分子间作用力适中，因此可以结晶，但因加工条件不同而呈现较大差异。

PET 分子中刚性极性基团的存在使得其结晶速度比 PE、PP 慢很多。PE 的最大球晶增长速率为 5000μm/min，而 PET 仅为 10μm/min。PET 只有在 80℃以上才能结晶，最高结晶温度约 182℃，一般条件下形成球晶。

通常加工冷却过程中没有足够的时间使 PET 结晶完全，这样带来在下一次加热的过程中，到达一定的温度时分子链能够发生运动，进一步排入晶格，出现 PET 典型的冷结晶现象。图 3-14 给出的是 PET 典型的 DSC 曲线。升温过程中，首先出现的是 T_g，约 78℃，136℃左右出现了冷结晶峰，继续升高温度，250℃左右出现了熔融峰。对应的结晶度计算公式如下：

$$X_c(\%)=(\Delta H_m-\Delta H_{cc})/\Delta H_m^0 \tag{3-1}$$

式中，ΔH_m——熔融焓值；

ΔH_{cc}——冷结晶焓值；

ΔH_m^0——PET 100%完全结晶的焓值，取 140J/g。

为了提高 PET 的结晶速度、减弱冷结晶或消除冷结晶现象，在 PET 中加入成核剂来提高 PET 的结晶速率、加入结晶促进剂来提高 PET 的分子活动能力。常用的成核剂有滑石粉、硅酸钙、硬脂酸钙、离聚物、含硅化合物及液晶高分子材料。常用的结晶促进剂有酮类（二苯甲酮）、酯类（聚戊二醇二苯甲酸酯、三苯基磷酸酯、邻苯二甲酸酯、酰胺酯、亚胺酯、PEG-4-二月桂酸酯、新戊基乙二醇联苯酯、三甘醇联苯酯）、聚乙二醇（聚乙二醇、聚丙二醇及其封端化合物、PEG-400-二乙基己醇）等。

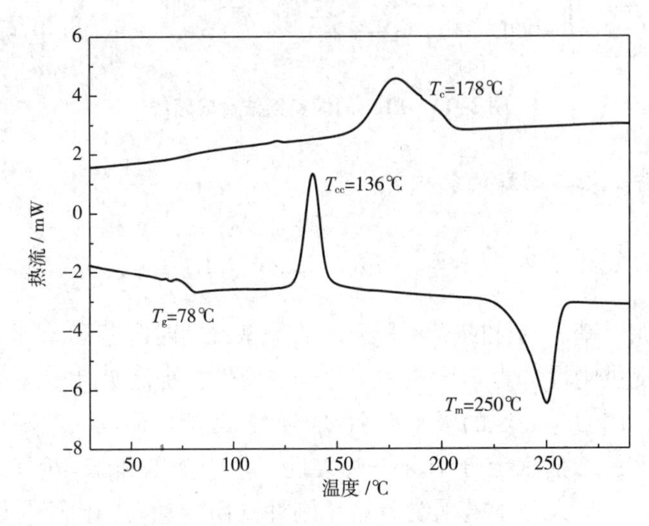

图 3-14　PET 典型的 DSC 曲线

3. 聚对苯二甲酸乙二醇酯的性能

PET 为无色透明或乳白色不透明的固体，密度为 1.30～1.38g/cm^3。火焰中能够燃烧，试样变软、熔化、淌滴，火焰呈黄橙色，分解出的气体气味甜香，具有芳香味。PET 吸水率<0.6%。PET 的光学性能优良。用水冷却 PET 的熔体，可得到完全无定形的 PET，透光率高达 90%。PET 对氧气、二氧化碳、水的阻隔性好，可作为食品包装材料。

（1）力学性能。PET 分子中刚性的苯环阻碍分子链自由旋转，且与极性酯基形成大共轭体系，增大分子链刚性，使 PET 具有较高的拉伸强度、刚性和硬度，良好的耐磨性、耐蠕变性，并可在较宽的温度范围内保持良好的力学性能，但 PET 冲击性能低、韧性不佳。PET 树脂的拉伸强度为 66MPa，断裂伸长率为 50%～200%，弯曲强度为 86MPa，缺口冲击强度为 2～5kJ/m^2。PET 可取向，双向拉伸 PET 膜无色、透明、光泽度高，拉伸强度与铝箔相似。

（2）热性能。PET 树脂的热变形温度分别为 155℃（0.45MPa）和 85℃（1.82MPa），熔点为 250℃。通常结晶度为 20%～30%。长期使用温度可达 120℃，能在 150℃下短时间使用。

PET 分解温度为 300℃。PET 中含有极性酯基，具有亲水性，能够吸收空气中的水分，导致水存在下高温时极易降解，使其相对分子质量下降，黏度降低。

（3）电性能。PET 分子结构对称并有几何规整性，具有十分优良的电性能，体积电阻率可达 $10^{16}\Omega\cdot cm$，介电强度大于 20kV/mm，耐电弧 90～120s。与其他工程塑料相比，PET 不但具有优良的电性能，且电性能随温度、时间、频率等影响因素的变化小。

（4）化学性能。PET 的耐化学药品性能较好。主要表现在耐油性、耐有机溶剂和耐酸性，有一定的耐碱性；与浓酸或强碱会发生作用；对有机溶剂如丙酮、苯、甲苯、三氯乙烷、四氯化碳等在室温下无明显作用；对一些酚类（如苯酚、邻氯苯酚）及一些混合溶剂（如苯/氯苯、苯酚/三氯甲烷等）在室温下可溶胀，提高温度（70～100℃）可溶解。受 PET 分子链中酯基的影响，不耐热水或蒸气。

（5）加工性能。PET 的熔融温度较高，熔体黏度较低。PET 熔体为假塑性流体，熔体黏度对温度的敏感性较小，但对剪切速率的敏感性较大，因此通过调节剪切速率降低熔体黏度比调节温度有效。

由于 PET 分子中极性酯基的存在，高温加工时对水比较敏感，即使少量水分存在也会使制品表面异常或性能下降，在成型玻纤增强制品的过程中则易发生树脂和玻纤分离，低黏度树脂易流出，而玻纤则留在机筒内，增大成型阻力，造成事故。因此，PET 在加工前必须干燥处理，PET 在 135℃ 的热风循环烘箱中干燥 2～4h，使其含水量 <0.02%。PET 的分解温度为 300℃，因此加工温度范围较窄（270～290℃），成型时物料在机筒内的停留时间应尽量短。

当熔融物以不同方式冷却时，可得到不同结晶形态和结晶度的制品，因此注塑时模具温度和挤出成型时口膜出口的冷却条件控制至关重要。要得到高结晶度的产品，冷却速度一定要缓慢。PET 的结晶温度高，注塑模温达 120～140℃，成型效率低。结晶度、制品密度及收缩率随模温的提高而提高，而冲击强度则随之降低。PET 的取向、结晶温度较高，且取向需要较大的外力，但取向后不易松弛，故成型加工后制品内常残留有一定内应力，需进行后处理。对制品进行成型后的热处理，可使结晶度及球晶尺寸提高。PET 的成型收缩率较大，玻璃纤维增强后可降至 0.3%～0.8%，但玻璃纤维加入会使注塑制品的性能产生方向性。

4. 聚对苯二甲酸乙二醇酯的改性

PET 分子的高度几何规整性和刚性使聚合物具有优良的综合性能，如高强度、高刚性，优良的尺寸稳定性、耐化学药品性、电绝缘性、耐磨性和耐疲劳性，同时吸水率低，收缩率波动小。但 PET 的缺点是结晶速率慢、成型加工困难、模塑温度高、生产周期长、冲击性能差。一般通过增强、填充、共混等方法改进其加工性和物性。

（1）增强改性。PET 的增强改性以玻璃纤维增强效果最明显，可提高树脂的刚性、耐热性、耐药品性、电气性能和耐候性。30% 玻璃纤维增强 PET 的拉伸强度为 130～150MPa，弯曲强度为 190～200MPa，热变形温度为 225℃（1.82MPa）。但仍需改进结晶速度慢的缺点，可以采取添加成核剂和结晶促进剂等方法。添加阻燃剂和防滴落剂可改进 PET 的阻燃性和自熄性。玻璃纤维增强改性的主要应用领域包括汽车结构件如行李架、门窗框架、电机壳体等，电子电气元件如点火元件、继电器座、线圈骨架等。

（2）共混改性。PET 共混改性较为常见，能与多种聚合物进行共混改性，常见的有：

①聚酯和PA，如PBT、PC、聚酯聚醚、PA6、PA66等；

②改性聚烯烃和烯烃共聚物，如MAH、MMA、甲基丙烯酸缩水甘油酯接枝PE、PP、乙丙共聚物等；

③不饱和烯烃共聚物，如［甲基或乙烯-（甲基）］丙烯酸酯共聚物；

④其他聚合物，如ABS及弹性体SBS、SEBS、EPR、NBR等。

PET除与极少数聚合物（如聚酯）有一定相容性外，与其他聚合物的相容性都很差，因此必须进行增容。

（3）共聚改性。共聚改性就是除了对苯二甲酸与乙二醇两种主要组分之外，再引入第三甚至第四组分参与共聚，目的是使之生成不对称的分子结构而形成无定形的PET共聚物。

以二元羧酸进行共聚改性制得的PET共聚物，称为APET。与PET相比，APET的低温韧性（抗冲击性能、抗撕裂性）改善，制品外观透明度更高。

以二元醇进行共聚改性制得的PET共聚物，称为PETG。目前，常用于PET改性的多元醇有：1,4-环己烷二甲醇（CHDM）、二甘醇（DEG）、聚乙二醇（PEG）、1,4-丁二醇（BDO）、新戊二醇（NPG）、季戊四醇（PENTA）等。CHDM对PET进行共聚改性制得的无定形共聚酯PETG具有高透明度和高冲击强度。使用少量CHDM（<5%）进行共聚改性可以改变PET骨架的结晶特性，改善成型特性，并有助于提高用于包装碳酸软饮料的拉伸吹塑瓶的透明度。EASTMAN公司在1980年后生产了PETG共聚酯，用于食品包装、药品和医疗产品和电子产品的模塑部件。PETG的硬度、刚性和韧性比PET均聚物好，低温下也保持应有的韧性，制品的透明性更高，甚至可以无色。

以聚醚进行共聚改性制得的PET共聚物，称为聚酯醚，常见的产品是使用四氢呋喃作为共聚单元。与PET相比，聚酯醚的低温韧性（抗冲击性能和抗撕裂性）得到改善，制品外观透明度更高，在弹性纤维领域有一定的应用。

二、聚对苯二甲酸丁二醇酯

聚对苯二甲酸丁二醇酯（PolybutyleneTerephthalate，PBT）最早由德国科学家P Schlack于1942年研制而成，之后美国Celanese（现为Ticona）首先进行工业开发。PBT具有耐高温、耐湿、电绝缘性能好、耐油、耐化学腐蚀、成型快等特点，可采用注塑、挤出、吹塑、模压、涂覆和各种二次加工方法成型制品，主要用于电子电器、汽车和机械等领域。

1. 聚对苯二甲酸丁二醇酯的合成

（1）直接酯化法。由对苯二甲酸与丁二醇直接进行酯化反应，得到对苯二甲酸双羟丁酯单体，然后缩聚为PBT，如图3-15所示。制得的树脂可进行固相后缩聚增黏，也可采用直接纺丝工艺生产纤维。

酯化阶段：

$$HO-\overset{O}{\overset{\|}{C}}-C_6H_4-\overset{O}{\overset{\|}{C}}-OH+2HO-C_4H_8-OH \longrightarrow HOC_4H_8O\overset{O}{\overset{\|}{C}}-C_6H_4-\overset{O}{\overset{\|}{C}}-OC_4H_8OH+2H_2O$$

缩聚阶段：

$$n\,HOC_4H_8O\overset{O}{\overset{\|}{C}}-C_6H_4-\overset{O}{\overset{\|}{C}}-OC_4H_8OH \longrightarrow$$

$$HC_4H_8OH\left[\overset{O}{\overset{\|}{C}}-C_6H_4-\overset{O}{\overset{\|}{C}}-C_4H_8O\right]_{n-1}C_4H_8O\overset{O}{\overset{\|}{C}}-C_6H_4-\overset{O}{\overset{\|}{C}}-OC_4H_8OH+(n-1)HO-C_4H_8-OH$$

图 3-15 PBT 直接酯化法合成路线

（2）酯交换法。分两步进行：第一步合成对苯二甲酸丁二醇酯（BHBT）及其低聚物；第二步 BHBT 在压力低于 100Pa 的情况下以酞酸酯类物质为催化剂缩聚成 PBT 树脂。

（3）固相合成法。PBT 固相缩聚法是将对苯二甲酸二甲酯（DMT）与 1,4-丁二醇酯酯交换反应后生成的预聚体喷成粉末、微粒或挤压成片状、丝束，再切成小片，在低于熔点的温度下进行缩聚。这种方法易制得超高相对分子质量的 PBT 产品。

2. 聚对苯二甲酸丁二醇酯的结构

（1）链结构。PBT 与 PET 在结构上的不同之处在于酯基重复单元的亚甲基数从 2 个增加到 4 个。柔性链长度增加，刚性链所占比例下降，使得 PBT 的分子柔顺性增加。PBT 的刚性、硬度、T_g 和熔点比 PET 低，韧性比 PET 高，结晶速率比 PET 快，成型加工更容易。

（2）凝聚态结构。与 PET 相似，PBT 的结构决定其可结晶。PBT 的结晶速率比 PET 快，但比 PE 慢。PBT 可在模具温度为 80℃ 时注塑，不需加入成核剂。PBT 的结晶度一般为 35%，长时间退火可提高到 40%~45%，表 3-12 列出经历不同热历史 PBT 的结晶度和外观。PBT 的结晶结构属三斜系，分子构象呈平面锯齿形。PBT 分子链存在两种主要的晶型结构，分别为 α 晶和 β 晶，这两种晶型结构在外场作用下可发生相互逆转。从熔体中析出时，PBT 主要生成 α 晶型，而在施加外力如冷拉或熔融纺丝时获得 β 晶，当 β 晶含量较多时，材料的拉伸模量和强度较高。PBT 的相对分子质量为 $3\times10^4 \sim 4\times10^4$。

表 3-12 不同热历史 PBT 的结晶度和外观

处理方式	T_g/℃	外观	结晶度/%	
			密度法	X 射线衍射法（XRD）
冰水骤冷	44	清凉柔软	0.9	0
25℃水冷	44	清凉柔软	1.7	0
干冰/乙醇	43	清凉柔软	2.3	0
液氮	44	稍微混浊	9.5	8.0
室内环境	44	白色混浊、脆	31.0	32.0

续表

处理方式	T_g/℃	外观	结晶度/%	
			密度法	X 射线衍射法（XRD）
180℃退火 1h	45	白色混浊、脆	40.0	39.0
190℃退火 2h	45	白色混浊、脆	43.0	—
180℃退火 1h 再 215℃退火 1h	未测得	极脆	60.0	55.0

3. 聚对苯二甲酸丁二醇酯的性能

PBT 为半透明或不透明、结晶型热塑性聚酯树脂，外观为乳白色或淡黄色，表面有光泽。密度 1.31g/cm^3。燃烧现象与 PET 类似。纯 PBT 的吸水率为 0.08%~0.09%。

（1）力学性能。纯 PBT 的拉伸强度和弯曲强度均低于 PET 的相应性能。纯 PBT 拉伸强度为 55MPa，弯曲强度为 86MPa，断裂伸长率>200%，有缺口的 PBT 树脂的冲击强度较低，为 3~6kJ/m^2。加入玻璃纤维后，PBT 的拉伸强度和弯曲强度明显提高，玻璃纤维含量为 30%~50%，常用 30%；弹性模量随纤维含量的增加而增加。PBT 具有突出的摩擦和磨耗特性，其本身摩擦因数很小，仅大于氟塑料，磨耗量比 PC 和 POM 低。用玻璃纤维增强后适于做各种转动、滑动的耐磨部件。

（2）热性能。纯 PBT 的热稳定性较好，T_g<50℃，熔点为 224~227℃，完全结晶熔融焓为 142J/g。在高温和高湿条件下，水攻击 PBT 树脂的酯键，引起水解，导致力学性能降低。

纯 PBT 的热变形温度分别为 120℃（0.45MPa）和 55~70℃（1.82MPa），30%玻璃纤维增强后热变形温度可达 210℃。玻璃纤维增强改善了 PBT 的短时耐热性，使 PBT 具有优良的性能，成为性价比很高的工程塑料。

（3）电性能。PBT 的电性能与 PET 相似，但 PBT 的酯基密度比 PET 小一些，湿度、温度、时间、频率等因素的变化对其影响很小。未增强的 PBT 介电常数为 3.6（10^4Hz），玻璃纤维增强后的 PBT 介电常数为 3.8（10^4Hz）。PBT 的耐电弧性为 190s，在塑料中最高。

（4）化学性能。半结晶型的 PBT 树脂的耐化学性优良，可耐绝大多数溶液，特别能耐汽油、机油、刹车液、焊接油等。即使在较高温度下，也可耐许多化学品的侵蚀，包括大多数汽车液体。在强酸、强碱和强氧化剂环境中的耐受能力下降；60℃以上易受芳烃和酮的侵蚀。PBT 不宜反复在水蒸气热压锅中蒸煮。PBT 易吸收紫外线，特别是波长 300nm 以下的紫外线。长时间暴露会导致发黄和表面缺陷，降低其耐化学药品性。

（5）加工性能。PBT 的加工性能明显优于 PET。PBT 熔体为假塑性流体，在高剪切速率下出现剪切变稀现象。PBT 成型前需预干燥，将含水质量分数控制在 0.02%以下。采用 120℃热风循环干燥处理 7~8h。PBT 的成型加工性能优良，模具温度在 30~40℃范围内可得到结晶性能良好的制品，成型周期短、制品表面光亮，宜于注塑成型各种薄壁和形状复杂的制品。受 PBT 结晶的影响，其制品成型收缩率为 1.7%~2.3%。

4. 聚对苯二甲酸丁二醇酯的改性

PBT 存在热变形温度低、制件收缩翘曲、力学性能不突出，特别是缺口冲击强度不高等缺点。PBT 改性主要有化学和物理改性。

（1）玻璃纤维增强。PBT 中加入 20%～40%的玻璃纤维后不仅保持了 PBT 的耐化学性、加工性，而且力学性能大幅提高，如拉伸强度和弯曲强度提高 1～1.15 倍，弹性模量提高 2 倍，并克服了 PBT 缺口冲击强度低的不足，产品的耐热性提高，耐蠕变性、耐疲劳性能优良，成型收缩率低、尺寸稳定性好，如表 3-13 所示。但玻璃纤维的引入易造成各向异性，引起注塑制品翘曲变形。可以采用矿物填充、矿物与玻璃纤维复合填充、加入其他聚合物共混改性的方法降低翘曲。玻璃纤维增强 PBT 广泛应用于机械、电子电气、汽车工业和家用电器等领域。

表 3-13　　玻璃纤维增强 PBT 的性能

项目		标准	标准数值	15%玻璃纤维增强	30%玻璃纤维增强
密度/g·cm^{-3}		ISO 1183-1	1.31	1.42	1.53
拉伸强度/MPa		ISO 527-2	55	95	135
弯曲强度/MPa		ISO 178	86	145	203
压缩强度/MPa		—	88	—	202
线膨胀系数/$\times10^{-5}$K^{-1}		—	13	5	3.5
无缺口 3.175mm	23℃	ISO 180	不断	40	45
	-40℃		不断	—	—
有缺口 12.7mm	23℃	ISO 180	3～6	7.5	10
	-40℃		2～3	5	—
热变形温度/℃	0.45MPa	ISO 75-2	120	210	220
	1.82MPa		55～70	200	210

（2）阻燃改性。PBT 是结晶型芳香族聚酯，本身具有一定的阻燃性，但仍然不能满足使用要求，常加入阻燃剂进行阻燃改性。常用的阻燃剂有溴化物（如十溴联苯醚）、Sb_2O_3、磷化物及氯化物等。

（3）化学扩链。化学扩链不仅提高 PBT 的相对分子质量，同时能降低 PBT 的端羧基（CV）含量，提高其水解稳定性。PBT 树脂端基含有羧基和羟基，选择能与其端基反应的多官能团活性物质如双环氧乙烷化合物、双噁唑啉等为扩链剂，PBT 链段通过端基与扩链剂的反应使得链段的长度增加，从而提高其相对分子质量。PBT 的化学扩链有缩合型、羧基加成型、羟基加成型、羧羟基同时加成型等扩链反应，其中最有效的是羧基加成型和羧羟基同时加成型。

（4）共混改性。与其他聚合物共混可以提高缺口冲击强度，改善成型加工收缩造成的翘曲变形，提高耐热水性能。目前研究较多的是：PBT/PC、PBT/PET、PBT/PA、PBT/ABS、PBT/PP 和 PBT/弹性体等共混体系。

三、其他聚酯

热塑性聚酯中除了上述介绍的 PET 和 PBT 外，20 世纪 90 年代以来陆续实现了

PTT、PCT、PEN、PBN 等的工业化生产。表 3-14 列出了几种聚酯的热性能。

表 3-14　　　　几种聚酯热性能的比较

树脂	密度/$g \cdot cm^{-3}$	熔点/℃	T_g/℃	使用温度/℃	热变形温度/℃（1.82MPa）	
					纯树脂	30%玻璃纤维增强
PET	1.30~1.38	250~265	69	120	85	225
PBT	1.31	224~227	<50	—	55~70	210
PTT	1.35	228	45~70	—	59	216
PCT	1.23	285	95~98	171	—	255
PEN	1.33	265	118	>155	—	—
PBN	1.31	245	76	—	—	—

1. 聚对苯二甲酸丙二醇酯

聚对苯二甲酸丙二醇酯（Polytrimethylene terephthalate，PTT）是由对苯二甲酸或对苯二甲酸二甲酯与1,3-丙二醇反应聚合而得的聚酯。1996 年，Shell Company 宣布 PTT 产业化。目前 PTT 主要作为纤维应用于服饰材料、地毯材料，少量用于工程塑料、薄膜材料等。

PTT 是由刚性的苯环结构、极性的酯基结构和具有柔性的亚甲基结构 3 部分构成。分子中的苯环结构和酯基共轭形成一个整体，增加了 PTT 分子链的刚性，使 PTT 具有较好的力学性能，易于成纤和成膜；柔性的亚甲基结构赋予分子链柔性特征。奇数个碳原子与苯环不能在一个平面内共处，相邻羰基的排斥作用使得不能在 180°平面内排列而是以 120°的空间角度错开排布，从而使得 PTT 分子链呈 Z 字形排列，处于能量最低的反式-旁式-旁式-反式构象，PTT 易于拉伸且具备良好的回弹性。

PTT 是一种半结晶高聚物，熔点为 228℃，结晶速率介于 PET 和 PBT 之间，175~195℃间等温结晶时，Avrami 的结晶速率常数为 10^{-3}~10^{-2} min^{-1}，比相同结晶条件下的 PET 大一个数量级，比 PBT 小一个数量级。淬火的 PTT 熔体当温度升高到 T_g 以上时发生冷结晶现象，但冷结晶速率比 PET 快，71℃即开始冷结晶。与 PET、PBT 一样，PTT 晶体为三斜晶系晶体结构，PTT 分子链在 C 轴方向包含两个重复单元。结晶温度大于 210℃时，PTT 球晶呈饱和树枝状；170~210℃内结晶形成彩色带状球晶，但并无带状球晶常见的零消光现象。

只有强极性溶剂如六氟异丙醇或三氟乙酸与二氯甲烷的 1∶1 混合液才能溶解 PTT。PTT 具有与 PET 相近的高性能，与 PBT 相似的优良成型加工性。30%玻璃纤维增强的 PTT 在增强通用工程塑料中有最高的弯曲弹性模量。30%玻璃纤维增强 PET、PBT、PTT 的性能比较如表 3-15 所示。

表 3-15　　　　30%玻璃纤维增强 PET、PBT、PTT 的性能比较

性能	PET	PTT	PBT
玻璃纤维含量/%	30	30	30
拉伸强度/MPa	130~150	159	135

续表

性能	PET	PTT	PBT
弯曲模量/GPa	8.97	10.4	7.6~8.5
热变形温度（1.82MPa）/℃	225	216	210

2. 聚对苯二甲酸-1,4-环己烷二甲醇酯

聚对苯二甲酸-1,4-环己烷二甲醇酯（Poly-1,4-cyclohexylene dimethylene terephthalate，PCT）由1,4-环己烷二甲醇和对苯二甲酸二甲酯（或对苯二甲酸）聚合而成，是一种耐高温、半结晶型的热塑性聚酯塑料，熔点高达285℃。它是在PET和PBT基础上，为了满足更高的耐热性要求，由美国Eastman公司于1987年实现了工业化生产。PCT具有较高的耐热性，良好的韧性、热稳定性、易加工性、耐化学性和低吸湿性。PCT的T_g为95~98℃，熔点为285℃，长期使用温度为171℃，可以与PBT、PPS、LCP和高温PA等许多聚合物竞争，在电子电器、汽车制造、医药器械、仪表器械、光学元件、游乐、专用车辆等领域有着广泛的应用。

与PET和PBT相比，PCT的特性表现在：①分子骨架中刚性的环己烷基存在，具有更高的T_g、熔点以及热变形温度；②与PBT相比，具有更好的力学性能；与PET相比，韧性更好，刚性高；③PCT的结晶速度快，即使在高温模具下也不会产生凹陷，同时加工过程中不会产生飞边和溢料；④PCT可以耐印刷电路板清洗液和汽车用清洗液的侵蚀，耐化学性能优于PBT。

3. 聚萘二甲酸乙二醇酯

聚萘二甲酸乙二醇酯（Polyethylene naphthalate，PEN）是20世纪90年代商业化的聚酯新品种，由2,6-萘二甲酸二甲酯或2,6-萘二甲酸与乙二醇缩聚而成。1992年ICI公司推出第一批商品化的PEN膜。PEN的化学结构与PET相似，不同之处在于分子链中PEN由刚性更大的萘环代替了PET中的苯环。萘环结构使PEN比PET具有更高的物理力学性能、气体阻隔性能、化学稳定性及耐热、耐紫外线、耐辐射等性能，两者性能比较如表3-16所示。

PEN的结晶结构比较独特，通过改变其热历史可以制得透明无定形态和不同结晶态的PEN，这一点与只有一种结晶形态的PET不同。PEN具有α和β两种晶型。α晶体比较常见，当PEN熔体在240℃以下退火或从无定形态结晶，可以得到α晶体。240℃以上退火则可以得到以β晶型为主的结晶结构。α晶体的特征衍射峰出现在$2\theta=15.7°$、23.3°和27.0°处，分别对应于α晶体的（010）、（100）和（110）晶面衍射；而β晶体的特征衍射峰出现在$2\theta=18.6°$和26.9°，分别对应于β晶体的（020）和（200）晶面衍射。

PEN的熔点高达265℃，长期使用温度大于155℃，耐热性好，T_g为118℃。PEN的弹性模量比PET高出40%。而且，PEN的力学性能稳定，即使在高温高压情况下，其弹性模量、强度、蠕变和寿命仍能保持相当的稳定性。PEN对水的阻隔性是PET的3~4倍，对氧气和二氧化碳的阻隔性是PET的4~5倍，其阻隔性可与PVDC相比，不受潮湿环境影响。

PEN在130℃的潮湿空气中放置500h后，断裂伸长率仅下降10%。在180℃干燥空气中放置10h后，断裂伸长率仍能保持50%。而PET在同等条件下变得很脆，无使用价值。PEN的光致力学性能下降少，光稳定性约为PET的5倍，经放射后，断裂伸长率下降少，在真空中和氧气中耐放射线的能力分别可达PET的10倍和4倍。另外，具有与PET相当的电气性能，其介电常数、体积电阻率、导电率与PET接近，但其电导率随温度的变化小。PEN用于生产纤维、薄膜、容器（如啤酒瓶）、胶卷、磁盘等。

表3-16　　PEN和PET的性能比较

性能	PEN	PET
热收缩率（150℃，30min）/%	0.4	1.0
氧气渗透速率/cm·cm^{-2}·s^{-1}·Pa^{-1}	6.0×10^{-15}	1.58×10^{-14}
二氧化碳渗透速率/cm·cm^{-2}·s^{-1}·Pa^{-1}	2.78×10^{-14}	9.8×10^{-14}
水蒸气透过速率/cm·cm^{-2}·s^{-1}·Pa^{-1}	2.55×10^{-14}	6.3×10^{-14}
耐辐射能力/MGY	11	2
耐水解性/h	200	50
耐候性/h	1500	500

4. 聚萘二甲酸丁二醇酯

聚萘二甲酸丁二醇酯（Polybutylene naphthalate，PBN）是由萘二甲酸与1,4丁二醇缩聚而成的结晶型树脂。印度PFL公司于2004年开发成功，并投入生产。PBN的结晶速度比PBT大，易加工成型。PBN主链的萘结构使其具有类似液晶的特性，显示优良的流动性。耐水解性优于PBT、PET。对气体和有机溶剂（包括汽油等）的阻隔性优。自润滑性好，动摩擦因数小，耐磨性优良。PBN用于制备双向拉伸薄膜，电子部件的表面装饰材料，并可多次回收再利用。

思考题

1. PET、PBT两者结构上有何差异？这种差异对性能有何不同影响？
2. PET、PBT有哪些工艺特性？
3. 为什么PET结晶速度小？PET中冷结晶是什么现象？如何消除冷结晶行为？
4. 简述几种聚酯的结构与性能特点。
5. 为什么PET的冲击性能比较低？如何改善？

第四节　聚甲基丙烯酸甲酯

以丙烯酸及其酯类聚合得到的聚合物统称丙烯酸类树脂，相应的塑料统称为聚丙烯酸塑料，其中以聚甲基丙烯酸甲酯（Polymethylmethacrylate，PMMA）应用最广泛。PMMA是由MMA经加聚反应而生成的高分子化合物，如图3-16所示，俗称有机玻璃或亚克力。PMMA 于 1932 年由英国 ICI 公司实现工业化生产。目前，PMMA 广泛用于窗玻璃、光学仪器、照明、医用药材、装饰品、光纤等。

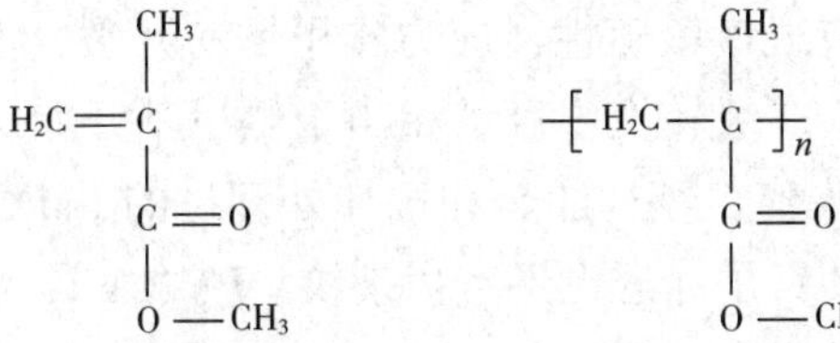

$$CH_2{=}C(CH_3){-}C({=}O){-}O{-}CH_3 \qquad {+}H_2C{-}C(CH_3)(C({=}O){-}O{-}CH_3){+}_n$$

图 3-16　甲基丙烯酸甲酯和聚甲基丙烯酸甲酯的结构式

一、聚甲基丙烯酸甲酯的合成

目前，PMMA 在工业上主要有 3 种合成工艺：

（1）浇铸本体聚合。将单体和引发剂混合后加热预聚，制得的浆液浇铸在一定厚度的无机玻璃模型内，在确定风速的循环空气烘房内，于 40℃左右聚合至胶状，再于 95～110℃高温聚合，最后降至室温脱模得产品。

（2）乳液聚合。单体在水中进行乳液聚合，乳液固含量为 30%～50%。常用乳化剂为非离子型，引发剂使用水溶性过硫酸钾或过硫酸铵等。需要 PMMA 固体产品时，乳液需经过凝聚、洗涤、脱水、干燥等工序。残留乳化剂等杂质会影响透明性和电绝缘性。

（3）悬浮聚合。单体分散在水介质中，于搅拌下加热聚合，制得直径 0.1～1.0mm 的珠状体模塑粉，经挤出造粒为模塑料，供注塑成型和挤出加工用。工业产品均为 MMA 和少量苯乙烯或丙烯酸甲酯及其乙酯或丁酯的共聚物。

二、聚甲基丙烯酸甲酯的结构

PMMA 属于线性聚合物，主链以碳碳单键相连，同一碳上含有甲基和侧甲酯基。PMMA 分子链骨架上有同时与侧甲基及侧甲酯基连接的不对称碳原子，使 PMMA 存在空间异构现象，包括无规立构、全同立构、间同立构。全同和间同 PMMA 可以结晶。红外光谱分析证明，工业化生产 PMMA 是 3 种空间异构的复合物，以间规、无构异构体为主，仅含少量等规异构体。PMMA 宏观上属于无定形聚合物。如果在-78℃的低温条件下进行聚合，可以得到间规异构体含量达 78%的产物。采用阴离子型催化聚合亦可得到等规或间规立构为主的产物。

等规和间规 PMMA 在适当的溶剂如丙酮、四氢呋喃中混合以后形成一种特殊的结构，即立构复合结构，具有和生物大分子相似的双螺旋结构，这是由于等规 PMMA 分子链的侧基（甲酯基）和间规 PMMA 分子链的侧基（α 甲基）之间存在范德华力相互作用，驱动立构复合结晶中超螺旋结构的形成。PMMA 的平均相对分子质量为 50×10^4～100×10^4。

三、聚甲基丙烯酸甲酯的性能

PMMA 是刚性硬质无色透明材料，密度为 1.17～1.19g/cm^3，密度不到普通玻璃的

1/2，抗碎裂能力却高出几倍。PMMA 易燃，氧指数为 17.3%，燃烧有花果臭味。

1. 力学性能

PMMA 的拉伸强度为 55~77MPa，弯曲强度为 110MPa，断裂伸长率为 2.5%~6%，属于硬而脆的塑料，且具有缺口敏感性，应力作用下易开裂，但其断口不像 PS 或普通玻璃那样尖锐。40℃是一个二级转变温度，相当于侧甲基开始运动的温度，超过 40℃，材料的韧性、延展性有所改善。经过加热和拉伸处理过的 PMMA，分子链段排列有序，材料的韧性显著提高，即使钉子穿透也不产生裂纹。PMMA 具有室温蠕变特性，随着负荷加大、时间增长，可导致应力开裂现象。PMMA 表面硬度低，容易擦伤划花。

2. 热性能

工业 PMMA 为无定形聚合物，T_g 为 105℃。间规 PMMA 的 T_g 为 126℃。全同立构 PMMA 的 T_g 为 52℃。常用 PMMA 的耐热性不高，最高连续使用温度随工作条件的不同在 65~95℃改变，热变形温度约为 96℃（1.82MPa），维卡软化点约 113℃。线性膨胀系数为 $8.3\times10^{-5}\ K^{-1}$；耐寒性较差，脆化温度约 9.2℃；热稳定性一般，优于 PVC 和 POM，但不及聚烯烃、PS 等，分解温度略高于 270℃，流动温度约为 160℃，加工温度范围较宽；热导率和比热容属于中等水平，分别为 0.19W/（m·K）和 1464J/（kg·K）。

3. 电性能

PMMA 主链侧位含有极性的甲酯基，电性能不及聚烯烃和 PS 等非极性塑料，但仍具有良好的介电和电绝缘性能以及较好的抗电弧性。在电弧作用下，表面不会产生碳化电弧径迹现象。

4. 光学性能

PMMA 具有优良的光学特性，折射率约 1.49，可见光透过率达 92%，高于普通玻璃。加速老化 240h 后透过率仍能达到 92%，室外使用 10 年后只降到 88%，因此用作户外制品。PMMA 制品具有很低的双折射，特别适合制作影碟等。PMMA 能有效滤除波长小于 300nm 的紫外光，但 300~400nm 的滤除效果较差。PMMA 允许小于 2800nm 波长的红外线（IR）通过。更长波长的 IR（波长<25000nm）基本上可被阻挡。部分特殊的有色 PMMA，可以让特定波长 IR 透过，同时阻挡可见光，而应用于远程控制或热感应等领域。PMMA 能透过 X 射线和 γ 射线，其薄片能透过 α 射线和 β 射线，但是能吸收中子线。

5. 化学性能

PMMA 可耐较稀的无机酸，但浓的无机酸可使它侵蚀。PMMA 的耐碱性较好，但湿热的氢氧化钠、氢氧化钾可使它浸蚀。PMMA 可耐盐类和油脂类，耐脂肪烃类，不溶于水、甲醇、甘油等，但可吸收醇类溶胀，并产生应力开裂。不耐酮类、氯代烃和芳烃，溶于二氯乙烷、氯仿、丙酮、冰醋酸、二氧六环、四氢呋喃、醋酸乙酯等。

PMMA 具有优异的耐大气老化性能，经 4 年自然老化试验，拉伸强度、透光率略有下降，色泽略有泛黄，抗银纹性下降明显，冲击强度略有提高，其他性能几乎无变化。对臭氧和二氧化硫具有良好的抵抗能力。

6. 加工性能

PMMA 在成型加工的温度范围内具有明显的非牛顿流体特性，熔融黏度随剪切速率的增大明显下降，熔体黏度对温度的变化也很敏感。提高成型压力和温度都可降低熔体黏度。PMMA 的开始流动温度约 160℃，开始分解温度高于 270℃，具有较宽的加工温度区间。PMMA 的吸水率一般在 0.3%~0.4%，成型前必须干燥，干燥条件是 80~90℃下干燥 2~4h。PMMA 的熔体黏度较高，冷却速率较快，制品易产生内应力。成型后需要进行后处理。PMMA 是无定形聚合物，收缩率及其变化范围都较小，一般在 0.5%~0.8%，有利于成型尺寸精度较高的塑件。

PMMA 的成型方法有浇铸、注塑成型、机械加工、热成型等。PMMA 的切削性能甚好，其型材可机加工为各种要求的尺寸。浇铸成型主要用于成型有机玻璃板材、棒材等，成型后制品需进行后处理，后处理条件是 60℃下保温 2h。注塑成型采用悬浮聚合颗粒料，成型在普通的柱塞式或螺杆式注塑机上进行。注塑制品需要后处理消除内应力，在 70~80℃热风循环干燥箱内处理 4h 左右。PMMA 的流动性稍差，宜高压成型（80~100MPa），适当增加注塑时间及足够保压压力（注射压力的 80%）补缩。注塑速度不能太快以免气泡明显。料温、模温需取高，以提高流动性，减少内应力，改善透明度及力学性能，注塑机螺杆前、中和后部的温度设置分别为：前 200~230℃，中 215~235℃和后140~160℃；模温：30~70℃。PMMA 也可以采用挤出成型制备板材、棒材、管材、片材等。可采用单阶或双阶排气式挤出机，螺杆长径比一般在 20~25，也可以采用反应挤出法制备。PMMA 溶于有机溶剂，通过旋涂可以制备薄膜，可以作为有机薄膜晶体管的介质层。

四、聚甲基丙烯酸甲酯的改性

PMMA 的耐热性较差，限制了 PMMA 的应用。提高 PMMA 树脂的耐热性主要通过抑制分子链的自由旋转、降低链段的活动能力、提高链段刚性等方法。此外，针对 PMMA 易擦毛、抗冲击性能低、成型流动性能差等缺点，PMMA 的改性相继出现。如甲基丙烯酸甲酯与苯乙烯、丁二烯的共聚，PMMA 与 PC 的共混等。

思考题

1. PMMA 为什么是无定形塑料？
2. 简述 PMMA 材料的优点和缺点。
3. PMMA 与 PC 共混有什么优势？
4. 简述 PMMA 的加工特点。
5. PS、PC、PMMA 都是透明塑料，如何鉴别 PMMA 材料？

第五节　聚甲醛

分子链上含有醚键（—O—）和硫醚键（—S—）的聚合物统称为聚醚类塑料，包括聚甲醛（POM）、聚苯醚（PPO）、氯化聚醚、聚苯硫醚（PPS）和聚醚醚酮（PEEK）

等。PPS 和 PEEK 将在特种工程塑料部分介绍。

聚甲醛（Polyacetal 或 Polyformaldehyde 或 Polyoxymethylene，POM）为大分子链上含有氧化亚甲基（—CH_2—O—）重复结构单元的一类聚合物。依结构不同，分为均聚聚甲醛和共聚聚甲醛。

1920 年，德国化学家赫尔曼·施陶丁格首先发现了 POM 的结构和聚合过程。1940 年，杜邦公司发表了关于无水甲醛聚合方法的专利。1959 年，杜邦实现了均聚 POM 的工业化生产。1962 年，美国塞拉尼斯公司实现了共聚 POM 的工业化生产。随后，德国 Ulteaform、日本旭化成和三菱瓦斯、波兰 Zakladay Azoty Tarnow（ZAT）等公司均开始生产共聚 POM。1987 年，日本三菱瓦斯化学公司和韩国晓星合资建立了韩国工程塑料有限公司，于 1988 年开始 POM 和改性 POM 的工业化生产。我国云南云天化股份有限公司的 POM 产能约 9 万吨/年。

POM 是一种性能优良的工程塑料，在国外有“夺钢”“超钢”之称。POM 的比强度可达 50.5MPa，比刚度可达 2650MPa，具有类似金属的硬度、强度和刚性，在很宽的温度和湿度范围内都具有很好的自润滑性、良好的耐疲劳性，替代锌、黄铜、铝和钢等制作许多部件。POM 可用注塑、挤出、吹塑及二次加工等方法成型，加工成型阀杆、螺母、齿轮、凸轮、轴承和薄壁制品及精密制品等，主要用于汽车、建筑、机械、包装、电子/电器及医疗器械等领域。

一、聚甲醛的分类

1. 均聚 POM

以甲醛或三聚甲醛为原料合成，大分子链上的重复结构单元为氧化亚甲基。均聚 POM 是甲醛或三聚甲醛的均聚体，可通过以下 3 条聚合路径获得甲醛均聚物：

（1）三聚甲醛的开环聚合，即将三聚甲醛的六元环在催化作用下打开聚合成为大分子。

（2）无水甲醛的加成聚合，即将甲醛的羰基双键打开后聚合成为大分子。

（3）甲醛在水溶液或醇溶液中的缩聚，即将甲醛溶于水中形成甲二醇（$HOCH_2OH$），然后进行缩聚反应，当聚合度超过 10 时自动生成的晶核从溶液中沉淀出来，然后以晶核为生长点不断进行链增长反应形成聚甲醛大分子。

均聚 POM 的端基是活性的羟基，必须封端，不然会自动降解。经典的封端工艺是采用乙酐酯化封端，使 POM 末端由—CH_2OH 变成—CH_2OCOCH_3，以防止因端羟基活化能较低所引起的端基分解。

2. 共聚 POM

共聚 POM 以三聚甲醛和 3%~5%的二氧化五环为原料合成，大分子链上重复结构单元为氧化亚甲基和二氧五环基两种，并加入 1%的 2,6-二叔丁基甲酚抗氧剂和 0.5%的双氰胺吸收剂。共聚甲醛的端基一般为甲氧基醚、羟基乙基醚或丁氧基醚，常加相对分子质量调节剂如丁缩醛封端。均聚甲醛和共聚甲醛的结构特点对比如表 3-17所示。

表 3-17　　均聚 POM 和共聚 POM 的结构特点对比

品种	结构式	性质
均聚 POM	$CH_3—COO—CH_2 \leftarrow CH_2O \rightarrow_n CH_2—O—\overset{O}{\overset{\|\|}{C}}CH_3$ $n>10000$	分子链中不含乙氧基，具有很好的延展强度、抗疲劳强度，热稳定性差、不易加工
共聚 POM	$[\leftarrow CH_2—O \rightarrow_p \leftarrow CH_2—CH_2—O \rightarrow_q]_n$	分子链中含有乙氧基基团，能有效终止分子链分解，具有良好的热稳定性、化学稳定性，易于加工

二、聚甲醛的结构

1. 链结构

POM 为线性聚合物，分子主链主要由—C—O—键组成，结构规整、对称、分子间作用力大，是一种没有侧链、堆砌紧密、高密度的结晶型聚合物。由于—C—O—键的键长（1.46×10^{-10}m）比—C—C—键的键长（1.55×10^{-10}m）短，链轴方向的填充密度大；另外，POM 分子链中 C 和 O 原子不是平面曲折构型，而是螺旋构型，故分子链间距离小，密度大。均聚 POM 的密度为 1.43g/cm^3。分子主链中引入少量—C—C—键后的共聚 POM 的密度稍有降低，为 1.41g/cm^3。高密度和高结晶度是 POM 具有优良性能的主要原因。

均聚 POM 由纯—C—O—键构成，共聚 POM 在—C—O—键之间分布着少量的—C—C—键。均聚 POM 的规整性比共聚 POM 高，所以均聚 POM 的密度、结晶度、力学性能较共聚 POM 稍高，如表 3-18 所示。

表 3-18　　均聚 POM 和共聚 POM 的常规性能比较

项目	均聚 POM	共聚 POM
密度/g·cm^{-3}	1.43	1.41
结晶度/%	75~85	70~75
熔点/℃	175	165
热稳定性	较差，易分解	较好，不易分解
成型加工温度范围	较窄，约 10℃	较宽，约 50℃
屈服拉伸强度/MPa	70	62
拉伸模量/GPa	2.9	2.8
断裂伸长率/%	15	60
压缩强度/MPa	127	113
压缩模量/GPa	4.7	3.2
无缺口冲击强度/kJ·m^{-2}	108	90~100
缺口冲击强度/kJ·m^{-2}	7.6	6.5

2. 凝聚态结构

POM分子链主要由C—O键构成，沿分子链方向的原子密度大，结晶度高，均聚POM达75%~85%，共聚甲醛则为70%~75%。POM主要有两种结晶形态：含2/1螺旋链的正交晶和含9/5螺旋链分子链的三方晶系。其中，三方晶系的晶格常数 $a=4.47$、$c=17.39$。在常压下加热到69℃，正交晶型可以转变为三方晶型。退火处理会使结晶度增加。结晶度越大，屈服强度和拉伸强度越高。提高退火处理温度，可使球晶尺寸增大，但使冲击强度下降。

POM的平均聚合度为1000~1500，数均相对分子质量为 $3×10^4$~$4.5×10^4$，相对分子质量分布窄。

三、聚甲醛的性能

POM为白色的半透明或不透明的粉料或粒料，硬而质密，制品表面光滑有光泽，与象牙相似；易燃，氧指数为14%~16%，火焰上黄下蓝，有熔融滴落，有刺激性的甲醛味和鱼腥味。

1. 力学性能

POM具有较高弹性模量、硬度和刚性，与金属接近。POM的突出优点是耐疲劳性好、耐磨性优异和蠕变值低。但加工过程中易形成大球晶，导致POM的缺口冲击强度低，缺口冲击强度仅为无缺口冲击强度的1/18~1/15。

POM的疲劳强度优异。POM即使交变试验次数达 10^7 次，其疲劳强度仍保持在35MPa，而PC和PA经 10^4 次交变试验后，疲劳强度只有28MPa。POM特别适合制备受外力反复作用的齿轮类制品和持续振动下的部件。

POM的键能大，分子内聚能高，耐磨性好。未结晶部分集结在球晶的表面，而非结晶部分的 T_g 为-50℃，极为柔软，且具有润滑作用，从而降低摩擦和磨耗。POM的摩擦因数和磨损量都很小，其摩擦因数为0.21，比PA的0.28低，且动、静摩擦因数几乎相等，而极限PV值（极限PV值是指密封失效时达到的最高值）大。正是这种自润滑特性为无油环境下工作的摩擦副材料选择提供了独特的应用价值，特别适合制作传动零件。另外，POM具有和铝合金相近的表面硬度，是工程塑料中最高的，且在动态摩擦部位使用时，具有一定的自润滑作用，噪声小，显示出优良的摩擦磨损性能。

POM的抗蠕变性能优良。在室温、21MPa载荷条件下，经3000h后的蠕变值仅为2.3%，且其蠕变值随温度的变化较小，即在较高的温度下仍然保持较好的耐蠕变性。POM在许多方面与PA类似，但其耐疲劳性、耐蠕变性、刚性和耐水性均优于PA。

2. 热性能

POM的耐低温性较好，有较低的 T_g。均聚POM的熔点在175℃左右，完全结晶熔融焓为250 J/g。POM可在-40~100℃的温度范围内长期使用。POM树脂的热变形温度较高，尤其是共聚POM制品能够在114℃连续使用2000h，性能不发生明显变化。

均聚POM端基中含有不稳定的—OH结构，POM的热分解温度为235~240℃，当温度高于270℃时—C—O—键将断裂，引起大分子热分解。甲醛在高温有氧时会被氧化成甲酸，而甲酸对 POM 的降解反应有自动加速催化作用。因此常在均聚 POM 中加入热稳定剂、抗氧剂、甲醛吸收剂等以满足成型加工需要。

此外，由于均聚 POM 分子链中基本都是—C—O—键，键能为 80～160kJ/mol，而共聚 POM 中增加了—C—C—O—键，键能为 240～320kJ/mol。共聚 POM 分解所需的能量更高，共聚 POM 的长期热稳定性好。

3. 电性能

尽管 POM 分子链中—C—O—键有一定极性，但由于高密度和高结晶度束缚了偶极矩的运动，从而使其仍具有良好的电绝缘性能和介电性能。POM 的电性能不随温度而变化，即使在水中浸泡或者在很高的湿度下，仍保持良好的耐电弧性能。温度和湿度对介电常数、介电损耗因数和体积电阻率的影响不大，但微量杂质含量对体积电阻率造成影响，其高频电性能不良。

4. 化学性能

POM 在潮湿环境下可以保持尺寸稳定性，在热水中可长时间使用。POM 是弱极性高结晶聚合物，内聚能密度高、溶解度参数大，此基本结构决定其没有常温溶剂，室温下耐化学药品性好，特别是对有机溶剂（如烃类、醇类、酮类、酯类、苯类等）和油脂类，即使在较高温度下，经长达 6 个月以上的浸泡，仍保持较好的力学性能，其质量变化率一般均在 5%以下。在 POM 树脂熔点以下，除个别物质，如全氟丙酮能形成极稀溶液外，几乎找不到任何溶剂。POM 能耐醛、酯、醚、烃、弱酸、弱碱等，但在高温下不耐强酸和氧化剂，也不耐酚类、有机卤化物和强极性有机溶剂，会发生应力开裂。在熔点以上，醇类能和熔融的树脂形成溶液。共聚 POM 能耐强碱，均聚 POM 只能耐弱酸。

POM 的耐候性不好，长期在紫外线作用下，力学性能下降，表面发生粉化，变脆变色。如用于室外，应加入适量的紫外线吸收剂或抗氧化剂。共聚 POM 的耐热老化性能比均聚 POM 好，因为—C—C—键较—C—O—键稳定，降解的过程中—C—C—键可成为终止点。

5. 加工性能

POM 的吸水率不高，一般可不干燥。但进行干燥处理可提高制品表面的光泽度，干燥温度为 110℃，时间 2h。POM 具有明显的熔点，熔体为非牛顿流体，熔体黏度对温度的敏感性小，对剪切应力的敏感性大。POM 的热稳定性差，温度过高或时间过长均会引起分解，特别是温度超过 250℃，分解速度会加快，并溢出甲醛气体，严重时制品产生气泡或变色，甚至会引起爆炸。因此，必须严格控制温度和停留时间，在保证物料流动性的前提下，采用较低的成型温度和较短的停留时间。另外还需要加入抗氧化剂和双氰胺甲醛吸收剂。POM 加工时应选择突变式螺杆，喷嘴采用直通式，模具的浇注系统设计为流线型，浇口尽量大些。

POM 的冷凝速度快，制品易产生表面缺陷如皱折、斑纹及熔接痕等，因此应提高注塑速度和模具温度。POM 的结晶度大，熔程窄，成型收缩率大，可达 2%～3.5%，注塑成型时制品易出现凹孔斑纹，甚至发生变形开裂。在加工厚制品时，要注意保压和补料，以免造成收缩孔太大而报废。POM 由于结晶速度快，挤出成型制品较少，主要用于生产二次加工如机械切削等板材和棒材等。受表面和芯部结晶速度差异的影响，挤出棒材容易形成芯部缩孔，挤出制品尺寸越大，缩孔越明显。POM 制品易产生内应力，应进行适当的后处理。后处理条件为：厚度 6mm 以下，温度 100℃，时间 0.25~1h；厚度 6mm 以上，温度 120~130℃，时间 4~6h。

四、聚甲醛的改性

POM 具有优良的力学性能和刚性，接近金属材料，是替代铜、锌、钢等金属材料的理想材料；耐疲劳性和耐蠕变性极好；耐磨损、摩擦性和自润滑性好，与 PE-UHMW、PA、PTFE 一起称为四大耐磨材料。但耐酸及阻燃性不好、尺寸稳定性差、耐候性不高、缺口冲击强度较低。

1. 填充增强、增韧 POM

将无机材料如 Al_2O_3、氧化镁、玻璃纤维、碳纤维、玻璃微珠、云母、滑石粉、碳酸钙、白炭黑、钛酸钾等通过熔融共混加入到 POM 中，可以提高 POM 的强度、刚性、硬度、热变形温度以及尺寸稳定性。以玻璃纤维最常用，增强后 POM 的力学性能、疲劳强度、缺口冲击强度和耐热性都明显提高，线膨胀系数大幅降低。填充增强类 POM 主要应用于制备汽车功能件，机械结构复杂、薄形精密零件及工程制品。

增韧改性多为弹性体增韧，其他还包括刚性粒子增韧和合金化改性增韧。热塑性聚氨酯弹性体（TPU）因与 POM 的分子相容性良好，是最常见的增韧改性添加组分。添加纳米刚性粒子能够改变 POM 的球晶结构，使球晶细化，同时加快结晶速度，达到增韧改性的目的。此类刚性粒子多指微米或纳米级的二氧化钛、玻璃微珠、碳酸钙、二氧化硅、滑石粉等。增韧共混改性主要应用于制备汽车卡扣类工程制品。

2. 耐磨 POM

POM 在滑动摩擦过程中具有较好的耐磨性和自润滑性，但在高温、高速、高负荷的情况下，POM 的耐摩擦性能难以达到要求，需进行耐磨改性。

对 POM 的耐磨改性分化学改性和物理改性两大类。化学改性一般是利用化学接枝的方法，将有润滑性的分子链段引入 POM 分子链中，提升整体分子的耐磨性和润滑性。物理改性是最常用的方法。在 POM 中加入 PTFE、石墨、二硫化钼、润滑油及低相对分子质量 PE 等，可大幅提高耐磨耗性能，力学性能与改性前相近或稍有降低。润滑 POM 最适用于机械、电子电器用零件的传动部位材料，如齿轮、滚轮、凸轮、连杆类制品。

思考题

1. 试从结构与性能的关系推测 POM 为什么具有以下特点：高密度、高结晶度、耐疲劳性、耐磨性、耐电弧性、刚性？

2. 比较 PC、PA、POM、PET、PBT 作为工程塑料使用时各自的优缺点，并针对它们各自的缺点，如何进行改性？

3. 比较均聚 POM 和共聚 POM 的结构与性能。

4. 均聚 POM 为什么耐候性差？如何改善？

5. 简述 POM 在注塑成型加工时需要考虑的主要因素。

第六节　聚苯醚

聚苯醚是分子主链的重复单元中含有$-C_6H_2(CH_3)_2-O-$链节的高分子化合物，化学名称为聚（2,6-二甲基-1,4-苯）醚，简称PPO（Polyphenylene Oxide）或PPE（Polyphenylene Ether），又称为聚亚苯基氧化物或聚苯撑醚。

1957年美国通用电气公司（GE）的A Hay首次以铜-铵为催化剂采用氧化偶联法得到高产率、高相对分子质量的均聚（2,6-二甲基-1,4-苯）醚。1965年，GE公司实现了工业化生产。1967年，美国GE公司开发了改性聚苯醚树脂（Modified Polyphenylene Oxide，MPPO），商品名“Noryl”，可通过挤出、注塑、压塑等方法成型加工。1979年，日本旭道公司（现旭化成公司）突破了GE公司的技术限制，将低相对分子质量PS接枝在PPO树脂上，再与PS进行共混，得到商品名为“Xyron”的高流动性MPPO树脂。1983年，三菱瓦斯化学公司和美国Borg-Warner公司联合开发了商品名为Prevex的PPO/PS合金，是由2,3,6-三甲基苯酚与2,6-二甲基苯酚共聚后再与HIPS熔融共混得到。目前，世界PPO和MPPO的生产能力集中在美国GE塑料公司（现沙伯基础创新塑料公司），约占全世界的70%，其他主要生产厂家有日本旭化成、新加坡Polyxyrenol和德国BASF公司等。国内主要PPO和MPPO生产企业有中国蓝星（集团）股份有限公司、金发科技股份有限公司、日超工程塑料（深圳）有限公司和惠州沃特化工材料有限公司等。

MPPO的发展大致经历了3个阶段。20世纪80年代以前，主要是PPO和各类含有苯乙烯单元的聚合物进行共混得到PPO合金，改善流动性的同时带来热变形温度低、耐油性和耐溶剂性差等缺点。80年代中期，随着增韧技术和相容剂的开发，GE公司开发了半晶聚合物和PPO的合金，较为常见的是PPO/PA、PPO/PBT、PPO/PP合金，但仍未克服耐热性问题。近来，新一代MPPO主要包括PPO/PPS、PPO/PTFE等新型合金，具有优异的力学、热学性能的同时，提高了可加工性、自润滑性。MPPO保留了大部分PPO的优点，例如优良的抗蠕变性能、尺寸稳定性、电性能、自熄性等。

PPO是具有良好耐热性的非晶态透明热塑性工程塑料，在宽广的温度范围内具有良好的力学性能和电性能，尺寸稳定，适于制造精密制品，其耐酸碱、耐化学性能优良，非常适于潮湿、高温、有负载，且要求优良的力学性能、尺寸稳定性和电性能的场合。

PPO的主要缺点是熔融流动性差、加工成型困难。实际应用大部分为改性聚苯醚MPPO，是PPO共混物或合金，占PPO产量的90%以上。MPPO可以采用注塑、挤出、吹塑、模压、发泡、电镀、真空镀膜、印刷机加工等各种加工方法，用作在较高温度下工作的齿轮、轴承、凸轮、化工管道、阀门和外科医疗器械等。

一、聚苯醚的合成

美国 GE 公司采用的合成方法是氧化偶联法，如图 3-17 所示。首先以苯酚为原料合成 2,6-二甲基苯酚，再以其为单体在铜-铵络合物的催化作用下，以甲苯为溶剂通入氧气进行氧化偶合反应合成 PPO。

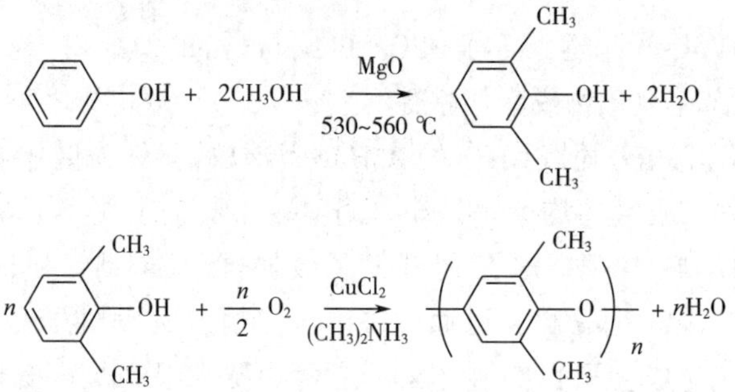

$$C_6H_5\text{—}OH + 2CH_3OH \xrightarrow[530\sim560\ ℃]{MgO} (CH_3)_2C_6H_3\text{—}OH + 2H_2O$$

$$n\,(CH_3)_2C_6H_3\text{—}OH + \frac{n}{2}O_2 \xrightarrow[(CH_3)_2NH_3]{CuCl_2} \left[(CH_3)_2C_6H_2\text{—}O \right]_n + nH_2O$$

图 3-17　PPO 的聚合路线图

二、聚苯醚的结构

1. 链结构

PPO 中线性主链上含有柔顺醚键，本应增大链的柔曲性，但是由于刚性次苯基芳环的存在，分子链的刚性与分子链间作用力使分子链段内旋转困难，导致其 T_g 升高，达 210℃，熔体黏度增大，流动性降低，加工困难。两个侧甲基为疏水的非极性基团，降低了 PPO 大分子的吸水性和极性，封闭了酚基的两个活性点，使 PPO 的分子结构中无可水解的基团，耐水性好，吸湿性低，尺寸稳定性和电绝缘性好，耐热性和耐化学稳定性提高。

2. 凝聚态结构

PPO 本身分子结构对称且规整，具有一定的结晶能力，但是由于其熔点（257℃）与 T_g 相差较小，冷却时，从熔融状态到形成结晶的时间很短，大分子来不及结晶，所以一般形成无定形聚合物。但在熔点附近恒温一定时间，可以得到结晶 PPO。PPO 的相对分子量约为 $2.5\times10^4\sim3\times10^4$。

三、聚苯醚的性能

纯 PPO 为无毒、琥珀色透明固体。密度为 $1.06g/cm^3$，为工程塑料中最低的。氧指数为 29%，难燃，不熔滴，离火自熄，火焰明亮有浓黑烟，熔融后发出花果臭气味。

1. 力学性能

PPO 分子链中含有大量的芳香环结构，分子链刚性强，力学强度高，拉伸强度可达 70MPa，弯曲强度可达 100MPa，缺口冲击性能优于 PC，可在较宽的温度范围内（-160~190℃）下保持较高的力学强度。尤其是优异的抗蠕变性能，在 120℃、10MPa 负荷下经

500h 后，蠕变值仅有 0.98%。高温下耐蠕变性能为工程塑料之最。此外，PPO 有较好的耐磨性。主要用于代替不锈钢制备外科医疗器械。

2. 热性能

PPO 具有较高的耐热性，T_g 达 210℃，是通用工程塑料中最高的。熔融温度为 257℃，热变形温度为 190℃，热分解温度为 350℃，长期使用温度为-160~150℃。当有氧存在时，从 121℃到 438℃可逐渐交联转变为热固性塑料。在惰性气体中，300℃以上无明显热降解现象，350℃以上热降解才急剧发生。

PPO 的线膨胀系数为 2.0×10^{-5}~$5.5\times10^{-5}K^{-1}$，在所有塑料中最低，与金属接近，适合于金属嵌件的放置，其制品形状和尺寸随温度的变化小，适合制备精密结构零件。

PPO 分子链的端基是酚氧基，耐热氧化性能不好，可用异氰酸酯将端基封闭或加入抗氧剂来提高热氧稳定性。

3. 电性能

PPO 树脂分子中无明显的极性，不会产生偶极分离，难吸水，电绝缘性优异，PPO 的电性能列于表 3-19。在宽广的温度范围内（-150~200℃）和电场频率范围内（10~10^6Hz），介电性能几乎不受影响，也不受湿度影响，其介电常数为 2.6~2.8，介电损耗因子为 0.008~0.0042，是工程塑料中最小的，体积电阻率是工程塑料中最高的。优异的电性能使其广泛应用于生产电器产品，尤其是耐高压的部件，如彩电的行输出变压器等。

表 3-19　　PPO 的电性能

项目	试验条件	PPO
表面电阻率/Ω	23℃，RH50%	1.0×10^{17}
体积电阻率/Ω·cm	23℃，干燥	8.4×10^{17}
	23℃，RH50%	7.9×10^{17}
	55℃，干燥	9.4×10^{15}
	121℃，干燥	9.6×10^{15}
	183℃，干燥	4.2×10^{15}
介电常数	23℃，60Hz	2.58
	23℃，10^6Hz	2.58
介电损耗因子	23℃，60Hz	0.0004
	23℃，10^6Hz	0.0009
	60℃，60Hz	—
	60℃，10^6Hz	—
	100℃，60Hz	—
	100℃，10^6Hz	—
介电强度/（kV·mm^{-1}）	—	16.0~19.7

4. 化学性能

PPO在水中蒸煮10000h后，拉伸强度、冲击强度、断裂伸长率均没有明显降低，能经受蒸气消毒，可作为高温下耐水制品使用。

PPO对酸、碱和洗涤剂等基本无侵蚀性；受力情况下，矿物油及酮类、酯类溶剂会使其产生应力开裂；脂肪烃、卤代脂肪烃和芳香烃等会使PPO溶胀乃至溶解。

PPO的耐光性差，长时间在阳光或荧光灯下使用产生变色。因为紫外线能使芳香族醚的链结合断裂，如何改善PPO的耐光性成为一个课题。

5. 加工性能

PPO在23℃的水中放置24h，吸水率仅为0.03%。对于外观要求不高的制品，可不经预干燥处理。对浸水冷却的粉状PPO，最好干燥后再加工，要求精密度高的制品更是如此，可在130℃下干燥3~4h。

PPO熔融物的流变特性接近牛顿流体，随剪切速度的增大，熔体黏度并不会降低。PPO的熔体黏度大、流动性差，加工困难或能耗过大，且PPO上的甲基易发生自氧化反应。PPO的成型温度为280~330℃。PPO注塑成型时，宜采取高压、高速注塑，保压及冷却时间不能太长。通常，模温控制在100~150℃。模温低于100℃时，薄壁塑件易出现充满不足及分层；而高于150℃时，易出现气泡、银丝、翘曲等缺陷。PPO的成型收缩率为0.5%~0.7%，可用于制备尺寸精密的制品。PPO的分子键刚性大，T_g高，不易取向，但强迫取向后很难松弛，制品内残余内应力较高，一般要经过后处理，在180℃油浴中处理4h左右。

PPO的废料能反复加工，一般可重复3次，其物理、力学性能没有明显降低。能用旋转焊、超声焊、热焊、溶接（溶剂为氯仿、二氯乙烯等）、粘接等方法相互连接；能在PPO表面印刷、上漆、真空镀金属和电镀等。

四、聚苯醚的改性

未经改性的PPO树脂具有良好的力学性能、电性能、耐热性、阻燃性以及化学稳定性等，但是熔体黏度高、加工成型性差、缺口冲击强度低、制品易发生应力开裂。

1. 聚苯醚/聚苯乙烯合金

PPO/PS合金可以按照任何比例混合，但冲击韧性较差，常用含苯乙烯段的接枝或嵌段共聚物的弹性体，如ABS、SBS、SEBS、SAN、MAS、EPDM-g-PS或HIPS进行增韧，其中SBS和SEBS的效果优于其他抗冲击改性剂。

PPO/PS合金有较高的耐热性，T_g可为211℃，熔点为268℃，加热至330℃有分解倾向。PPO的含量越高，其耐热性越好，热变形温度可达190℃。阻燃性良好，具有自熄性，与HIPS混合后具有中等可燃性。质轻、无毒，可用于食品和药物行业。耐光性差，长时间在阳光下使用会变色。和PPO相比，其熔融黏度较低，注塑成型较易，成型后不易产生应力开裂现象，用来代替青铜或黄铜制备各种机械零件及管道等。

2. 聚苯醚/聚酰胺合金

PPO/PA合金是PPO合金中发展极快、品种很多的一类合金，主要用于汽车零部件，如车轮盖、发动机周边部件。美国GE公司首先在20世纪80年代中期将具有优良性能同时流动性又好的工程塑料 PA 与 PPO 共混，成功开发出商品名为 Noryl GTX 的 PPO/PA 合金。

PPO 是非晶非极性材料，而 PA 是结晶极性高分子材料，两者完全不相容。合金化的关键是解决两者的相容性问题。目前改善相容性的方法有：对 PPO 树脂进行官能化，最常见的是马来酸酐化 PPO；或是使用添加型增容剂，可以是低分子化合物，也可以是高分子聚合物。常用的低分子化合物有氧化聚烯烃蜡、有机磷酸盐等，高分子聚合物有苯乙烯-对苯乙烯酚接枝共聚物、苯乙烯-甲基丙烯酸缩水甘油醚共聚物等。

PPO/PA 合金除了相容性的问题外，还存在韧性较差的问题，目前商用的增韧剂主要是 HIPS、SBS、SEBS、氢化 SBR、星形 SBS 和含丙烯酸、马来酸酐等反应活性基团的核壳共聚物，如乙烯-丙烯酸乙酯 EEA、乙烯-马来酸酐 EMA 以及马来酸酐化的三元乙丙橡胶等。

3. 聚苯醚/聚对苯二甲酸丁二醇酯合金

PBT 为结晶型极性聚合物，PPO/PBT 合金是为了改善 PPO/PA 合金吸水性较大的问题，在生产时由于极性差也需要加入增容剂。常用的反应型增容剂有马来酸酐接枝甲基丙烯酸缩水甘油酯（MAH-g-GMA）、聚苯乙烯接枝甲基丙烯酸缩水甘油酯（PS-g-GMA）等。

美国 GE 公司采用专用相容剂制成了具有微观相分离结构的 PPO/PBT 合金，典型品种是 Noryl APT、GE MAX 系列产品。该系列产品的物理力学性能及制品尺寸在潮湿环境中仍能保持稳定，即不因吸水而变化；耐热性和抗冲击性与 GTX PPO/PA 合金相似，其玻璃纤维增强产品的耐热性可达 200℃，主要用于制备电子电器零部件、汽车外用板材等。

4. 聚苯醚/聚四氟乙烯合金

GE 公司研制开发了 Noryl NF PPO/PTFE 合金，既具有 PPO 的耐热性、力学性能、尺寸稳定性，同时也有 PTFE 的耐磨、润滑性、低吸水性和高制品精度，可满足接近金属结构件的物性和轴承性能的综合性能要求，消除了 POM、PA 等结晶型自润滑树脂在成型加工时易结晶和取向导致的收缩率大、翘曲等问题。Noryl NF PPO/PTFE 合金可以制成整体、大型的一体化轴承部件。

5. 聚苯醚/聚苯硫醚合金

目前，部分电子电器部件的组装工艺中，需要使用蒸汽回流焊或气相冷凝焊，要求树脂的耐热性达到 260℃，而纯 PPO 的 T_g 仅为 210℃。为进一步提高 PPO 的耐热性、加工性能、耐溶剂性，开发了 PPO/PPS 合金。具有优良的耐热性、耐燃性和加工性能，可满足电器、电子设备的耐热、阻燃和表面的焊接技术要求。

GE 公司开发的 APS 合金系列，经玻璃纤维增强后，在低负荷（0.45MPa）下的热变形温度达 270℃以上，高负荷（1.82MPa）下的热变形温度达 260℃左右，完全能满足表面组装工艺中焊锡工艺的耐热要求，同时，PPO 的耐溶剂和耐洗涤性能得到改善、韧性提高、减少了嵌件引入带来的易开裂的缺陷。

6. 玻璃纤维增强聚苯醚

玻璃纤维可提高 PPO 的力学性能和耐热性。应用于长期载荷条件下的电绝缘材料，在热水储存槽和电机排风填料阀中代替不锈钢和其他金属材料。

7. 聚苯醚/聚烯烃共混

主要目的是提高 PPO 的加工性能。美国 GE 公司以 PP 为基体研制出商品名为 Noryl PPX 的 PPO/PP 合金。这种合金具有韧性好、化学性稳定、耐热性高等优点，应用于汽车车挡面板、动力工具、工具箱、视频处理盘等。但是 PP 与 PPO 不相容，需要对其进行改性。

几种工程塑料的性能比较如表 3-20 所示。

表 3-20　几种工程塑料的性能比较

性能	PPO	POM	PC	PBT	PET	PA6	PA66
密度/g·cm^{-3}	1.06	1.42	1.2	1.32	1.37	1.14	1.14
吸水率/%	0.06	0.25	0.15	0.1	0.26	1.8	1.3
拉伸强度/MPa	80	69	59	56	80	60	59
拉伸模量/GPa	2.69	2.8	2.1	—	2.9	1.5~2.5	1.8~2.8
断裂伸长率/%	20~40	15	80	250	200	30	60
弯曲强度/MPa	114	97	93	84	117	90	55~96
弯曲模量/GPa	2.58	2.8	2.3	—	—	1.8~2.4	2.8
缺口冲击强度/kJ·m^{-2}	3.1~4.0	3.0~4.8	31.5	2.1	4	2.14~6	1.9
热变形温度（1.82MPa）/℃	174	124	132	60	85	68	104

思考题

1. 简述 PPO 的结构特点。
2. 为什么选用 PS 或 HIPS 制备 PPO 合金？
3. PPO 为什么常规加工条件下难以结晶？
4. PPO 制品为什么耐光性差？
5. PPO 制品为什么要进行后处理？

第四章　特种工程塑料

特种工程塑料结构的共同特点是主链几乎不含脂肪族基团而是苯环、萘环、氮杂环等通过醚基、砜基、酮基、硫醚基、亚氨基等联结而成。由于其结构上的特点，使得这类高分子材料具有耐热等级高、热稳定性好、力学性能强、电性能优异、尺寸稳定性好、抗蠕变、耐腐蚀、耐辐照等一系列优良的综合性能，包括聚苯硫醚、聚酰亚胺、聚醚醚酮、液晶聚合物及聚砜等。特种工程塑料具有独特、优异的物理力学性能，主要应用于电子电气、特种工业等高科技领域。

第一节　聚苯硫醚

聚苯硫醚的全称为聚亚苯基硫醚或聚苯撑醚，是主链重复单元中含有$-C_6H_4-S-$链节的高分子化合物，英文名为 Polyphenylene sulfide（PPS），其突出的特点是耐高温、耐腐蚀和优越的力学性能。PPS 掉落在地上会发出金属的声音，其材质也如同金属一样坚硬，所以也被称为“塑料钢”，可以替代金属包括不锈钢、铜、铝、合金等使用，是金属铜的最佳替代品。PPS 目前已发展为特种工程塑料的第一大品种，是继聚碳酸酯（PC）、聚酯、聚甲醛（POM）、聚酰胺（PA）及聚苯醚（PPO）5 大工程塑料之后的第六大工程塑料品种。

1969 年 Phillip 公司实现了 PPS 的工业化量产，商品名为“Ryton”。国内四川得阳科技股份公司于 2002 年率先建成国内首套千吨级 PPS 树脂生产线。

PPS 通常采用注塑、挤出、压制、喷涂等方法进行成型加工，主要应用于汽车、电子电气、机械行业、石油化工、制药业、轻工业以及军工、航空航天等特殊领域。此外，PPS 树脂还被制成高性能的特种纤维和薄膜等产品，在环保和清洁能源领域获得应用。

一、聚苯硫醚的合成

PPS 的合成早在 1888 年就已经出现，但目前，整个工业化 PPS 合成路线主要有硫化钠法和硫黄法两大类。

1. 硫化钠法（Phillip 法）

硫化钠法是以无水 Na_2S 和对二氯苯为原料，一定量的碱金属作为助剂及催化剂，在强极性有机溶剂中以高温高压为反应条件通过缩聚反应制备得到线性高相对分子质量的 PPS，反应式如图 4-1 所示。

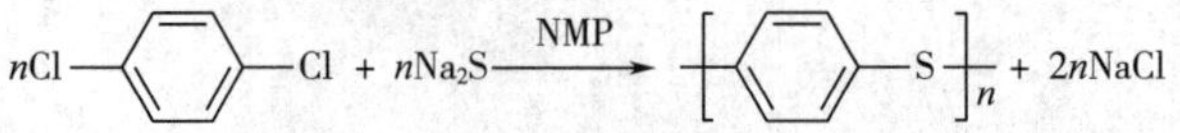

$$nCl-C_6H_4-Cl + nNa_2S \xrightarrow{NMP} \left[C_6H_4-S \right]_n + 2nNaCl$$

图 4-1　硫化钠法制备 PPS 工艺路线

该方法的反应压力与所选择的溶剂有关，国内常以六甲基磷酰三胺为溶剂，在常压即可反应。硫化钠法作为合成生产 PPS 最为广泛的一种方法，原料易得、产品质量好、产率高，但生产工艺流程长，原料精制难度大，而且产品中含有的微量钠离子和因加热而导致产生的交联变形使得产品的耐湿性、电气特性及成型性能下降。

2. 硫黄法

硫黄法是我国特有的一种 PPS 生产方法，利用硫黄来替代 Na_2S 作为硫源，将硫黄和对二氯苯及催化剂、助剂等在常压和 175~250℃下于极性溶剂 NMP 中发生缩聚反应得到 PPS，反应式如图 4-2 所示。

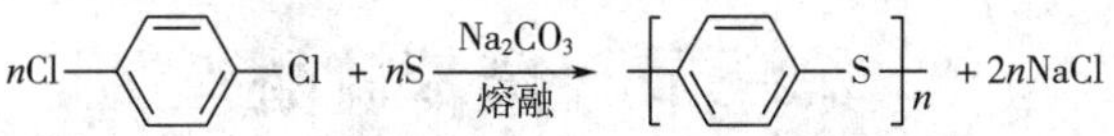

$$nCl-C_6H_4-Cl + nS \xrightarrow[\text{熔融}]{Na_2CO_3} \left[C_6H_4-S \right]_n + 2nNaCl$$

图 4-2　硫黄法制备 PPS 的工艺路线

硫黄法和硫化钠法生产的 PPS 都为线性高结晶聚合物，具有相同的链结构。

二、聚苯硫醚的结构

1. 链结构

PPS 是由硫原子和亚苯基环以对位替换模式形成的聚合物，分子链规整性强。由刚性苯环和柔性硫醚键连接起来的主链具有刚柔兼备的特点，PPS 易于结晶，是一种结晶度高达 75%、结晶熔点高达 285℃左右的半晶状聚合物。

主链上苯环与硫原子形成了共轭结构，且硫原子尚未处于饱和，经氧化后可使硫醚键变为亚砜基和砜基或者是苯环和相邻大分子形成氧桥支化或交联，但并没有使主链断裂，因此热氧稳定性突出，最高连续使用温度可达 260℃，热分解温度可达 522℃。

由于硫原子的极性被苯环共轭及高结晶度束缚，整个聚合物呈现非极性或弱极性的特点，电绝缘性和介电性以及耐化学介质性突出。

此外，由于其分子结构所呈现的特点，PPS 在燃烧中往往会形成炭质残渣，使材料具有与生俱来的阻燃性能，可达 UL94 V-0 级别。

2. 凝聚态结构

通常合成出来的 PPS 是一种平均相对分子质量仅在 4000~5000 而结晶度高达 75%的白色粉末，MFR 高达 3000~4000g/10min（343℃、0.5MPa 负荷、2mm 喷嘴下测试）。这种低相对分子质量的聚合物的力学性能低，只能做防腐涂层，无法直接作为塑料使用。

为了使 PPS 应用于塑料工业，必须对其热处理或化学处理，提高相对分子质量并降低 MFR，主要是热处理。图 4-3 给出了热处理过程的链结构转变。热处理后，线性分子链上出现了 1,2,4-三取代苯或二苯醚结构。其中，Ⅰ和Ⅱ结构使 PPS 链增长或支化，Ⅲ结构使 PPS 交联。3 种结构均带来 PPS 相对分子质量增大，MFR 下降。通常，在150~350℃处理得到Ⅰ和Ⅱ结构，超过 350℃出现Ⅲ型交联结构，反而导致加工困难。因此，热处理温度为 150~350℃。

化学交联过程需要加入交联促进剂，如氧化锌、氧化铅、氧化镁、氧化钴等以及酚类化合物、六甲氧基甲基三聚氰酰胺、过氧化氢、碱金属或碱土金属的次氯酸盐等。

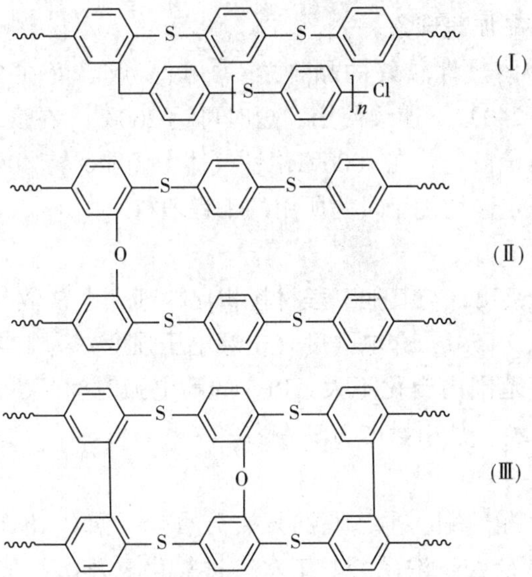

图 4-3　PPS 热处理过程的链结构转变

三、聚苯硫醚的性能

PPS 是一种外观白色或米黄色、高结晶度、硬而脆的聚合物，密度为 1.3g/cm^3。PPS 吸水率极小，一般只有 0.03%左右。PPS 的阻燃性好，其氧指数高达 44%以上，与其他塑料相比，属于高阻燃材料（纯 PVA 的氧指数为 47%，PSF 为 30%，PA66 为 29%，MPPO 为 28%，PC 为 25%），在火焰上能燃烧，但不滴落，且离火自熄，有优异的阻燃性能，阻燃性可达 UL94 V-0 级别。

1. 力学性能

纯 PPS 的拉伸强度和弯曲强度在工程塑料中属于中等水平，而断裂伸长率和冲击强度却比较低。玻璃纤维增强后提高冲击强度，从 27J/m 增大到 76J/m，拉伸强度由 65MPa 增大到 137MPa。PPS 的刚性很高，纯 PPS 的弯曲模量可达到 3.8GPa，无机填充改性后可达 12.6GPa，而以刚性著称的 PPO 仅为 2.55GPa，PC 仅为 2.1GPa。

PPS 在负荷下的耐蠕变性好，硬度高，耐磨性高，摩擦因数为 0.01~0.02，填充 F4 及二硫化钼后还会进一步得到改善，PPS 具有一定的自润滑性。PPS 的力学性能对温度的敏感性小，可与PTFE、二硫化钼、碳纤维等复合后制备摩擦因数和磨耗量很小、耐高温的自润滑材料。

2. 热性能

PPS是一种半晶聚合物，属正交晶系，其晶胞尺寸为a=0.867nm，b=0.561nm，c=1.026nm，包括4个分子单元，其所属空间群为PbCn-D2h，分子链中的硫原子以锯齿型（Zig-zag）排列在（100）晶面上，C—S—C键夹角为110°，相邻两个苯环与（110）晶面成交替±45°排列。PPS的完全结晶密度为1.42 g/cm^3，完全非晶密度为1.11g/cm^3。PPS的T_g为85~90℃，最大冷结晶温度约115℃，熔点280~285℃，完全结晶熔融焓为104J/g，最大结晶温度约160℃，最大结晶速率为0.4717 s^{-1}。循环多次升降温过程中PPS有典型的自成核结晶加速现象。

PPS是工程塑料中耐热性较好的品种之一，热变形温度在260℃以上，空气中于700℃降解，可在200~240℃下连续使用，短时可达260℃，在低于400℃的空气或氮气中较稳定，基本上无质量损失，在1000℃惰性气体中仍能保持40%的质量，短期耐热性和长期连续使用的热稳定性均优于目前所用的工程塑料。

3. 电性能

PPS的电性能十分突出，与其他工程材料相比，其介电常数与介电耗损角正切值都比较低，介电常数为3.9~5.1，介电强度（击穿电压强度）为13~17kV/mm，并且在较大的频率、温度及温度范围内变化不大；PPS的耐电弧时间长，可与热固性塑料媲美。PPS常用于电器绝缘材料，其用量占30%左右。

4. 化学性能

PPS对大多数酸、酯、酮、酚、脂肪烃、芳香烃、氯代烃等稳定，不耐氯代萘及氧化性酸、氧化剂、浓硫酸、浓硝酸、王水、过氧化氢及次氯酸钠等，耐腐蚀性接近PTFE，抗化学性仅次于PTFE。在175℃以下不溶于任何有机溶剂，只有在175℃以上才溶于氯代萘中。与一般有机溶剂如苯、冰醋酸、油类、酯类物质接触不会出现开裂。

PPS的耐辐射性好，计量达1×10^{8}Gy，是其他工程塑料无法比拟的，特别是能吸收中子弹、原子弹的辐射，是核工业中不可或缺的防护材料。

5. 加工性能

树脂厂商提供的PPS是一种相对分子质量较低（4000~5000）、结晶度较高（75%）的粉末状聚合物，这种纯PPS树脂无法直接塑化成型，只能用于喷涂。用于塑化加工的PPS必须经过交联改性处理，使熔体的黏度上升。一般交联后的MFR达到10~20g/10min为宜；玻璃纤维增强的PPS的MFR可以大一些，但不能高于200g/10min。

PPS的吸水率极低，一般只有0.03%左右，能够直接进行成型而无须预干燥。PPS成型温度为300~330℃。加工时，若温度超过370℃，PPS发生少量热分解，产生微量的SO、COS、CO、CS等有害气体。PPS树脂的熔体黏度非常低，流动性很好。易于和玻璃纤维润湿接触，同时与各种填料极易润湿。PPS在注塑成型过程中，模具要加热。低模温（95℃以下）注塑得到的制品结晶度低（15%以下），高模温（120~

200℃）下可得到高结晶度（50%~55%）的制品。PPS本身具有脱模性，可不必加入脱模剂。PPS的成型收缩率和膨胀系数较小，一般为0.15%~0.30%，最低可达0.01%。高温环境下吸湿后尺寸几乎不变，在高温、高湿环境下使用时不翘曲、不变形，尺寸稳定性好。

PPS经过热处理可提高结晶度及热变形温度，后处理的条件为：温度204℃，时间30min。

（1）注塑成型。可采用通用注塑机，玻璃纤维增强PPS的MFR以50g/10min为宜。注塑工艺条件为：机筒温度，纯PPS为280~330℃，40%玻璃纤维增强PPS为300~350℃；喷嘴温度，纯PPS为305℃，40%玻璃纤维增强PPS为330℃；模具温度为120~180℃；注塑压力为50~130 MPa；模温取100~150℃；主流道锥度应大，流道应短。

（2）挤出成型。采用排气式挤出机，加料段温度小于200℃；机筒温度为300~340℃，连接体温度为320~340℃，口模温度为300~320℃。

（3）模压成型。适合大型制品，采用二次压缩，先冷却，后热压。热压的预热温度：纯PPS为360℃左右，15min，玻璃纤维增强PPS为380℃左右，20min；模压压力为10~30MPa，冷却至150℃脱模。

（4）喷涂成型。采用悬浮喷涂法和悬浮喷涂与干粉热喷混合法，都是将PPS喷到金属表面，再经过塑化、淬火处理而得到涂层；PPS的涂层处理温度在300℃以上，保温30min。

（5）吹塑成型。泰科纳推出的Fortron SKX375A是含15%玻璃纤维的线性PPS吹塑料，也是第一种PPS吹塑料，潜在应用包括高温部件、进气歧管、发动机冷却管、住宅热气导管等。

PPS树脂对玻璃、铝、不锈钢等具有高的黏结强度，对玻璃的黏结强度甚至大于玻璃。超声波焊接是较好的黏结方式。

四、聚苯硫醚的改性

纯PPS因性能脆而很少使用，应用的PPS多为其改性品种。

PPS的改性方法主要分两种：一种是无机填料和纤维增强改性，如玻璃纤维增强PPS、碳纤维增强PPS；另一种是合金类，由PPS树脂与其他树脂（及改性剂）共混/复混而成，如PPS/PA合金、PPS/PTFE合金、PPS/PPO合金、PPS/PEEK合金、PPS/聚砜（PSU）合金等。

表4-1　　玻璃纤维增强以及玻璃纤维、碳纤维增强PPS的性能

性能	PPS	40%玻璃纤维增强	25%玻璃纤维+30%碳纤维增强
密度/$g \cdot cm^{-3}$	1.3	1.6	1.8
拉伸强度/MPa	67	137	99
弯曲强度/MPa	98	204	136

续表

性能	PPS	40%玻璃纤维增强	25%玻璃纤维+30%碳纤维增强
弯曲模量/GPa	3.87	11.95	12.60
压缩强度/MPa	112	148	—
断裂伸长率/%	1.6	1.3	0.7
冲击强度/$J \cdot m^{-1}$	—	—	—
无缺口	110	435	120
缺口	27	76	27
吸水率/%	<0.02	<0.05	<0.03
线膨胀系数/$\times 10^{-5}K^{-1}$	2.5	2.0	—
热变形温度/℃	135	>260	>260
介电常数/10^6Hz	3.1	3.8	4.2
介电损耗角正切/10^6Hz	0.00038	0.0013	0.016
介电强度/$kV \cdot mm^{-1}$	15	17.7	13.4
体积电阻率/$\Omega \cdot cm$	4.5×10^{16}	4.5×10^{16}	3×10^{15}

思考题

1. 简述 PPS 的结构特点。
2. PPS 为什么具有高耐热性、自身阻燃性、高耐蠕变性？
3. PPS 用于塑料应用时，为什么要进行热处理或化学处理？
4. PPS 是否可以结晶，是否具有多晶型性？
5. 相比 PPS 树脂，PPS/PPO 合金性能上产生了什么变化？

第二节　砜类聚合物

聚砜树脂是 20 世纪 60 年代中期以后出现的一种热塑性工程塑料，是在分子主链上含有砜基（$-\overset{O}{\overset{\|}{\underset{\underset{O}{\|}}{S}}}-$）和芳核的非结晶型高分子化合物。聚砜通常包括聚砜（双酚 A 型聚砜，PSF 或 PSU）、聚亚苯基砜（PPSU）和聚醚砜（PES）。其中，PSF 和 PES 由于具有良好的热稳定性和尺寸稳定性、耐水解、耐辐射、耐燃等性能，应用较为广泛。表 4-2 给出了 3 种聚砜的结构式和 T_g。3 种聚砜树脂的性能如表 4-3 所示。3 种聚砜玻璃纤维增强后的性能如表 4-4 所示。

表 4-2　　3 种聚砜的结构式和 T_g

产品名	商品名	结构式	T_g/℃
PSF 或 PSU	UDEL	$\left[C_6H_4-SO_2-C_6H_4-O-C_6H_4-C(CH_3)_2-C_6H_4-O \right]_n$	185
PES	RADEL A	$\left[C_6H_4-SO_2-C_6H_4-O \right]_n$	225
PPSU	RADEL R	$\left[C_6H_4-SO_2-C_6H_4-O-C_6H_4-C_6H_4-O \right]_n$	220

表 4-3　　3 种聚砜树脂的性能

性能	PSF	PES	PPSU
密度/g·cm^{-3}	1.24	1.37	1.43
拉伸强度/MPa	70	83	70
拉伸模量/GPa	2.48	2.65	2.34
屈服应变/%	5~6	6.5	7.2
断裂伸长率/%	50~100	25~75	60~120
弯曲强度/MPa	106	115	105
弯曲模量/GPa	2.69	2.90	2.45
压缩强度/MPa	96	100	99
泊松比	0.37	0.41	0.43
介电强度/kV·mm^{-1}	17	15	15
体积电阻率/Ω·cm	3×10^{16}	1.7×10^{15}	9×10^{15}
介电常数/60Hz	3.03	3.51	3.44
介电损耗/60Hz	0.0007	0.0017	0.0006

表 4-4　　3 种聚砜玻璃纤维增强后的性能

性能	PSF+30%玻璃纤维	PES+30%玻璃纤维	PPSU+30%玻璃纤维
热变形温度/℃	181	214	210
拉伸强度/MPa	107	130	120
断裂伸长率/%	2	2	2
弯曲模量/GPa	7.6	8.2	8.1

续表

性能	PSF+30%玻璃纤维	PES+30%玻璃纤维	PPSU+30%玻璃纤维
无缺口冲击强度/$J \cdot m^{-1}$	—	540	640
缺口冲击强度/$J \cdot m^{-1}$	69	60~90	75
氧指数/%	32	41	—
密度/$g \cdot cm^{-3}$	1.49	1.59	1.53

20世纪60年代，联合碳化物公司（UCC）的奥尔福特·法纳姆（Alford Farnham）完成了聚砜的开发，并于1965年实现了PSF（UDEL）的工业化生产，1976年推出PPSU（RADEL R），1983年推出PES（RADEL A）。PES是由英国帝国化工公司（ICI）1972年首先开发成功，并以Victrex商品牌号销售。

一、双酚A型聚砜（PSF或PSU）

1. 双酚A型聚砜的合成

工业合成方法采用亲核取代缩聚路线，反应如图4-4所示。生产方法有一步法和二步法，二步法合成反应是先由双酚A与碱原位反应生成双酚A二钠盐，随后与4,4′-二氯二苯基砜进行亲核取代反应。目前的生产采用二步法完成。一步法合成聚砜的方法是用碳酸氢钾或碳酸钾代替氢氧化钠合成聚砜，此法可以缩短合成步骤，避免脱水工序，缩短反应时间。

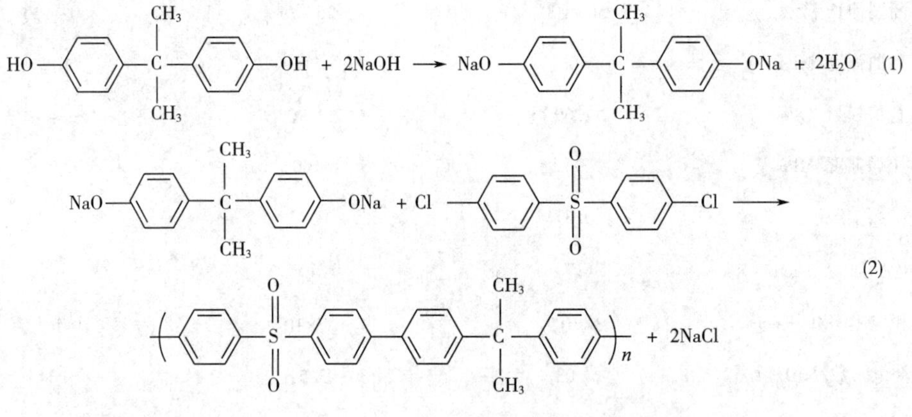

$$HO-C_6H_4-C(CH_3)_2-C_6H_4-OH + 2NaOH \longrightarrow NaO-C_6H_4-C(CH_3)_2-C_6H_4-ONa + 2H_2O \quad (1)$$

$$NaO-C_6H_4-C(CH_3)_2-C_6H_4-ONa + Cl-C_6H_4-SO_2-C_6H_4-Cl \longrightarrow \left[-C_6H_4-SO_2-C_6H_4-C_6H_4-C(CH_3)_2-C_6H_4-\right]_n + 2NaCl \quad (2)$$

图4-4 PSF的合成路线

2. 双酚A型聚砜的结构

PSF分子结构是由亚异丙基、醚基、砜基把苯乙基连接成线性大分子的聚合物，赋予PSF水解稳定性、热氧化性、熔体稳定性，以及高使用温度和延展性。电负性的砜基中硫的最高氧化态为聚砜提供了优异的热氧化稳定性，同时提高了高温下的长期使用温度。苯醚段为聚合物骨架提供了柔性，表现为高韧性、伸长率和延性，以及易于熔体加工。与其他热塑性工程塑料相比，聚砜中的苯酚基和醚基提供了优异的耐水解性。亚异丙基因其取代结构对称且无极性，可减小分子间作用力，赋予聚合物一定的柔顺性和良好的熔融加工性；非极性的甲基侧链使聚合物的吸湿性小，电性能有所提高，但对聚合物的耐热性不利，致使 PSU 的 T_g、热变形温度和最高连续使用温度均低于 PPSU、PES；砜基和苯基使大分子主链显示较大的刚性，且砜基与相邻两个苯环形成了高度共轭的二苯砜结构，使 PSF 具有刚硬、热稳定性高、抗辐射等特性。

由于砜基的立体化学结构破坏了链规整性，使砜类聚合物的结晶能力下降，冷却时形成无定形聚合物，表现出高透明度。

3. 双酚 A 型聚砜的性能

PSF 是透明淡琥珀色的非晶型塑料，密度为 1.24g/cm^3，氧指数为 32%，1.5mm 厚的片即可以达到 UL94 V-0 级阻燃。

（1）力学性能。PSF 的力学性能优异，高强度、抗冲击性，并且具有良好的尺寸稳定性和突出的抗蠕变性，成型收缩率小，可做精密制件，但容易应力开裂。PSF 的拉伸强度和弯曲强度优于 POM、PA 和 PC 等通用工程塑料，即使在 150℃时拉伸强度仍能达到 60MPa，弯曲模量达 2.4GPa。PSF 的抗蠕变性十分优异，室温在 21MPa 应力作用下经 1000h，蠕变量仅为 1%。PSF 具有较好的耐磨性，用 CS-17 磨轮在 1kg 载荷下摩擦 1000 次，磨耗量仅为 20mg。对于滑动速度和负载较低的应用，普通 PSF 树脂可以提供足够低的磨损和足够低的摩擦因数。然而，对于需要更高负载和速度的应用，需要通过加入增强纤维、填料、氟碳聚合物、硅油和硅树脂进行改性。

（2）热性能。PSF 的热稳定性突出，T_g 为 185℃，热变形温度为 175℃，可在 -100~150℃温度范围内长期使用，短期使用温度为 190℃，脆化温度为-101℃。PSF 具有良好的耐热氧化性，在 150℃时经两年的热氧老化，拉伸强度和热变形温度不降反而有所提高，冲击强度仍能保持原来的 55%。PSF 的热导率仅为 0.24W/（m·K）。

（3）电性能。PSF 具有优良的电绝缘性能，尤其是在高温环境和水及潮湿空气中放置后仍能保持良好的电绝缘性。

（4）化学性能。PSF 对一般无机酸、碱、盐以及脂肪烃、醇类和油类都较稳定，但会受到强溶剂浓硫酸、硝酸作用，某些极性溶剂如酮类、卤代烃、芳香烃、甲基甲酰胺等会使其发生溶解和溶胀。

（5）光学性能。PSF 是一种带有轻微黄色的透明材料，具有较高的透光率和较低的雾度，表 4-5 给出了 PSF 的光学性能。PSF 具有高折射率。PSF 的色散值为 0.027、阿贝值为 23.3。高折射率对于许多透镜来说是理想的材料，允许更薄和更高的功率透镜，这是其他透明聚合物如 PC、PMMA 达不到的。

表 4-5　　PSF 的光学性能

性能	厚度			测试标准
	1.78mm	2.62mm	3.33mm	
可见光透过率/%	86	85	84	ASTM D1003
雾度//%	1.5	2.0	2.5	ASTM D1003
黄色指数	7	10	13	ASTM D1925

（6）加工性能。PSF 的吸水率虽然很低，但在高温及载荷作用下对水敏感，水能促进应力开裂。此外，微量吸水会使制品有气泡，表面出现银丝等缺陷。因此，加工前应严格干燥，使含水量降至 0.05%以下。PSF 的流变行为接近牛顿流体，流动特性类似于 PC，即熔体黏度大，流动性对温度敏感。注塑成型时，不宜加过大的成型压力，以减少制品内应力和分子取向，减少各向异性。PSF 的熔体黏度高，流动性差，加工温度较高（300~400℃），熔体冷却快，模塑周期短，因此模具设计时应尽量减小流道阻力，且要有加热装置。PSF 为无定形聚合物，制品冷却时不结晶，收缩率小且透明。PSF 分子链的刚性大，冷凝温度较高，制品内的内应力无法自行消除，需要后处理。条件为 150~160℃，时间 5h。

双酚 A 型聚砜的成型方法：

①挤出成型。可加工管材、棒材、薄片、薄膜及电线包覆制品。挤出机螺杆压缩比为 2.5∶1~3.5∶1，长径比为 20∶1，机头温度宜控制在 310~340℃。为避免挤出物变形和产生内应力，定型温度应控制在 150℃以上。

②吹塑成型。可加工成各种中空制品，利用挤出机型坯口模先成型筒坯，然后移入吹塑模内吹塑成型制品。口模温度一般控制在 300~360℃，吹塑模温为 70~93℃，吹塑压力为 2.8×10^6~4.9×10^6Pa。

③二次加工。可进行粘接、电镀、机加工等二次加工，粘接可在 370℃下热粘，也可以用二氯甲烷为溶剂将 PSF 配成 5%的溶液进行粘接，胶接压力约 3.5MPa。PSF/ABS 合金常用于电镀。此外，PSF 还可以通过车、铣、钻等机加工方法制备零部件。

4. 双酚 A 型聚砜的改性

PSF 的缺点为耐有机溶剂性差、成型温度较高、制品易应力开裂、耐疲劳性差等，常通过添加玻璃纤维增强和与其他树脂共混等技术给予改性。

（1）玻璃纤维增强聚砜。如表 4-4 所示，PSF 用玻璃纤维增强后，力学性能如强度、模量、尺寸稳定性和耐热性提高，但断裂伸长率由未增强时的 50%~100%降至增强后的 2%。

（2）聚砜合金。主要改善耐溶剂性、耐环境性、可加工性、抗冲击性、延伸率和电镀性。已形成生产规模的产品是美国 Amoco 公司的 Mindel 系列，包括 Mindel A、B、M、S 系列。Mindel A 为 PSF/ABS 合金，具有优良的抗冲击性、耐热水性、尺寸稳定性、电镀性，通过美国食品及药物总局（FDA）在 100℃条件下可重复使用的食品包装或容器的有关认定，主要用于医疗和食品领域。Mindel B 为 PSF/PBT 合金，韧性比 PPS 好，价格比 PES 低，可用玻璃纤维增强。Mindel B-340 的弯曲模量高达 11GPa。与 PBT 相比，该合金的电绝缘性和介电强度更好，介质损耗因数更小，适合作精密仪器、仪表等对电性能要求高的部件。Mindel M 为 PSF/矿物掺杂混型合金，适用于做厚壁受力构件。Mindel M-825 通过美国 FDA 的认可，可用于食品和医疗领域。Mindel S 为阻燃级，达到 UL94 V-0 级，具有优异的耐热、耐热水及尺寸稳定性。

二、聚醚砜

1. 聚醚砜的合成

PES 的合成如图 4-5 所示。亲电取代路线①主要为脱卤化氢法，反应过程较平稳，反应温度较低，溶剂选择范围广。该聚合路线下二苯醚上的氢存在两种反应位点，即醚键的对位和邻位，产物除了单一的线性结构外也可能存在支化结构。亲核取代路线②包含了熔融脱盐法和溶液脱盐法，易得到具有单一线性结构的 PES 树脂。熔融脱盐法获得高分子量的线性 PES，但反应条件苛刻，需要真空和高温，反应结束后树脂纯化、脱盐较困难。而溶液脱盐法主要难点在于成盐过程的控制和除水过程，同时双酚溶液脱盐的反应温度一般在 200℃以上，可供选择的溶剂较少。

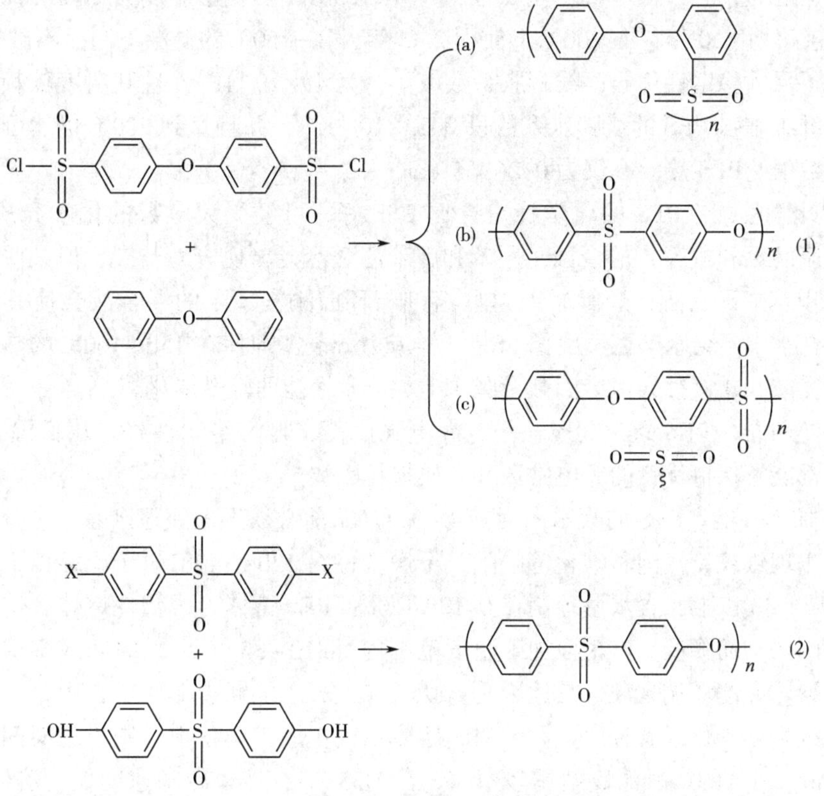

(a) O O S O n
O Cl S O O S Cl O
+ O
(b) O S O O n (1)
(c) O O S O n O S O

O X S X O
+ O OH S OH O
O S O O n (2)

图 4-5　PES 的合成路线

2. 聚醚砜的结构

PES 分子是由醚基和砜基与苯基交互连接而构成的线性高分子，分子链中同时具有醚基的柔性、苯环的刚性以及砜基与整个结构单元形成的大共轭体系。与 PSF 相比，PES 的大分子主链上不含对耐热性和热氧稳定性不利的亚异丙基；与 PPSU 相比，其分子主链中又不含使分子链过分刚硬的联苯基。PES 的重复结构单元中，“砜基”的浓度较高，吸水率是商用砜类聚合物中最高的。

PES 兼备了 PSF 和 PPSU 的优点，综合性能优于 PSF 和 PPSU。耐热性优于 PSF，加工性比 PPSU 好，可用一般热塑性塑料的加工方法加工。

3. PES 的性能

PES 是具有浅琥珀色的透明无定形聚合物，无味，折射率为 1. 65，密度为 1. 37g/cm^3，无毒，满足 FDA 要求。PES 具有自熄性、低的烟雾扩散性（仅次于 PEEK），氧指数为39%。

（1）力学性能。PES具有与PC相同的冲击韧性，对于不增强的PES可以铆接，但对尖细的切口比较敏感。PES的拉伸强度比PSF和PPSU高约20%。PES显示出优异的抗周期应力破坏的性能，在30Hz的受力频率下，经过10^8周期性弯曲疲劳破坏，材料的弯曲强度仍达到15MPa以上。PES即使在高温下也保持较好的弯曲弹性模量。100℃下，所有热塑性工程塑料中PES的模量最高。

（2）热性能。PES具有高的耐热性，T_g为225℃，热变形温度为200~220℃，可在180℃下连续使用20年，在200℃下使用2~3年，在-150℃的低温下制品不破裂。

高温下尺寸稳定性优异，线膨胀系数较小，为$49\times10^{-6}K^{-1}$，且其温度依赖性小，特别是玻璃纤维增强PES的线膨胀系数只有$23\times10^{-6}K^{-1}$，并且直到200℃仍然可以保持与铝相近的数值。PES热导率仅为0.26W/（m·K）。

（3）化学性能。PES的化学稳定性比PSF好，可经受大多数的化学介质（如酸、碱、油、脂肪烃和醇等）的侵蚀，用苯和甲苯清洗不会出现应力开裂，但某些高极性溶剂（如二甲基亚砜、卤代烃等）及这些溶剂与环己酮和丁酮的混合液会使其溶胀或溶解。PES在水中不会水解也不会像PSF一样应力开裂，即使在150~160℃的热水或蒸气中，也不受酸、碱侵蚀，但会因微量吸水造成力学性能的轻微变化。

（4）电性能。PES的介电损耗小，介电强度高，自身绝缘性好。从低温到接近T_g的高温，都能够保持优良的介电常数和介质损耗因数。

（5）加工性能。PES的吸水率为0.43%，加工前必须干燥处理以除去水分，以防在制品表面出现银纹、气泡和碳化等缺陷，干燥条件为120~140℃烘干10h以上，或者在160℃下烘干3h以上，含水量控制在0.12%以下。PES熔体为假塑性熔体，熔体黏度随剪切速率的增加而降低。PES在加工温度范围内（310~335℃）长时间或多次反复加工时，出现熔体黏度增稠现象，其原因是剪切力导致分子链断裂形成了自由基，自由基又会使分子链发生支化或者轻度交联。PES熔体不宜在加工设备中停留过长时间，一般不超过40min。PES的熔融温度范围较窄（315~335℃），熔体冷却速度快，熔体黏度大，因此注塑成型时应采用较高的注射速率，以避免不能注满模腔的缺陷产生，但过高的注塑速率导致熔体冲模不稳、喷射和混入空气等缺陷。PES为无定形聚合物，挤出时出模膨胀现象较小，收缩率为0.6%，与PSF相比，残余应力较小。

PES成型方法目前工业上以注塑和挤出成型为主。

①注塑成型。采用螺杆式注塑机，螺杆等距变形，均化段螺槽比加工一般塑料时略深0.04~0.08mm，以免熔体在此段受到过高的剪切摩擦热。注塑机喷嘴采用直通式，模具设计时避免出现熔接痕。

②挤塑成型。可以成型管材、棒材、片材、薄膜、电线电缆包覆制品，挤出时螺杆转速不宜太高，机筒温度特别是机头温度应精确控制。

4. PES改性

玻纤增强：用30%玻纤增强PES后，其拉伸强度、弯曲模量、抗蠕变能力提高近1倍；尺寸稳定性更加优异；耐磨性提高，磨损量仅为未增强的1/10，甚至超过了PA66，但是增强PES的断裂伸长率有所下降。增强PES的热变形温度可由203℃提高到216℃，最高连续使用温度可由 180℃提高到 200℃。

PTFE 共混改性：PES 中加入 10%、20%的 PTFE，制得了摩擦因数低、耐磨性好的工程塑料 2010F 和 2020F。日本住友化学工业公司在 PES 中添加润滑剂制得了 FS2200 和 E3010 的高耐磨工程塑料，具有高极限 PV 值、低摩擦因数和磨损量，耐磨性优于碳纤维增强改性的 PPS、PTFE 填充的 POM 和 PTFE 填充的 PC 等材料。

三、聚亚苯基砜

1. 聚亚苯基砜的合成

由 4,4′-联苯二酚和 4,4′-二氯二苯砜经成盐、缩聚等步骤合成得到。

2. 聚亚苯基砜的结构

与 PSF 相比，PPSU 分子链中含大量的联苯基，耐热性更加突出，但分子链中的醚键仍能提供一定的柔韧性，使其可在-240℃的低温下使用。但是，PPSU 分子链的刚性超过 PSF，熔体黏度高，熔融流动性差，难以加工。此外，联苯单元使 PPSU 的冲击强度提高，缺口敏感性降低。PPSU 不含双酚 A。

3. PPSU 的性能

PPSU 为略带琥珀色的线性聚合物。PPSU 的氧指数可达 44%。

（1）力学性能。PPSU 具有高强度、高硬度、高韧性以及高能量吸收能力。未增强的 PPSU 表现出不佳的滑动摩擦性能，加入碳纤维、石墨和 PTFE 等可改善磨损性能。相比 PSF，PPSU 的屈服强度和断裂伸长率增大，拉伸模量降低。PPSU 具有优异的抗冲击性能，冲击强度可达 700J/m。相比 PSF 和 PES，PPSU 显示出优异的抗蠕变性。室温下，PPSU 在 20.7MPa 压力下经历 10 年，表观模量仅下降 20%；170℃、20.7MPa 的压力下服役 10 年，表观模量仍保持在 1.45GPa。

（2）热性能。PPSU 短期耐受温度高达 220℃，长期可达 180℃，可承受 170~180℃的油温环境。PPSU 需要达到近 495℃才开始在热空气中分解。PPSU 的线膨胀系数小，为 $56\times10^{-6}K^{-1}$。热导率为 0.3 W/（m·K）。

（3）电性能。PPSU 具有良好的电绝缘性，介电常数在宽的频率范围内和-50℃至 T_g 宽温度范围内基本稳定，介电损耗因子显示仅有边缘取决于频率和温度，并且介电损耗因子非常低。

（4）化学性能。PSF 的耐蒸气蒸煮性较差，蒸煮 80 次即出现裂纹，150 次蒸气蒸煮出现破裂。由于联苯结构的存在，PPSU 耐蒸煮性能优异，蒸煮超过 1000 次也不出现裂纹和破坏。

PPSU 表现出优异的耐高温含氯水腐蚀。90℃下暴露在含有 5mg/L 游离氯的再循环水环境中 1500h，树脂的拉伸强度和质量没有降低。

（5）加工性能。PPSU 可用注塑、挤塑、压塑和溶液流延等方法成型加工。PPSU 的熔体黏度高达 3×10^4Pa·s（371℃），因而挤塑和注塑非常困难，要求设备的加热温度达到 400℃以上，注射压力达 140~210MPa，模具温度达 230~280℃，且成型前物料必须干燥，干燥条件为 150℃下干燥 10~16h，再在 200℃下干燥 6h，也可在 260℃下直接干燥 3h 以上。成型后的制品必须进行后处理，以消除残余应力。

思考题

1. 常见的砜类树脂有哪些？
2. 简述聚砜性能的优缺点。
3. 聚砜树脂的改性方法主要有哪些？
4. 常见的聚砜树脂合金有哪些？各有什么特点？
5. 聚砜树脂的光学性能如何？有何应用？

第三节　聚芳醚酮

聚芳醚酮是一类综合性能优异的热塑性耐高温工程塑料，其中聚醚醚酮（Polyether ether ketone，PEEK）是聚芳醚酮家族中商业化重要的品种之一。PEEK 具有优异的耐高温性能、力学性能、耐腐蚀性能和摩擦性能等，在航空航天、汽车、机械制造以及石油化工等诸多领域有广泛应用。PEEK 是热塑性树脂，可采用挤出、注塑方法成型，还适用于粉末喷涂、线路板印刷、精细结构成型等。常见商业品种的聚芳醚酮见表 4-6。

表 4-6　几种常见的聚芳醚酮树脂

名称	结构式	厂家及产品牌号
聚醚醚酮（PEEK）	$\left[-O-C_6H_4-O-C_6H_4-C(=O)-C_6H_4-\right]_n$	ICI Vitriex
聚醚酮（PEK）	$\left[-O-C_6H_4-C(=O)-C_6H_4-\right]_n$	ICI Vitriex
聚醚酮酮（PEKK）	$\left[-O-C_6H_4-C(=O)-C_6H_4-C(=O)-C_6H_4-\right]_n$	Dupont Aretone
聚醚酮醚酮酮（PEKEKK）	$\left[-O-C_6H_4-C(=O)-C_6H_4-O-C_6H_4-C(=O)-C_6H_4-C(=O)-C_6H_4-\right]_n$	BASF UltraPEK
聚醚醚酮酮（PEEKK）	$\left[-O-C_6H_4-O-C_6H_4-C(=O)-C_6H_4-C(=O)-C_6H_4-\right]_n$	Hoechst Hostatek

1962 年美国杜邦公司的 W H Bonner 首次用亲电取代方法合成了 PEKK，开启了聚芳醚酮类树脂的研究工作，但所得产物相对分子质量极低。1964 年英国 ICI 公司的 I Goodman 合成了 PEK，但相对分子质量依旧很低。1972 年英国 ICI 公司的 Rose 用亲核取代方法制备了 PEEK，并在 20 世纪 80 年代初期以 Victrex 的牌号进行销售。随后杜邦公司又开发了 PAEK，由二苯醚、对苯二甲酰氯、间苯二甲酰氯聚合形成的无规共聚物，并于 1988 年产业化。

国内吉林大学先后开发出 PEEK、PEEKK、联苯聚醚醚酮（PEDEK）等一系列耐高温特种工程塑料。目前世界主要的 PEEK 生产厂家有英国 Victrex，比利时 Solvay，德国 Evonik，国内金发科技、盘锦中润、吉大特塑和中研塑料等几家企业。

一、聚芳醚酮的合成

根据醚键和酮基的引入方式，聚芳醚酮的合成路线可分为亲核取代的聚醚合成路线和亲电取代的聚酮合成路线。

1. 亲核取代

亲核取代法是在碱金属碳酸盐作用下由芳香族二卤化物和双酚单体通过亲核取代反应形成醚键来制备聚芳醚酮。优点在于产率高、产物相对分子质量高、易于工业化操作，但工艺复杂、反应温度较高、含氟单体价格昂贵。

2. 亲电取代

亲电取代法是由芳烃和芳芳酰氯进行 Friedel-Crafts 酰化反应制备聚芳醚酮，催化剂通常采用三氯化铝、三氟化硼等路易斯酸。优点是原料易得，无须高温操作，但也存在催化剂、溶剂用量大、产物易支化，后处理烦琐等缺点。PEKK 是用亲电取代法合成聚芳醚酮的典型品种，它的单体为对（间）苯二甲酰氯和二苯醚。

PEKK 和 PEEK 的合成路线如图 4-6 所示。

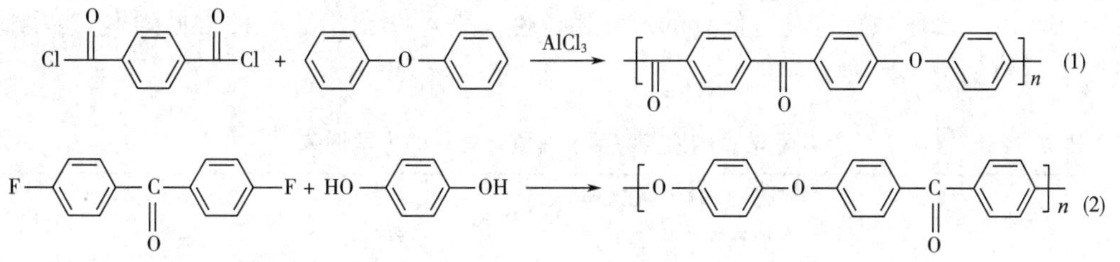

$$Cl-\overset{O}{\overset{\|}{C}}-C_6H_4-\overset{O}{\overset{\|}{C}}-Cl + C_6H_5-O-C_6H_5 \xrightarrow{AlCl_3} \left[\underset{\underset{O}{\|}}{C}-C_6H_4-\underset{\underset{O}{\|}}{C}-C_6H_4-O-C_6H_4 \right]_n \quad (1)$$

$$F-C_6H_4-\underset{\underset{O}{\|}}{C}-C_6H_4-F + HO-C_6H_4-OH \longrightarrow \left[O-C_6H_4-O-C_6H_4-\underset{\underset{O}{\|}}{C}-C_6H_4 \right]_n \quad (2)$$

图 4-6　PEKK 和 PEEK 的合成路线图

二、聚芳醚酮的结构

聚芳醚酮是一类亚苯基环通过醚键和羰基连接而成的聚合物。因分子链中醚键、酮基和苯环连接次序和比例的不同，可形成不同的聚合物。聚芳醚酮分子结构中含有刚性的苯环，具有优良的高温性能、力学性能、电绝缘性、耐辐射和耐化学药品性。而醚键又使其具有柔性，因此可以用热塑性工程塑料的加工方法进行成型加工。

由于链结构的规整性，聚芳醚酮具有典型的半结晶型特征，在熔体冷却过程可发生自发的结晶行为，在热处理、高温拉伸等作用下，聚芳醚酮的结晶程度会进一步提高，最高可达 40%。

PEK 和 PEEK 都只有一种晶型，为正交晶系，晶胞尺寸为 $a=0.783$nm，$b=0.594$nm，$c=0.986$nm，每个晶胞中有两条分子链通过，其中一条穿过晶胞中心，另外 4 条 1/4 链经过晶胞的 4 条棱，两个苯环间连接角在 124°~127°，相对扭转角为 37°左右。

PEKK 是多晶型聚合物，根据结晶条件和结晶方法的不同获得不同晶型的制品。当样品从熔体结晶（310℃以上），且过冷度较低时，生成晶型Ⅰ，为双分子链的正交晶格，$a=0.778$nm，$b=0.610$nm，$c=3.113$nm。从玻璃态冷结晶或溶剂诱导结晶时，生成双分子链的正交晶格的晶型Ⅱ，$a=0.417$nm，$b=1.108$nm，$c=3.113$nm。两种晶型的差别只是晶胞参数的不同。在 200～300℃结晶还能形成晶型Ⅲ，晶型Ⅱ和Ⅲ都是亚稳态的，可以和稳态的晶型Ⅰ共存，并可以转化成晶型Ⅰ。

在外场作用下，还会诱发多晶型的形成。PEEKK 拉伸时由晶型Ⅰ转化为晶型Ⅱ，且随拉伸倍率的增加，晶型Ⅱ的含量提高。对聚芳醚酮而言，拉伸诱导的多晶型与分子结构密切相关，聚芳醚酮分子链中的酮键、联苯含量增加，间苯含量减少都有利于晶型Ⅱ的产生。拉伸条件也影响晶型的形成，快速拉伸导致分子链不容易松弛，形成亚稳态的晶型Ⅱ，经过热处理，分子链再度松弛会转化为稳定的晶型Ⅰ。

三、聚芳醚酮的性能

聚芳醚酮是结晶型微黄色或琥珀色聚合物。PEEK 的氧指数为 35%，PEEKK 的氧指数达到 40%。聚芳醚酮燃烧时发烟量小，具有自熄性。

1. 力学性能

聚芳醚酮具有较高的强度和模量，兼具刚性和韧性，特别是在交变应力下表现出突出的抗疲劳性能。聚芳醚酮较高的比强度使其在一些领域可以替代金属材料，在高温下具有很小的线膨胀系数，具有优异的尺寸稳定性。表 4-7 给出了几种常见的聚芳醚酮及其复合材料的力学性能。

表 4-7　几种常见的聚芳醚酮及其复合材料的力学性能

性能	PEEK	PEEK+30%玻璃纤维	PEEEK+40%碳纤维	PEK	PEK+30%碳纤维	PEKEKK	PEKEKK+30%玻璃纤维	PEKK
拉伸强度/MPa	100	180	250	110	250	115	200	110
断裂伸长率/%	45	2.7	1.6	20	2.2	20	2.5	12
弯曲模量/GPa	4.1	11.3	28	4.1	22	4.1	11	4.5
无缺口冲击强度/（kJ/m^2）	7.5	10	8.5	6.9	8.0	6.0	11	—
冲击强度/（kJ/m^2）	NB	60	40	—	45	NB	70	—
线膨胀系数/（10～6m/m/℃）	47	—	—	—	—	45	—	—
热变形温度/℃	152	328	345	165	368	172	380	175

聚芳醚酮树脂具有突出的摩擦学特性，具有一定的自润滑性能，磨损率极低，耐滑动磨损和微动磨损性能优异，尤其是在 250℃时仍然保持了良好的摩擦学性能。

2. 热性能

几种常见的聚芳醚酮的热性能参数见表 4-8。PEEK 的熔点为 343℃，长期使用温度为 250℃，短期工作温度达 300℃。PEEK 还具有优异的耐热老化性能，250℃下保温

3000h，其弯曲强度几乎不变。

表 4-8　　几种常见聚芳醚酮的热性能参数

名称	T_g/℃	T_m/℃	冷结晶温度/℃	结晶温度/℃	ΔH_m^0/（J/g）	ρ/（g/cm^3）
PEEK	143	343	174	290	130	1.32
PEK	158	373	—	332	130	1.32
PEKK	157~161	295~360	202、215、253[a]	265	130	1.31
PEKEKK	166	384	186	322	—	1.30
PEEKK	149	360	181	302	140	1.38

注：[a]冷结晶温度与对位（T）/间位（I）的二苯基比例有关，T/I=8∶2、7∶3、6∶4，冷结晶温度分别为253℃、215℃、202℃。

3. 电性能

聚芳醚酮是在各种环境和温度下良好的电绝缘体，介电常数和介电损耗系数低，甚至小于氟聚合物。PEEK 的介电常数为 3.2~3.3，在 1kHz 条件下介电损耗为 0.0016，击穿电压为 17kV/mm，耐电弧性为 175 V，具有优良的电绝缘性能，可以作为 C 级绝缘材料。

4. 化学性能

聚芳醚酮的耐化学性和耐水解性优异，可在 200℃蒸气中长期使用或者在 300℃高压蒸气中短期使用。耐汽油、喷气燃料、液压流体、制冷剂。然而，在含有卤素、强酸、强氧化环境、高温芳烃和胺的环境中，产生环境应力开裂或溶胀。聚芳醚酮对紫外线辐射的抵抗力有限，但对硬辐射（如伽马射线等）的抵抗性优异，PEEK 能承受 1100 Mrad 的辐照剂量而不损失其性能。

5. 加工性能

聚芳醚酮可以使用几乎所有常见的成型方法，包括注塑成型、挤出成膜、片材、纤维，粉末和分散涂层、吹塑、激光烧结、转换热塑性复合材料、焊接、金属化、粘接等。虽然水分不会导致化学降解，但影响制品表面，在加工前需干燥，150℃干燥 3h 或者 160℃干燥 2h，含水量降低至 0.1%以下。为了确保聚芳醚酮制品的结晶完善，注塑模具的模温应高于 T_g。对 PAEK 而言，非晶质制品的表面可能呈现棕色，这是材料本身颜色，而不是由热降解引起，可通过退火进行调整。退火在提高制品结晶度的同时，还可消除残余应力。

下面简要介绍 PEEK 的注塑和挤出成型工艺。

（1）注塑成型。PEEK 的熔点和熔体黏度比普通塑料高，成型时需要较高的温度，机筒温度在 350~400℃。注塑成型需要较大的注射压力。成型前需要在 150℃的条件下干燥，干燥时间为 3h。要获得高结晶度制品，需要较高的模具温度，一般模具温度为 180℃。后处理也能提高 PEEK 的结晶度，后处理条件一般为 200℃、1h 或者 300℃、2min。

通常生产 PEEK 制品的注塑机需满足如下条件：①机筒可升温至 400℃；②机筒内

不存在熔料死角。注塑成型工艺条件如表4-9所示。

表4-9　PEEK的注塑成型条件

项目	PEEK	PEEK+30%玻璃纤维	PEEK+30%碳纤维
机筒温度（底部）/℃	330~360	350~380	350~380
机筒温度（中部）/℃	350~380	370~400	370~400
机筒温度（前端）/℃	350~380	370~400	370~400
模具温度/℃	130~170	140~180	140~180
注射压力/MPa	100~140	140~180	140~180
螺杆背压/MPa	100~140	120~160	120~160
保压压力/MPa	50~70	60~80	60~80
注射速率	中、高速	中、高速	中、高速
螺杆转速/（r/min）	50	50	50
循环周期/s	30	30	30

（2）挤出成型。PEEK挤出成型制品有薄膜、单丝和管材等。对PEEK产品的挤出机有如下要求：①机筒上的加热器必须覆盖机筒全部表面，且加热温度能达到400℃；②PEEK的熔体黏度高，驱动马达的输出功率高；③熔体在机筒内的停滞时间尽量缩短，一般限制在5~10min内。

PEEK的挤出成型工艺条件如表4-10所示。

表4-10　PEEK的挤出成型工艺条件

挤出螺杆	直径30mm，长径比24，压缩比3
下料温度/℃	350
压料温度/℃	370
机头温度/℃	380
口模温度/℃	380

四、聚芳醚酮的改性

以最常用的聚芳醚酮材料——PEEK为例。PEEK可以通过纤维增强、无机颗粒填充、聚合物共混等改性处理，具有更高耐热等级、更优异的力学性能、更好的耐摩擦磨损性能、更多功能等，同时改善PEEK的加工性能，降低PEEK成本。

相比于纯PEEK，碳纤维和玻璃纤维等纤维增强PEEK具有更高的拉伸与弯曲强度，更好的抗蠕变、耐湿热、耐老化和抗冲击等性能，目前在聚芳醚酮中纤维的质量分数最高可达68%。钛酸钾、碳酸钙和碳化硅等晶须材料改性PEEK可提高PEEK的刚性、硬度及尺寸稳定性；二氧化硅、氮化铝和羟基磷灰石等无机颗粒填充PEEK，可改善PEEK的刚性和尺寸稳定性，同时还可提高PEEK的抗冲击性和耐摩擦性能。

PEEK与PEK共混材料的加工成型性能优异；PES共混改性PEEK得到的复合材

料，如日本住友的 SK1660，保持了 PEEK 良好力学性能的同时，又提高了 PEEK 的结晶性能和阻燃性能，T_g 最高可达 200℃；PTFE 改性 PEEK 得到的复合材料，如 Victrex™ PEEK 450FE20、RTP 2200 LF TFE 系列，保持 PEEK 的高强度、高硬度的同时，具有突出的摩擦学性能。

思考题

1. 常见的聚芳醚酮树脂有哪些？
2. 随着醚键和酮基的比例改变，树脂的特性有哪些改善？
3. 聚芳醚酮树脂的结晶性如何？
4. 常见的聚芳醚酮树脂的耐环境性如何？有何特点？
5. 请简述注射成型时，聚芳醚酮树脂加工所需要注意的事项。

第四节　含氟聚合物

含氟聚合物是指高分子聚合物中与 C—C 键相连接的氢原子全部或部分被氟原子所取代的一类聚合物，常具有其他聚合物不具有的优异性能，如优异的耐热性、耐化学腐蚀性、耐候性、耐溶剂性、低可燃性、高透光性、低摩擦性、低折射率、低表面能、低吸湿性和超强的耐氧化性，被广泛应用于航空航天、汽车工业、化学工业、电子信息、新能源、环境保护、电力工业、食品工业、建筑等领域。

含氟聚合物的结构复杂、种类繁多、用途广泛。目前使用的氟树脂品种主要有：聚四氟乙烯（PTFE）、聚三氟氯乙烯（PCTFE）、聚偏氟乙烯（PVDF）、聚氟乙烯（PVF）、四氟乙烯-六氟丙烯共聚物（FEP）、乙烯-三氟氯乙烯共聚物（ECTFE）、乙烯-四氟乙烯共聚物（ETFE）、四氟乙烯-全氟烷基乙烯基醚共聚物（PFA）、四氟乙烯-六氟乙烯-偏氟乙烯共聚物（THV）、四氟乙烯-六氟丙烯-三氟乙烯共聚物（TFB）、全氟磺酰氟树脂（PFSF）等。常见的含氟聚合物的热性能如表 4-11 所示。常见氟塑料的特点以及用途如表 4-12 所示。

表 4-11　　常见的含氟聚合物的热性能

高聚物	聚合单体	熔点/℃	分解温度/℃	使用温度/℃
PTFE	四氟乙烯	327	415	-195~260
PFA	四氟乙烯、全氟烷基乙烯基醚	310	—	-40~260
FEP	四氟乙烯、六氟丙烯	265~270	>400	-85~200
ETFE	乙烯、四氟乙烯	265~280	>300	-60~180
ECTFE	乙烯、三氟氯乙烯	240	—	-80~170
PCTFE	三氟氯乙烯	211~216	260	-195~120
PVF	氟乙烯	190~210	210~220	-70~110

续表

高聚物	聚合单体	熔点/℃	分解温度/℃	使用温度/℃
PVDF	偏氟乙烯	165~185	>310	-70~150
PFSF	含磺酰氟基的全氟乙烯基磺酰氟醚、四氟乙烯	130~250	>310	~200

表 4-12　常见氟塑料的特点以及用途

品种	特点	主要用途
PTFE	难成型加工，耐高低温、耐侵蚀、电绝缘、不黏性、自润滑性、抗老化	密封圈、密封垫片、轴承、生料带、管材、电线
FEP	耐热性略比 PTFE 差、能够熔融法成型加工	通信电缆、半导体、电线包覆、薄膜、内衬
PFA	与 PTFE 一样的特性，能够用熔融加工的方式成型复杂形状制品	半导体工业晶片承载器、连接件、管材、内衬、电线包覆
PVDF	良好气体阻隔性、特殊压电性、热电性	防腐材料、压电材料、钓鱼线等
PVF	力学性能好，耐磨性优异	建筑用薄膜、阀座体管子、导线
ETFE	良好的加工成型性、耐撕裂性等力学性能优异、耐放射性照射	工业用、原子反应堆用电线电缆、工业用涂料等
PCTFE	硬质、气体难以透过、低温下尺寸稳定性优异	高压用密封垫片、液化气输送罐用管件
PFSF	耐腐蚀、易离子化成—SO_3H	酸性衍生物是燃料电池和氯碱工业的核心部件——全氟磺酸离子交换膜的原材料

一、聚四氟乙烯

聚四氟乙烯（Polytetrafluoroethylene，PTFE），俗称“塑料王”，是一种使用氟取代PE 中所有氢原子的人工合成高分子材料。具有抗酸抗碱、抗各种有机溶剂的特点，几乎不溶于所有的溶剂。同时，具有耐高温和极低摩擦因数。一般称作“不黏涂层”或“易清洁物料”。

氟树脂之父罗伊·普朗克特 1936 年在美国杜邦公司开始研究氟利昂的代用品时偶然发现了大量的白色粉末，即 PTFE。早期用于原子弹、炮弹等的防熔密封垫圈，1948 年实现工业化生产。

1. 聚四氟乙烯的合成

由四氟乙烯经自由基聚合而生成。按照聚合方法的不同，分为悬浮 PTFE 和分散PTFE 两大类。悬浮 PTFE 树脂系白色粉末，主要用于模压、压延加工成型。分散 PTFE又分为粉末和浓缩分散液两种形态。其中，粉末分散在加入一定量的助剂如石油醚及填料经混合后，专供推压成型。浓缩分散液主要供浸渍多孔材料及表面涂层用。

工业合成 PTFE 是在搪瓷或不锈钢聚合釜中，以水为介质，过硫酸钾为引发剂，全氟羧酸铵盐为分散剂，氟碳化合物为稳定剂。将各种助剂加入反应釜中，四氟乙烯单体以气相进入聚合釜，调节釜内温度至 25℃，然后加入一定量的活化剂（偏重亚硫酸钠），通过氧化还原体系引发聚合。聚合过程中不断补加单体，保持聚合压力0.49~0.78MPa，聚合后所得到的分散液用水稀释至一定浓度，并调节温度到15~20℃，用机械搅拌凝聚后，经水洗、干燥，得到细粒状树脂。

2. 聚四氟乙烯的结构

（1）链结构。PTFE的分子式为$\left[CF_2—CF_2 \right]_n$，大分子线性结构，几乎没有支链，且大分子两侧全部为C—F键。分子中F原子对称，C—F元素共价相结合，分子中没有游离的电子，整个分子呈中性，使PTFE具有优良的介电性能。

虽然PTFE和PE都是直链形高分子，且链骨架都由碳原子组成，但氟原子和氢原子在碳原子周围所起的作用是不同的。氟原子的范德华半径为0.136nm，明显大于氢原子的范德华半径0.11~0.12nm，分子中CF_2单元按锯齿形状排列，相邻的CF_2单元不能完全按反式交叉取向，而是形成一个螺旋状的扭曲链，氟原子几乎覆盖了整个高分子链的表面。温度低于19℃时，形成13/6螺旋；在19℃发生相变，分子稍微解开，形成15/7螺旋。此外，由于氟原子的范德华半径较大引起氟原子之间的排斥力较大，使得PTFE大分子链的转动势垒比PE高，PTFE链的柔曲性比PE链小，带来PTFE高的熔点和高的熔融黏度。

分子中F原子把C—C键遮盖起来，而且C—F键键能高、特别稳定，除碱金属与元素氟外PTFE不被任何化学药品侵蚀。惰性的含氟外层使PTFE具有突出的不黏性能与低的摩擦因数。

PTFE的相对分子质量较大，低的数十万，高的达$1000×10^4$以上，一般为数百万，聚合度在10^4数量级。

（2）凝聚态结构。PTFE是一种高结晶度的聚合物，其螺旋状结晶的晶格距离变化在19℃、29℃、327℃有转折点，在这3个温度下材料体积发生突变。327℃是PTFE的熔点，此温度以上，结晶结构消失，转变为透明的无定形状态。但PTFE的熔体黏度在360℃仍高达$10^{10~11}$Pa·s，不能流动，PTFE难以采用常规的成型方法加工，一般采用烧结成型工艺。PTFE的结晶结构和热力学相如表4-13所示。

表4-13　　PTFE的结晶结构和热力学相

温度℃	相态	分子链构象	晶系	晶胞参数
<19	Ⅱ	13/6螺旋	三斜晶，假六方晶	$a=b=5.55$ $c=16.8$
$19<T<30$	Ⅳ	15/7螺旋	六方晶	$a=b=5.66$ $c=19.5$
$30<T<150$	Ⅰ	不规整15/7螺旋	—	—

与PE、PP等半晶高分子不同的是，PTFE在冷却结晶时并不形成球晶，主要以晶片形式存在，晶片上存在周期性出现的条纹，与堆叠的晶片有关。PTFE结晶时形成的晶块的典型尺寸大约100μm长、0.2~1μm宽，条带与条带间的距离大约是30nm，图4-7是PTFE结晶条带的结构示意图。条纹表示具有平行于条纹取向的聚合物链的晶体切片。相邻的切片被低结晶区或无定形区域隔开。

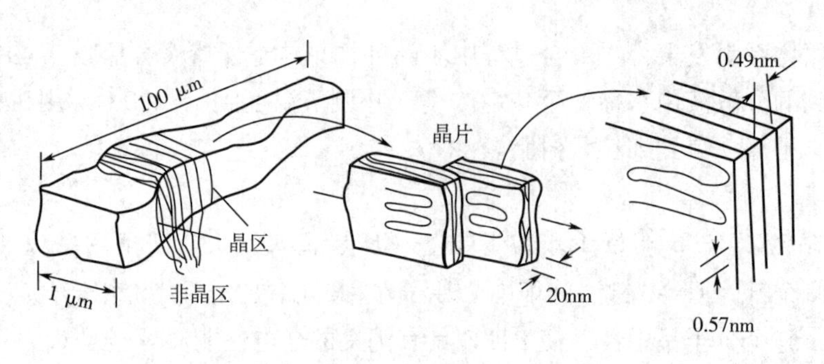

图 4-7 PTFE 结晶条带的结构

PTFE 的结晶度与相对分子质量的大小以及烧结后的冷却速度有关。相同的冷却速度下，相对分子质量越小，越容易结晶。在相对分子质量相同的情况下，缓慢的冷却速度有利于大分子的结晶，结晶度高。PTFE 在 310~315℃范围内有最大的结晶速度。

3. 聚四氟乙烯的性能

PTFE 树脂多为粉末状或分散液。密度为 2.1~2.3g/cm^3，几乎不吸水，平均吸水率小于 0.01%，无毒，但是在生产过程中使用的原料之一全氟辛酸铵（PFOA）被认为可能具有致癌作用。PTFE 的极限氧指数在 95%以上，具有不燃性。

（1）力学性能。PTFE 是典型的软而弱聚合物。由于 PTFE 的螺旋形结构，C—C 主链完全被氟原子所包围，形成了一个完整的圆柱体，这种棒状的构型使分子间的吸引力变得很微弱，再加上分子的形状是螺旋形的，PTFE 大分子间很容易滑动。PTFE 的刚性、硬度、强度都较小，受载时易发生蠕变，是典型的具有冷流性的塑料。PTFE 的蠕变随压缩应力、温度和结晶度的不同而异，温度越高则蠕变越大。PTFE 的结晶度在 55%~80%，蠕变量不超过 2%；当结晶度在 55%以下和 80%以上时，蠕变量迅速增大。

PTFE 的摩擦因数小，为 0.04，在现有塑料材料乃至所有工程材料中最小。PTFE 的摩擦因数随滑动速率的增大而增大，当线速度达到 0.5~1.0m/s 以上时趋于稳定，而且静摩擦因数小于动摩擦因数。用于轴承制造，可减小启动阻力。PTFE 的摩擦因数随载荷的增加而减小，当载荷达到 0.8MPa 以上时趋于恒定。在高速、高载荷下，PTFE 的摩擦因数低于 0.01。

PTFE 很难被普通液体所润湿，其临界表面张力为 0.0185N/m，与水的接触角为 108°。具有突出的不黏性，是一种极佳的防黏材料。但另一方面这种性能又使它极难与其他物质黏合，限制了应用。PTFE 的硬度低，易被其他材料磨损。

（2）热性能。PTFE 具有优良的耐高低温性能。PTFE 的熔融温度为 327℃，完全结晶熔融焓为 89J/g，分解温度为 415℃，可在-250~260℃范围内长期使用。高温裂解时，PTFE 主要解聚为四氟乙烯以及剧毒的副产物氟光气和全氟异丁烯等，所以要特别注意安全防护并防止 PTFE 接触明火。

PTFE 的热膨胀系数偏大，其线膨胀系数随着温度的变化而发生很不规律的变化，冷热收缩变化大，加工尺寸稳定性不理想。在-50~250℃，PTFE 的线膨胀系数达 $2.16\times10^{-5}\sim1.13\times10^{-4}℃^{-1}$，是钢铁的 13 倍，故与其他材料复合易发生变形、开裂。

PTFE 的导热性差，热导率仅为 0.28W/（m·K），易形成热膨胀、热疲惫和热变形。

（3）电性能。PTFE 大分子链中，氟原子对称均匀分布，因而分子不带极性，使其具有优良的介电性能，且不受电场频率的影响，可以在较宽的温度范围内保持不变。但由于氟原子的电负性很高，1~2eV 的电子就使其游离分解，抗电晕性能不好。

PTFE 的绝缘电阻很高，体积电阻率一般大于 $10^{15}\Omega \cdot m$，表面电阻率大于 $10^{16}\Omega$。即使长期浸于水中变化也不显著，随温度变化也不大。击穿场强很高，达 200kV/mm。对电弧作用极为稳定，通常耐电弧性大于 300s，这是因为在高压表面放电时，不会因碳化而引起短路，仅分解为气体。即使长期露天暴露，也不影响其绝缘性。PTFE 薄膜适用于作电容器介质、各种频率下使用的电绝缘件、电容器介质、导线绝缘、电器仪表绝缘等。

（4）化学性能。PTFE 具有极其优异的化学稳定性和耐腐蚀性，被称为“塑料之王”，是当今世界上耐腐蚀性能较佳的材料之一。除熔融碱金属、三氟化氯、五氟化氯和液氟外，能耐其他一切化学药品，在王水中煮沸也不起变化，也几乎不溶于绝大多数溶剂，只在 300℃以上稍溶于全烷烃。

PTFE 不吸潮，对氧、紫外线均稳定，具有优异的耐候性。长期暴露于大气中，表面及性能保持不变。PTFE 的耐辐射性能较差，高能辐射后降解，电性能和力学性能明显下降。

（5）加工性能。PTFE 的最大缺点是高温下的不流动性，在熔点以上时不会从高弹态转变到黏流态，即使升温到分解温度也不流动。不能采用一般热塑性材料的成型方法。粉状树脂常采用烧结方法成型。烧结温度为 360~375℃，不可超过 410℃。乳液树脂通常用冷挤出再烧结的工艺加工，可在物品表面形成防腐层。如需要求制品透明性、韧性好，应采取快速冷却。也可采取挤压成型挤出管、棒、型材。

PTFE 薄膜的生产工艺有压延法、车削法和拉伸法。拉伸法分为单向拉伸和双向拉伸。20 世纪 60 年代，杜邦公司首先采用单向拉伸方法制得 PTFE 微孔膜，但微孔的大小、空隙率和膜的强度不理想。1973 年，美国 Gore 公司利用双向拉伸技术成功地开发了 PTFE 微孔膜。目前 PTFE 微孔膜与其他织物复合，可制成烟尘固相防腐过滤袋或良好的防水透气、防风保暖的雨具运动服、防寒服、特种防护服和轻便帐篷，制药用空气压缩空气、各种溶剂的无菌过滤及电子工业中高纯气体的过滤。双向拉伸微孔膜的生产工艺流程如图 4-8 所示。

4. 聚四氟乙烯的改性

PTFE 具有“冷流性”，用作密封垫时，因为密封严密而把螺栓拧得很紧，以致超过特定的压缩应力时，垫圈产生蠕变而被压扁；PTFE 具有突出的不黏性，与其他物件的表面黏合极为困难；PTFE 的线膨胀系数为钢的 10~20 倍，且随着温度的变化而发生不规律的变化，导致尺寸稳定性不够。

PTFE 可以添加不同的填充剂改善耐磨性、冷流性、导热性及线膨胀系数等。常用的填充剂有玻璃纤维、石墨、碳纤维、二硫化钼、三氧化二铝、焦炭粉、氟化钙及各种金属粉。如填充玻璃纤维或石墨，可提高制品的耐磨、耐冷流性；填充二硫化钼可提高润滑性；填充金属粉可提高导热性；填充聚酰亚胺或聚苯脂可提高耐磨性；填充 PPS 后

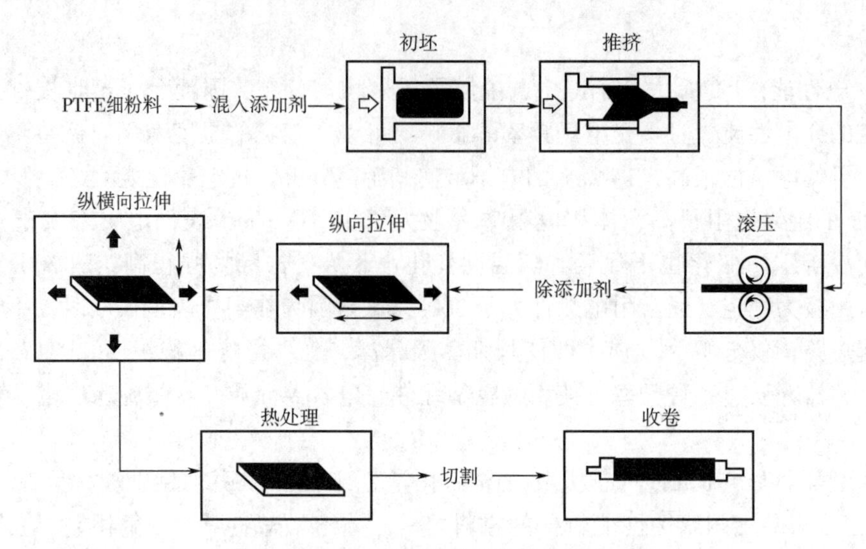

图 4-8　PTFE 双向拉伸微孔膜的制备工艺

可提高抗蠕变能力。

二、可熔性聚四氟乙烯（PFA）

PFA 是少量（1%~10%）全氟烷基乙烯基醚（PAVE）与四氟乙烯聚合反应所得的共聚物，可看作是 PTFE 的改性品种，又称 Tetrafluoroethylene-perfluorinated alkyl vinyl ether copolymer，Teflon-PFA。PFA 首先由杜邦公司于 1972 年开发成功，商品名为 Teflon PFA。目前世界上主要生产厂家有 3M（Dyneon PFA）、杜邦（Teflon PFA）、Daikin（Neoflon PFA）、Asahi Glass（Aflon PFA）、Solvay（Hyflon PFA）5 家公司。

与 PTFE 相比，PFA 的力学性能、电性能和耐化学腐蚀性能毫不逊色，但 PAVE 的引入带来熔体黏度下降、气体渗透下降、抗冷流和耐折性的改善，克服了 PTFE 难加工的缺点，可用一般热塑性塑料的成型加工工艺进行加工。常用于电线、电缆包覆、注塑接线柱、印刷线路板、电子电气零件；阀门、阀件、管道、泵、波纹管、膨胀接头、热交换器以及化工设备和容器衬里。PFA 薄膜用作太阳能装置、低温密封。

PFA 可以采用乳液聚合和悬浮聚合。前者多采用水溶性引发剂和全氟辛酸盐分散剂，所得聚合物是白色乳液状。后者则常采用氧化还原引发体系，如过硫酸铵、亚硫酸氢钠。

1. 可熔性聚四氟乙烯的结构

PFA 的结构式为：$\left[\!\left(CF_2-CF_2\right)_n \underset{\displaystyle OR}{\underset{|}{CF}}-CF_2\right]_m$。其中，R 通常为$-CF_3$、$-CF_2CF_2CF_3$、$-CF_2CF_3$。

PAVE 改善了高分子链的柔顺性，降低了 PFA 的结晶度，使 PFA 具有良好的热塑性。PFA 球晶由片晶构成，片晶由分子链折叠构成，有序部分由 CF_2-CF_2-链段构成，而含$-OCF_2CF_2CF_3$ 侧链的链节则构成片晶之间的连接链，即$-OCF_2CF_2CF_3$ 侧链未被包含在晶胞中。

2. 可熔性聚四氟乙烯的性能

PFA 的密度为 2.13~2.16g/cm^3，吸水率为 0.03%。熔点为 310℃，最高使用温度为 260℃，但在 285℃长期放置也看不到性能变化。

PFA 的介电常数在 60~10^{9}Hz 范围内无变化，也不受湿度影响，但与密度有直接关系；表面电阻率、体积电阻率都在 10^{8}以上，介电强度高，耐电弧性好。

PFA 几乎对所有的化学试剂和溶剂都呈惰性，与通常的酸、强碱、氧化还原剂、卤素等接触基本无变化。像其他含氟聚合物一样，会与熔融碱金属和元素氟反应。PFA 的化学稳定性与 PTFE 相同，阻燃性好。PFA 薄膜无色透明或半透明，透过红外光，对紫外光的吸收率低。PFA 基本上不受紫外光和室外气候的影响，可长期在室外使用。低辐射剂量（<30kGy）对 PFA 的影响小；在 30~100kGy 范围内与 PTFE 相似。大于 30kGy 时，PFA 变脆；在 150kGy 时，PFA 发生降解。

PFA 与一般热塑性树脂一样可用模压成型、挤出成型和注塑成型以及熔融纺丝等工艺进行加工，但熔体黏度比其他热塑性树脂高，加工温度高、加工速度慢。

三、聚全氟乙丙烯

FEP 是由四氟乙烯（TFE）与六氟丙烯（HFP）共聚得到的无规共聚物，简称 F46。一般来说 HFP 所占的质量百分比较小，早期的 FEP 产品中 HFP 的含量通常为 10%~15%。FEP 具有与 PTFE 相似的优异性能，克服了 PTFE 的易冷、难焊接、难熔融加工的缺点，具备 PTFE 无法媲美的良好的可热塑加工性。最早由杜邦公司于 1960 年开发。

FEP 主要用作耐热导线和电缆绝缘材料。利用其防腐性能，用作防腐衬里、管道，在纺织印染中作防黏涂层。利用其弹性记忆性能，生产热收缩管、热收缩薄膜等。FEP 无毒、不黏，可制成血液低温储存袋、医用制品和太阳能的透光材料等。

1. 聚全氟乙丙烯的合成

FEP 合成包括乳液聚合、悬浮聚合、溶液聚合和本体聚合，前 3 种方法已经成功应用于工业化生产。

（1）乳液聚合。乳液聚合的条件通常为：温度 100℃，压力 4.5MPa，采用水性分散剂体系，使用全氟表面活性剂和水溶性的无机过氧化物为引发剂。

（2）悬浮聚合。悬浮聚合可在常温、低压下生产。悬浮聚合条件一般为：温度 0~40℃，压力 0.8~1.2MPa。一般情况下，悬浮聚合体系中不加分散剂，而采用有机引发剂，如全氟氯酰过氧化物。悬浮聚合不经封端处理就可以获得粒径较大的颗粒。

（3）超临界聚合。超临界聚合是在超临界 CO_2 中溶解两种反应单体，属于溶液聚合。为了保证均相的反应体系，需要加入的引发剂为过氧化物，如有机全氟过氧化物。超临界聚合条件通常为：压力 10~15MPa，温度 30~40℃，CO_2 中固含量为 15%~40%。产品纯度高、不稳定端基少、对环境污染小、生产工艺相对简单，但聚合需要的压力高，对生产设备的要求偏高。

2. FEP 的结构

FEP 是完全氟化的结构，结构式为：$\mathrm{-\!\!\![(CF_2-CF_2)_x(\underset{\underset{CF_3}{|}}{CF}-CF_2)_y]\!\!\!-}$ 。与 PTFE 相似，分子链完全由碳原子和氟原子构成，具有与 PTFE 相似的螺旋状分子结构。与 PTFE 的差异皆因侧链上—CF_3 的存在，导致其螺旋构象周围有分支和侧基，使得 FEP 可以采用常规热塑性树脂的熔融加工方法成型加工。

3. 聚全氟乙丙烯的性能

FEP 的密度为 2.15g/cm^3，表面张力与树脂中 HFP 的含量有关。FEP 制品临界表面张力为 1.78mN/m，可作为脱模原料开发利用。对于 FEP 作为难黏材料，如果使其有一定的粘接性，就需要对 FEP 表面进行腐蚀处理，如液氨、金属钠溶液等。

（1）力学性能。FEP 的常温拉伸强度为 23MPa，断裂伸长率为 300%，弯曲弹性模量为 660MPa，肖氏硬度为 D55。弯曲寿命与相对分子质量有关，高相对分子质量的 FEP 可达 80000 次。FEP 的相对分子质量对耐应力开裂、弯曲寿命、拉伸强度和伸长率有明显影响，而对其他力学性能的影响较小。

FEP 树脂的拉伸强度、硬度及摩擦因数高于 PTFE 树脂。常温下 FEP 的耐蠕变性能较 PTFE 好；但当温度高于 100℃时，PTFE 的耐蠕变性能好。

（2）热性能。FEP 是结晶型高聚物。当 FEP 熔体采用淬火方式，较快速度冷却时，得到的产品结晶度比较小，一般在 40%~50%；当熔体以缓慢速率冷却，得到产品的结晶度通常在 50%~60%。FEP 熔点比 PTFE 低一些，通常为 265~270℃。

FEP 具有好的耐热性，连续使用的温度范围可在-85~200℃内，在-200℃和 260℃的恶劣环境下仍可以短时间使用。FEP 通常在高于 400℃时发生分解，分解产物为 TFE 和 HFP。FEP 是含氟高聚物，受热分解产生的气体有一定的毒性。

FEP 的热导率为 0.26W/（m·K），线膨胀系数为 $8.3\times10^{-5}\sim10.4\times10^{-5}$℃。

（3）化学性能。FEP 的耐化学稳定性优异，浸入 70℃的酸、碱溶液中几乎不发生改变；即使在高温、高压条件下，FEP 在苯、酮、乙醇等溶剂中的溶解量极小。相比而言，在含氯的溶剂中较易溶解。当熔融态的碱金属钾、钠、锂、氟等与 FEP 树脂发生接触时，会侵蚀 FEP 制品；FEP 为粉末状态时，若和金属铝、镁粉末发生混合会引发剧烈的燃烧反应。

FEP 具有优异的耐候性、耐紫外线性能，可长期暴露于室外环境中，被广泛应用于雷达和微波通信设备，可作为耐辐照的材料。FEP 具有比 PTFE 更低的气体和液体渗透性。

（4）电性能。FEP 的介电系数很低，约为 2.1。虽然介质损耗角正切随着频率的变化略有起伏，但受温度的影响较小，通常情况下，FEP 的体积电阻率高于 $10^{15}\Omega\cdot m$，而且不受水、潮气、温度的影响。FEP 的耐电弧性优异，最高的表面耐电弧值达到 300s，即使受到很高的弧电作用表面也不会碳化。

（5）加工性能。FEP 的熔点为 270℃左右，加工温度需要 350℃以上。较高的熔点和加工温度对设备有一定要求。同时，熔融状态的 FEP 树脂对金属有一定的腐蚀作用，所以设备中与树脂直接接触部分需要采用耐高温、耐腐蚀的合金钢材料。FEP 的熔体黏度随剪切速率的变化而变化，熔体黏度通常高达 $10^{3\sim4}$ Pa · s。临界剪切速率为 20～250s^{-1}，易发生熔体破碎。FEP 的加工温度区间窄，高温成型中易分解释放出高毒性的挥发性气体。FEP 可用挤塑、注塑、模塑等一般方法加工成型。FEP 是结晶聚合物，冷却方式不同使结晶程度有所差异，应根据制品需求采用合适的冷却工序。

四、聚三氟氯乙烯

聚三氟氯乙烯（PCTFE）是三氟氯乙烯（CTFE）的聚合物，是一种热塑性树脂，是最早研究开发并生产的热塑性氟塑料，简称 F3，最早于 1946 年实现工业化生产。

PCTFE 主要用于耐低温、耐腐蚀、耐磨场合，以及要求表面硬度高的场所、医疗卫生和低频绝缘等领域。尤其用于低温场所，如液氮、液氧的储运密封件，球形容器的组件，核能锅炉、核潜艇的关键密封件，空军的液氧救生面罩上的开关和密封件等，火箭液体燃料的密封垫料，紫外线杀菌的医疗器械等。PCTFE 的薄膜双面均有可剥离性，可用于环氧、酚醛树脂的脱膜材料。

1. 聚三氟氯乙烯的合成

三氟氯乙烯单体在常温常压下是无色、无臭的气体，液态时无色透明，密度为 1.37g/cm^3，沸点为-27.9℃。工业生产三氟氯乙烯的工艺路线均采用氟利昂-113（三氟三氯乙烷）为原料，用悬浮在醇溶液中的锌粉使之脱氯来制备。

由于三氟氯乙烯分子结构的不对称性，聚合活化能比四氟乙烯小，易于聚合。高相对分子质量的聚三氟氯乙烯树脂可以通过对单体三氟氯乙烯的本体、溶液、悬浮、乳化体系进行自由及引发聚合来制备，也可用紫外线或 γ 射线辐射聚合而制备。工业上主要采用乳液或悬浮聚合。

悬浮聚合是制备高相对分子质量 PCTFE 最方便的方法。聚合温度一般在 21～52℃，反应压力控制在 0.34～1.03MPa，水为介质。在带搅拌器和加热、冷却夹套的不锈钢反应器中进行。聚合器用高纯氮气置换除氧。聚合物经过滤、洗涤、干燥得粉状聚合物。

2. 聚三氟氯乙烯的结构

PCTFE 的分子式为：$\text{+}CF_2\text{—}CFCl\text{+}_n$，可以看作是 PTFE 分子链中有一个氟原子被氯原子取代的产物。分子结构中的氟原子使聚合物具有化学惰性、一定的耐温性、不吸湿性和不透气性。由于氯原子较氟原子大，使分子链的紧密堆砌程度有所减小，分子链刚性减小，PCTFE 的熔点和耐热性较 PTFE 有所降低，结晶程度也有所减小。氯原子的引入使分子键产生一定极性，电性能较 PTFE 下降，但极性的产生又使分子链间增加了吸引力。PCTFE 的相对分子质量一般为 $10\times10^4\sim20\times10^4$。

PCTFE 的结构兼具全同立构型和间同立构型，总体来看呈无规立构型，因而制品透明度好。

3. 聚三氟氯乙烯的性能

（1）力学性能。PCTFE 的拉伸强度、弯曲强度、弹性模量和硬度均较高，而且随结晶度的增加而增大。

（2）热性能。PCTFE 是高结晶型聚合物，结晶度可达 85%～90%，195℃时结晶速度最大，温度降低时结晶速度迅速降低，低于150℃时结晶速度变得很小。PCTFE的熔融温度为212~217℃，结晶度越大，熔融温度越高，超过此温度出现高弹态，继续加热才变为黏流态。T_g 因结晶度而异，一般在45~90℃。

PCTFE有突出的耐低温性能，可在-195~120℃长期使用，在液氮、液氧和液化天然气中不发生脆裂，且基本保持其力学性能。耐高温性能不如PTFE，长期处于260~280℃会因热分解而引起相对分子质量降低。

（3）电性能。PCTFE分子中既有体积大而电负性相对小的氯原子，又有体积小而电负性相对大的氟原子，且排列不对称，因而分子具有极性，其介电损耗和介电常数都不如PTFE，介电损耗受温度和频率的影响大。PCTFE的体积电阻率和介电强度高。PCTFE几乎不透湿，透气性也很低，吸水性极小，即使在水中也能保持良好的绝缘性能。

（4）化学性能。PCTFE的耐化学药品腐蚀性逊于PTFE，但优于其他塑料，仍为耐化学药品、耐腐蚀的优良材料。大于140℃时，对发烟硫酸、熔化苛性碱、氯磺酸、F2都不稳定，对 CCl_4、环己烷、环己酮及芳香族溶剂等有机溶剂不稳定，高温高压下可被溶解。

（5）加工性能。PCTFE的热导率低、向黏流态转变的温度高，且接近其分解温度，而且即使在熔融状态，其黏度仍然很大（230℃时，达 5×10^5 ~ 5×10^6 Pa·s），熔体流动性小，因而成型温度很窄，而且需要高温、高压。但仍可以采用传统的热塑性塑料成型设备进行模塑、挤出、注塑，也可以进行分散液加工和二次加工。

挤出成型的挤出机螺杆长径比为16∶1或20∶1，螺杆转速为10~20r/min，螺杆压缩比为1.5∶1~3∶1。口模的长度与制件壁厚度之比需大于30，以产生适当的背压。PCTFE薄膜可以用粒料经熔融挤出，经T形口模挤成薄膜或薄片，再经牵引、冷却而成。

注塑成型可采用普通结构注塑机，但机筒、柱塞、喷嘴等必须选用耐腐蚀的镍基合金钢，口模应镀硬铬。浇口、流道应尽可能短而粗。注射压力为1500~2500MPa。机筒温度约260℃，模温130℃，喷嘴温度280~290℃。当模温冷却到70℃以下即可取出制品。为了消除内应力，制品应在120℃退火处理，以提高尺寸稳定性。

将PCTFE细粉均匀分散于溶剂中即成分散液，然后喷涂或涂覆在经处理的金属、塑料或其他材质上，经加热、干燥、烧结即得制品。

五、四氟乙烯和乙烯共聚物

ETFE（Ethylene-tetrafluoroethylene）是四氟乙烯和乙烯的交替共聚物，是继四氟乙烯/六氟丙烯共聚物（FEP）后开发的第二个含四氟乙烯（TFE）的可熔融加工的聚合物，简称F40。杜邦公司于20世纪70年代初开发了商品名为Tefzel的ETFE。目前，全球共有3家大型生产ETFE的企业，分别是日本的旭硝子和大金公司以及杜邦公司。

ETFE用作电线、电缆绝缘层、计算机等电器产品的配线、线圈架、插座、套管，在化工和医药中作耐腐蚀设备、输液管道、密封材料、泵、阀管件衬里、精馏塔填料环以及化学品和药液的容器。

1. 四氟乙烯和乙烯共聚物的合成

乙烯和四氟乙烯可在多种条件下进行共聚合反应。乳液聚合主要采用无机氧化还原体系，加入含氟表面活性剂，通过添加链转移剂来控制 ETFE 的相对分子质量。悬浮聚合一般使用惰性氟碳化合物作为溶剂，以有机过氧化物为引发剂，也可用偶氮类引发剂或离子辐照引发，并通过添加链转移剂来控制 ETFE 的相对分子质量。

2. 四氟乙烯和乙烯共聚物的结构

ETFE 的结构式为：$\text{+}CH_2\text{—}CH_2\text{+}_m\text{+}CF_2\text{—}CF_2\text{+}_n$，ETFE 以形成交替结构为主，随着组成的变化，交替程度也会变化，TFE/E 摩尔比为 1∶1 的共聚物中，交替度约为 90%，高度交替的共聚物结构使 ETFE 的分子刚性和结晶度较高，熔点和软化温度比 PVDF 高。

ETFE 是结晶型聚合物，结晶度为 50%~60%。由于 ETFE 分子链的碳骨架在平面上呈“之”字形排列，结晶时相邻的分子链间互有渗透形成正交晶型，使得 ETFE 在力学性能和尺寸稳定性方面相较于其他氟聚合物更突出。

3. 四氟乙烯和乙烯共聚物的性能

ETFE 在常温下为白色固体，制成薄膜后呈淡蓝色，透光率高于普通玻璃，高达 90%以上，密度为 1.70~1.78g/cm^3，是氟塑料中较轻的。

（1）力学性能。ETFE 的刚性和硬度高，拉伸强度和耐蠕变性较好，低温冲击强度是氟塑料中最好的，从室温至-80℃都能保持高的冲击强度。室温下，ETFE 的拉伸强度可超过 45MPa，第一屈服强度约 15MPa，第二屈服强度约 22MPa，断裂伸长率大于 300%，达到第一屈服应变仅为 2%。由于聚集态中非晶区的存在，ETFE 的冲击强度可达 90J/m 以上。ETFE 的抗冲性能、硬度、耐冷流和抗蠕变比 PTFE 和 FEP 好，制件尺寸稳定性可与聚酰胺或聚甲醛相媲美。

（2）热性能。ETFE 的熔点为 270℃左右，且随聚合温度、共聚物组成而变，长期使用温度为 150℃，经辐射交联后使用温度可高于 150℃，热分解温度为 300℃以上。

ETFE 在加工过程中时间稍长则容易变色、起泡和龟裂；在高温下共聚物的力学性能劣化，在较小应力下就会使聚合物膜发生开裂。

（3）电性能。ETFE 的介电常数不随频率而变，但介电损耗角随频率的增高而加大，仍是一种良好的绝缘材料。

（4）化学性能。ETFE 的耐化学性好，200℃以下能耐酸、碱、氧化剂、还原剂，耐辐射性优，即使高温下经 γ 射线辐照，力学性能和热学性能也不降低，耐沸水性和耐候性好，吸音性和阻透性良好，吸水率小于 0.003%。

（5）加工性能。由于分子链中乙烯单体的存在，使 ETFE 的熔点低于分解温度，具有良好的可加工性能。可采用普通的热塑性塑料加工方法进行加工生产，一般采用挤出、注塑方法加工成薄膜、管材、片材、棒材等制品，也可采用粉末涂装的方法生产涂层制品。

ETFE 熔体属于非牛顿流体，可通过提高剪切改变 ETFE 的熔体黏度。ETFE 熔融时，树脂中部分相对分子质量低的链段会受热分解产生 HSF 气体，对设备造成腐蚀。因此，加工 ETFE 时设备关键部位常采用不锈钢等耐蚀、耐热的材质制成的部件。当加工温度超过400℃时，ETFE快速分解产生大量有毒气体。ETFE的加工场所应加强换气措施。ETFE熔体的临界剪切速率较低。为了得到表面光洁、无应力开裂的制品，注射速率应控制在较低范围，一般不超过2mm/s。ETFE是结晶型塑料，注塑制品的尺寸精度受成型收缩率的影响较大。纯ETFE的成型收缩率为：流动方向1.5%~2%，垂直流动方向3.5%~4.5%。

六、聚偏氟乙烯

聚偏氟乙烯（Polyvinylidene fluoride，PVDF）主要是指偏氟乙烯均聚物或者偏氟乙烯与其他少量含氟乙烯基单体的共聚物。PVDF具有良好的耐化学腐蚀性、耐氧化性、耐候性、耐射线辐射，还具有压电性、介电性、热电性等特殊性能，是目前含氟塑料中产量名列第二的产品，主要作为密封、垫圈、内衬材料、压电薄膜、太阳能背板膜、锂电池隔膜等高端功能性薄膜。

PVDF于1944年由杜邦公司研制成功，1961年Pennwalt公司（现归属于ARKEMA公司）首先实现商品化。目前全球主要有法国阿科玛的Kynar、美国苏威的Solef、日本吴羽的Kureha、美国3M的Dyneon，国内主要有上海三爱富、山东东岳神州、浙江巨化等。

1. 聚偏氟乙烯的合成

通常由偏氟乙烯通过悬浮聚合或乳液聚合而成。悬浮聚合和乳液聚合的比较如表4-14所示。

表4-14　PVDF悬浮聚合和乳液聚合的比较

项目	乳液聚合	悬浮聚合
介质	高纯水	脱氧去离子高纯水
引发剂	有机过氧化物/过硫酸盐	有机过氧化物
链转移剂	有机化合物（酯、乙醇等）	有机化合物
分散稳定剂	全氟辛酸钠盐或铵盐	纤维素类悬浮剂
生成物	乳液状胶乳，粒径0.2~1.5μm	砂状粒子，粒径50μm
后处理	造粒后，由超纯水对流洗净，喷雾干燥，粒径大于5μm	处理工艺复杂，洗净后空气干燥
溶于二甲基甲酰胺后	无色	较深的紫红色

2. 聚偏氟乙烯的结构

PVDF是一种典型的半晶聚合物，分子链间排列紧密，又有较强的氢键，分子中含氟量为59%。具有高度规则的结构，大多数VDF单元都是头尾相连。

PVDF迄今报道有α、β、γ、δ及ε5种晶型。在熔融加工条件下主要形成前3种晶型，其中α晶型最常见。α晶型为单斜晶系，分子链构型为TGTG′。β晶的形成一般在高压、拉伸、退火或固相挤出的条件下形成。β晶型为正交晶系，分子链构型为TTTT，晶胞中有极性的锯齿链。γ晶一般在高温下熔融形成，热处理温度一般在160~165℃。γ晶型与β晶型近似，分子链构型为TTTGTTTG′。在一定条件（热、电场、机械及辐射能的作用）下这几种晶型可以相互转化。在这5种晶型中，β晶型最为重要，作为压电及热电应用的主要是 β 晶型。PVDF 的相对分子质量为 $15\times10^4\sim120\times10^4$。

3. 聚偏氟乙烯的性能

PVDF 是白色粉末状结晶型聚合物。密度为 1.75~1.78g/cm³。当暴露在火焰中时，PVDF 是不可燃的，具有自熄性，氧指数为 44%。

（1）力学性能。PVDF 的力学性能高，具有优良的耐磨性、柔韧性、高的拉伸强度和耐冲击性。

（2）热性能。PVDF 的 T_g 为-39℃，脆化温度为-62℃，熔点为 170℃，完全结晶熔融焓为 90.4J/g，热分解温度为 316℃以上，热变形温度为 112~145℃，长期使用温度为-40~150℃，结晶度为 60%~80%。

（3）化学性能。PVDF 具有良好的化学稳定性，在室温下不被酸、碱、强氧化剂和卤素所腐蚀，发烟硫酸、强碱、酮、醚等少数化学药品能使其溶胀或部分溶解，二甲基乙酰胺和二甲基亚砜等强极性有机溶剂能使其溶解成胶体状溶液。

PVDF 具有优良的耐紫外线和高能辐射性，抗 γ 辐射能力强。PVDF 对大多数气体与液体的渗透力低。PVDF 有防霉菌性能。

（4）电性能。PVDF 的介电常数（60~10^6Hz）高达 610~810，体积电阻率稍低，是目前已发现的压电性最强的聚合物，同时 PVDF 保持了极佳的绝缘性。

（5）加工性能。PVDF 的热稳定性良好，可采用通用热塑性塑料的加工方法进行加工。加工 PVDF 时无须添加润滑剂和稳定剂等助剂。与全氟树脂不同，加工设备材质不必是不锈钢。PVDF 树脂不吸湿，加工前不必干燥处理。

PVDF 是高结晶聚合物，收缩率较大，约 3%。PVDF 产品可以进行锯、刨、钻、磨和车削等机械加工，还可以进行熔接和表面金属化等处理。

模塑成型：预热 PVDF 树脂粉料至 180~190℃，模具保温于 160~170℃，14MPa 压力下保压 5min 后急速水冷；或在此压力下缓冷到 90℃出模。

挤出成型：机筒温度 205~260℃，口模温度 220~275℃。

注塑成型：注塑压力 80~110MPa，机筒温度 220~290℃，喷嘴温度 180~260℃，模温 60~90℃，成型周期 10~60s。

浇铸：以二甲基乙酰胺作溶剂，配成含固体量为 20%的溶液浇在铝箔上，经过200~300℃的热熔，快速水冷却，即可制得浇铸 PVDF 膜。

PVDF 还可采用浸渍、共挤出、复合等加工工艺。

七、聚氟乙烯

聚氟乙烯树脂（Polyvinyl Fluoride，PVF）是一类由乙烯分子中一个氢原子被氟原子取代后的衍生物合成的聚合物，是具有较高结晶度的热塑性树脂。PVF 的氟含量为 41.3%，是含氟热塑性树脂中氟含量最低的一种，但依然具有良好的耐腐蚀性能、耐候性、化学稳定性、低表面能等，目前主要用于制备薄膜和涂料，用于建筑、装饰、电子电路、太阳能等领域。

1938 年，PVF 最早由美国杜邦公司以 Tedlar® 注册商标，1960 年实现商业化生产。

1. 聚氟乙烯的合成

美国杜邦公司用氟乙烯（vinyl fluoride，VF，牌号为 HFC-152a）生产 PVF。VF 的沸点低、临界温度高，使得 VF 的聚合得在高压条件下进行，与乙烯的聚合类似。最早报道的 VF 的聚合是在 67℃、600MPa、饱和甲苯溶液中、聚合 16h 生成密度为 1. 39g/cm^3 的 PVF，此产物可以溶于热的氯苯、二甲苯甲酰胺等极性溶剂。

目前 PVF 主要由改良过后的悬浮聚合以及乳液法两种方法聚合而成。改良悬浮聚合法中，整个聚合反应过程选择不锈钢材质的圆筒形状的反应器进行，引发剂为过氧化苯甲酰，反应器中放入 0. 1 份的引发剂和 25 份去离子水，之后压入氟乙烯单体使压力达到 5MPa，80℃下加热搅拌，再继续压入单体使压力达到 80~100MPa，保压 3. 5h，连续反应获得 PVF 产物。

用 VF 进行乳液聚合时，聚合温度（40~50℃）、在 2~5MPa 的压力下完成反应，比悬浮聚合低。

2. 聚氟乙烯的结构

氟乙烯（VF）含有 1 个氟原子和 3 个氢原子，分子不对称，因此 PVF 分子也是不对称的，并且聚合过程中单体的连接方式有头头结构、头尾结构、尾尾结构，其中大部分是头尾结构。

从 PVF 的结构可知，其较 PE 少一个 H 原子，取而代之的是 F 原子，F 原子的电负性大，易与分子中的 H 原子形成偶极子，偶极子间的相互作用使得长链的内聚力增强，降低了 C—H 与 C—F 间的键能，提高了 PVF 的物理力学性能，但使得 PVF 的熔点升高，达到 190~210℃；分解温度下降到 210~220℃，两者较为靠近，加工热稳定性差。

PVF 是链状结晶高分子，结晶度一般在 20%~60%，且 PVF 分子链中 F 原子与 H 原子的空间排列位阻不大，故而 PVF 分子上的 C 原子采取和 PE 分子链一样的平面锯齿形状。PVF 晶体属六方晶系，晶胞大小为 $a=b=0.493$nm，$c=0.253$nm。

PVF 的相对分子质量一般为 $6\times10^4\sim8\times10^4$。

3. 聚氟乙烯的性能

PVF 是无臭无毒白色粉末状部分结晶型聚合物，密度为 1. 38g/cm^3。燃烧时慢燃到自熄。PVF 具有高透明度，透过可见光和紫外线、强烈吸收红外线，折射率为 1. 467，是一种高介电常数（8. 5）、高介电损耗（0. 016）的材料。

（1）力学性能。在氟聚合物中，PVF 具有最高的拉伸强度，120℃时为 28MPa，室温时高达 80~100MPa。PVF 薄膜的耐折性特别好，室温下可耐折 7×10^4 次。PVF 的临界表面张力为 0. 028N/m，摩擦因数为 0. 3。

（2）热性能。PVF 的 T_g 为 45~50℃，熔融温度约为 210℃，长期使用温度范围在 -70~110℃。PVF 的耐热性不好，在 210~220℃就开始分解，分解产物为氟化氢。PVF 在熔融温度下持续 15~20min 即开始分解，而且热稳定时间逐渐降低。PVF 的线性膨胀系数为 $4.6\times10^{-5}\cdot℃^{-1}$。

（3）化学性能。PVF 具有良好的耐候性和较好的耐辐射性。正常室外气候条件下使用期可达 25 年以上。将 PVF 薄膜放置在光线充足的地方暴晒 10 年后，拉伸强度仍可以保留初始强度的 50%，外观也不会白浊化。力学性能不受电子线 10^6Gy 辐射的影响。由于其分子链中存在C—H、C—C、C—F 3种化学键，当粒子束通过时，分子链易于吸收能量，使键能最低的C—H断裂，形成碳自由基，然后不同分子链上的自由基结合，即完成所谓的“光致交联”，使得光致降解（主链C—C键断裂）造成的破坏受到一定的补偿。

PVF薄膜的耐化学性卓越。耐酸碱，耐溶剂，甚至在沸腾的苯、四氯化碳、丙酮中蒸煮2h都能保持性能，薄膜强度也不会在蒸煮的强酸和强碱中丧失。

PVF薄膜在所有氟聚合物中的气体透过率最低。PVF薄膜的水蒸气透过率低，油脂和油等液体不能通过，多数有机物的蒸气以及空气的渗透率也很低。PVF薄膜在水蒸气的环境下长达1500h强度都不会受到影响，耐水解性能卓越，冲击强度以及断裂伸长率只是稍微下降。

（4）加工性能。PVF的熔融温度约为210℃，而分解温度也只有220℃左右，两者之间颇为接近。在熔融温度下持续15~20min即开始热分解，在235℃下持续5min就急剧分解。与其他氟聚合物一样，熔融黏度较大。在相对分子质量不大于1.5×10^5~2.0×10^5的情况下，MFR也只有0.8~1.7g/10min；而在相对分子质量为2.5×10^5以上时，完全呈不流动状态，加之在黏流状态下的温度区间一般情况下仅为10~20℃，使熔融加工极其困难。若直接熔融挤出将带来树脂的分解。加入潜溶剂可降低PVF树脂的熔融温度和提高熔融流动性。所谓潜溶剂，是在室温下并不对PVF有任何溶解能力，但在100℃以上的高温下能对PVF有活性，可部分溶解。所用的潜溶剂有二甲基乙酰胺、二甲基甲酰胺、邻苯二甲酸二甲酯、碳酸丙烯酯、硝酸乙烯酯、γ-丁内酯、异佛尔酮等。潜溶剂含量为40%~50%的PVF体系，熔融温度和转矩明显降低，可以在典型的设备中进行挤压加工。PVF加工时必须加入热稳定剂，如尿素（0.1%~5%）、蜜胺（0.1%~5%）、0.01%~1%的甲酸钾、甲酸钠、甲酸锂等。为提高PVF的热稳定性，常以1%~3%聚乙烯吡啶与PVF共混。

八、全氟磺酰氟树脂

全氟磺酰氟树脂（全氟磺酸离子交换树脂前驱聚合物，perfluorosulfonic acid ion exchange resin precursor，或perfluorosulfonyl fluoride resin，PFSF）是含氟功能高分子，其酸性衍生物是燃料电池和氯碱工业的核心部件——全氟磺酸离子交换膜的原材料。最早由杜邦公司于1962年工业化，商业产品有Flemion®、Dow®、Nafion®等离子交换膜。

PFSF是由带有磺酰氟功能基团的全氟乙烯基醚单体与四氟乙烯共聚而成。常用的、商业化的全氟乙烯基醚单体有数种，其结构如图4-9所示。

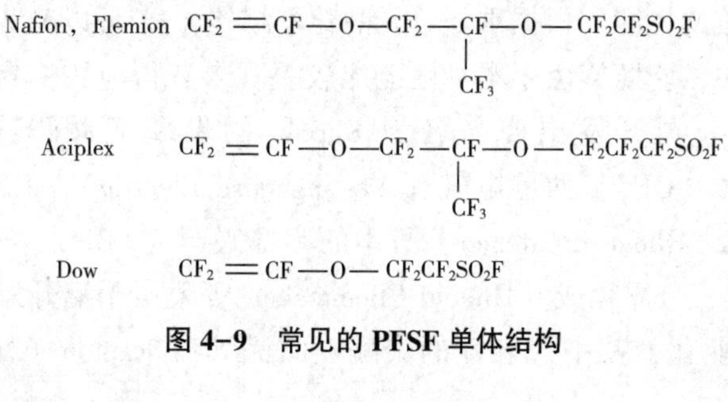

Nafion，Flemion　$CF_2=CF-O-CF_2-CF(CF_3)-O-CF_2CF_2SO_2F$

Aciplex　$CF_2=CF-O-CF_2-CF(CF_3)-O-CF_2CF_2CF_2SO_2F$

Dow　$CF_2=CF-O-CF_2CF_2SO_2F$

图4-9　常见的PFSF单体结构

PFSF 的结晶度很低，一般在 3.8%~10%，并随全氟乙烯基醚含量的增大而降低。当全氟乙烯基醚单体含量大于 16.2%时，结晶完全消失。PFSF 没有明确的熔点，仅有熔程，范围为 130~250℃。PFSF 因为 SO_2F 基团的存在，热稳定性较其他全氟聚合物有所下降。对含 PSVE 13.7%的 PFSF 树脂，其起始失重温度为 391℃。黏度和加工温度低于 PTFE。

—SO_3F 基团本身不具有离子交换功能，它可以和氢氧化钠等水溶液反应转变成—SO_3Na基团，后在一定浓度的酸中浸泡离子交换转换为—SO_3H，从而具有质子交换功能。转化后的 PFSF 是一种离聚物，树脂中形成有序的 3 相微观结构，氟碳主链形成憎水的主体，磺酸基团成为亲水的离子簇，介于这两相之间是界面区。含水的离子簇分散在树脂基体中，离子簇之间以通道相连，离子和水分子可以通过离子簇之间的通道进行传递。但—SO_3H 和—SO_3Na 形态的 PFSF 不能适应熔融加工的要求，只有带有末端基团为—SO_3F 的 PFSF 才适合熔融加工。

思考题

1. 为什么 PTFE 被称为“塑料王”？
2. 请解释 PTFE 具有不黏性以及难加工的结构原因。
3. 简述 PTFE 的冷流现象，如何改善？
4. 比较 PTFE、PFA、FEP、ETFE 结构与性能的差异。
5. 比较 PTFE、PVDF、PVF、PCTFE 结构与性能的差异。

第五节　聚酰亚胺

聚酰亚胺（Polyimide，PI）是指主链上含有酰亚胺环（—CO—N—CO—）的一类聚合物，其中以含有酞酰亚胺结构的聚合物最为重要。PI 具有优良的高低温性能，-269~280℃长期使用不变形、热分解温度最高可达 600℃，是迄今为止聚合物中热稳定性较高的品种之一，已被广泛应用于航空、航天、空间、汽车、微电子、纳米、液晶、分离膜、激光、电器、医疗器械、食品加工等许多高新技术领域，特别是柔性显示以及 5G 领域，被称为“解决问题的能手”和“黄金塑料”。

聚酰亚胺通常由二元酸酐与二元胺缩聚制得，改变二元酸酐和/或二元胺的化学结构可以改变聚酰亚胺的性能。根据重复单元的化学结构，PI 可以分为脂肪族、半芳香族和芳香族 3 种。其中，脂肪族由于本身性能比较差，未获得应用。自 20 世纪 60 年代美国杜邦（DuPont）公司开发出商品名为 Kapton 的聚酰亚胺以来，美国的阿莫科（Amoco）、通用电气（GE）、西屋电气（Westinghouse Electric）和孟山都（Monsanto），法国的罗纳-普朗克（Rhone-Poulenc），日本的宇部兴产（UBE）、三井东亚化学（MitsuiToatsu Chemicals）、日立化成（Hitachi Chemicals）等公司相继开发出了多种聚酰亚胺并成功地实现了商业化，其中代表性的聚酰亚胺品牌有 Kapton（杜邦）、Kerimid（罗纳-普朗克)、Ulterm（通用电气)、Upilex 系列（宇部兴产）等。

目前的商业化产品中大致分为 4 大类：均苯型（Kapton)、联苯型（Upilex)、聚醚酰亚胺型（Ultem）和热塑型（三井东亚)，其典型代表产品见表 4-15。

表 4-15　　典型的 PI 产品及其结构式

厂家	商品名以及产业化时间	结构式
杜邦	Kapton，1961	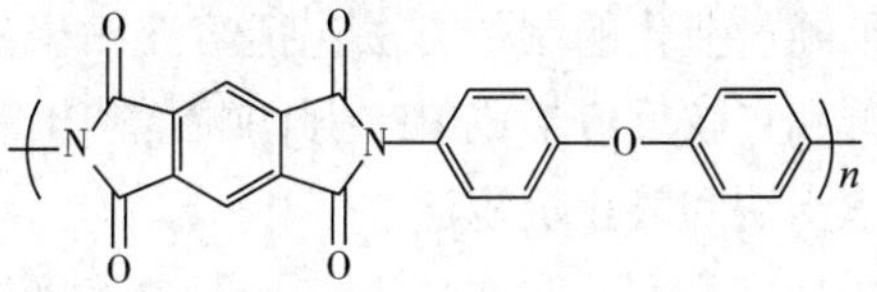
罗纳-普朗克	Kerimid 601，1969	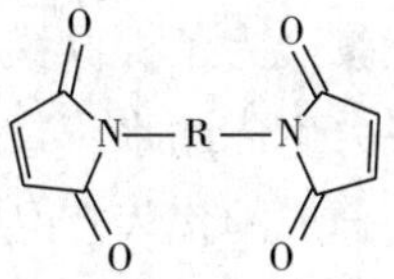
通用电气	Torlon，1976	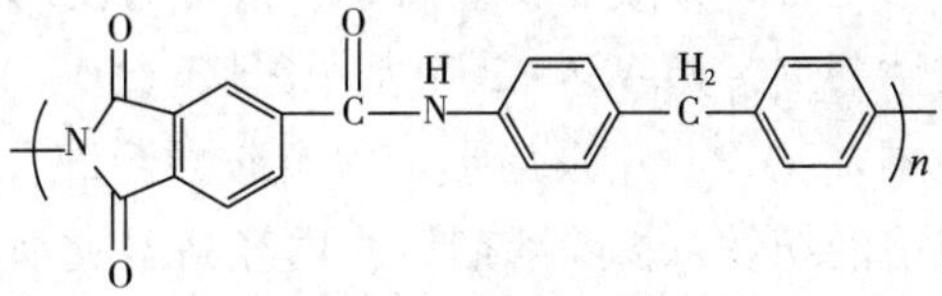
沙伯基础塑料	Ultem，1976	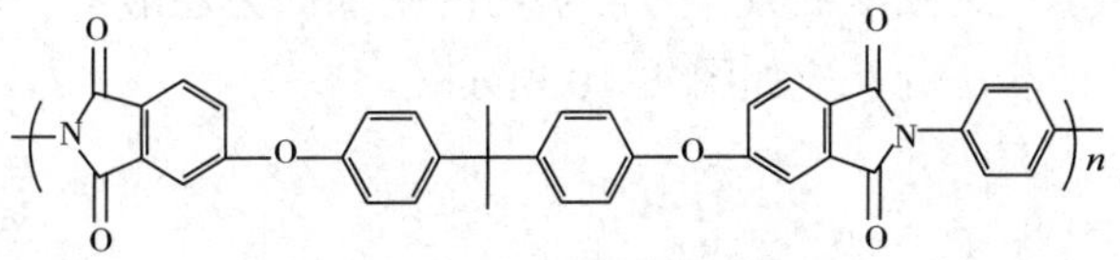
宇部兴产	Upilex，1978	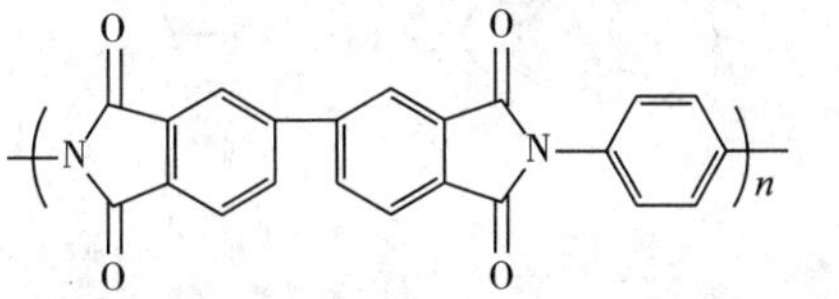 Upilex-R 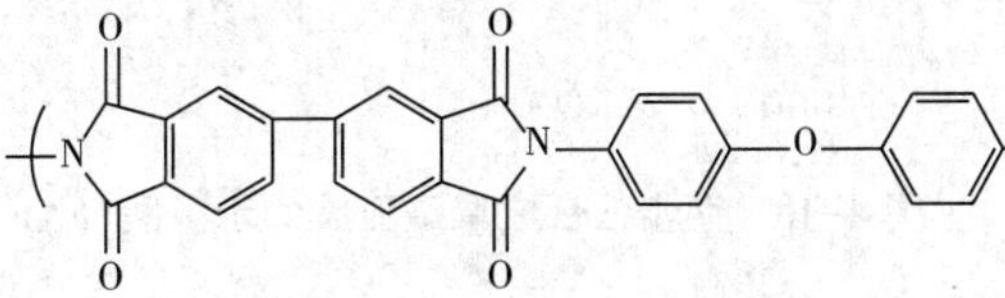 Upilex-S
东亚化学	Regulus，1994	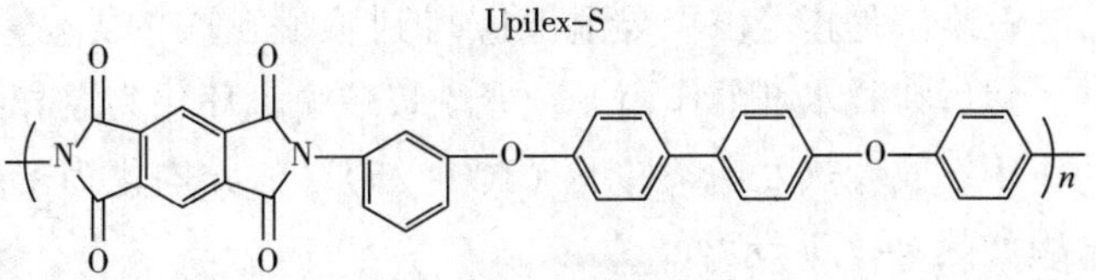

PI 有热塑性和热固性两大类。为克服热固性 PI 不溶、不熔，难加工成型的缺陷，并保持其良好性能，美国 GE 公司于 20 世纪 70 年代开始研发热塑性聚酰亚胺（TPI)，并于 1982 年实现了商业化。之后，GE 研发出第二代 TPI，耐温级别最高达到 310℃，可

用热塑性塑料常规的方法加工成型，然而该材料被美国国会规定对华禁售。日本三井公司在20世纪90年代也开发成功TPI。国内从20世纪70年代开始，中科院长春应用化学研究所、中科院北京化学研究所、上海合成树脂研究所等单位也相继开展了PI的开发与应用研究，并成功地实现了一系列不同牌号的PI产品的商业化。

一、聚酰亚胺的制备方法

目前已经产业化的制备方法包括溶液缩聚法、界面缩聚法、熔融缩聚法和气相沉积法。由二酐和二胺反应形成PI是目前制备PI常用的方法。按合成工艺，可分为一步法、两步法、三步法和气相沉积法。

一步法是二酐和二胺在高沸点溶剂中直接聚合生成聚酰亚胺，即单体不经由聚酰胺酸而直接合成聚酰亚胺。为了提高聚合物的相对分子质量，应尽量脱去水分。通常采用带水剂进行共沸以脱去生成的水；或使用异氰酸酯替代二胺和生成的聚酰胺酸盐在高温高压下聚合。此方法合成的代表产品为联苯二酐型聚酰亚胺。

两步法是合成聚酰亚胺最简单、最普遍使用的方法。首先由二元酸酐和二胺单体在非质子极性溶剂，如*N*,*N*–二甲基甲酰胺（DMF）、*N*,*N*–二甲基乙酰胺（DMAc）、*N*–甲基吡咯烷酮（NMP）中反应形成聚酰胺酸溶液，然后利用聚酰胺酸溶液进行加工，如流延成膜或溶液纺丝，去除溶剂后，再经高温脱水环化得到聚酰亚胺。也可以采用化学方法脱水得到聚酰亚胺，通常采用的脱水剂为乙酸酐，催化剂为叔胺类，如吡啶或三乙胺等。两步法的反应如图4–10所示。

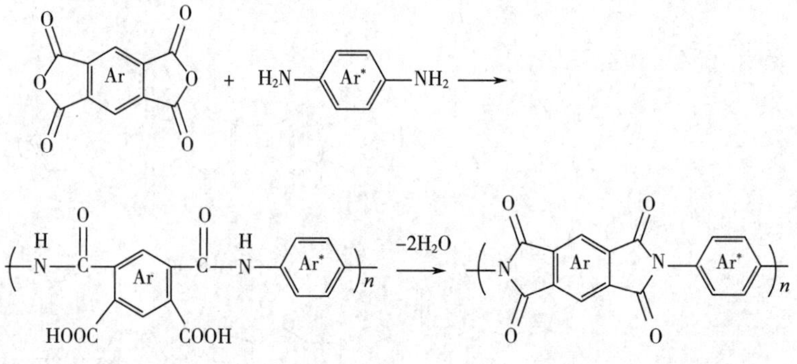

图4–10　两步法合成聚酰亚胺的示意图（Ar和Ar*代表芳香化合物基团）

三步法是指经由聚异酰亚胺得到聚酰亚胺的方法。由二酐和二胺反应得到聚酰胺酸，然后在脱水剂的作用下，聚酰胺酸脱水环化为聚异酰亚胺，最后在酸或碱等催化剂的作用下或者热处理条件下（100~250℃）异构化为聚酰亚胺。三步法合成聚酰亚胺的过程如图4–11所示。

气相沉积法是由单体直接合成聚酰亚胺涂层的方法，主要用于制备聚酰亚胺薄膜。高温下使二元酸酐与二胺直接以气流的形式输送到混炼机内进行混炼，制成薄膜。聚合时无溶剂、添加剂等；由沉积速率和沉积时间控制厚度；集聚合和成膜为一体，简化了工艺。

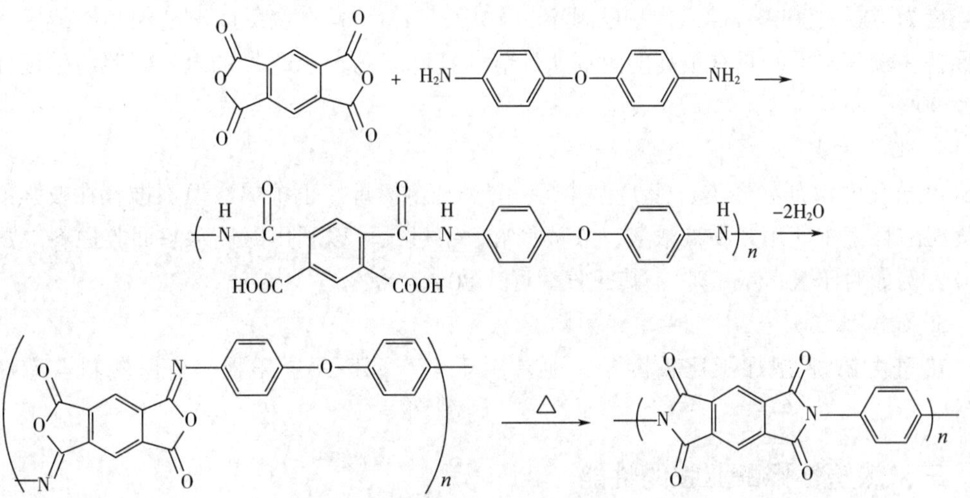

图 4-11　三步法合成聚酰亚胺的示意图

二、热固性聚酰亚胺的性能

热固性 PI 树脂具有比强度高、比模量高、耐辐照、耐高温达 600℃等一系列优异的物理性能。

热固性 PI 为不溶性聚合物，密度为 1.38～1.43g/cm^3，氧指数为 36%～46%，发烟率低，自熄性强；PI 无毒，可用来制备餐具和医用器具，并经得起数千次消毒。有一些 PI 还具有很好的生物相容性。PI 一般呈现较深的颜色，是由给电子基团（EDG）和吸电子基团（EWG）之间的电荷转移络合物（CTC）的形成引起的，限制了其在液晶显示领域、光通信领域、光电封装材料等领域的应用。为了制备出无色透明的聚酰亚胺材料，主要通过降低分子内和分子间 CTC 的方法。

1. 力学性能

PI 具有优良的力学性能，未填充的拉伸强度都在 100MPa 以上，均苯型聚酰亚胺的薄膜（Kapton）为 250MPa，而联苯型聚酰亚胺薄膜（Upilex S）达到 530MPa。作为工程塑料，弹性模量通常为 3GPa～4GPa，纤维可达到 220GPa～280GPa。据理论计算，均苯四甲酸二酐和对苯二胺合成的纤维可达 500GPa，仅次于碳纤维。

2. 热性能

由均苯四甲酸二酐和对苯二胺合成的 PI，热分解温度达 600℃，是迄今为止聚合物中热稳定性较高的品种之一。可耐极低温，如在-269℃的液态氦中不会脆裂。

PI 的热膨胀系数为 2×10^{-5}～5×10^{-5}℃$^{-1}$，与金属的热膨胀系数相差较小，具有很好的耐蠕变性。

3. 电性能

PI 具有良好的介电性能，介电常数为 3.4 左右，通过向 PI 的分子链中引入氟原子来降低分子的极化率、引入大自由体积基团增大空间位阻、引入多孔结构将空气分散在分子链间，能够使 PI 的介电常数降至 2.5～2.7，甚至更低。PI 的介电损耗为 10^{-3}，介电强度为100~300kV/mm，体积电阻率为$10^{17}\Omega \cdot cm$，且在宽广的温度和频率范围内仍能保持在较高水平。具有很高的耐辐照性能，其薄膜在5×10^{9}rad的电子辐照后强度保持率为90%。

4. 化学性能

PI抗化学溶剂如烃类、酯类、醚类、醇类和氟氯烷，也抗弱酸但不推荐在较强的碱和无机酸环境中使用，易被浓酸、浓碱水解。不过，可以利用碱性水解回收原料二酐和二胺，例如对于Kapton薄膜，其回收率可达80%~90%。

5. 加工性能

热固性PI成型加工比较困难，通常用于生产薄膜、层压板、模压塑料、泡沫塑料等。

三、热塑性聚酰亚胺的性能

热塑性聚酰亚胺（TPI）是在传统的热固性PI基础上发展起来的具有良好的热塑加工性能的特种工程塑料之一，特别适于一次成型结构复杂的制品，无须二次加工，解决了传统热固性PI成型加工困难、产品形式单一等问题。

TPI往往是在合成PI的单体分子结构中引入柔性链或线性链段结构，从而改善PI的热塑加工性能。但是，柔性链段的引入必然导致材料部分强度及高温性能的下降，在一定程度上限制了其在高端领域（如航空、航天）的应用。目前，商品化TPI主要是由芳二胺与均苯四甲酸二酐制备的Aurum（日本三井东亚公司）和Vesper（美国杜邦公司）。

1. 引入扭曲和非共平面结构

引入扭曲和非共平面结构后，PI分子链段的扭曲度增加，分子链段间的紧密堆积程度降低，分子链间的相互作用力减小。该法制备的TPI的T_g不低于传统的PI，耐热性好，但熔融流动性、溶剂溶解性能及可加工性能有所提高。如GE公司的Ultem®、日本宇部的UPIMOL。

2. 引入功能性侧基

通过将某些功能性基团引入PI中，可获得功能化侧链；或选用含官能团的单体进行缩合反应，制备侧链型PI。功能性侧基的引入可以在不影响PI分子链刚性的情况下，降低分子链主链和侧链间的分子间作用力，在保持PI优异的耐热性的同时，也使其熔融流动性、溶解性和可加工性得到改善。含炔侧基、硅氧烷侧基等功能性侧基是用来制备TPI的常用的功能性侧基，但该种TPI商品化产品不多见。

3. 主链引入柔性基团

在传统PI分子链主链中引入柔性基团，如醚键、硫醚键、酮基、脂环结构、芴基等，增加PI分子链链段的柔顺性，熔融黏度降低，提高流动性。但在增加分子链链段柔顺性的同时，会降低材料的耐热性，如NASA的LaRcTM-IA。

4. 引入超支化结构

将超支化结构单元引入PI侧链中，能降低分子链间的相互作用力，提高材料的溶解性能。由于主链中既保留了刚性的酰亚胺环，侧链中又含有超支化结构单元，使此类聚酰亚胺不仅具有优异的耐高温性能，同时其熔融黏度较低，具有很好的溶解性能和可加工性能，但该种 TPI 商品化产品不多见。

四、改性聚酰亚胺

1. 聚酰胺-酰亚胺

聚酰胺-酰亚胺（PAI）是由 Amoco 公司最先开发成功并商品化的，它的强度是当前非增强塑料中最高的，拉伸强度为 190MPa，弯曲强度为 250MPa。热变形温度达 274℃。PAI 具有良好的耐烧蚀性能和高温、高频下的电磁性，对金属和其他材料有很好的粘接性能，主要用于齿轮、辊子、轴承和复印机分离爪等，还可做飞行器的烧蚀材料和结构材料等。目前其发展方向是增强改性以及同其他塑料合金化。

2. 双马来酰亚胺树脂

双马来酰亚胺树脂（BMI）是以马来酰亚胺为活性端基的双官能团化合物，具有与典型热固性树脂相似的流动性和可模塑性，可用加工环氧树脂相同的方法加工成型。作为一类特殊的 PI，BMI 在保持其固有的耐高温、耐辐射和耐腐蚀等多种优良特性的同时，又比一般的 PI 易于加工成型。但是，未改性的 BMI 存在熔点高、溶解性差、成型温度高、固化物脆性大等缺点。二烯丙基双酚 A 改性 BMI 树脂是目前 BMI 树脂增韧途径中最成功、最成熟的一种，所得共聚物的特点是预聚体稳定、易溶、黏附性好，固化物坚韧、耐热、耐辐射，并具有突出的力学性能和电性能。

3. 降冰片烯基封端聚酰亚胺树脂

由 NASA Lewis 研究中心发展的一类 PMR（in－situ polymerization of monomer reactants，单体反应物就地聚合）型聚酰亚胺树脂。PMR 型聚酰亚胺树脂是将芳香族四羧酸的二烷基酯、芳香族二元胺和 5-降冰片烯-2,3-二羧酸的单烷基酯等单体溶解在一种尝基醇（如甲醇或乙醇）中，直接用于浸渍纤维。

4. 双马来酰亚胺-三嗪树脂

双马来酰亚胺-三嗪树脂是以双马来酰亚胺（BMI）和三嗪（氰酸酯三聚体，CE）为主树脂成分形成的高性能热固型树脂（BT 树脂），由三菱瓦斯化学开发生产。BT 树脂提高了 BMI 的抗冲击性能、电性能和工艺操作性，也改善了 CE 的耐水解性和固化过程的操控性。BT 树脂对人体安全、黏度低，对纤维的浸润性高，可使用一般有机溶剂（醇类溶剂除外），可用于树脂改性。

固化后的 BT 树脂的耐热温度达到 200～300℃，长期使用温度为 160～230℃，介电常数为 2.8～3.5（1MHz），介电损耗为 1.5×10^{-3}～3.0×10^{-3}（1MHz），吸湿后仍保持优良的绝缘性，有优良的力学性能、尺寸稳定性、耐药品性、耐放射性、耐磨性、耐化学品性、耐油性以及优异的粘接力。

在印制电路板应用中，从 20 世纪 90 年代中期起至 21 世纪最初的几年，BT 树脂制出的覆铜板占有机封装基板用各种基板材料市场的 80%以上份额。

5. 聚酯酰亚胺

聚酯酰亚胺是一种改性的聚酰亚胺树脂，由于主链上既含有酯基，又含有亚胺环，使之具有耐热性能好、力学强度高、加工性能优异等优点，在电子工业、航空和航天等领域（如黏合剂、涂料、耐高温复合材料和密封胶等）得到广泛的应用。

按分子结构可分为对称和不对称聚酯酰亚胺。对称聚酯酰亚胺的合成方法主要有以下两种：一是对称二酐与胺以 1∶2 的比例反应；二是单酐与对称二胺以 2∶1 的比例反应。不对称的聚酯酰亚胺主要是由等比例的不对称二酐或者偏酐与带氨基的一元酸反应生成二元酸，再与二元醇合成不对称的聚酰亚胺。

目前，聚酯酰亚胺主要用于液晶显示、柔性线路板、绝缘涂料、感光材料等领域。

6. 酮酐型聚酰亚胺

酮酐型热塑性聚酰亚胺（TPI）分为单酮酐型热塑性 TPI 和双酮酐型热塑性 TPI。单酮酐型 TPI 是基于 3,3′,4,4′-二苯酮四酸二酐（BTDA）的 TPI，由 NASA 兰利研究中心最早开发。酮酐型 TPI 一般用作耐高温胶黏剂，并且与纤维具有较好的黏结性，能用作复合材料的基体树脂。

此外，在微电子领域应用氟酐型 TPI，但含氟二酐的制备成本过于昂贵。

思考题

1. 聚酰亚胺分为哪几大类？
2. 聚酰亚胺树脂在化学合成上有什么特点？
3. 聚酰亚胺树脂优异的性能与化学结构和聚集态结构有什么关系？
4. 聚酰亚胺膜材料的主要应用领域有哪些？在这些领域有哪些性能优势？
5. 简述热塑性聚酰亚胺的制备方法。

第六节　热致性液晶聚合物

液晶高分子聚合物（Liquid Crystal Polymer，LCP），是介于固体结晶和液体间的中间态聚合物。在受热熔融或者溶剂溶解后，兼具液态流动性和晶态分子有序排列特征的过渡态，这种中间形态为液晶态。常规高分子在熔融或溶解后，分子链卷曲而相互交叉缠绕，而液晶分子则还是保持着晶态的有序取向。

在 LCP 中，其主链的部分链段或侧链往往具有一定刚性，因而较稳定，不易变形，可视作一个单元。聚合物在形成液晶时，这些单元形成稳定的取向排列，形成类晶体结构。如果刚性单元在主链上，就称作主链高分子液晶，相应的在侧链上就是侧链高分子液晶（图 4-12）。组合式液晶高分子则主链和侧链上都有一定数量的基元。液晶刚性单元可以有很多形状，如“棒形”“碟形”“碗形”。目前商用的液晶聚合物基本都是棒形。

LCP 的液晶结构主要有 3 种：近晶型（Smectic）、向列型（Nematic）、胆甾型（Cholestic），如图 4-13 所示。近晶型是刚性基元并排排列，形成类似片层结构，基元可在本层内运动，但不能跨层运动。向列型是刚性基元平行排列但并没形成并列的片层，反而像树木的导管那样，形成一维的线性结构。胆甾型是基元平行排列成片层，而非竖直并列成片层，每一层取向都是各异的，两个取向相同的片层间的距离称作胆甾型液晶

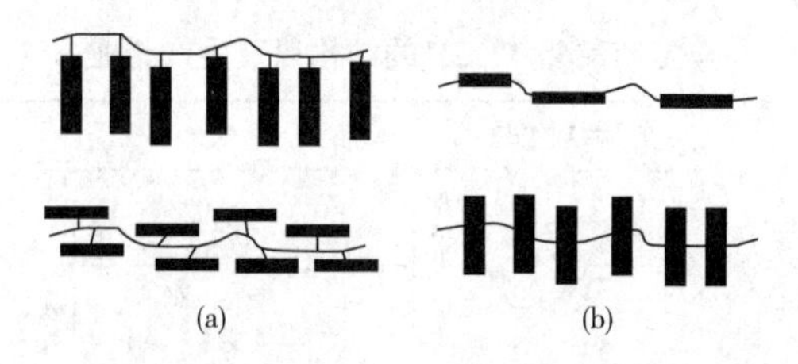

图 4-12　侧链（a）和主链（b）型 LCP 示意图

的螺距，因为这种扭转作用，胆甾型液晶的旋光性强，常呈现五彩斑斓的颜色。

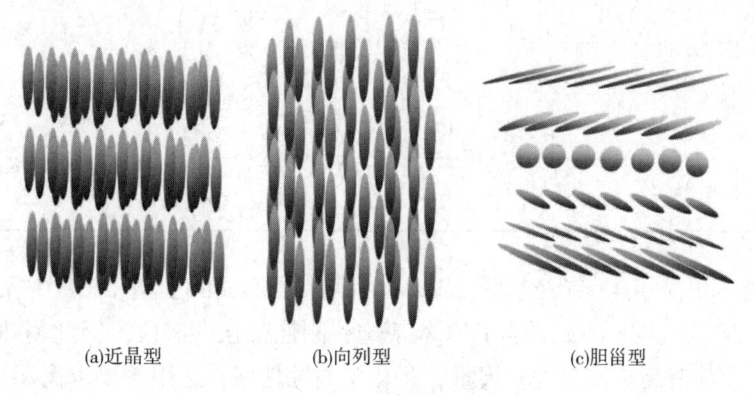

图 4-13　3 种液晶结构

根据物质的来源，LCP 可分为天然液晶高分子和合成液晶高分子。根据液晶形成的条件可分为热致性液晶高分子和溶致性液晶高分子。溶致性液晶（Lyotropic，LCP）需要在溶液中加工。最初工业化液晶聚合物是美国杜邦公司开发出来的溶致性聚对亚苯基对苯二甲酰胺。由于这种类型的聚合物只能在溶液中加工，不能熔融，只能用作纤维和涂料。热致性液晶（Thermotropic LCP，TLCP）是在 T_g 以上或者熔体中形成，可进行挤出、拉伸、注塑成型加工，多为芳香型聚酯。由于其具有良好的加工性能，比溶致性液晶的应用更加广泛。

TLCP 具有高强度、高模量、突出的耐热性、低线膨胀系数、优良的耐燃性、电绝缘性、耐化学腐蚀性、耐气候老化和透微波以及优异的成型加工性能等。在电子电器领域，TLCP 可应用于精密密度连接器、线圈骨架、线轴、基片载体、电容器外壳等；在汽车工业领域，TLCP 可用于汽车燃烧系统元件、燃烧泵、隔热部件、精密元件、电子元件等；在航空航天领域，TLCP 可用于雷达天线屏蔽罩、耐高温耐辐射壳体等。

一、热致性液晶的分类

根据热变形温度（HDT）的高低，商品化的 TLCP 大致分为 3 个类型：Ⅰ型的HDT>260℃，分子结构是刚性的全芳香族主链结构；Ⅱ型 TLCP：210℃<HDT<260℃，主链结构一般含有萘环结构；Ⅲ型 TLCP 的 HDT<210℃，为半刚性的主链，芳香性基团间有柔性的脂肪族短链连接，如表 4-16 所示。

表 4-16　　典型商品化 TLCP 的结构以及生产企业

类型	典型结构式	HDT/℃	典型生产企业
Ⅰ	$\left[O-C_6H_4-C_6H_4-O-\overset{O}{\overset{\parallel}{C}}-C_6H_4-\overset{O}{\overset{\parallel}{C}}\right]_n\left[O-C_6H_4-\overset{O}{\overset{\parallel}{C}}\right]_m$	>260	索尔维、住友等
Ⅱ	$\left[O-C_6H_4-\overset{O}{\overset{\parallel}{C}}\right]_n\left[O-C_{10}H_6-\overset{O}{\overset{\parallel}{C}}\right]_m$ $\left[O-C_{10}H_6-\overset{O}{\overset{\parallel}{C}}\right]_n\left[\overset{H}{N}-C_6H_4-O-\overset{O}{\overset{\parallel}{C}}-C_6H_4-\overset{O}{\overset{\parallel}{C}}\right]_m$	210~260	塞拉尼斯等
Ⅲ	$\left[\overset{O}{\overset{\parallel}{C}}-C_6H_4-\overset{O}{\overset{\parallel}{C}}-O-\overset{H_2}{C}\cdot\overset{H_2}{C}\cdot O\right]_n\left[\overset{O}{\overset{\parallel}{C}}-C_6H_4-O\right]_m$	<210	尤尼吉可、东丽等

由对羟基苯甲酸 4,4′-二羟基联二苯/苯二酸聚合形成的Ⅰ型 TLCP 中，酯基是柔性链段，苯环是刚性链段，特别是含有联苯基这种刚性很强的链段，因此耐热性高，HDT 在 260℃以上，具有高拉伸强度和模量，耐化学腐蚀性好，适用于要求高温性能的场合，但其加工性能略差。Carborundom 公司于 1972 年采用商品名 Nihon Ekonol 开始销售此种 TLCP。目前，国外主要是索尔维和住友公司生产。

由对羟基苯甲酸和 6-羟基-2-萘甲酸熔融聚合得到Ⅱ型 TLCP。Hoechst Celanese 公司于 1984 年开发成功Ⅱ型液晶聚合物，形成 Vectra 系列产品。目前，主要是泰科纳（Ticona）、宝理塑料（Polyplastics）等公司生产。

Ⅲ型 TLCP 是 1976 年由伊斯曼-柯达公司（Eastman-Kodak）采用对羟基苯甲酸和 PET 在熔融状态下反应得到的，两者组成为 60/40。由于含有乙二醇形成的酯基，整个分子链柔性链段增加，降低了 T_g，HDT 降低，耐热性略差，但加工性好。目前，主要是日本尤尼吉可（Unitika）、东丽（Toray）等公司生产。

国内 TLCP 主要生产厂家有上海普利特、沃特股份、金发科技等。

二、热致性液晶的性能

TLCP 纯树脂外观呈米黄色或浅白色。密度为 1.35~1.45g/cm^3，具有优异的阻燃性，能熄灭火焰而不再继续进行燃烧，火焰中不滴落，不产生有毒烟雾，达到 UL94 V-0 级阻燃水平。

1. 力学性能

TLCP 具有突出的强度，来源于其自增强性。成型时，液晶分子链沿着流动方向排列取向，获得高强度和弹性模量。按相同质量比较，TLCP 的强度大于钢，但刚性只是钢的 15%。此外，TLCP 显示出优良的振动吸收特性。不增强时，TLCP 呈现各向异性，纤维填充后可稍微降低。

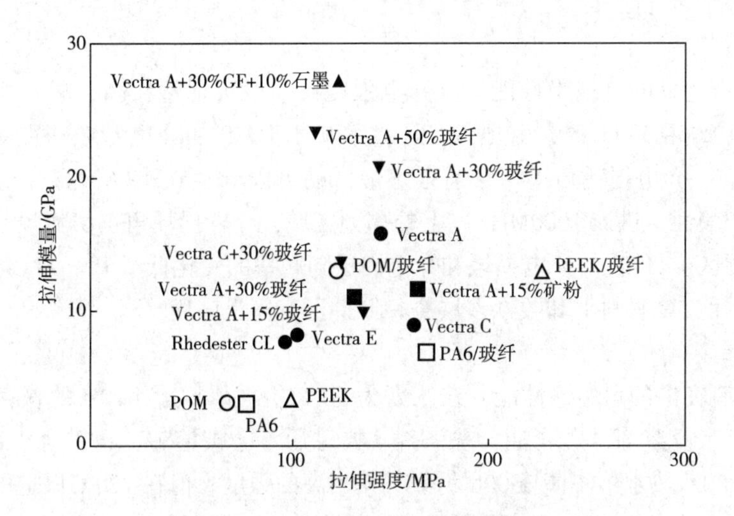

图 4-14　常见 TLCP 制品的力学性能

TLCP 在流动方向上线性膨胀率变化小，与金属材料相当。对于大多数塑料存在的蠕变现象，液晶材料可以忽略不计，而且耐磨、减磨性优异。

2. 热性能

TLCP 因为其结构为多边形而使其熔融温度范围宽，商业化 TLCP 的熔融温度介于 200~400℃，具有优良的耐热性。分解温度可达 500℃，连续使用温度为-50~240℃，耐焊锡焊温度为 260~310℃/10s，可用于无铅焊接而不发生明显变形。

TLCP 由晶态向液晶态转变的温度为熔点（T_m），而从液晶态向各向同性液态的转变温度称为清亮点（T_i）。介于这两个温度之间的温度区间称之为液晶相区间。在这个温度区间内分子会沿着某一方向取向，称为指向矢（n），分子沿着指向矢可以自由平动，但转动受到了限制；TLCP 处于液态时，分子排列没有取向性，可以自由运动；而在晶态温度区间内，分子排列位置有序，分子几乎无法活动。这种有序性可以对其定量做出描述，以序参数 S 表示，随着温度的升高 S 降低。当 $S=1$ 时，分子为晶体，$S=0$ 时为无序液体；当 $0<S<1$ 时为液晶。图 4-15 为 TLCP 的晶态、液晶态、液态示意图。

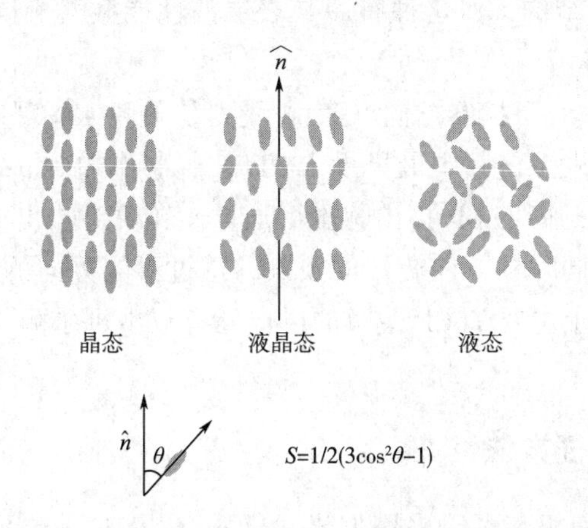

图 4-15　TLCP 的晶态、液晶态、液态示意图以及 S 的表示

3. 电性能

TLCP 具有优良的电绝缘性能，其介电强度比一般工程塑料高，耐电弧性良好。在连续使用温度 200~300℃时，其电性能不受影响。TLCP 的介电常数一般在 3.4（频率 2.5GHz）左右，介电损耗角正切目前报道最低的可以低至 0.0006，且介电性能呈现出一定的频率依赖性，进入 1000MHz 以上的高频区域，介电损耗角正切随频率变化的幅度减小，在高频区，TLCP 的介电损耗和介电因子随频率的变化低于 PI。TLCP 主要用于高频基板，在目前 5G 材料上和柔性多层叠片器件上有广泛应用。

4. 化学性能

TLCP 具有突出的耐腐蚀性能，在浓度为 90%的酸及浓度为 10%的碱存在下不会受到侵蚀，对于工业溶剂、燃料油、洗涤剂，接触后不会被溶解，也不会引起应力开裂。TLCP 即使在 80℃热水中浸渍 2000h 仍然有相当高的强度。但在 120℃以上的水蒸气中进行水解，几乎所有等级的 TLCP 强度都下降很大，以致无法使用。

5. 加工性能

TLCP 具有优异的流动性，呈现非牛顿流体特性，对温度和剪切双重敏感。熔融成型时，液晶分子链在流动方向上取向排列，由于分子链保持着高度的规整性，所以加热到晶化温度以上，只要稍微给一点剪切力，TLCP 的熔体流动性变得像水一样，使得 TLCP 更易成型薄壁、小型化制件。由于熔体的超高流动性，在注塑加工过程中，容易夹裹空气，使产品在高温烘烤时发生起泡现象。受分子链在流动成型过程中高度取向的影响，TLCP 的熔接强度低，制品容易沿熔接痕位置出现开裂。

TLCP 的吸水率低，但由于注塑时易携带空气或者自身分解而起泡，在注塑成型使用前应烘干，温度 150℃左右，时间为 4~6h，除湿后 TLCP 料水分含量应在 0.02%以下。

TLCP 加工成型可通过熔纺、注塑、挤出、模压、涂覆等工艺。注塑和挤出是 TLCP 的两大成型方法。注塑时，成型温度为 200~400℃；模具温度为 40~160℃；成型压力为 7~100MPa，螺杆压缩比为 2.5~4。TLCP 的固化速度快，注塑成型周期短，适用于小型薄壁高精度注塑件的生产。受高度取向链结构的影响，TLCP 在冷却时可以快速结晶导致成型过程容易形成皮芯结构，分子链在与模具接触时形成高度取向结构，芯层尽管也保持着液晶的分子有序结构，但这种有序与表层的性能截然不同，导致制件容易起皮分层。

TLCP 挤出成膜后垂直于机器方向（TD）受力易破膜，而现有 TLCP 制膜技术皆是以破坏分子取向性为出发点，其中最早投入 TLCP 膜制作的 Superex（Foster-Miller）公司通过挤出吹塑法成型，将 TLCP 挤出熔融后通过旋转模头吹出，这种设计可以破坏分子排列的取向性，开发同时异方向旋转的模头，透过不同方向的剪切应力来改变 TLCP 分子排列。目前，市场上主要 TLCP 薄膜的供应商有日本可乐丽、村田制造所（自产自用）、千代田等。

三、液晶结构表征方法

TLCP 的微观结构和相态可以采用偏光显微镜（POM）、差示扫描量热法（DSC）、小角 X 散射（SAXS）、X 射线衍射法（XRD）等方法表征。

在 POM 下可以观察到 TLCP 的双折射现象，同时通过对样品台的升降温控制能够观察到液晶分子的织构。不同的液晶织构对应了不同的液晶相结构，如近晶相典型的扇形焦锥状织构、向列相的螺纹状、纹影状织构等。

对于 TLCP 的玻璃化转变、液晶相转变温度以及清亮点温度的测定可以通过 DSC 进行。同时，可以计算得到每个转变的热焓值大小，对照常见的几种液晶相转变的热焓值的范围，可以进行相态的初步判断，如向列相的热焓值一般较低，而近晶相的焓值一般较高。

广角 X 射线衍射（WAXD）衍射角的范围在 10°~30°，而小角 X 射线散射（SAXS）的散射角一般小于 2°，两者相结合能够对分子的有序程度和空间堆砌排布进行判断。液晶相的空间位置结构可通过样品 X 衍射峰的位置及峰之间的比例来判断。例如在层状对称结构中，X 衍射峰之间的比例为 1∶2∶3∶4∶5……，而在六方柱状对称结构和立方相结构中对应的峰位置比例分别为 $1:\sqrt{3}:2:\sqrt{7}:3$……和 $1:\sqrt{2}:\sqrt{3}:2:\sqrt{5}$……。通过二维的 SAXS 和 WAXD 还可以对取向的样品进行研究，通过观察衍射图案花样，得到样品的取向、位置结构的关系。

四、热致性液晶的改性

TLCP 具有高耐热性，高流动性，易成型加工薄壁制品；自增强性，具有高的强度和模量，但同时也呈现了各向异性和低熔接强度。

1. 共聚改性

将 TLCP 与其他聚合物采用物理或化学方法聚合，常用的是嵌段或接枝改性，可以在分子链上引入弯折结构、扭结结构、不对称结构等，让液晶段与非液晶段同时存在，增进材料两相界面的相互黏结及相容性，提高材料性能。

2. 共混改性

TLCP 在实际使用过程中存在熔接强度低、翘曲变形，通过添加玻璃纤维、碳纤维等增强材料或添加石墨、云母等无机填料可改善其性能；也可以与 PTFE、PPS 等共混合金再引入填料形成具有耐磨性和改善熔接线强度的材料；还可以与具有不同介电性能的填料共混得到不同介电性能的材料。

3. 金属配位

将金属离子以配位形式引入 TLCP 中，形成金属液晶，在磁性材料、光学材料领域获得应用。

思考题

1. 简述与常规高分子材料相比，TLCP 的特点。
2. 简述热致和溶致液晶的不同。
3. 简述目前商用 TLCP 的 3 种结构以及性能比较。
4. 简述 TLCP 加工过程的注意事项。
5. 简述 TLCP 的改性目的以及方法。

第五章　生物降解材料

生物降解材料是指特定的生物活动引起的材料逐渐破坏，材料化学结构发生明显变化，从而引起物理性能的下降，在自然环境下逐渐降解，最终以小分子的形式进入自然界，被环境所吸纳的高分子材料。根据来源，可以将目前研究的生物降解材料分为 3 大类，即天然高分子材料、微生物合成高分子材料和人工合成高分子材料。

天然高分子材料是指来源于动植物或者人体内天然存在的大分子，是人类最早使用的高分子材料，具有优异的生物相容性，并且其降解产物几乎无毒。典型的天然高分子材料有淀粉、纤维素、壳聚糖、明胶、胶原蛋白、甲壳素、透明质酸等。主要应用于可降解手术线、药物可控释放、组织支架等，但是其热力学稳定性较差，难以用作高分子工程材料。微生物合成高分子材料是由微生物通过各种碳源发酵合成的各种不同结构的脂肪族聚酯-聚羟基脂肪酸酯（PHA）。聚（3-羟基丁酸酯）（PHB）和聚（3-羟基丁酸酯/3-羟基戊酸酯共聚物）（PHBV）是目前 PHA 家族中产量较高且应用最为广泛的聚合物。这类材料具有较好的降解性以及加工性，但是目前制备成本仍然较高，只应用于医药、电子等少数行业。

酯键是一类易被自然界微生物或者酶分解的化学键，目前的化学合成生物降解高分子主要指各种脂肪族聚酯，一般由二元酸和二元醇、羟基酸的缩合聚合或者内酯的开环聚合制备，主链由脂肪族结构单元通过易水解的酯键连接而成，具有较好的生物降解性。目前开发的脂肪族聚酯生物降解材料主要有聚乳酸（PLA）、聚羟基乙酸（PGA）、聚己内酯（PCL）、聚丁二酸丁二醇酯（PBS）、聚（己二酸-对苯二甲酸）丁二醇共聚酯（PBAT）等。常见生物降解材料的基本性能见表 5-1。

表 5-1　　几种生物可降解高分子材料的基本性能

样品	T_g/℃	熔点/℃	结晶温度（冷）/℃	分解温度/℃	结晶度/%	密度/（g/cm^3）
PLA	55~60	170~175	110（100）	230	37	1.25~1.29
PGA	40	225~230	—	235	40~50	1.50~1.69
PBS	-30	114	75	350~400	25~45	1.07~1.20
PBAT	-30	130	110	—	30	1.18~1.30
PCL	-60	60	—	350	45	1.00~1.20
PHB	43	177	—	245	80	1.23~1.25
PHBV（HV1.8%）	5	173	48	275	>60	—

第一节　聚乳酸

聚乳酸（Polylactic acid，PLA）是以乳酸为主要原料聚合得到的聚合物，也称为聚丙交酯，具有优良的生物降解性、生物相容性以及可加工性。用于一次性餐具等包装材料，汽车车门、脚垫及车座等车用材料、服装、电器以及医疗卫生（骨科内固定材料和免拆手术缝合线等）等领域。制备 PLA 的原料乳酸，主要来自淀粉（如玉米、大米）等发酵，也可以以纤维素、厨房垃圾或鱼体废料为原料获取。由其制成的产品使用后可直接进行堆肥或焚烧处理。

一、聚乳酸的合成

1. 直接缩聚

直接缩聚法就是把乳酸单体进行直接缩合聚合，也称一步聚合法（图 5-1）。主要包括熔融聚合法、溶液聚合法、熔融-固相聚合法。

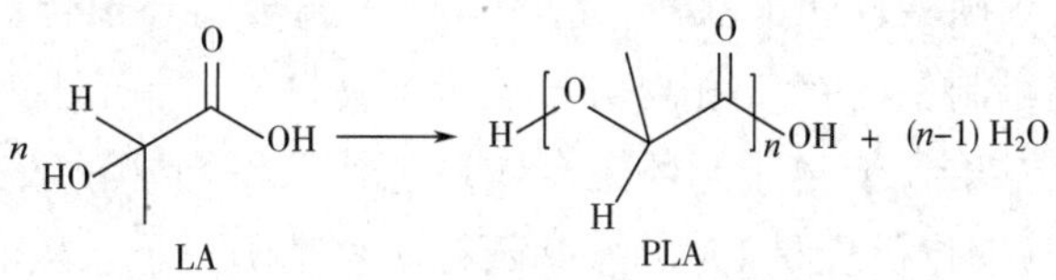

图 5-1　直接缩聚法制备 PLA

（1）熔融聚合法。乳酸小分子在催化剂的作用下，经缩聚反应直接合成 PLA 的方法称为熔融聚合法。该方法成本低、成品率高、不需要分离物质就能得到较纯的产物，但是所得产物相对分子质量不高，相对分子质量多分散度较大。

（2）溶液聚合法。溶液聚合法是指在反应体系中加入有机溶剂，该溶剂能够溶解 PLA 但不参与聚合反应，并且溶剂可以与反应体产生的水形成共沸物，通过共沸回流将水从反应体系中除去，确保反应可以顺利进行，可以制备较高相对分子质量的 PLA。但是该方法需要消耗大量的有机溶剂，对环境产生较大危害，也增加了制备成本。

（3）熔融-固相聚合法。熔融-固相聚合法是指先将乳酸通过熔融缩聚制备低分子的预聚物，控制后续反应温度高于其 T_g 且低于熔点，将得到的预聚物进一步反应制备具有较高相对分子质量的 PLA。该方法制备的 PLA 相对分子质量较高，但是反应时间较长，工业生产价值低。

2. 开环聚合

先将乳酸小分子反应合成环状二聚体丙交酯，再将丙交酯开环聚合成聚丙交酯（图 5-2）。通过先生成环状二聚体可以避免缩合聚合方法中水的产生，容易得到高分子 PLA，同时开环聚合方法反应条件容易实现，是目前工业上合成高相对分子质量 PLA 的主要方法。根据开环聚合机理不同，一般将其分为配位开环聚合、阳离子开环聚合和阴离子开环聚合。

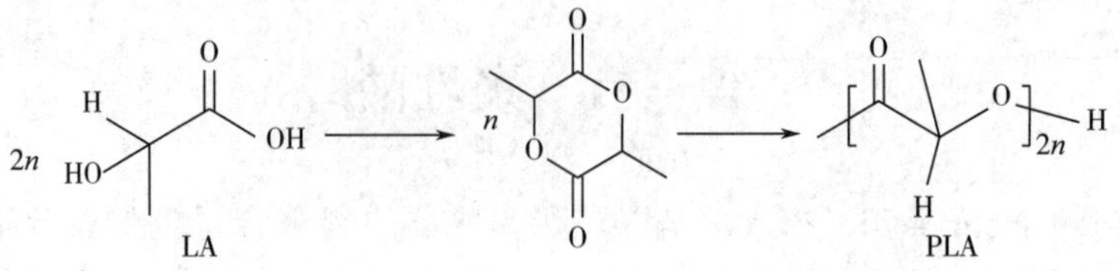

图 5-2 开环聚合法制备聚丙交酯

（1）配位开环聚合。配位开环聚合是目前工业上合成 PLA 最主要的方法，催化剂主要是金属烷氧基化合物，包括辛酸亚锡、异辛酸亚锡、三异丙基铝以及稀土烷氧基化合物等。催化机理是丙交酯上的羰基氧与催化剂中的金属发生配位，单体的酰氧键进入到配位键上进行链增长，从而形成长链聚合物。配位开环聚合一般显示活性聚合特性，可以制备高相对分子质量的 PLA，且反应过程可控。

（2）阳离子开环聚合。阳离子开环聚合机理是催化剂阳离子首先与单体中的氧原子作用形成氧鎓离子。然后，烷氧键发生断裂，经单分子开环反应产生酰基正离子，进而引发链增长，最终制得 PLA。阳离子聚合引发剂主要有路易斯酸，如三氯化铝、二氯化锡等；质子酸，如对苯磺酸、三氟乙酸、盐酸等。阳离子开环聚合对反应体系的要求较高，容易发生副反应，制备的 PLA 相对分子质量不高。

（3）阴离子开环聚合。阴离子开环聚合体系包括引发剂（一般是醇）、催化剂（卡宾、有机强碱等），其催化机理是 LA 的羰基碳在烷氧基阴离子亲核的攻击下发生酰氧键断裂，形成烷氧基增长活性中心，该活性中心再进攻单体进行链增长，从而得到 PLA。阴离子开环聚合反应活性高、速度快，可以制备高相对分子质量的 PLA。同时有机非金属开环聚合催化剂的开发，可以制备不含金属的 PLA 产品，解决其在医学及微电子领域应用中的问题。

二、聚乳酸的结构

1. 立体结构

乳酸分子中有一个不对称的碳原子，具有旋光性，因此 PLA 也分为右旋聚乳酸（PDLA）、左旋聚乳酸（PLLA）、外消旋聚乳酸（PDLLA）、非旋光性聚乳酸（Meso-PLA）。提高立构规整度可以增强 PLA 产品的力学性能、热稳定性，同时也会延长其降解时间。不同立构规整性 PLA 的性能见表 5-2。

表 5-2 不同立构规整性 PLA 的性能

基础参数	PDLA	PLLA	PDLLA
固体结构	半结晶	半结晶	无定形
熔点/℃	180	170~175	—
T_g/℃	55~60	50~65	50~60
密度/g·cm^{-3}	1.24	1.25~1.29	1.27
拉伸强度/MPa	—	40~60	40~50

续表

基础参数	PDLA	PLLA	PDLLA
拉伸模量/GPa	3.2~7.9	2.7~16	1.5~1.9
断裂伸长率/%	—	30~40	5~10
降解时间/月	12~30	12~30	6~12

PDLA、PLLA 分别是右旋和左旋乳酸二聚体经开环聚合得到的产物，从表 5-2 可以看出其 T_g 差别不大，但 PDLA 由于其结晶度比 PLLA 高，故其熔点一般比 PLLA 稍高，立体结构对 PLA 力学性能的影响更大。商业化 PLA 都是以左旋乳酸为主、少量右旋乳酸（1%~2%）聚合而来。而无规立构的 PDLLA 则是 T_g 为 50~60℃的无定形透明材料，降解时间比 PLLA、PDLA 短。

2. 结晶结构

PLA 的酯基之间只有一个甲基碳原子，分子链呈螺旋结构，与同是聚酯的 PBT、PET 相比，分子链的活动性非常低。因此，除了在薄膜和纤维成型加工中通过拉伸取向提高二次成核概率从而促进 PLA 结晶以外，单纯的挤出成型、注塑成型和热成型中，PLA 几乎不结晶。非晶玻璃态或结晶度较低的 PLA 在使用过程中如受到高温、拉伸或挤压等周围环境的影响，发生冷结晶现象。图 5-3 为 PLA 升温的 DSC 曲线，在 109℃左右出现了冷结晶峰。

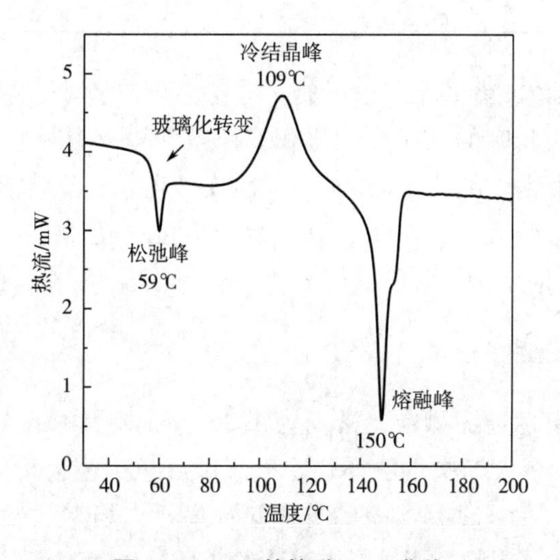

图 5-3　PLA 的熔融 DSC 曲线

PLA 结晶后形成 α、α'、β、γ 等晶型，分别具有不同的螺旋构象和单元对称性。α 晶型是最常见也是最稳定的一种晶型，可以在熔体、溶液中结晶得到，或在低的拉伸温度和拉伸速率下进行溶液纺丝获得，PLLA 的 α 晶的链结构是 10/3 螺旋，晶胞结构为正交晶，a=1.050nm，b=0.610nm，c=2.880nm，晶区理论密度为 1.297g/cm^3，完全结晶熔融焓为 93J/g。当结晶温度较低时（110~120℃），PLLA 中形成不稳定的 α' 型，其具有与 α 型相似的 10/3 螺旋结构，但侧链排列较疏松。当结晶温度高于 120℃时，不稳定的α′型转变为稳定的α型。对含有α′晶的PLA进行加热退火处理，温度升高到150~160℃时α′晶可以转变为更有序的α晶。β晶可以在PLA高温溶液纺纱过程中形成，也是一种稳定的晶型，β晶的链结构是3/1螺旋，晶胞结构为三斜晶，$a=1.052nm$，$b=1.052nm$，$c=0.880nm$，晶区理论密度为$1.27g/cm^3$。β晶和α晶之间的转化很难进行，只有在高温、高拉伸率的情况下α晶才转变为β晶。此外，利用结晶基材六甲基苯诱导PLA结晶，得到γ型外延性结晶。

PLA聚合过程中，引入立体化学缺陷（右旋丙交酯、消旋丙交酯），对T_g影响不大，但会明显降低熔点、结晶速率和结晶度。消旋丙交酯的含量达15%，得到的PLA将不再具有结晶能力。PLA的最佳结晶温度范围为105~115℃，结晶速率相对较慢，半结晶时间约2.5min。

表5-3　PLLA、立构复合物与PET、PP的性能比较

基础参数	PLLA	立构复合物	PET	PP
密度/$g\cdot cm^{-3}$	1.26	—	1.38	0.91
熔点/℃	170~175	220~240	260	164
T_g/℃	55~60	65~72	80	5
热变形温度/℃	55	160~170	120~160	110
拉伸强度/MPa	68	90	57	32
断裂伸长率/%	4	30	300	500

将PLLA/PDLA共混或者共聚可以形成立构复合物。立构复合结晶的PLA具有较强的分子间作用力和更为紧密的分子链间堆积，使得立构复合材料表现出更为优异的性能，如较高的熔点、耐热性和耐溶剂性能。如表5-3所示，立构复合物的熔融温度大概在230℃，比纯PLA材料高了近50℃，其热变形温度高达160~170℃，高于工程塑料PET。但立构复合物不溶于一般溶剂，仅溶于六氟异丙醇、三氟乙酸等。

三、聚乳酸的性能

PLA为白色或淡黄色透明颗粒，密度为$1.26g/cm^3$，具有良好的光泽度和透明性，透光率为90%~95%。在火焰中熔融燃烧，火焰以红色为主，边缘呈蓝色，燃烧平稳，火焰无跳动，无黑烟，燃烧时有淡淡的香甜味；离开火焰继续燃烧，有黑色珠状物滴下，残留物呈黑色块状，很脆，用手易碾碎为粉末状。PLA对气味和芳香类物质具有良好的阻隔性能。

1. 力学性能

PLA拥有较好的力学性能，甚至可以与PS相媲美。弹性模量为3000~4000MPa，拉伸强度为50~70MPa，断裂伸长率低于PS，比PS更脆。这是由于分子主链上缺乏亚甲基（$—CH_2—$）这种柔性链段，在外加应力作用下不容易产生变形，断裂伸长率和冲击强度相对而言较低。PLA的缺口冲击强度为20~30J/m，断裂伸长率为4%。PLA具有优异的耐皱和耐卷曲性能。

2. 热性能

PLA 的 T_g 随着聚合物相对分子质量的增加而增大，熔点同样与其相对分子质量和光学纯度有关，PLLA 的熔点最高可达 180℃。商品化 PLA 的 T_g 为 55～60℃，熔点为 170～175℃。当温度超过 T_g，低结晶度的 PLA 的力学强度迅速下降，从硬而脆的塑料转变为软而弱的橡胶态。常温下 PLA 受外力作用时易发生脆性断裂。由于结晶速率慢，大多 PLA 制品结晶度低，耐热性不好，热变形温度在 60℃左右，远低于通用塑料 PS 和 PP。

3. 化学性能

PLA 可溶于氯仿、二氯甲烷、甲苯、四氢呋喃等常见极性溶剂，因此可以采用凝胶渗透色谱（GPC）测试 PLA 的相对分子质量及其分布，受溶剂极性的影响，PLA 在 THF 中会形成线团，使 GPC 测试结果偏小，一般建议采用二氯甲烷作为 PLA 分子量及分布的测试流动相。常温下 PLA 性能稳定，在温度高于 55℃的富氧条件或弱碱性条件下，微生物作用下 PLA 自动降解，最终生成二氧化碳和水，对环境无污染。

4. 加工性能

PLA 具有较好的加工性能，可以采用传统的挤出、注塑、吹塑等加工方法。加工过程对水分含量及加工温度尤其敏感。挤出加工时，一般要求水分含量要小于 0.05%。PLA 属于假塑性流体，加工过程中随着温度的升高，PLA 的黏度迅速下降，熔体强度下降。对于需要高熔体强度的加工如发泡、吹塑等成型过程需要注意。

四、聚乳酸的改性

尽管纯 PLA 有着高透明度、高光泽度等优点，但是其硬而脆、结晶速率慢、熔体强度低且不耐热等缺点影响了应用。此外，由于 PLA 主链主要由疏水链段构成，亲水性较差，限制了其作为生物材料的应用，同时半结晶的结构导致其降解时间较长且难以控制。

为了解决 PLA 疏水性、降解周期长等缺陷，可以通过共聚的方法对其进行化学改性。例如引入亲水性和生物相容性较好的聚乙二醇（PEG）制备 PEG-b-PLA 嵌段共聚物，既增加了材料的亲水性，还赋予其一定的抗蛋白性能。此外，可以通过在 PLA 中加入成核剂、增塑剂或者将 PLA 与其他聚合物共混，改善 PLA 的结晶性能、力学性能和加工性能。成核剂可以提高 PLA 的结晶速率、热变形温度、成型加工性能，并缩短成型周期，是改善 PLA 耐热性能的一种重要方法。对 PLA 进行增塑改性，可以提高 PLA 的柔软性、链段运动能力、断裂伸长率，但降低了弹性模量和拉伸强度。柠檬酸酯、甘油、甘油酯、乳酸低聚物、PEG、聚丙三醇（PPG）等已应用于增塑 PLA。

为了保持 PLA 可降解的特点，对其增韧改性剂也提出了一定的要求，如无毒、可降解弹性体，或无毒、可降解，同时具有较低 T_g。PLA 可与 PCL、PBS、PBAT 共混。

五、典型聚乳酸产品

1. 双向拉伸 PLA 薄膜

双向拉伸膜是目前为止应用最成功的 PLA 产品，经过双向拉伸并热定型的 PLA 膜的耐热温度可提高到 90℃，弥补了 PLA 不耐高温的缺陷。通过对双向拉伸取向及定型工艺的调整，可以控制 PLA 膜的热封温度在 70～160℃。PLA 膜的透光率达到 94%，雾度极低，表面光泽度好，可用于鲜花包装、信封透明窗口膜、糖果包装等。

2. 发泡 PLA

利用物理发泡剂（CO_2、丁烷等）在一定的温度和压力下与 PLA 充分混合达到平衡饱和，随后，发泡气体与 PLA 熔体的混合物经历热力学状态和突变，饱和的气体分子从熔体中逸出，得到具有一定孔尺寸和密度的泡体结构，从而形成发泡 PLA。PLA 本身由于熔体强度低，导致泡孔尺寸均匀性控制难度大、难以大倍率发泡。

发泡 PLA 可以解决白色污染问题，广泛应用在一次性餐具、缓冲包装、园艺用品及玩具行业中，同时，还具有低碳、安全、符合循环发展的特性。

思考题

1. 聚乳酸的主要原料有哪些？可降解的原因是什么？
2. 聚乳酸制品硬而脆的原因是什么？

第二节　聚羟基乙酸

聚羟基乙酸（Polyglycolic acid，PGA），又称聚乙交酯，是结构最简单的线性脂肪族聚酯，重复结构单元是$\leftarrow CH_2COO \rightarrow$。羟基乙酸广泛存在于甘蔗、甜菜及未成熟的葡萄等自然作物中，但是含量少，分离提纯难度较大。目前工业上主要用煤化工副产物作为原料。国内浦景化工实现了 PGA 产品自主化。

PGA 和 PLA 一样，既可以通过羟基乙酸的直接缩合聚合制备也可以通过先合成乙交酯，再将乙交酯进行开环聚合的方法制备（图 5-4）。直接缩合聚合制备的 PGA 相对分子质量较低，只有几千，难以控制聚合产物的相对分子质量及其分布，同时在较高温度下的聚合容易导致产物带颜色。目前商业化的 PGA 多通过开环聚合方法制备，催化剂包括辛酸亚锡、异丙基铝以及稀土络合物等，可以得到高相对分子质量的聚合物。目前德国赢创工业集团、法国 PACS 公司、美国杜邦公司都有商业化的 PGA 产品。

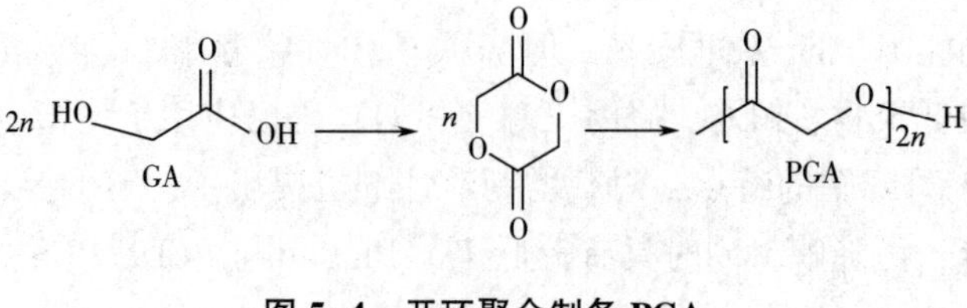

2n HO—CH₂—C(=O)—OH (GA) ⟶ n (乙交酯) ⟶ ⁅C(=O)—CH₂—O⁆$_{2n}$H (PGA)

图 5-4　开环聚合制备 PGA

PGA 具有简单规整的分子结构，可以形成结晶状结构，结晶度一般为 40%~50%，熔点为 225℃。商业化的 PGA 外观呈黄色或浅褐色，密度为 1.5~1.69g/cm^3，T_g 为 35~40℃。PGA 难以溶于常见有机溶剂如四氢呋喃、三氯甲烷、丙酮、甲苯、乙腈等，只溶于六氟异丙醇等强极性溶剂。

PGA与其具有类似结构的PLA和P3HB相比，具有较高的熔点，优异的力学性能和耐化学性能。一般认为，PGA的特殊性和优异的物理性能与其结晶度、晶体结构有着密不可分的关系。PGA是半晶型的，XRD中大致在2θ为22.2°和28.8°的位置出现尖锐的衍射峰，对应的晶面是（110）面和（020）面，PGA晶体晶胞的热膨胀比观察到的PLLA和P3HB更明显。在PGA中由于没有侧基并且在晶相中PGA链的平面锯齿构象可以促进晶格尺寸的热膨胀和收缩。

PGA及其共聚产品在具有优异降解性能的同时还具有优异的生物相容性，广泛应用于生物医学、包装材料、一次性餐具等领域。典型的PGA产品有：

（1）可吸收手术缝合线。PGA及其共聚物可以作为手术缝合线使用，并且在伤口愈合后可以降解为可以吸收代谢的小分子化合物，省去了后续的拆线步骤，避免病人的二次手术。世界上最早的可降解吸收手术线是美国的Cyananid公司推出的Dexon，是一种利用PGA均聚物熔融纺丝加工成的高强度纤维制品。

（2）包装材料。PGA具有突出的气体阻隔性能，尤其对氧气和二氧化碳的阻隔性比其他的聚酯材料都好。美国的杜邦公司和日本吴羽公司共同开发了一种PGA共聚物并将其用作包装聚酯瓶，实现了工业化生产。PGA基包装材料同时具备优异的气体阻隔性、可降解性以及加工性。

思考题

比较PGA与PLA材料性能间的差异。

第三节　聚己内酯

聚己内酯（Polycaprolactone，PCL）是通过ε-己内酯（ε-CL）单体在催化剂催化下开环聚合而合成的聚合物，具有良好的生物相容性和生物降解性，在药物控制释放、组织工程材料、环境保护等领域受到广泛的关注和研究。但PCL力学性能较差、降解速度慢以及耐热性差等缺点限制了其推广应用。目前日本大赛璐、美国UCC、美国Union Carbide、日本JSP、比利时InterRock、英国Lapott、瑞士柏斯托公司、国内的中石化巴陵石化和深圳光华伟业都有相应的商业化PCL产品。

1934年，Carothers通过二元醇与二元酸熔融缩聚反应制备了PCL，但是熔融缩聚反应需要较高的温度以及较长的反应时间，最终聚合物相对分子质量分布不均匀。目前商用的PCL是由ε-CL通过金属烷氧基化合物的开环聚合而制备的，如图5-5所示。

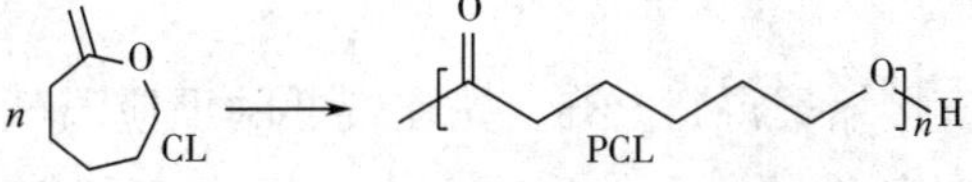

O O n CL ⟶ O O n H PCL

图5-5　开环聚合制备PCL

PCL 重复结构单元上含有 5 个非极性的亚甲基（$—CH_2—$）和一个极性的酯基（—COO—），排列规整，分子链中的 C—C 键与 C—O 键均能够自由旋转，使得 PCL 具有良好的柔性与加工性，T_g 为-60℃，能够通过多种加工方式成型，如挤出、注塑和吹膜等。

PCL 分子链本身比较规整且柔顺性较好，故结晶能力较强，结晶度大约 45%，熔点 60℃左右。PCL 分子链经凝聚堆砌结晶后一般采取平面锯齿形结构，酯基以全反式构象排列，每个晶胞包含两条分子链，每条分子链由两个化学重复单元构成。晶型为常见的正交晶型。在 WAXD 曲线上，最强的衍射峰通常位于 21.4°、22.1°和 23.8°，分别对应于 PCL 晶体的（110）、（111）和（200）面衍射。PCL 分子链中的 5 个亚甲基使得其亲水性较差，不利于主链发生酯基水解反应，因此 PCL 的降解速度较 PLA 慢。

PCL 外观为乳白色，具有蜡质感，与 PE 类似。其力学性能也与聚烯烃较接近，拉伸强度为 12～30MPa，断裂伸长率为 300%～600%。此外，PCL 室温时呈软玻璃态。同时具有较高的热分解温度，为 350℃。但是，PCL 的耐热变形性较差。

PCL 在室温下溶于氯仿、二氯甲烷、四氯化碳、苯、甲苯、环己酮和 2-硝基丙烷；在丙酮、2-丁酮、乙酸乙酯、二甲基甲酰胺、乙腈中具有较低的溶解度；不溶于乙醇、石油醚、乙醚。

PCL 较低的熔点、较差的力学性能和耐热性限制了实际应用。为了提升性能并降低成本，可通过将 PCL 共聚或共混等方法改善其性能。PCL 可与 PLA、聚乳酸-羟基乙酸共聚物共混提高力学性能；通过与其他单体共聚改善其降解性，如甲基丙烯酸甲酯、丙交酯、磷酸酯等；通过添加纳米粒子如蒙脱土、碳纳米管、笼状倍半硅氧烷、石墨烯、纤维素等增强力学性能。

第四节　聚丁二酸丁二醇酯

聚丁二酸丁二醇酯［Poly（butylene succinate），PBS］是由 1,4-丁二酸和 1,4-丁二醇经缩聚反应得到的可生物降解聚合物。与其他生物降解塑料相比，PBS 的冲击强度和断裂伸长率较高，并且耐热性能好，热变形温度接近 100°C，克服了 PLA、PCL、PHBV 等耐热温度低的缺点；可采用注塑、吹塑、吹膜、吸塑、层压、发泡、纺丝等方法成型加工。PBS 可以用来做垃圾袋、包装袋、化妆品瓶、各种塑料卡片、婴儿尿布、农用材料及药物缓释载体以及土木绿化用网、膜等。

目前主要的生产企业国外有日本昭和高分子、三菱化学，韩国 SK Chemical、IreChem Ltd.；国内主要有安庆和兴化工、杭州鑫富药业、扬州邗江格蕾丝、金发科技、蓝山屯河等。

一、聚丁二酸丁二醇酯的合成

1. 直接酯化法

以丁二酸和丁二醇直接缩聚得到 PBS，先在较低的反应温度下将二元酸与过量的二元醇进行酯化，形成端羟基预聚物；然后在高温、高真空和催化剂的存在下脱除二元醇，得到 PBS，如图 5-6 所示。

$$HO(CH_2)_4OH + HOOC(CH_2)_2COOH \rightleftharpoons H[O(CH_2)_4OOC(CH_2)_2CO]_nO(CH_2)_4OH + H_2O$$

$$HO(CH_2)_4OH + HOOC(CH_2)_2COOH \rightleftharpoons H[O(CH_2)_4OOC(CH_2)_2CO]_mOH + H_2O$$

$$H[O(CH_2)_4OOC(CH_2)_2CO]_nO(CH_2)_4OH \rightleftharpoons [O(CH_2)_4OOC(CH_2)_2CO]_r + HO(CH_2)_4OH$$

$$H[O(CH_2)_4OOC(CH_2)_2CO]_nO(CH_2)_4OH+H[O(CH_2)_4OOC(CH_2)_2CO]_mOH \rightleftharpoons$$
$$[O(CH_2)_4OOC(CH_2)_2CO]_n[O(CH_2)_4OOC(CH_2)_2CO]_m + HO(CH_2)_4OH$$

图 5-6　直接酯化法制备 PBS

2. 酯交换反应法

二元酸二甲酯与等量的二元醇，在催化剂存在下，高温、高真空脱甲醇进行酯交换反应得到 PBS，如图 5-7 所示。

$$HO(CH_2)_4OH + CH_3OOC(CH_2)_2COOCH_3 \rightleftharpoons H[O(CH_2)_4OOC(CH_2)_2CO]_nO(CH_2)_4OH + CH_3OH$$

图 5-7　酯交换反应法制备 PBS

这两种方法合成的 PBS 相对分子质量较低、特性黏度低、熔体强度低，导致 PBS 真空吸塑和片材挤出等成型加工过程较困难。

3. 扩链剂法

利用小分子扩链剂和 PBS 端基发生扩链反应可以制备较高相对分子质量的聚合物（图 5-8），日本昭和化工首次使用该方法生产了高分子量的 PBS。最初，PBS 在生产过程使用的扩链剂主要是二异氰酸酯。由于二异氰酸酯的毒性，导致早期的 PBS 制品在医用材料、食品包装和一次性餐具等领域的使用受到限制。目前主要采用的扩链剂包括环氧类、异氰酸酯类、噁唑啉类和酸酐类。经过扩链可以使 PBS 的相对分子质量达到 5×10^4~30×10^4。

$$HO(CH_2)_4OH + HOOC(CH_2)_2COOH \rightleftharpoons H[O(CH_2)_4OOC(CH_2)_2CO]_nO(CH_2)_4OH +$$

$$OCN(CH_2)_6NCO \longrightarrow \left[\overset{O}{\overset{\|}{C}}(CH_2)_2COO(CH_2)_4O - \overset{O}{\overset{\|}{C}}NH(CH_2)_6NH\overset{O}{\overset{\|}{C}} - O(CH_2)_4COO(CH)_2\overset{O}{\overset{\|}{C}} \right]_n$$

图 5-8　扩链剂法制备 PBS

二、聚丁二酸丁二醇酯的结构

PBS 的结构单元是丁二酸和丁二醇形成的酯，与 PET 等含有芳香基团的聚酯不同，PBS 完全由脂肪族分子构成，分子链较柔软，熔点较低，具有较快的结晶速率。纯 PBS 结晶过程的成核点密度低，导致形成的球晶尺寸较大。

PBS 有两种结晶形态，α 型属于单斜晶系，β 型在应力作用下才会存在，属于正交晶系。α 型和 β 型晶型之间的转换可以通过应力的施加和去除来实现。α 型在 WAXD 的特征衍射峰为 19. 7°、21. 9°、22. 8°，分别是 α 型的（020）、（021）、（110）晶面的衍射峰。

三、聚丁二酸丁二醇酯的性能

PBS无臭无味，树脂呈乳白色，密度为1.26g/cm^3，熔点为114℃左右，T_g为-32℃,分解温度为350~400℃。根据相对分子质量的高低及其分布的不同，结晶度在25%~45%。PBS易燃，且在燃烧过程中易产生熔融滴落。

表5-4和表5-5给出了日本昭和商品化的PBS（Bionole）的基础物性以及力学性能数据。Bionole与PP、PE-LD和PE-HD的基础物性以及力学性能相近。

表5-4　　商品化Bionole与PP、PE-LD和PE-HD基础物性的比较

基础物性	Bionole	PP	PE-LD	PE-HD
密度/（g/cm^3）	1.26	0.90	0.92	0.95
结晶度/%	25~45	45	40	70
熔点/℃	114	163	110	129
T_g/℃	-32	-5	-120	-120
最大结晶温度/℃	75	110	95	115

表5-5　　商品化Bionole与PP、PE-LD和PE-HD力学性能的比较

力学性能	Bionole	PP	PE-LD	PE-HD
熔融指数/（g/10min）	1~3	3	0.8	1
屈服强度/（kg/cm^2）	355	300	100	290
断裂伸长率/%	600	800	700	300
弯曲模量/（kg/cm^2）	5300	13500	—	1200
IZOD冲击强度/（J/m）	30	2	746	4

PBS的加工性能良好，可以在普通加工成型设备上进行成型加工，加工温度为140~260℃。物料加工前须进行干燥，含水率0.02%以下。

四、聚丁二酸丁二醇酯的改性

PBS是一种结晶型聚酯，常用于其他天然高分子、微生物发酵的生物降解材料的共混改性剂。然而作为一种生物降解材料，PBS的降解周期相对较长，同时其强度相对较差，常需要对其进行改性来进一步改善其性能。

通常与PBS共混的材料有淀粉、聚酯（如PET、PBT）等，提高PBS的力学性能，同时降低成本。添加淀粉可以提高材料的弹性模量，而且淀粉本身是可完全生物降解的，所以添加淀粉对PBS的生物降解性有好处。

第五节　聚（己二酸-对苯二甲酸）丁二醇共聚酯

聚（己二酸-对苯二甲酸）丁二醇共聚酯［Poly（butyleneadipate-co-terephthalate），

PBAT]，是以己二酸丁二醇酯（BA）和对苯二甲酸丁二醇酯（BT）为结构单元的无规共聚物，1998年由BASF公司推出的一种脂肪族/芳香族共聚酯，商品名称为Ecoflex。目前，全球PBAT产能最大的公司为BASF。国内有金发科技、金晖兆隆、蓝山屯河等。

PBAT既有良好的延展性、断裂伸长率、耐热性和抗冲击功能，又具有优良的生物降解性，综合了脂肪族聚酯的优异降解性能和芳香族聚酯的良好力学性能。加工性能与PE-LD相似，可以进行注塑、挤塑、吹塑等多种加工形式，广泛用于片材、地膜、包装、发泡以及其他地方。

PBAT的合成有直接酯化法和酯交换法。直接酯化法主要是以PTA（或DMT）、AA以及BDO为原料，在催化剂条件下，直接进行酯化、缩聚反应。酯交换法主要是以PBA、PTA（或DMT）、BDO为原料，在催化剂作用下，先进行酯化反应或交换反应生成对二苯二甲酸丁二醇酯预聚体（BT），再与PBA进行酯交换熔融缩聚而制得。PBAT的分子结构式如图5-9所示。

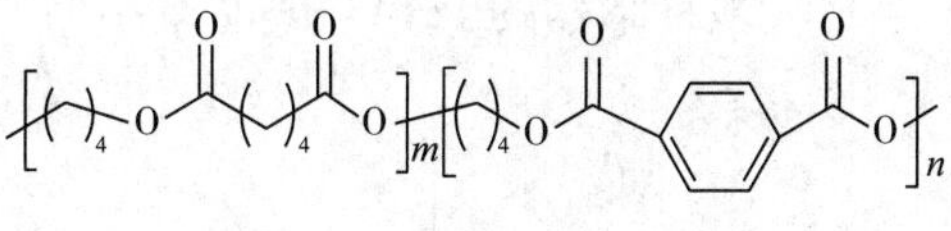

图5-9 PBAT的分子结构

PBAT是一种半结晶型聚合物，通常T_g为-30℃，结晶温度为110℃，熔点为130℃，结晶度为30%左右，密度为1.18~1.3g/cm^3，肖氏硬度为85以上。

PLA的韧性较差，缺乏柔性和弹性，抗冲击和抗撕裂能力差，限制了PLA的使用范围。PBAT恰好具有良好的拉伸性能和柔韧性，利用PBAT与PLA共混可实现对PLA的增韧。

思考题

PBAT与PLA的相容性如何？是否需要使用助剂改善PBAT/PLA合金的性能？

第六节 聚碳酸亚丙酯

聚碳酸亚丙酯［Poly（propylene carbonate），PPC］是由二氧化碳和环氧丙烷合成的脂肪族聚碳酸酯。1969年日本京都大学的井上祥平发现可用二氧化碳合成生物降解塑料之后，世界许多国家的科研机构和企业都开展了研究。20世纪90年代中期美国的Air Products公司、PAC Polymer公司率先克服了二氧化碳聚合物的制备技术难题，获得了工业化产品。PPC的分子结构如图5-10所示。

PPC是一种无定形二氧化碳聚合物，相对分子质量在5×10^4~14×10^4，密度为1.29g/cm^3，T_g为40℃，热分解温度为250℃左右，23℃下的拉伸强度为29MPa，拉伸模量为950MPa，无毒、环保。一般相对分子质量在5×10^4左右的树脂在淤泥中掩埋，

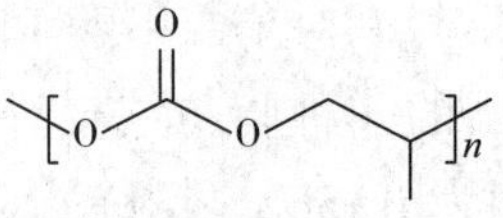

图 5-10　PPC 的分子结构

完全降解需要 6~18 个月。

PPC 为憎水性树脂，分子结构紧密，水分子难以通过，不溶胀不溶解，同时具有高阻隔性，除二氧化碳外的气体透过性低。但是 PPC 由于力学性能不高、T_g 较低等，限制了其应用。

第七节　聚羟基脂肪酸酯

聚羟基脂肪酸酯（PHA），是目前唯一一种完全经过微生物发酵制备的线性生物聚酯，利用不同的微生物已经合成多种结构的 PHA，其基本结构如图 5-11 所示。

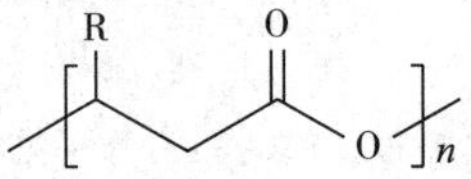

图 5-11　聚羟基脂肪酸酯的基本结构

R 为正烷基侧链，可以是甲基到壬基中任一种。PHA 可以是同一种羟基酸的均聚物也可以是多种羟基酸的共聚物。当 R 基是甲基时，即为聚 3-羟基丁酸酯（PHB），3-羟基丁酸是人体血液中的天然物质，这也是 PHB 具有优异的生物相容性的原因，是 PHA 大家族中研究最为广泛、最深入的一种；当 R 基分别为丁基和戊基时，即为聚（3-羟基丁酸酯-co-3-羟基戊酸酯）（PHBV）无规共聚物（图 5-12），是目前研究最多的一种共聚羟基酸酯。

PHA 类聚合物除了具有优异的生物降解性和生物相容性外还具有非线性光学性、压电性、气体阻隔性等许多高附加值性能。PHB 虽然可以通过微生物合成，但是生物合成方法成本高，难以规模化生产，同时其结晶度高，化学结构难以控制，成型加工困难。化学合成法一直是研究 PHA 合成的热点，多集中在 β -丁内酯的开环聚合上。与 PLA、PCL 的开环聚合类似，辛酸亚锡、烷基铝、异丙氧基铝等是常用的开环聚合催化剂。

20 世纪 80 年代，英国帝国化学公司最早开发了商品名为 Biopol 的产品。但是 PHB 的结晶度仍然高达 80%，热稳定性差，加工窗口很窄，最致命的缺点是脆性。为克服 PHB 的这些缺点，在发酵过程中加入 3-羟基戊酸单元（HV）合成 PHBV 是目前最有效的一种改性途径。

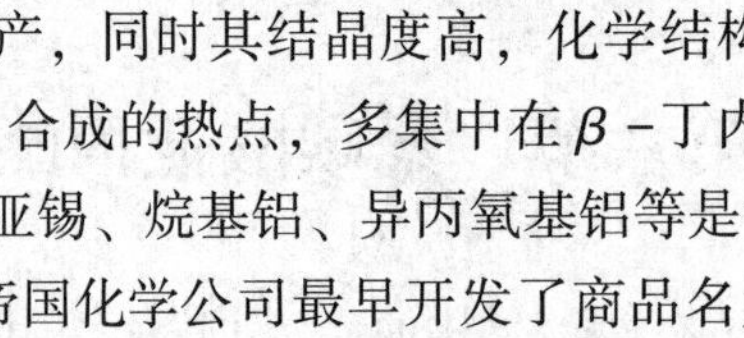

图 5-12　聚 3-羟基丁酸/戊酸酯分子的结构

PHBV的力学性能取决于结晶行为和晶体结构，PHB和PHV的晶体都属于正交晶系。随着共聚物中HV含量的不同，PHBV晶体会出现同二晶现象。当HV含量低于40%时，按照PHB的晶格结晶；HV含量高于40%时，按照PHV的晶格结晶；HV含量在40%左右时，体系中两种晶系同时存在。但是无论以哪种晶格形式结晶，PHBV的结晶度都会高于60%，熔点为175～180℃。相对于PHB，PHBV的结晶度有效降低，PHBV可溶于氯仿、二氯甲烷、三氯乙烯、三氯乙醇、三油酸甘油、冰乙酸等，部分溶于二氧六环、辛醇、吡啶等。

但是，PHBV的纯度较高，成核速率慢，成型时容易粘连，导致加工困难。此外，PHBV的分子链立构规整度高，晶粒生长速率快，结晶度高，但晶核密度低，易形成较大尺寸的球晶，材料仍然易脆化。当PHBV中HV含量低于12%时，是脆性材料，断裂伸长率约6%。PHBV的T_g低于室温，部分结晶结构不稳定，存放过程中易发生二次结晶，导致制品尺寸稳定性差。同时，PHBV大球晶尺寸及低亲水性使得其降解缓慢。

PHBV球晶尺寸大而性脆，生产成本相对较高和加工窗口有限等，限制了PHBV的应用。PHBV可以与天然高分子聚合物、合成高分子聚合物以及纳米粒子共混改性。

聚（3-羟基丁酸酯-co-3-羟基己酸酯）（PHBHHx）也是PHA家族中的一员，它是PHA的第三代产品。PHBHHx由3-羟基丁酸与3-羟基己酸两种单体共聚而成。与PHB相比，其柔性和韧性都有很大提高。HHx的摩尔分数为0～30%，HHx的比例越高，材料的结晶度越低，弹性和柔软性特征越显著。根据HB与HHx比例的不同，PHBHHx表现为由硬质到软质。PHBHHx具有优良的生物降解性，同时具有防臭、防酸化和防湿性。然而，其力学性能不高。

PHA及其共聚物的应用研究主要集中在生物医学领域，包括药物控制释放、医疗缝合线以及人工皮肤等。

第六章　塑料助剂

塑料助剂，也称塑料添加剂，是塑料材料加工过程中出于各种不同目的，如改进加工或使用性能，或降低成本等加入的一些有机或无机物。塑料本身就是聚合物树脂和助剂按一定比例混合后得到的混合物。

塑料助剂可以分为“合成助剂”和“加工助剂”两大体系。其中，合成助剂是指由单体制备聚合物树脂过程中所涉及的各种辅助化学品，如阻聚剂、引发剂、相对分子质量调节剂、终止剂、乳化剂、分散剂和防黏釜剂等。它们旨在改善聚合条件、调节相对分子质量的大小和分布，与聚合工艺密切相关，一般不会带入聚合物树脂及其塑料制品中，此类助剂习惯上归在树脂的合成工艺中讨论，现代塑料助剂的概念基本框定在加工助剂方面。

表 6-1　助剂的类型以及功能

助剂类型	改性功能
抗氧剂、热稳定剂、光稳定剂、防霉剂等	稳定化
增塑剂、润滑剂、脱模剂、热稳定剂等	改善加工性能
增强剂、填充剂、偶联剂、抗冲击改性剂、交联剂、增容剂等	改善力学性能
增塑剂、发泡剂等	柔软化、轻量化
增塑剂、防雾剂、着色剂等	改善表面性能和外观
阻燃剂、抑烟剂、防滴落剂等	改善燃烧性能
抗静电剂	改善静电效果
成核剂	改善透明性、结晶性能

表 6-1 列出了常用的助剂类型以及相应的功能。一种助剂类型可以起到多重作用。如增塑剂，除了用于制备软质 PVC 制品外，还可以改善 PVC 的加工性能和外观；热稳定剂，一方面可以改善 PVC 等对热敏感材料的加工性能，同时也可以起到使用过程的稳定化。

本章将根据助剂功能分类，分别介绍稳定化助剂（抗氧剂、热稳定剂、光稳定剂）、改善加工性能助剂（增塑剂、润滑剂、脱模剂）、改善力学性能助剂（填料、偶联剂、抗冲击改性剂、交联剂、增容剂）、改善燃烧性能助剂（阻燃剂、抑烟剂、防滴落剂）、其他助剂（发泡剂、成核剂、着色剂、抗静电剂、可降解添加剂）等。随着塑料材料环保发展的要求，开展可降解塑料的研究开发生产势在必行，因此，在其他助剂部分引入了可降解添加剂。

一、助剂选择的考虑因素

助剂功能不同，同时一种助剂又有很多不同结构。设计配方时，根据制品性能要求如何选择一种合适的助剂是关键。助剂选择时，需要考虑的因素体现在以下几个方面。

1. 加工和使用过程长有效性

助剂添加效果与树脂基体的相容性和挥发性有关。助剂与树脂的相容性好，助剂分子难以向塑料表面迁移，作用可持久。液状助剂和增塑剂的沸点应高于树脂的加工温度，这样才不会在加工过程中大量挥发。另外，助剂还应该在聚合物中长期稳定存在，以发挥其效用。在行业中，将固体助剂析出现象称为“喷霜”，液体助剂析出称为“渗出”或“出汗”。

2. 卫生性与毒性

塑料制品总要与人接触，特别是那些食品包装与人的健康有更密切的关系，因此既要符合卫生要求，又要避免有毒有害的物质析出。各类铅盐是 PVC 的高效热稳定剂，但无论在加工操作过程还是制成制品后的缓慢迁出都对所接触的人体有害，应限制使用，并逐渐使用其他无毒或低毒的钡、锌盐类进行替代。

3. 助剂之间的“协同”或“对抗”作用

“协同作用”是指两种助剂配合使用后比单独用时的效果大，而“对抗作用”与其相反。受阻酚类抗氧剂如 1010 和亚磷酸酯类抗氧剂如 168 单独使用的抗氧效果不如并用效果；铜、锰、钴、铁、镍等变价的过渡金属给聚烯烃带来铜害效应，在聚烯轻配方中不能添加含这类金属离子的颜料作为着色剂；受阻胺（HALS）类光稳定剂不能与硫醚类辅助抗氧剂并用，硫醚类滋生的酸性成分抑制 HALS 的光稳定作用；芳胺类和受阻酚类抗氧剂一般不与炭黑类紫外光屏蔽剂并用，炭黑对胺类或酚类的直接氧化有催化作用；铅盐类助剂不能与含硫化合物的助剂一起使用，否则引起铅污染。

4. 助剂的两面性

树脂中添加一些无机填料后能提高刚性和强度，但降低了电绝缘性能；炭黑是有效的紫外线吸收剂和抗氧剂，同时还有抗静电作用，但是只能制备黑色制品。

5. “双指令”对助剂选用的限制

以欧洲议会和理事会关于废旧电子电器设备的指令（WEEE 指令）和关于在电气电子设备中禁止使用有害物质的指令（RoHS 指令）为典型。RoHS 指令明确规定，从 2006 年 7 月 1 日起，凡投放欧盟市场的大型、小型家用器具、IT 和远程通信设备、视听设备、照明设备、电气和电工工具、玩具及休闲运动设备、自动售货机 8 类机电产品不得含有铅、汞、镉、六价铬、多溴联苯（PBB）和多溴联苯醚（PBDE）6 种有害物质；2005 年 7 月 5 日，欧盟理事会决定对各类玩具和儿童保育品中禁止使用邻苯二甲酸二乙基己酯（DEHP）、邻苯二甲酸二丁酯（DBP）和邻苯二甲酸丁苄酯（DIDP）；同时，邻苯二甲酸二异壬酯（DINP）、邻苯二甲酸二异癸酯（DONP）、邻苯二甲酸二正辛酯（DNOP）也被禁止使用在此类产品中。近期部分双酚 A 类、苯乙烯类的部分助剂也将被纳入双指令中。在开发塑料配方的时候要根据制品的销售、出口和应用选择合适的助剂。

二、助剂的发展方向

开发高效、高性能的新型助剂和对传统助剂进行复合化、高相对分子质量化、环保化是目前助剂行业发展的重要方向。

1. 复合化

一种助剂使之具有多功能性，同时满足多种功能的需求。各种组分之间的协同机理的研究和协效组分的开发将是未来助剂复合化技术发展的关键。

2. 高相对分子质量化

高相对分子质量的抗氧剂 1010 比低相对分子质量 1076 的耐水解能力、耐迁移性、耐抽提性明显改善。聚合型抗静电剂可实现永久抗静电。齐聚溴代碳酸酯、齐聚磷酸酯等高相对分子质量阻燃剂对除阻燃性之外的其他基本物理力学性能的恶化程度明显降低。受阻胺光稳定剂（HALS）高相对分子质量化不仅可提高热稳定性、与树脂的相容性、耐迁移性、耐抽出性，而且能降低毒性，延长塑料制品的使用寿命。

3. 环境友好化和卫生性

高效、多功能、无毒、无公害是塑料助剂发展的总趋势。曾经大量使用重金属铅盐稳定剂的欧盟国家（如法国）已完全采用 Ca/Zn 复合热稳定体系进行替代。

第一节　塑料助剂——稳定化

树脂、塑料及复合材料在成型加工、储存和使用过程中不可避免地要与氧气及光接触，再加上温度的变化，导致它们在外观、结构和性能上发生变化，即老化。发生老化虽然是外在因素诱发的，但归根结底还是材料本身以及配方体系存在的薄弱点导致的，如：

（1）结构或组分内部具有易引起老化的弱点。对树脂而言，PE 比 PTFE 易老化，因为 C—F 键的键能（119kJ/mol）比 C—H 键的键能（99kJ/mol）高，C—H 键更容易发生断裂；PP 不如 PE 耐老化，这是因为 PP 的碳链上甲基的存在使主链上的 α-H 容易发生断裂，产生降解；聚酯中的酯基容易水解；ABS 中，“丁二烯”相中的 C ═C 双键易热氧老化、光氧老化、臭氧老化；PVC 引发剂残基存在，80℃时，残基分解，脱出 HCl，形成共轭双键。

（2）塑料中的微量杂质。聚合物催化剂的残余物、未反应完的微量单体、反应的副产物、塑料制造过程中与设备接触形成的杂质，如 Fe、Cu、Mn 等金属粉末将加速 PP 氧化降解。

（3）塑料中其他添加剂。PE 中加入炭黑和防老剂 H（N,N'-二苯基对苯二胺）具有对抗作用。

总体来说，引起老化的外界因素以氧、光、热 3 个因素最为重要，它们导致高分子材料发生氧化反应和热分解反应，带来降解。

一、抗氧剂

抗氧剂主要作用为延缓或抑制高分子材料在聚合、储存、运输、加工、使用过程中受大气中氧或臭氧作用而发生氧化反应导致冲击强度、拉伸强度、弯曲强度和断裂伸长率等使用性能大幅降低，阻止材料老化并延长使用寿命的化学物质。目前，抗氧剂是各类高分子材料制备过程中常用的助剂之一。

2018 年全球抗氧剂消费量约 52.38×10^4t 左右。主要抗氧剂生产企业有巴斯夫、科莱恩、雅宝、科聚亚等。

（一）高分子材料的氧化老化过程

高分子材料的氧化过程是一系列的自由基链式反应，在热或光的作用下，高分子材料的化学键发生断裂，生成活泼的自由基，与氧结合形成氢过氧化物。氢过氧化物发生分解反应，生成烃氧自由基和羟基自由基。这些自由基可以引发一系列的自由基链式反应，导致高分子材料的结构和性质发生根本变化，氧化降解过程如图 6-1 所示。

$$P—H \xrightarrow{h\upsilon,\triangle} P\cdot + H\cdot$$

$$P + O_2 \rightarrow POO\cdot \qquad POO\cdot + PH \rightarrow POOH + P\cdot$$

$$P—H\cdot \rightarrow POOH \rightarrow PO + HO$$

$$POO\cdot + P—H \rightarrow POOH + P\cdot$$

$$PO\cdot + P—H \rightarrow POH + P\cdot \xrightarrow{O_2} PPO\cdot$$

$$HO\cdot + P—H \rightarrow H_2O + P\cdot$$

$$P\cdot + P\cdot \rightarrow P—P \qquad P\cdot + POO\cdot \rightarrow POOP$$

图 6-1　高分子材料的降解过程

为了抑制和减缓高分子材料的氧化降解，延长它们的使用寿命，提高其使用价值，常常在高分子材料里加入少量能抑制或减缓高分子材料降解老化的物质，即抗氧剂。以 PP 氧化降解为例，如图 6-2 所示。PP 的氧化降解是一种自催化的自由基链式反应，由链引发、链增长、自动催化、链转移和链终止几部分组成。PP 较不稳定的螺旋形构象以及结构中的叔碳原子对氧化较为敏感，受外界热氧光、剪切力作用下极易生成自由基。R—一旦形成，不仅可引发生成 ROO—，还可使 ROO—发生分子内脱氢反应，导致自由基向聚合物链迁移，并生成能够均裂成新自由基的 ROOH，自动催化 PP 降解反应。随着自由基浓度的增大，增加了自由基之间的碰撞概率，反应生成非自由基产物，终止自催化。整个过程不仅改变了 PP 的化学结构（变为醛、酮、羧酸、酯），还使其相对分子质量降低，表现为发黄变脆、表面开裂，热稳定性与力学性能降低，降低使用寿命。

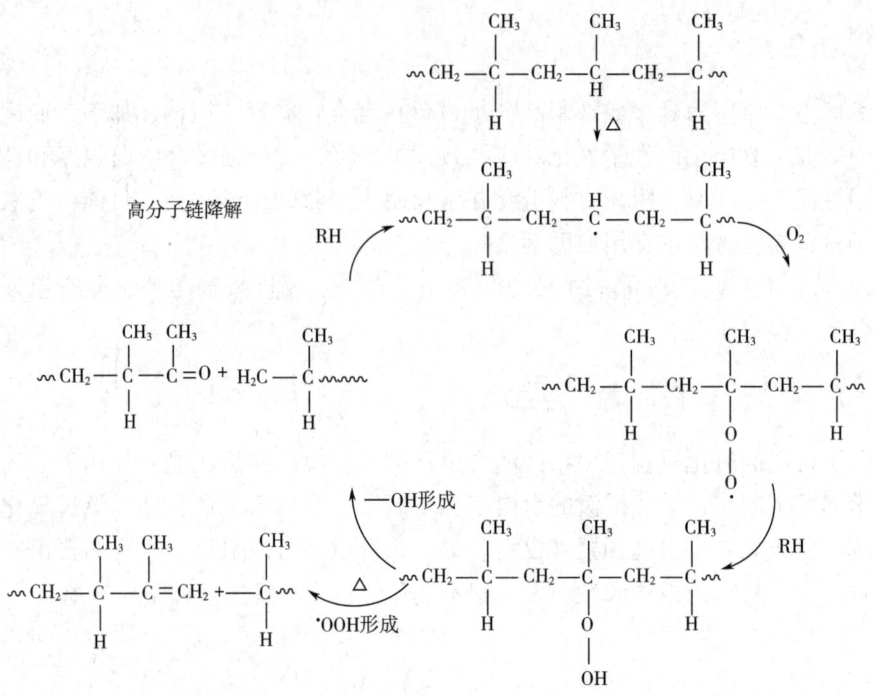

图 6-2　PP 氧化降解过程

（二）抗氧剂种类及其作用机理

针对上述氧化过程，按照抗氧剂的作用机理可将其分为链终止剂、过氧化物分解剂和金属离子钝化剂 3 类。通常把链终止剂称为主抗氧剂，后两类称为辅助抗氧剂，抗氧剂的分类如表 6-2 所示。

表 6-2　　抗氧剂的分类

种类	按照化学结构分类		按照作用机理分类
主抗氧剂	酚类	单酚、双酚、多酚	链终止剂
		硫代双酚	
	胺类	苯胺、二苯胺	
		对苯二胺	
		喹啉衍生物	
辅助抗氧剂	亚磷酸酯类		过氧化物分解剂
	硫酯类		
	双水杨水叉二胺		金属离子钝化剂
	单酰胺		
	3-芳基-苯并呋喃酮		自由离子捕获剂

1. 主抗氧剂

分子结构中有不稳定的氢原子，可与自由基或增长链发生作用，阻止自由基或增长链从聚合物中夺取氢原子，使氧化降解被终止。

（1）胺类。胺类主抗氧剂是一类应用最早的抗氧剂。目前塑料工业中常用挥发性低的芳香族仲胺衍生物，主要有二芳基仲胺、对苯二胺、酮胺和醛胺等，其抗氧化过程如图 6-3 所示。通常胺类主抗氧剂的防护效能较高，但多数受光和氧的作用后会程度不等地发生变色，造成制品着色和污染，因此，不适用于浅色、艳色和透明制品。

$$(C_6H_5)_2NH + ROO\cdot \longrightarrow ROOH + (C_6H_5)_2N\cdot$$

$$(C_6H_5)_2N\cdot + ROO\cdot \longrightarrow (C_6H_5)_2NNOOR$$

图 6-3　胺类主抗氧剂的抗氧化过程

（2）酚类。酚类抗氧剂是一类不变色无污染的主抗氧剂，主要用于对制品色度要求较高或浅色制品。这类抗氧剂大多数都含有受阻酚的结构，其抗氧化过程如图 6-4 所示。

多酚抗氧剂 1010 和 1076 是目前国内外塑料抗氧剂的主导产品。1010，即四［3-（3,5-二叔丁基-4-羟基苯基）丙酸］季戊四醇酯，白色粉末，熔点为 120～125℃，毒性较低，以相对分子质量高、不挥发、不污染、与塑料材料相容性好、抗氧化效果优异成为消费量最大的品种。在 PP 树脂中应用较多，也可以用于其他大多数树脂。一般加入量不大于 0.5%。抗氧剂 1010 对 PP 加工降解的抑制作用效果如图 6-5 所示。1076，即 3-（3,5-二叔丁基-4-羟基苯基）丙酸十八酯，白色或微黄结晶粉末，熔点为 50～55℃，无毒，不溶于水，可溶于苯、丙酮、乙烷和酯类等溶剂，可作为 PE、PP、PS、PVC、PA、ABS 和丙烯酸等树脂的抗氧剂，具有抗氧性好、挥发性小、耐洗涤等特性。一般用量不大于 0.5%，可用作食品包装材料成型用助剂。

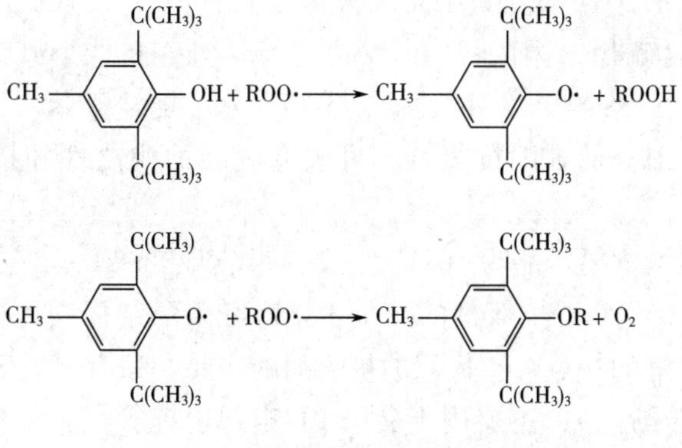

$C(CH_3)_3$　　　　　　　　$C(CH_3)_3$
CH_3—[苯环]—$OH + ROO\cdot \longrightarrow CH_3$—[苯环]—$O\cdot + ROOH$
$C(CH_3)_3$　　　　　　　　$C(CH_3)_3$

$C(CH_3)$　　　　　　　　$C(CH_3)_3$
CH_3—[苯环]—$O\cdot + ROO\cdot \longrightarrow CH_3$—[苯环]—$OR + O_2$
$C(CH_3)_3$　　　　　　　　$C(CH_3)_3$

图 6-4　酚类抗氧剂的抗氧化过程

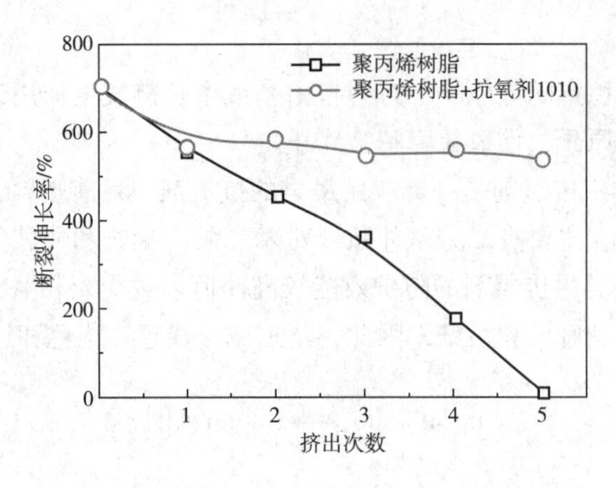

图 6-5　抗氧剂对 PP 加工降解的抑制作用

2. 辅助抗氧剂

使氢过氧化物分解成非自由基型的稳定化合物，从而避免因氢过氧化物分解成自由基而引起的一系列降解反应。主要为亚磷酸酯类和有机硫化物，其抗氧化过程如图 6-6 所示。

$$ROOH + P(OR')_3 \longrightarrow ROH + O = P(OR')_3$$

图 6-6　氢过氧化物的抗氧化过程

抗氧剂 168，即（2,4-二叔丁基苯基）亚磷酸酯，白色结晶粉末，熔点为 183~186℃，不着色、不污染、耐挥发性好，是国内生产和消费量仅次于 1010 的抗氧剂。与主抗氧剂 1010 或 1076 复配有很好的协同效应，可用于 PE、PP、PVC、PS、PA、PC、ABS 等体系中。

国内生产的含硫抗氧剂有硫代酯、硫代双酚和硫醚型酚类抗氧剂 3 个品种。其中，硫代酯抗氧剂有 4 个产品：硫代二丙酸二（十二醇）酯（DLTP 或 DLTDP）；硫代二丙酸二（十三醇）酯［DTDTP 或 DTDTDP（液体抗氧剂）］；硫代二丙酸二（十四醇）酯（DMTP 或 DMTDP）；硫代二丙酸二（十八醇）酯（DSTP 或 DSTDP）。抗氧剂 DLTP，白色结晶粉末，熔点为 38~40℃，毒性低，不溶于水，能溶于苯、四氯化碳、丙酮，用于 PE、PP、ABS 和 PVC 的辅助抗氧剂，可改变制品的耐热性和抗氧性，一般用量为 0.01%~2%。

硫醚型酚类抗氧剂主要产品为 1035｛2,2-硫代双［3-（3,5-二叔丁基-4-羟基苯基）丙酸乙酯］｝。硫代双酚抗氧剂的分子中含有受阻酚结构，在塑料材料中表现出抗氧性能高、耐热性能好的特点。硫代双酚抗氧剂的主要产品为抗氧剂 300［4,4′-硫代双（6-叔丁基-3-甲基苯酚）］，主要用于交联 PE 电线电缆等塑料材料。抗氧剂 300 对塑料材料的着色保护性能不是很理想，需与 DLTP 或 DSTP 协同使用。

3. 自由离子捕捉剂

可有效捕获碳为中心的自由基，在稀氧条件下（如在大型挤出机内），传统的链终止型抗氧剂不能胜任俘获烷基自由基的任务。HP-136，即 3-芳基-苯并呋喃酮，新型抗氧剂中的内酯型特效碳自由基捕捉剂，可以弥补传统抗氧剂的不足，特别是在稀氧条件下俘获烷基自由基，在开始阶段抑制稀氧加工下所引起的氧化降解。

4. 金属离子钝化剂

能阻止金属催化氧化降解反应，常用的有双水杨叉二胺、草酰胺等，金属离子钝化剂能够与变价金属络合，将其稳定在一个价态，从而清除这些金属离子对氧化的催化活性，用量一般为0.5%。

5. 复合抗氧剂

由2种（或2种以上）不同类型或同类型不同品种的抗氧剂复配而成的复合抗氧剂，在塑料材料中可取长补短，以最小加入量、最低成本而达到最佳抗热氧老化效果。如1010与168按不同比例复合的抗氧剂215、225、561；1076和168复合的抗氧剂900等。

此外，LIANOX HP2225是1010/168和特效碳自由基捕捉剂等多元协效混合物，是一种高效的聚烯烃和工程塑料加工稳定和长期热稳定的保护体系，特别适合于PP、聚酯、PC等断链降解型树脂的热加工稳定和长期热稳定性能的热稳定体系。

（三）抗氧剂的选择

抗氧剂应具备以下条件：具有高的抗氧化能力；与树脂的相容性好，不析出；加工性能良好，在高聚物的加工温度下不挥发、不分解；耐水、油抽出性好；本身无色或浅色，不污染制品；无毒或低毒；价格低廉。

抗氧剂选用原则：

①主抗氧剂酚类无毒或低毒，不污染制品，是塑料中最常用的抗氧剂。胺类抗氧剂效果优于酚类，但易污染制品，且大多数有毒。对于浅色与透明制品，不能选胺类抗氧剂。

②辅助抗氧剂亚磷酸酯类与主抗氧剂的协同效果好，并且可提高耐热性、色泽及耐候性，缺点是耐水性差，需用耐水型亚磷酸酯。

③不同主抗氧剂品种并用有协同作用，比采用单一抗氧剂效果好，如抗氧剂1010与抗氧剂264并用。

④对于户外使用的塑料制品，应加入高性能的抗氧剂及光稳定剂。对于电线、电缆及高矿物填充塑料制品，应加入金属离子钝化剂。

⑤对于高温下使用的塑料制品，应加入半受阻酚类与硫醚类复合抗氧化剂。

（四）抗氧剂应用效果的表征

评估塑料热氧化稳定性的方法很多，如差热分析（DTA）、差示扫描量热法（DSC）、热重分析法（TG）及热机械分析法（TMA）。可以采用DSC测试PP材料的氧化诱导期（OIT）数据。按照GB/T 17391—1998测试，在氮气中以一定的速率升温至200℃，保持恒温，从氮气切换为氧气气氛，当PP吸氧到一定程度发生分解反应，DSC基线向放热方向偏移，分别对放热曲线和基线作切线的交点到切换氧气开始之间的时间称为氧化诱导期，如图6-7所示。

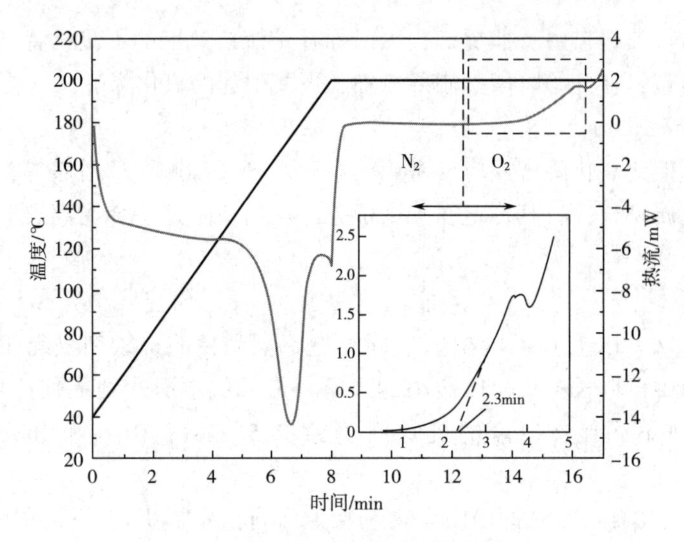

图 6-7 PP 氧化诱导期测试曲线

相对高温但通常低于聚合物熔点下，在烘箱中加速老化是应用广泛的测试方法之一（如 DIN 53383 第一部分，ISO 77—1983）。测试标准包括光谱数据，如红外光谱基（DIN 53383 第二部分），比色法测定褪色及力学性能，如冲击强度、拉伸强度。

有些聚合物如 PC、聚胺类老化导致的分子尺度的变化，可以通过测量溶液黏度进行检测（DIN 53727、ISO 307—1977、D 2857—1987）。

（五）抗氧剂的发展趋势

1. 高分子化

高分子抗氧剂具有高的热稳定性、耐抽提性、相容性好及相对无毒，抗氧剂的大分子化是近期发展的一个重大方向。高分子抗氧剂可以通过共聚和大分子反应而获得。

2. 反应型

也称为高分子结合型抗氧剂（polymer bound antioxidant）。通过含有反应基团的抗氧剂，在高分子热加工或聚合中，通过化学反应键合在所保护的高分子链上，从而使低相对分子质量的抗氧化作用化合物达到高分子抗氧剂所具有的耐热、耐抽提、易相容的效果。

3. 多功能化

多功能稳定剂集多种防老化功能于一身，具有一剂多功效特性，常出现自协同作用，效率高。

4. 复合化

单一抗氧剂难以满足高分子有机物多方面性能要求，复合型产品具有效果好、综合性能佳、多种助剂充分发挥协同作用，提高抗氧剂的性能。

如 *N*,*N′*-双［3-（3′,5′-二叔丁基-4′-羟基苯基）丙酰］己二胺是一种分子内复合型抗氧剂，具有受阻酚和受阻胺类抗氧剂的双重功效，有良好的热稳定性、抗析出性、抗辐射性和与树脂的相容性，是一种优良的高分子材料用抗氧剂和热稳定剂。

5. 绿色化

维生素 E 的有效成分为 α-生育酚（ATP），ATP 不仅显示抗氧活性，而且可以消除或降低塑料包装材料内的异味。密度为 0.95g/cm³，沸点为 200~220℃，不溶于水，溶于油类、脂肪、丙酮、醇、氯仿、醚，用作聚烯烃的主抗氧剂。

（六）抗氧剂典型应用

1. PP 体系

表 6-3 给出的是典型的 1010/168 复合抗氧剂对 PP 材料经过 1 次和 4 次双螺杆挤出机加工后对材料外观以及力学性能的影响。相比 1 次加工，4 次加工后，添加抗氧剂的体系相应的黄度指数、MFR 增加幅度低于纯 PP 体系，拉伸强度、冲击强度的降低幅度低于纯 PP 体系。相比纯 PP，抗氧剂体系的氧化诱导期从 2.2min 增加到 20.8min。复合抗氧剂体系表现了很好的抗老化性能。

表 6-3　典型的 1010/168 复合抗氧剂对 PP1 次和 4 次加工后外观以及力学性能的影响

项目	黄度指数		MFR/g·(10min)$^{-1}$		拉伸强度/MPa		冲击强度/kJ·m^{-2}		氧化诱导期/min
加工次数	1 次	4 次	1 次	4 次	1 次	4 次	1 次	4 次	1 次
纯 PP	20	35	5.8	11.8	38.0	26.8	9.6	3.8	2.2
PP/1010/168	16	20	2.1	2.7	38.5	31.8	10.0	7.9	20.8

2. PBT 体系

表 6-4 给出的是多次加工以及热氧老化对不同抗氧体系玻璃纤维增强 PBT 黄度指数的影响。其中，碳自由基捕捉剂（HP-136）能在稀氧条件下捕获聚合物降解初期产生的自由基，可显著提高材料加工过程中的热稳定性，从而保证了材料加工过程中的耐黄变性能。相比 Naugard 412S，THP-EPQ 亚磷酸酯类抗氧剂可捕捉游离的自由基同时又可还原被氧化的酚类抗氧剂，从而最大限度地抑制材料加工时的色泽变化，保证了其耐黄变性能。但是有机硫类抗氧剂 Naugard 412S 的热稳定性高且可有效地分解受阻酚氢转移过程中产生的氢过氧化物，使之转化为稳定产物，从而可有效保证长期热氧老化过程中玻璃纤维增强 PBT 材料的抗黄变性能。采用受阻酚抗氧剂、有机硫类抗氧剂与碳自由基捕捉剂复配的三元抗氧体系既可保证玻璃纤维增强 PBT 材料加工过程中的耐黄变性能，又可改善材料长期热氧老化过程的耐黄变性能。

表 6-4　多次加工以及热氧老化对不同抗氧体系玻璃纤维增强 PBT 黄度指数影响

材料	*b* 值		
	加工 1 次后	加工 5 次后	150℃老化 1000h 后
玻璃纤维增强 PBT	8.21	13.78	22.57
添加 1010/THP-EPQ	6.52	9.16	17.81
添加 1010/Naugard 412S	7.03	10.05	14.23

续表

材料	b 值		
	加工 1 次后	加工 5 次后	150℃老化 1000h 后
添加 1010/THP-EPQ/HP-136	5.62	6.15	17.62
添加 1010/Naugard 412S/HP-136	5.75	6.43	13.75

注：b 值：颜色的蓝黄值，数值越大，材料越黄；THP-EPQ：四（2,4-二叔丁基酚）-4,4′-联苯基二亚磷酸酯；Naugard 412S：季戊四醇类十二硫代丙酯；HP-136：3-芳基-苯并呋喃酮。

思考题

1. 胺类抗氧剂和酚类抗氧剂各有何优缺点？
2. 主抗氧剂和辅助抗氧剂的作用机理有何不同？
3. 简述金属离子钝化剂的作用机理。
4. 设计 PP 户外产品的耐老化配方。
5. 设计玻璃纤维增强 PBT 材料的长期耐老化配方。

二、光稳定剂

高分子材料在使用过程中，由于日光中紫外线的照射和空气中氧的作用等的影响，引起不同程度的破坏，导致聚合物降解，使得制品的外观及性能变差，这种过程称之为光氧化或光老化。使材料发生老化最主要的因素是紫外线，如紫外光波长 $\lambda=300$nm 时，光强 $E=90.0$kcal/mol；$\lambda=350$nm 时，$E=81.4$kcal/mol。通常，化学键的键能为 10~40kcal/mol。而可见光波长为 400nm，$E=71.5$kcal/mol；$\lambda=800$nm，$E=35.7$kcal/mol。紫外光和大部分可见光能破坏化学键。图 6-8 给出了主要的化学键的敏感破坏波长。表 6-5 给出的是不同高分子材料最敏感的紫外光波长。材料在常温下主要由紫外线照射引起的光氧化过程是一般的抗氧剂不能阻止的。

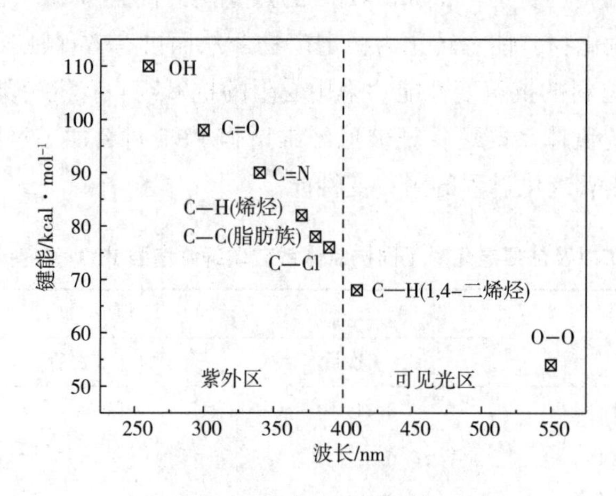

图 6-8 常见化学键的键能

表 6-5 不同高分子材料最敏感的紫外光波长

材料	POM	PC	PE	PMMA	PS	PVC	PP	聚酯
波长/nm	300~320	295	300	290~315	318	310	310	290~320

(一)光稳定剂的作用机理及分类

光稳定剂的作用是抑制或减弱光对聚合物的降解破坏。2018 年全球光稳定剂的消费量约 6.57×10^4t。光稳定剂主要作用为屏蔽光线、吸收并转移光能量、猝灭或捕获自由基，常见的光稳定剂及其作用机理如表 6-6 所示。

表 6-6 常见的光稳定剂及其作用机理

分类	作用机理	品种
屏蔽剂	反射紫外光	炭黑、氧化锌、二氧化钛
吸收剂	吸收紫外光，并以热能或其他形式释放	二苯甲酮、苯并三唑、三嗪
淬灭剂	转移激发态能量	镍有机化合物
自由基捕获剂	捕获自由基、分解氢过氧化物、传递激发态能量	癸二酸双(2,2,6,6-四甲基哌啶)酯、苯甲酸 2,2,6,6-四甲基哌啶酯

1. 光屏蔽剂

光稳定的第一道防线，主要用于反射紫外光，使其不能进入聚合物体内，如炭黑、氧化锌、钛白粉等。炭黑的光屏蔽效果与用量、粒度和分散性有关，以 15~25nm 为佳，加入量一般为 2%~5%，但不宜和胺类抗氧剂并用；氧化锌可用于白色或不透明制品，加入量一般为 5%~10%；金红石型钛白粉的耐候性、耐热性良好，不易变黄，耐水性较好，适宜户外使用的塑料制品。如：PE 中加入 1%炭黑，制品寿命可达 30 年；PP 中加入 ZnO，使寿命比纯 PP 长 22 年。

2. 紫外线吸收剂

光稳定的第二道防线，可有选择地吸收紫外光，并通过能量转移方式将有害光能转变为无害光能，以热能形式释放，如图 6-9 所示。特点是羟基邻位有羰基，主要用于 PVC、PMMA、PC 等酸性聚合物体系中。除了本身具有很高的吸收能力外，紫外线吸收剂还必须对光非常稳定，否则它自己会很快被消耗掉。

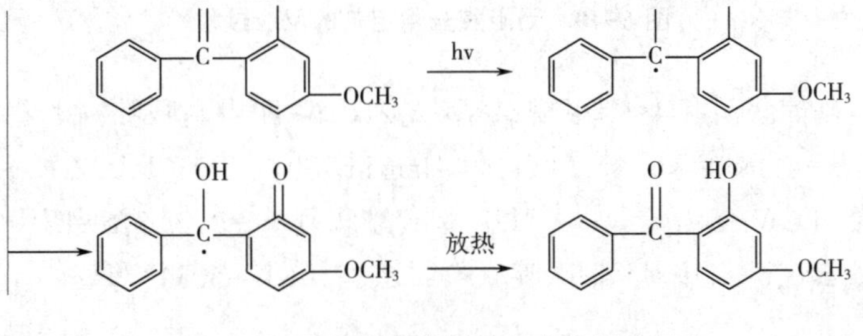

图 6-9 紫外线吸收剂的自我修复过程

常见的紫外线吸收剂有二苯甲酮类，UV9、UV531；苯并三唑类，UV326、UV510；水杨酸类。其中，UV9、UV531 多用于透明或浅色制品；UV326 的吸收波长较长，给制品带来轻微的颜色；UV510 的热稳定性强，适于高温成型加工。

3. 光猝灭剂或消光剂

光稳定的第三道防线，用于要求高光稳定性的激发态官能团发生作用，转移激发态官能团的能量的树脂中，通过分子间作用迅速有效地消除（转移）激发能。高温下易变色，并有刺激性气味，主要用于不透明的聚烯烃制品。

转移的形式：一是受激分子 A˙将能量转移给猝灭分子 D，使之成为一个非反应性激发态；二是受激分子与猝灭剂形成激发态配合物，再通过其他光物理过程消散能量。

主要是一些二价的有机镍螯合物。有机镍光稳定剂具有良好的性能，但因重金属离子的毒性问题，可能被其他无毒或低毒猝灭剂取代。

4. 自由基捕获剂类

自由基捕捉剂是一类高效的光稳定剂，捕获高分子中所生成的活性自由基，从而抑制光氧化过程，达到光稳定目的。自由基捕获剂很早用于聚烯烃的抗氧剂，但抗氧剂用的自由基捕获剂不耐光，不能用于光稳定剂。

可用于聚合物光稳定的自由基捕获剂主要是具有空间位阻结构的 2,2,6,6-四甲基哌啶衍生物，被称为受阻胺光稳定剂（HALS）。在北美光稳定剂市场中，HALS 的消费量占比最大，达 57%；其次是紫外线吸收剂，消费量占比为 43%。它们并不吸收波长超过 250nm 的光，因此不属于紫外线吸收剂或猝灭剂，属于自由基清除剂。作为第四道防线，以清除自由基、切断氧化链反应的方式使高聚物稳定。按照捕获自由基的机理，HALS 首先提供一个 H 原子，生成 N—O 自由基，然后再与聚合物中的自由基结合成 N—O—P 结构。生成 N—O—P 结构是 HALS 起效的基础，如图 6-10 所示。但是由于 N—H 结构呈碱性，在酸性体系中，无法实现 N—H 到 N—O—P 的转变，会导致 HALS 的失活。最早工业化的是日本三菱的 LS-744，即 4-苯甲酸基-2,2,6,6-四甲基哌啶。

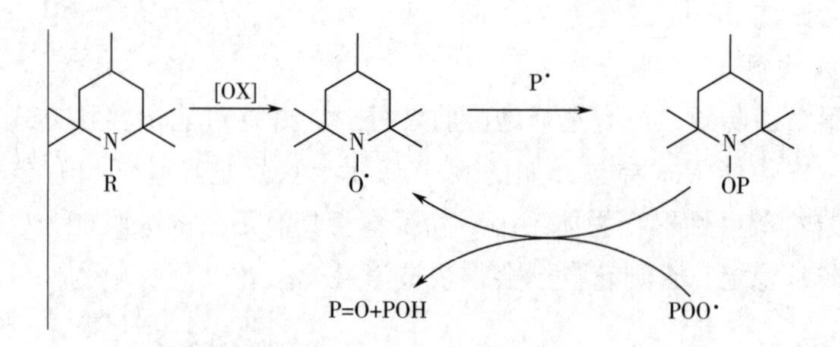

图 6-10　受阻胺光稳定剂的反应过程

常见的自由基捕获剂有 4-苯甲酰氧基-2,2,6,6-四甲基哌啶（光稳定剂 744）、双(2,2,6,6-四甲基-4-哌啶基）癸二酸酯（Tinuvin 770）、三（1,2,2,6,6-五甲基-4-哌啶基）亚磷酸酯（GW-540）、4-（对甲苯磺酰胺基）-2,2,6,6-四甲基哌啶（GW-310)、双（1,2,2,6,6-五甲基-4-哌啶）癸二酸酯（GW-508）等。

（二）光稳定剂的选用原则

对于应用于高分子材料中的光稳定剂，要求如下：能有效地消除或削弱紫外光对聚合物的破坏作用，而对聚合物的其他性能没有影响；与聚合物有良好的相容性、不挥发、不迁移、不被水和溶剂抽出；对可见光的吸收低、不着色、不变色；与聚合物的颜色相近，添加后不改变聚合物的颜色。

由于紫外线吸收剂吸收光能后，增加了制品发热的可能性，因此必须考虑同时加入抗氧剂和热稳定剂。这就要求三者具有协同作用。ZnO 可以提高 PP 的户外使用寿命，若与主抗氧剂 1010、辅助抗氧剂 DSTP 和紫外线吸收剂三嗪并用，具有很好的协同作用。炭黑与硫代酯类抗氧剂配合应用有优良的协同作用，而与胺类、酚类抗氧剂并用时产生对抗作用。

（三）光稳定剂的稳定性实验

1. 加速老化

老化设备通常垂直安装一个光源。氙灯是目前的人工光源中，模拟光降解最好的一种。样品放置在离光源一定距离的圆盘上。控制恒温恒湿，在样品上喷淋水和交替光照样品，用喷淋来模拟下雨和冷凝。常见的用于塑料的氙灯老化标准如 ASTM G155-1、ISO 4892-2a。

紫外荧光灯也是使用历史较长的一种人工光源。虽然对紫外区间的模拟不如氙灯好，但是其造价低，易维护，特别是加速较快。常见的紫外荧光灯老化标准是 ASTM G154。

2. 室外老化

室外老化时，将聚合物样品固定放在一个朝南（北半球）固定的支架上，通常光照要倾斜 45°，样品安装在合适的支架上，最好是不锈钢架。另一种可能性是在玻璃罩下进行室外老化，使用的标准是 DIN53 386—1982、ISO 4607—1978、ISO 4582—1980、ASTM D1435—85。

光老化后进行性能测试，以判断光老化程度，包括物理性能：拉伸强度、断裂伸长率、冲击强度、弯曲强度等；颜色：黄度、灰度、色差等；表面性能：光泽度、粗糙度等。老化实验一般周期较长，一个实验往往要分成多个段，每段照射结束后拿出样品进行测试，再将样品放回箱内继续照射。

（四）光稳定剂的发展趋势

20 世纪 60 年代出现了苯并三唑类光稳定剂，其后又出现了猝灭型光稳定剂，70 年代中期出现了受阻胺类光稳定剂。目前光稳定剂的发展趋势主要集中在高相对分子质量化、多功能化以及反应性方面。

1. 高相对分子质量化

可以有效防止光稳定剂在聚合物中挥发、迁移和抽出。聚［4-（2,2,6,6-四甲基哌啶基）亚氨基］六亚甲基［4-（2,2,6,6-四甲基哌啶基）亚氨基］乙烯的相对分子质量为 2000，迁移性和挥发性低。

2. 复合化和多功能化

N-（2-乙氧基苯基）-*N′*-（2-乙苯基）乙二酰胺光稳定剂兼有抗氧剂和金属离子钝化剂功能。光稳定剂791是50%光稳定剂944和50%光稳定剂770复配而成，具有优良的光稳定效能和长效热稳定性。

3. 反应性

将反应性基团引入光稳定剂分子中，使其在加工时与聚合物键合，从而永久地存在高分子材料中。

4. 绿色环保

欧洲化学品管理局（ECHA）的化学品注册、评估、许可和限制法规（REACH）已经对部分苯并三唑类紫外吸收剂的使用进行了限制，这对光稳定剂的安全环保性能敲响了警钟。近期Brüggeman公司推出新的光稳定剂，材料来自可持续的绿色化学品，没有挥发性问题，具有200~800nm的宽光谱吸收，在近红外、中红外、远红外区域均有吸收，可用于薄膜、纤维或模塑应用。

（五）光稳定剂应用

1. ABS体系

由表6-7可见，对于ABS体系，二苯甲酮类光稳定剂效果不佳，而草酰胺类光稳定剂由于熔点高、不易挥发，同时又具有抗氧剂和金属离子钝化剂作用，表现更优。HALS光稳定剂的加入，进一步改善了ABS的耐光老化性能。

表6-7　受阻胺光稳定剂与紫外吸收剂协同对ABS树脂6个月光老化后性能的影响

项目	6个月光老化后黄色指数	6个月光老化后羰基指数
纯ABS	19.8	0.62
ABS+二苯甲酮类	20.0	0.61
ABS+草酰胺类	14.8	0.52
ABS+二苯甲酮+HALS	10.5	0.20
ABS+草酰胺+HALS	9.8	0.18

2. PE滴灌带

表6-8给出了PE滴灌带在添加炭黑以及抗氧剂、光稳定剂后自然暴晒60天和120天后的力学性能保持率。纯PE滴灌带60天暴晒后的断裂伸长率保持率仅仅为15.6%，失去使用价值。作为光屏蔽剂的炭黑引入后，暴晒60天和120天后力学性能有所改善；进一步与抗氧剂以及受阻胺类光稳定剂并用后，力学性能保持率大幅改善，表现了很好的耐光老化性能。

表6-8　PE滴灌带自然暴晒60天和120天后的力学性能保持率

项目	暴晒60天后拉伸强度保持率/%	暴晒60天后断裂伸长率保持率/%	暴晒120天后拉伸强度保持率/%	暴晒120天后断裂伸长率保持率/%
纯PE	81	15.6	32.1	6.6

续表

项目	暴晒 60 天后拉伸强度保持率/%	暴晒 60 天后断裂伸长率保持率/%	暴晒 120 天后拉伸强度保持率/%	暴晒 120 天后断裂伸长率保持率/%
PE+炭黑	86.7	88.5	63.9	61.9
PE+抗氧剂 3114+炭黑	97.6	93.6	>90	82.3
PE+抗氧剂 3114+炭黑+光稳定剂 770	96.8	93.7	>90	87.8

思考题

1. 紫外线吸收剂和自由基捕获剂的作用机理有何不同？
2. 如何表征材料的抗光老化性能？
3. 请设计 PE 滴灌带的抗光老化配方。
4. 简述光稳定剂的选用原则。
5. 请设计 ABS 材料的光老化配方。

三、热稳定剂

热稳定剂是一类能防止和减少聚合物在加工和使用过程中受热而发生降解或交联、延长复合材料使用寿命的添加剂。PVC 加工过程中，达到熔融流动之前就有少量的分子链断裂而释放出氯化氢，氯化氢是一种加速分子链断裂连锁反应的催化剂，不及时排除分解出来的氯化氢将使高分子链一直裂解成为低分子化合物，以致使 PVC 不能成型加工。为了最大限度地弥补 PVC 缺陷，需要用稳定剂消除引起开始脱氯化氢的不稳定部位；或作为氯化氢的清除剂；或当自由基产生时与之反应；或改变多烯结构以阻止颜色变化、分子链断裂和交联。在 PVC 配方设计中，热稳定助剂不可缺少。

（一）热稳定剂的种类及作用机理

常用热稳定剂有盐基类、脂肪酸皂类、有机锡化合物、复合型热稳定剂及纯有机化合物类。

1. 盐基类热稳定剂

盐基类稳定剂是指结合有“盐基”（Pb）的无机和有机酸铅盐，一般采用三碱式硫酸铅，俗称三盐，分子式为 $3PbO \cdot PbSO_4 \cdot H_2O$（2%～7%）与二碱式亚磷酸铅，俗称二盐，分子式为 $2PbO \cdot PbHPO_3 \cdot 1/2H_2O$（前者的 1/2 左右）并用。

作用机理：吸收 PVC 分解放出的 HCl，生成的 $PbCl_2$ 对 HCl 无催化作用，而且不导电，如图 6-11 所示。

盐基类热稳定剂具有优良的耐热性、耐候性和电绝缘性，但分散性差，有一定毒性，不可应用于与食品接触的制品、儿童玩具等，而且透明性差，缺乏润滑性。目前主要用于生产电线电缆、板片材、硬质型材、防水卷材等。

$$3PbO \cdot PbSO_4 \cdot H_2O + 6HCl \rightarrow 3PbCl_2 + PbSO_4 + 4H_2O$$

$$PbO + 2HCl \rightarrow PbCl_2 + H_2O$$

图 6-11 盐基类热稳定剂的反应过程

2. 脂肪酸类

该类热稳定剂是指由脂肪酸根与金属离子组成的一类化合物，金属一般为钙（Ca）、钡（Ba）、镉（Cd）、锌（Zn）、铅（Pb）、镁（Mg）等，常用脂肪酸为硬脂酸，也称为金属皂类热稳定剂。金属皂类热稳定剂的热稳定性不如铅盐，但具有润滑性，除 Cd 和 Pb 类外都无毒，除 Pb 外都透明，无硫化污染，广泛应用于无毒、透明的 PVC 软质树脂。

作用机理：吸收 HCl，酯化不稳定 Cl 原子，如图 6-12 所示。

$$Me(COOR)_2 + HCl \rightarrow Me(Cl)(COOR) + HCOOR$$

$$Me(Cl)(COOR) + HCl \rightarrow MeCl_2 + HCOOR$$

图 6-12 脂肪酸类稳定剂的反应过程

镉、锌皂属典型的初期热稳定剂，快速吸收 HCl，并在 Cd、Zn 的催化下有效地以羧酸根取代 PVC 链上的不稳定氯原子，有效抑制初期降解和着色，但因其消耗快而转化产物 $CdCl_2$、$ZnCl_2$，又是 PVC 脱 HCl 的高效催化剂，因而会引发 PVC 恶性降解（锌烧），长期热稳定性差。

钡、钙皂属典型的长期热稳定剂，只有吸收 HCl 的功能，不能有效抑制 PVC 着色，但因转化产物 $BaCl_2$、$CaCl_2$ 不具催化活性，不会引起 PVC 突然变黑，长期热稳定性较好。

复合型热稳定剂一般是指硬脂酸盐与有机稳定助剂（亚磷酸酯、环氧大豆油、β-二酮类等）形成的复配物，如硬脂酸锌/硬脂酸钙（无毒透明）、硬脂酸钡/硬脂酸锌（无毒透明）、硬脂酸钡/硬脂酸铬（有毒透明）等复合使用。镉皂毒性大，在国外已禁用。

羧酸锌同 PVC 中烯丙基氯反应是钙锌复合稳定剂稳定作用的主反应，羧酸钙的存在将锌皂与 PVC 的不稳定氯原子反应生成的有害 $ZnCl_2$ 再生成为锌皂，从而一方面活化了锌皂，另一方面又大大降低其催化能力，而自身转变成无害的 $CaCl_2$，从而抑制了 $ZnCl_2$ 的破坏作用，原理如图 6-13 所示。

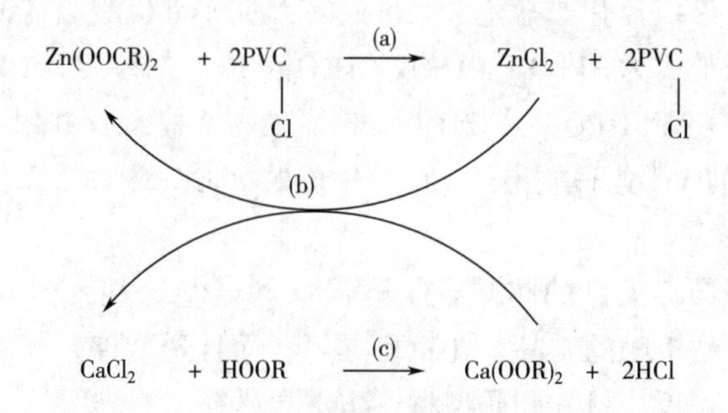

图 6-13 钙锌复合稳定剂的作用机理

3. 有机锡类热稳定剂

有机锡类热稳定剂的稳定性高、透明性好、耐热性优异，大都无毒、无润滑性。加入量一般为0.5~2份。有机锡稳定剂的结构通式为 $R_nS_nY_{4-n}$，其中R基团可以是烷基，如甲基、丁基、辛基，也可以是酯基，如丙烯酸甲酯、丙烯酸丁酯等。Y基团可以是脂肪酸根、硫醇根等，主要品种有二烷基锡、酯基锡等。

作用机理：吸收HCl，去除不稳定Cl原子，与双键反应。

主要用于玩具、医用PVC制品、人造革、管材/板材、注射制品等对安全性要求较高的PVC制品的生产。

4. 稀土稳定剂

可以是稀土的氧化物、氢氧化物及稀土的有机弱酸盐等，其中以稀土氢氧化物热稳定效果最好。热稳定性优于铅盐和金属皂类，无毒、透明、价廉，可以部分代替有机锡类稳定剂，加入量为3份左右。无润滑作用，应与润滑剂一起加入。

5. 有机化合物热稳定剂

该类热稳定剂除少数可单独使用的主稳定剂（主要是一些含氮的有机化合物）外，还包括高沸点的多元醇、亚磷酸酯、环氧大豆油、水滑石等。多元醇利用多羟基结构中和HCl，并可以与氯化锌形成稳定配合物，抑制锌烧。亚磷酸酯，Ca/Zn复合稳定剂中应用最广的辅助稳定剂。与氯化锌形成稳定配合物抑制锌烧，同时作为抗氧剂吸收游离基终止链断裂。环氧类，传统上用作热稳定剂的是环氧大豆油。环氧化物与氯化氢反应生成氯乙醇，在钙、锌等金属皂催化作用下，取代PVC中不稳定的氯原子而发挥稳定作用；促进氯化锌复分解再生锌皂，具有后期稳定性，抑制锌烧。β-二酮，与锌皂形成配合物提高Zn的有效浓度，降低碱性，减慢脱HCl速度，可以有效提高Ca/Zn稳定剂的透明性，但无长期稳定性。水滑石类层状双羟基复合金属氢氧化物（LDH）是具有特殊结构和性能的无机晶体材料，由于其表面羟基吸收PVC热分解释放出的HCl气体，从而抑制HCl对PVC的分解催化作用。

（二）热稳定剂的选用原则

热稳定剂应该具备如下条件：①热稳定效能高；②与PVC兼容性好，挥发性低，不升华，不迁移，不喷霜，不容易被水、油及其他溶剂抽出；③适当的润滑性；④不与其他助剂反应，不被硫与铜等物质污染；⑤不降低制品电性能及印刷性等二次加工性能；⑥无毒、无异味、无污染；⑦加工使用方便，价格低。

（三）热稳定剂的发展趋势

高效、低毒、复合型、无污染是热稳定剂未来的发展方向，无镉、低铅、无尘化以及代替铅盐已成为热稳定剂品种开发的重点，如以辛基锡为主体的热稳定剂、钙/锌复合为主的复合热稳定剂、非金属稳定剂等。

（四）热稳定剂的稳定性试验

转矩流变仪可模拟高分子材料加工过程，研究高分子材料的熔融塑化、热稳定性。

采用混合器时，高聚物以粒子或粉末形式自加料口加入到密闭混炼室中，物料受到上顶栓的压力，并且通过转子表面与混合室壁之间的剪切、搅拌、挤压，转子之间的捏合、撕扯，转子轴向翻捣、捏炼等作用，实现物料的塑化、混炼，直至达到均匀状态。实验中通过记录物料在混合过程中对转子产生的反扭矩以及温度随时间的变化，可以研究物料在加工过程中的分散性能、流动行为及结构变化。

图 6-14 是采用转矩流变仪记录的 PVC 树脂在加工温度 170℃、转速 60r/min 下熔融塑化以及分解过程。在 2~3min 左右首先出现了 PVC 塑化峰，之后转矩出现平台，证明已经塑化均匀。加工时间增长到 13min 时转矩突然升高，是由于 PVC 发生分解，释放出 HCl，体积膨胀导致。塑化峰与出现分解峰之间的时间即为 PVC 稳定加工区间。同时，随着稳定剂含量从 1.9%增加到 2.0%，分解时间延长，稳定性获得改善。

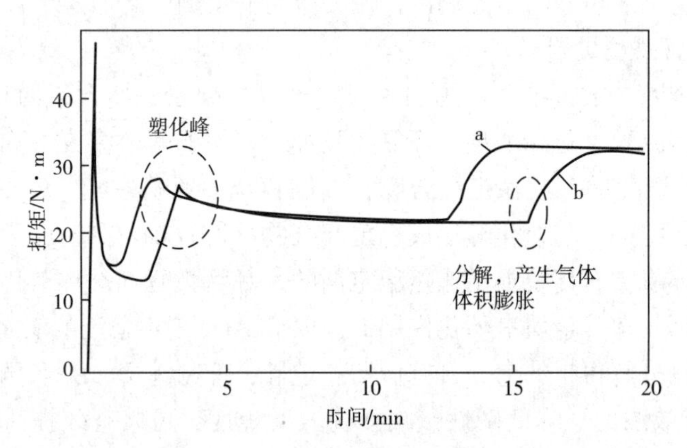

图 6-14　PVC 的转矩流变仪塑化与稳定行为

a：PVC+1.9%稳定剂　b：PVC+2%稳定剂

(五) 热稳定剂在 PVC 配方设计中的应用

典型的 PVC 无毒透明硬质产品配方如表 6-9 所示。采用双二正辛基锡有机锡类热稳定剂与环氧大豆油配合使用，提高热稳定性的同时，不影响制品的透明性。同时采用透明 MBS 提高 PVC 制品的抗冲击性能。

表 6-9　PVC 无毒透明硬瓶配方

成分	加入量/份	成分	加入量/份
PVC	100	MBS	6
环氧大豆油	2	硬脂酸	0.5
增塑剂 DOP	1	双二正辛基锡	3
增塑剂 DPOP	1.5	—	—

四、缚酸剂

在含有极性共聚单体或自由基引发物的聚合过程中，Zigler-Natta 催化体系始终以酸性成分存在于反应体系中，导致聚合后的产物中有较低含量（10^{-6}级）的卤素成分残留，腐蚀树脂加工过程所用设备表面。此外，这些树脂加工过程中出现变色、降解等问题。缚酸剂（acid scavenger）也称抗酸剂或共稳定剂，吸收聚合物体系中的酸性物质，多以碱性物质为主，也就是简单的酸碱中和。目前使用的品种主要有金属皂类、水滑石、水铝钙石、氧化锌等。

思考题

1. 简述 PVC 的热降解机理。
2. 铅盐热稳定剂有何优缺点?
3. 金属皂类热稳定剂有何优缺点? 如何复配使用?
4. 有机锡类热稳定剂有何优缺点?
5. 针对常用的 PVC 门窗产品开发，选用合适的热稳定剂。

第二节 塑料助剂——改善加工性能

一、增塑剂

增塑剂是填加到聚合物体系中能使聚合物体系塑性增加的物质。一方面使体系的熔融温度、熔融黏度降低，加工性能得到改善；另一方面改善制品的柔韧性。增塑剂是塑料工业中重要的助剂之一，大量应用于 PVC 中。此外，在 PVDC、纤维素树脂、聚醋酸乙烯酯、聚乙烯醇（PVA）、ABS、PA 等树脂及橡胶或热塑性弹性体中也有应用。

（一）增塑机理

1. 润滑理论

润滑理论认为树脂能够抵抗形变是因为分子间有摩擦力，增塑剂能起润滑剂作用，促进大分子间或者分子链间运动。

2. 凝胶理论

凝胶理论认为树脂能够抵抗形变是由于内部存在着三维蜂窝状结构或者凝胶。这种凝胶是由于在聚合物分子链间或多或少发生黏着而形成的，形成的蜂窝弹性极小，很难通过物体内部的移动使其变形。增塑剂进入树脂中，沿高分子链产生许多吸附点，通过新的吸附而松弛破坏原来的吸引力，并替代了聚合物分子内的引力中心，使分子容易移动。

3. 溶剂化理论

增塑剂的溶剂化和溶胀能力取决于 3 种分子间作用力：增塑剂/增塑剂、增塑剂/聚合物、聚合物/聚合物。增塑剂一般是小分子，与聚合物分子间有一定的吸引力，而该力小于聚合物/聚合物之间的作用力。增塑剂/增塑剂间的作用力越低，越能发挥增塑剂的效能。

4. 极性理论

极性理论认为，在增塑剂分子、聚合物分子和增塑剂/聚合物分子之间必须平衡，以确保凝胶稳定。因此，增塑剂必须是含有一个或者多个与特定聚合物极性相匹配的极性或者非极性基团。增塑剂分子的渗入，降低了聚合物分子间的范德华力，使高聚物分子间距离增大，借以增加制品的柔顺性。

当PVC中增塑剂用量太低时，可能会出现“反增塑”效果。可能原因是增塑剂带来链段运动自由度增加，导致聚合物结晶、分子间作用力增大。也有可能是分子通过“搭桥”作用，使聚合物分子链之间发生有效的分子间力的传递，增加了分子间的作用，此时需要提高增塑剂用量。

（二）增塑剂分类

1. 按与树脂的相容性

根据增容剂与树脂间的相容性，常用的增塑剂可分为主增塑剂、辅助增塑剂和增量剂。主增塑剂与树脂的相容性好，可单独使用，一般添加量较大，与树脂质量相容比例可达1∶1；辅助增塑剂与树脂的相容性差，与树脂质量相容比例低于1∶3，一般不单独使用，需与适量主增塑剂混合使用。增量剂与树脂的相容性更差，与树脂质量相容比例低于1∶20，但与主增塑剂或辅增塑剂的相容性较好，使用目的是降低成本或为其他特殊用途。

2. 按作用方式

根据增塑剂与树脂间的相互作用，可分为内增塑剂和外增塑剂。内增塑剂又称永久型增塑剂，是指增塑剂为聚合物大分子链的一部分，即从大分子结构本身实现增塑，可以避免增塑剂的离析。内增塑通常是通过把某些单体与需增塑的聚合物单体通过嵌段、接枝等方法破坏大分子的规整性，降低了聚合物的结晶度或增加了分子链间的距离，减弱分子间作用力，增加分子可活动链段的长度，使得聚合物的可塑性、韧性增加。例如采用醋酸乙烯与氯乙烯共聚，在PVC链段中引入极性较弱、柔性的醋酸乙烯链段，既可降低PVC分子间的偶极矩，又可增大分子链间距离，使得PVC的抗冲击性能提高。

外增塑剂又称添加型增塑剂，是把低相对分子质量的化合物或聚合物添加到需要增塑的聚合物内，这些小分子进入到聚合物分子链之间，加大了聚合物分子链之间的距离，削弱了聚合物分子链间的作用力，增加了聚合物分子链的移动性，从而使聚合物的可塑性和韧性增加。外增塑剂一般是一种高沸点、低挥发性的液体或低熔点的固体，而且绝大多数都是酯类。一般说的增塑剂都是指外增塑剂。

3. 按应用性能

根据增塑剂本身的性能，可分为耐寒型增塑剂、耐热型增塑剂、阻燃型增塑剂、防雾型增塑剂、防潮型增塑剂、耐候型增塑剂、抗静电型增塑剂、无毒型增塑剂等。

4. 按相对分子质量大小

根据增塑剂的相对分子质量大小可分为单体型增塑剂和聚合型增塑剂。单体型增塑剂是相对分子质量较低的化合物，相对分子质量在200~500，也称低分子型增塑剂；聚合型增塑剂是指相对分子质量较大的线性聚合物，平均相对分子质量大于1000，也称高分子型增塑剂，其挥发性小，耐迁移，耐抽出，还可以改善材料的力学强度。

5. 按化学结构区分

（1）苯二甲酸酯类。包括邻苯、间苯和对苯二甲酸酯3类，其中邻苯二甲酸酯类增塑剂的品种多、产量大、应用广泛。常用品种包括邻苯二甲酸二正丁酯（DBP）、邻苯二甲酸二（2-乙基己）酯（DOP）、邻苯二甲酸二异丁酯（DIBP）和邻苯二甲酸二异癸酯（DIDP）等。这类增塑剂可使材料保持良好的绝缘性和耐寒性，一般作为主增塑剂。如DOP具有与树脂兼容性好，挥发性小，光、热稳定性好，电性能好，耐低温，毒性低的优点，缺点是不耐油。

（2）二元脂肪酸酯类。主要有己二酸、壬二酸、癸二酸等二酯，一般作为耐寒性增塑剂使用，改善聚合物的低温柔韧性和冲击性能。通常分子中脂肪链碳原子数与酯基数的比值越大，耐寒性越好。与树脂相容性不太好，只能作为辅助增塑剂，通常与邻苯二甲酸酯类主增塑剂掺混使用，用量为总增塑剂用量的20%左右。如己二酸二辛酯（简称DOA），耐寒性良好，有一定耐热、耐光和耐水性且无毒，通常与DOP、DIDP共用于耐寒配方。

同邻苯二甲酸酯类相比，二元脂肪酸酯主要表现出以下特点：低温性能优于DOP，其中耐寒性最佳的是癸二酸二辛酯（DOS）；塑化效率优于DOP；耐久性差；电绝缘性能差；耐光性差；耐候性差。

（3）磷酸酯类。常用品种有磷酸三甲苯酯（TCP）、磷酸甲苯三苯酯（TPP）、磷酸二苯-辛酯（ODP）、磷酸二苯-异辛酯（DPOP）、磷酸甲苯二苯酯（CDP）。这类增塑剂的优点是电绝缘性、阻燃性好，耐磨、防霉性好，缺点是有毒。如TCP，水解稳定性好，耐油性和电绝缘性、耐菌性优良，但耐寒性差，配合DOA使用可以改善。

磷酸酯类增塑剂的特点：与树脂的相容性好；优良的阻燃性；耐久性好，挥发性、抽出性较DOP好；耐寒性差。

（4）多元醇酯类。主要有双季戊四醇酯和乙二醇酯。双季戊四醇酯的挥发性低、耐抽出性良好、难于热分解和氧化、电绝缘性能好，是优良的耐热增塑剂，适用于高温电线绝缘配方中。乙二醇酯的耐寒性虽然很好，但色泽较深、挥发性较大。一般加入量为增塑剂总量的10%~20%。

多元醇酯具有优良的低温性能，与DOA相似，优良的耐热、耐老化及耐抽出性，电性能好，可作为耐热增塑剂和高温绝缘材料的增塑剂；良好的耐污染性及无毒。

（5）环氧化油及环氧化油酸酯类。既是增塑剂又是稳定剂，主要用作耐候性高的PVC制品的辅助增塑剂。主要品种有环氧大豆油、环氧脂肪酸辛酯等。一般加入量为增塑剂总量的10%。环氧大豆油，主要成分为十八碳的不饱和脂肪酸，具有优良的热稳定性和光稳定性，耐水性和耐油性也较好，并可赋予制品良好的力学性能、耐候性和电性能。与聚酯类增塑剂并用，可减少聚酯的迁移，与热稳定剂并用显示良好的协同效应。

（6）含氯增塑剂。耐燃性增塑剂，主要包括氯化石蜡和氯化脂肪酸酯类。这类增塑剂的电性能良好，但与树脂的相容性差、热稳定性不好，主要用于电线、电缆配方中作辅助增塑剂。常用的氯化石蜡根据含氯量不同可分为氯化石蜡-42、氯化石蜡-50、氯化石蜡-52和氯化石蜡-70。氯化石蜡-42在PVC中的配用限度为25~40份，而氯化石蜡-52可配用35~60份。含氯量较高的氯化石蜡的阻燃性也较好。

（7）苯多酸类。主要为偏苯三酸酯、均苯四酸酯类。挥发性低、耐抽出、耐迁移，具有类似聚酯增塑剂的优点，同时相容性、加工性、低温性能又类似于邻苯二甲酸酯，兼具有单体增塑剂和聚合增塑剂的优点。通常作为耐热、耐久性增塑剂使用。偏苯三酸酯与PVC的相容性好，可作为主增塑剂。即使在建筑用电线绝缘材料等对耐热性要求严格的场合，目前多采用偏苯三酸三（2-乙基己）酯（TOTM）或偏苯三酸三异辛酯（TIOTM）与DIDP配合使用。

（8）聚合型增塑剂。主要是聚酯类增塑剂和其他共聚型高分子。由二元酸和二元醇缩聚制得，常用的二元酸有己二酸、癸二酸、苯二甲酸；常用的二元醇有丙二醇、丁二醇、己二醇等。相对分子质量较大，挥发性较小，耐热性、耐抽出性、耐迁移性、电性能优良。与树脂的相容性良好，是广泛使用的耐久性增塑剂。主要缺点是塑化效率低、黏度较大，加工性和低温性能不好。

（9）其他类型增塑剂。如烷基磺酸酯类，可作主增塑剂用。若与邻苯二甲酸酯类主增塑剂并用效果更好。力学性能、电性能、耐候性良好，但耐寒性较差。柠檬酸酯，化学名称为2-羟基-1,2,3-丙烷三羟酸，与适当的碳原子的醇进行酯化，是真正的无毒增塑剂。

（三）增塑剂的塑化效率

增塑剂的主要作用是降低聚合物分子间的相互作用力，增加聚合物分子链的移动性，即降低聚合物的软化温度，这是增塑剂最基本的性能。不同增塑剂的塑化效能不同，其性能优劣通常用塑化效率来表示。

塑化效率可理解为使树脂达到某一柔软程度的增塑剂用量，它是一个相对值，可以用来比较增塑剂的塑化效果。以DOP加入PVC的用量为基准，物理性能的指标是弹性模量（温度为25℃、断裂伸长率为100%）为6.94MPa时，其他增塑剂达到此值所加入的量与DOP加入量的比值为增塑效率。各种增塑剂对PVC的塑化效率及相对塑化效率比值如表6-10所示。

表6-10　各种增塑剂对PVC的塑化效率及相对塑化效率比值

增塑剂	塑化效率	相对塑化效率比值
邻苯二甲酸二（2-乙基己）酯（DOP）	33.5	1.00
邻苯二甲酸二正丁酯（DBP）	28.5	0.81
邻苯二甲酸二异丁酯（DIBP）	29.1	0.87
癸二酸二丁酯（DBS）	26.5	0.79
癸二酸二辛酯（DOS）	32.5	0.93
乙二酸二辛酯（DOA）	30.4	0.91
磷酸三甲苯酯（TCP）	35.3	1.12

相对效率比值指塑化同一种树脂达到相同柔韧度时，某一增塑剂与 DOP 塑化效率的比值。相对效率比值大于 1.0，表示该增塑剂相对 DOP 而言，是较差的增塑剂，反之，则优于 DOP。

塑化效率与增塑剂本身的化学结构以及物理性能有关。相对分子质量小的增塑剂显示出良好的塑化效率。分子内极性基团多的或者环状结构多的增塑剂，塑化效率较差。支链烷基结构的增塑剂的塑化效率不及相应的直链烷基的增塑剂。酯类增塑剂中，烷基链长增加，烷基部分由芳基取代，塑化效率降低；烷基碳链中引入醚链，提高塑化效率；在烷基或者芳基中引入氯取代基，塑化效率降低。

实际应用中，聚合物塑化表现为 T_g 下降。增塑剂质量分数对 PVC 玻璃化转变温度的影响如图 6-15 所示。如果已知聚合物和增塑剂的 T_g，则塑化了的聚合物增塑剂体系的 T_g，可以通过经验公式来计算。如 Jenkel 等提出的经验公式：

$$T_g = T_{g1}\omega_1 + T_{g2}\omega_2 + K\omega_2\omega_1 \tag{6-1}$$

式中，T_g——塑化物的 T_g；

T_{g1}、T_{g2}——增塑剂和聚合物的 T_g；

ω_1、ω_2——增塑剂和聚合物的质量分数；

K——软化温度降低系数，对某一增塑剂/聚合物体系而言为常数。

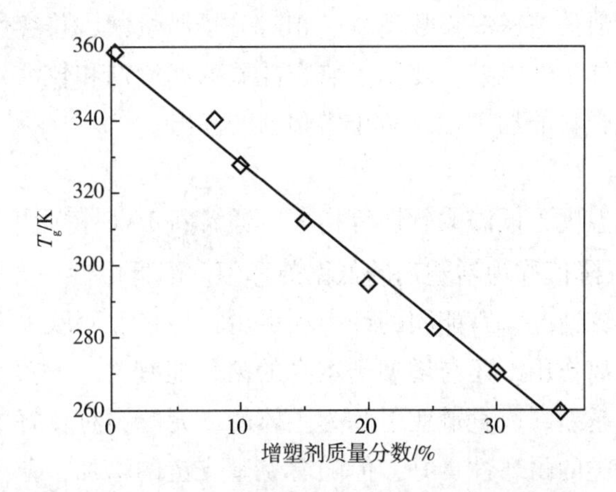

图 6-15 增塑剂质量分数对 PVC 的 T_g 的影响

塑化效率也可以用模量和阻尼来表示。测定模量和阻尼的方法很多，最简单的是扭摆法。剪切模量（G）可以用下式计算：

$$G=\frac{38527.9\times10^{-4}L\cdot I}{CD^3\mu P^2}\ (\text{Pa}) \tag{6-2}$$

式中，L——试样长，cm；

C——试样宽，cm；

D——试样厚，cm；

P——振动周期，s；

I——系统开始摆动的一瞬间的惯性；

μ——试样的形状因素，为 C/D 的函数。

（四）增塑剂选用需考虑的因素

1. 兼容性

作为增塑剂首先要与树脂兼容，这是增塑剂基本的性质之一。如果增塑剂与树脂不兼容，塑化效率无从谈起。增塑剂可能溶解一部分树脂，但大部分是渗入高分子链间起溶胀作用，因此可以简单地把增塑剂视为溶剂。增塑剂的兼容性可以用溶解度参数、相互作用参数、特性黏度、介电常数等表征。

作为主增塑剂使用的烷基碳原子数为4~10的邻苯二甲酸酯，与PVC的兼容性好，但随着烷基碳原子数的进一步增加，兼容性急速下降。酯类增塑剂中烷基为“戊基”时兼容性最好。环氧酯类增塑剂中，多元醇酯比单酯的兼容性好；聚酯增塑剂相对分子质量较大，兼容性较差。氯化石蜡虽然有较强的极性，但单独使用时仍有析出现象，只能作为辅增塑剂使用。此外，环状结构比脂肪族链烃的增塑剂兼容性好；支化结构比直链结构的增塑剂兼容性好。

2. 加工性

增塑剂的加工性与兼容性密切相关，一般来说兼容性好的增塑剂加工性也好。当然也要考虑增塑剂的其他性能参数，如黏度、闪点等。加工性可以通过凝胶化速度、凝胶化温度、鱼眼状斑点消失速率等参数反映。相对分子质量大、兼容性差的邻苯二甲酸酯的凝胶化速度较小，加工性能差。使用了兼容性差的润滑剂和较大用量的稳定剂的情况下，需要充分考虑混合料的加工性，防止增塑剂的渗出。

3. 耐寒性

反映在低温脆化温度、低温柔软性等指标。通常将PVC树脂中加入1%摩尔分数的增塑剂引起的T_g的下降值称为增塑剂的低温效率值。耐低温性一方面取决于增塑剂的结构，包括链长短、分支情况、官能团的种类和多少；另一方面取决于增塑剂进入聚合物链间的极性影响和隔离作用，还与增塑剂本身的活化能有关。增塑剂黏度越大，流动活化能越大，则耐寒性越差。以直链亚甲基为主体的二元酯类有良好的耐寒性；含有较长直链的邻苯二甲酸酯类的耐寒性良好，但随着烷基支链的增加，分子链柔性降低，耐寒性下降。当增塑剂分子中含有环状结构时，耐寒性显著下降。

4. 稳定性

主要包括热稳定性、抗氧稳定性、光稳定性。热稳定性与增塑剂的结构、纯度、润滑性、挥发性有直接关系。抗氧稳定性与其本身结构有关，增塑剂氧化之后酸值增加。光稳定性也称耐候性，环氧化合物可以一定程度上提高PVC的耐候性。

5. 安全性

加拿大卫生部在2011年6月制定的法规中要求，在所有儿童玩具和儿童护理品中邻苯二甲酸二（2-乙基己基）酯（DEHP）、邻苯二甲酸二丁酯（DBP）、邻苯二甲酸丁苄酯（BBP）的含量不得超过0.1%；并在可以入口的儿童玩具和护理品中邻苯二甲酸二异壬酯（DINP）、邻苯二甲酸二异癸酯（DIDP）、邻苯二甲酸二辛酯（DNOP）的含量不得超过0.1%。美国、欧盟、日本、韩国也出台了类似的法规。

（五）增塑剂在 PVC 中的应用

1. PVC 电缆

PVC 电缆料由树脂、稳定剂、增塑剂、填充剂、润滑剂、抗氧剂、着色剂等组成。根据电线电缆产品需要，可以分别开发耐热型（105℃）、耐寒型、耐油型、难燃型、特软型和无毒型 PVC 电缆料。

电缆要求低温下的柔韧性能，需要加入大量的增塑剂。增塑剂应具有相容性好、无毒、增塑效率高、耐光、耐热、耐寒性和耐化学性好、电绝缘和阻燃性好，使用过程无析出、渗出，挥发性低等。

耐热 PVC 电缆料参考配方：

PVC 100 份；CPE 10 份；偏苯三酸三辛酯 50 份；环氧酯 8 份；复合铅盐稳定剂 5 份；陶土 15 份。

2. PVC 缠绕膜

缠绕膜（Wrapping film）又叫自黏膜（Self-adhesive film）、拉伸膜（Stretched film）。缠绕膜要求有一定的强度、韧性；足够的黏弹性，并保持足够长的时间包裹而不发生松弛；单面或双面有一定的黏滞性；良好的可拉伸性。为了使 PVC 薄膜具有良好的黏弹性，可以在 PVC 配方中加入一定量的增塑剂、橡胶或润滑剂，以提高 PVC 薄膜的黏弹性和可拉伸性，提高表面黏滞性。在加工温度和剪切力下，与 PVC 相容性有限的助剂迁移到薄膜表面，使得薄膜表面发黏。

PVC 缠绕膜参考配方：

PVC 100 份；DOP 15 份；DBP 5 份；ACR 39 份；橡胶 7 份；CPE 25 份；油酸酰胺 12 份；有机锡稳定剂 25 份；环氧大豆油 5 份；硬脂醇 1 份。

思考题

1. 简述增塑剂的增塑机理。
2. 简述邻苯二甲酸酯类增塑剂的优点。
3. 比较邻苯二甲酸酯类与偏苯三酸酯类增塑剂的优缺点。
4. 解释增塑效率的概念以及应用。
5. 针对高温电线电缆产品，选用合适的增塑剂。

二、润滑剂

润滑剂的作用是降低物料之间及物料与加工设备表面的摩擦力，从而降低熔体的流动阻力，提高熔体流动性，改善制品表面的光洁度。不同的成型方法时润滑作用侧重不同，如压延成型主要是防止熔体黏辊，注塑成型主要是加速熔体流动和提高脱模性，挤出成型主要是加速熔体流动和提高口模分离性，压制及层压成型主要是利于压板与制品分离。

有些树脂如PVC和ABS等在加工过程中必须添加润滑剂，特别对PVC硬质制品而言，润滑剂的作用几乎与热稳定剂相仿。在塑料薄膜生产中，两层膜不易分开，给自动高速包装带来困难，为此可向树脂中加入少量增加表面润滑性的助剂，以增加外部润滑性，一般称作抗粘连剂或爽滑剂。

（一）润滑剂分类

内润滑剂：与树脂亲和力大，降低分子间的作用力，加速塑料粒子的融合。

外润滑剂：与树脂亲和力小，降低树脂与机械之间的摩擦，对塑料粒子的融合有延时作用。

大多数润滑剂兼具内外润滑作用，外润滑作用较强的称外润滑剂，内润滑作用较强的称内润滑剂。内外润滑剂只是相对而言的，无严格划分标准。在极性不同的树脂中、不同的加工温度下，内、外润滑剂的作用可能发生变化。

硬脂酸醇、硬脂酸酰胺、硬脂酸丁酯及硬脂酸单甘油酯对极性树脂如PVC及PA而言，起内润滑作用；但对于非极性树脂如PE及PP而言，则显示外润滑作用。相反，高分子石蜡等与极性树脂的相容性差，在极性PVC中用做外润滑剂，而在PE及PP等非极性树脂中则为内润滑剂。

硬脂酸和硬脂醇用于PVC压延成型初期，由于加工温度低，与PVC的相容性差，主要起外润滑作用；当温度升高后，与PVC的相容性增大，则变为内润滑剂。

（二）常用润滑剂

1. 石蜡及烃类

①石蜡：外观白色，溶于非极性溶剂，不溶于水、甲醇等极性溶剂。

②微晶石蜡：由链烃、环烷烃和一些直链烃组成，相对分子质量为500~1000。一种比较细小的晶体，溶于非极性溶剂，不溶于极性溶剂。热稳定性、润滑性优于石蜡。

③液态石蜡：挤出加工初期润滑效果良好，用量过多制品易发黏。

④聚乙烯蜡（简称ACPE，PE蜡）：相对分子质量1500~25000的低相对分子质量聚乙烯或部分氧化的低相对分子质量聚乙烯。呈颗粒状、白色粉末、块状以及乳白色蜡状。具有优良的流动性、电性能、脱模性。按照PE蜡来源，分为聚合法、热裂解法、副产物。聚合法是指采用乙烯单体聚合而成。热裂解法是以PE树脂为原材料，采用螺杆挤出或反应釜进行高温裂解为低相对分子质量的蜡。副产物来自PE-HD树脂合成过程中的副产物，通常是几种不同聚合度低聚物的混合物。

2. 脂肪酸及其金属皂类

①硬脂酸（又称十八烷酸）：带有光泽的白色柔软小片，微带脂肪味，无毒。

②硬脂酸皂类：最常用的是硬脂酸锌、钙、铅、钡，兼有稳定剂作用。其中，硬脂酸锌可以作为PS、ABS、SAN、酚醛、氨基、不饱和聚酯树脂等的润滑剂，也是透明塑料制品常用的脱模剂。硬脂酸钙可用作聚烯烃、酚醛、氨基、不饱和聚酯的润滑剂。

3. 酯类

①硬脂酸正丁酯：浅黄色液体，溶于大多数有机溶剂，难溶或微溶于甘油、乙二

醇、甲醇和某些胺类。

②硬脂酸单甘油酯（GMB）：呈白色或象牙色的蜡状固体，熔点60℃，以珠状料供应。适用于POM、玻璃纤维增强PC、PS、PA、PP、醇酸及密胺树脂等。

③三硬脂酸甘油酯（HTG）：白色脆性蜡状固体，以片状供应，密度为0.96g/cm^3，熔点为60~64℃。

④季戊四醇硬脂酸酯（PETS）：白色硬质高熔点蜡状物，熔点为55~70℃，不溶于水，可溶于乙醇、苯和氯仿。内外润滑性均好，可提高制品热稳定性，无毒。适用于热塑性聚酯（PET、PBT）、PC、PC/ABS、ABS等。

4. 酰胺类

①油酸酰胺：白色结晶，熔点为75~76℃，着火点为235℃。不溶于水，溶于乙醇和乙醚。

②硬脂酸酰胺：无色叶状结晶，不溶于水，溶于热乙醇、乙醚、氯仿。

③乙撑双硬脂酸酰胺（EBS）：白色细小颗粒，以珠状或块状料供应，适用于ABS、POM、PA、PP、PS、PVC、玻璃纤维增强PC等。

④乙撑双油酸酰胺（EBO）：比EBS软，暗黑色，熔点为114℃，以珠状料供应。

（三）润滑剂选用要求

选择润滑剂时，应考虑：①润滑效能高而持久；与树脂的相容性大小适中，内部、外部润滑作用平衡；不喷霜、不结垢；②界面处的扩展性好，易形成界面层；③尽量不降低聚合物性能，不影响塑料二次加工；④耐热性和化学稳定性优良，加工中不分解、不挥发；⑤不腐蚀设备，无毒。

以挤出PVC为例，在粒子流动阶段，PVC配混料被压实，在机械能的作用下，PVC颗粒破碎成初级粒子，并在热能的作用下逐渐熔合、黏结。到真空口处，物料从松散的粉料熔结成多孔、粗糙的片状料。这一阶段，如果内润滑剂偏多，则熔合速率偏快，PVC配混料的各种组分均匀分散、混合困难，抑制挥发物的充分脱除，最终对制品的外观和力学性能造成负面影响。反之，外润滑剂过量，则熔合速率偏小，影响产能和凝胶化度，同时制品的物理性能下降。

（四）脱模剂

脱模剂是为防止成型的复合材料制品在模具上黏着，而在制品与模具之间施加一类隔离膜，以便制品从模具中脱出，同时保证制品表面质量和模具完好无损。

对脱模剂一般要求如下：使用方便、干燥时间短；操作安全、无毒；均匀光滑，成膜性好；对模具无腐蚀，对树脂固化无影响；对树脂的黏附力低；配制容易、价格便宜。

常用的脱模剂主要有以下几类：

①按脱模剂的使用方式，有外脱模剂及内脱模剂。外脱模剂是直接将脱模剂涂敷在模具上；内脱模剂是一些熔点比普通模制温度稍低的化合物，加热成型中加入树脂中，与液态树脂相容，但与固化树脂不相容，在一定加工温度条件下，从树脂基体中渗出，

在模具和制品之间形成一层隔离膜。

②按脱模剂的状态，有薄膜型（主要有聚酯、PE、PVC、玻璃纸、氟塑料薄膜）、溶液型（主要有烃类、醇类、羧酸及羧酸酯、羧酸的金属盐、酮、酰胺和卤代烃）、膏状及蜡状（包括硅酯、HK-50 耐热油膏、汽缸油、汽油与沥青的溶液及蜡型）脱模剂。其中蜡型脱模剂是应用最广泛的一类脱模剂，使用方便、无毒、脱模效果好，缺点是使制品表面沾油污。

③按脱模剂的使用温度，有常温型和高温型脱模剂，如常温蜡、高温蜡及硬脂酸盐类。

④按其化学组成，有无机脱模剂（如滑石粉、高岭土等）和有机脱模剂。

（五）润滑剂的应用

1. 超支化润滑剂在 PP 阻燃体系中的应用

与相对分子质量相同的线性材料相比，超支化结构带来低的熔体黏度，常用作流动改性剂，如表 6-11 所示。通常阻燃剂加入后导致 MFR、冲击强度和螺旋线长度明显降低，但引入超支化润滑剂后，相应指标提升。

表 6-11　　超支化润滑剂对阻燃 PP 性能的影响

项目	PP 树脂	PP+25%阻燃剂	PP+25%阻燃剂+0.5%润滑剂	PP+25%阻燃剂+1%润滑剂
熔融指数/（g/10min）	25.0	7.2	10.5	16.8
悬臂梁缺口冲击强度/（kJ/m²）	10.3	3.5	3.8	5.3
螺旋线长度/mm	520	360	420	480

2. 润滑剂在硬质 PVC 中的应用

硬质 PVC 配方中润滑剂必不可少，而且内外润滑要平衡。内润滑剂在降低塑化扭矩的同时能促进塑化，缩短塑化时间，而外润滑剂在改善硬质 PVC 流动性的同时又延迟塑化。

内、外润滑剂比例及总量适当是指能满足工艺要求的用量，使树脂具有较合适的塑化速率、熔体黏度及适当黏附性。

在 PVC 异型材配方中，大多采用润滑剂复配方式。单独使用硬脂酸钙，可加速塑化，提高熔体黏度，增大转矩，并具有一定脱模效果，而单独使用石蜡，表现出延迟塑化，降低转矩，无脱模作用。硬脂酸钙-石蜡或 PE 蜡复配使用后，石蜡渗入硬脂酸钙分子间，强化了润滑作用，改善了润滑剂的分散情况，带来物料转矩值降低。

思考题

1. 简述内外润滑剂的区别。
2. 简述润滑剂的选用要求。
3. 针对硬质 PVC 管材制品，如何选择合适的润滑剂？

三、加工改性剂

加工改性剂（Processing modifier，Processing aid），又称加工助剂，是可以改善树脂的流变行为，提高制品的加工性能、热变形性及表面光泽等的物质、多系高分子聚合物，尤以丙烯酸酯共聚物为主，PVC 硬制品、半硬制品使用加工改性剂最为普遍。此外，高分子氟聚物常做聚烯烃加工改性剂使用。

加工助剂（Acrylic copolymer，ACR）是由甲基丙烯酸甲酯、丙烯酸酯共聚而成的高分子聚合物，或含有少量苯乙烯等其他成分。加工助剂和 PVC 粒子间的相容性好，两者相互黏合，在 PVC 粒子间传送剪切应力，促进多重结构的破裂，达到均匀塑化的目的。

加工助剂高分子氟聚物以 3M 公司的 FX-9613 为例，是 HFP（Hexafluoropropylene）和 VF2（Vinylidene Fluoride）的共聚物。加工助剂中的氟原子、氢原子和金属表面的氧化层的氧原子由于分子间作用力而结合，使得加工助剂分子贴附在金属壁表面，形成一层含氟的润滑层，从而消除加工过程中熔体破裂现象、减少薄膜晶点或鱼眼数量、提高产品表面光亮度和光滑度、减少口模积料等，用来改善 PE-mLLD、PE-LLD、PE-MD、PE-HD、HMW-HDPE、PE-LD、PE-VLD、EVA、PP、PVC、PS、PA、PET、ABS、PC 等材料的加工性能。含氟加工助剂对 PE-LLD 剪切黏度的影响如图 6-16 所示。

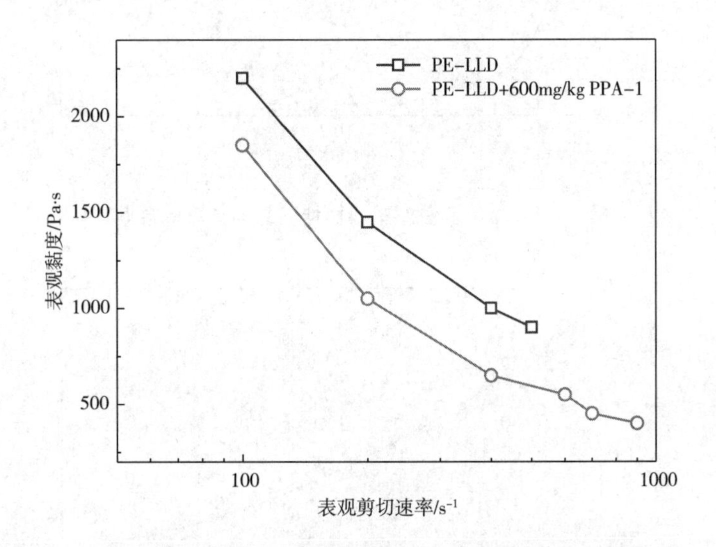

图 6-16　含氟加工助剂对 PE-LLD 剪切黏度的影响

WAC 系列新型加工改性剂是由丙烯酸类与聚醚、醇酯类等经共聚反应而成的多元体系复合物，可以促进 PVC 复合物熔融塑化、增加熔体黏弹性，提高熔体强度和改善离模膨胀、熔体流动稳定性等作用，兼具热稳定和偶联剂增容作用，可取代 ACR 及在高填充硬质 PVC 制品中取代 DOP 等液体类增塑剂。

第三节 塑料助剂——改善力学性能

一、填料

填料又称为填充剂，可以改善材料的耐热性、刚性、硬度、尺寸稳定性、耐蠕变性、耐磨性、阻燃性、消烟性及可降解性，降低成型收缩率，提高制品精度，也会导致某些性能的下降，如冲击强度、拉伸强度、加工流动性、透明性及表面光泽度等。图 6-17和图 6-18 分别反映了填料含量对塑料拉伸断裂伸长率和塑料比强度的影响。

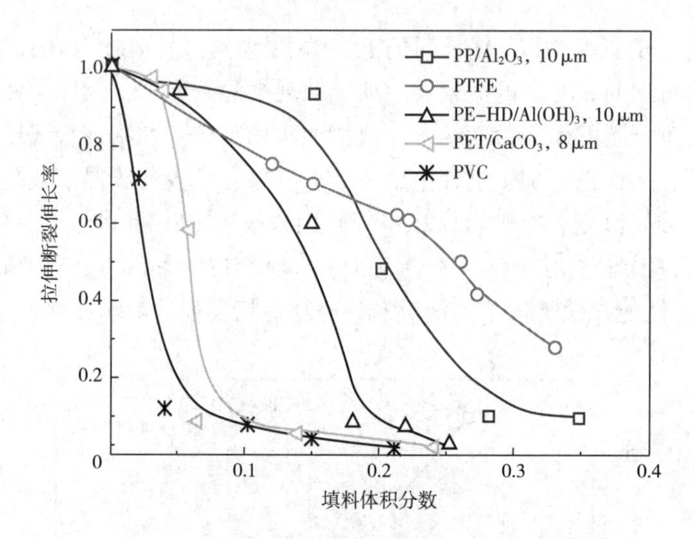

图 6-17 填料含量对塑料拉伸断裂伸长率的影响

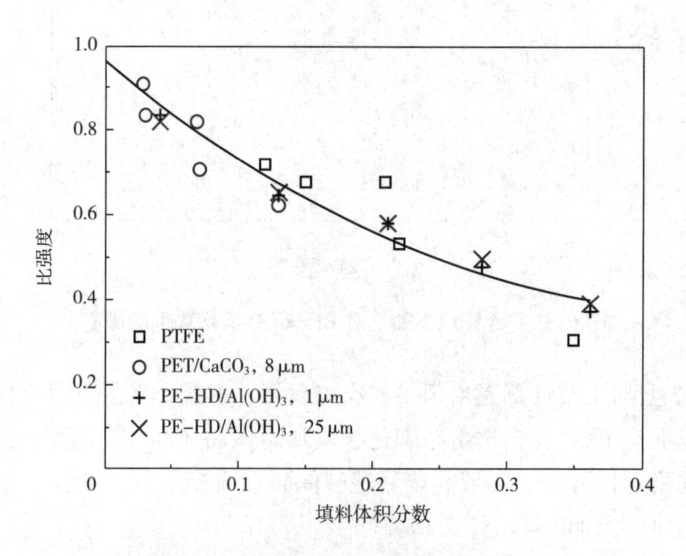

图 6-18 填料含量对塑料比强度的影响

(一) 填料分类

根据形状分为粉末、球状、片状、柱状、针状及纤维状填充剂。

根据效能分为增量型、补强型、功能型填充剂。

根据化学组成分为无机填料与有机填料。无机填充剂如碳酸盐类（碳酸钙、碳酸镁、碳酸钡等）、硫酸盐类（硫酸钡、硫酸钙等）、金属氧化物（钛白粉、氧化锌、氧化铝等）、金属粉类（铜粉、铝粉等）、金属氢氧化物（氢氧化铝）、含硅化合物（白炭黑、滑石粉等）、碳素类（炭黑）等。有机填充剂如木粉、竹粉、稻草、麦秆、花生壳、淀粉、布、纸、纸浆、纤维素、人造纤维、合成纤维等。

(二) 填料作用效果的影响因素

1. 密度

密度有真密度和假密度（视密度）。由于填料的颗粒在堆砌时相互间有空隙，不同形状的颗粒粒径大小及分布不同，质量相同时，堆砌体积不同，视密度不同。

2. 形状

填料的形状对填充改性的影响较大。一般，薄片状、纤维状、板状填料使塑料的加工性变差，但力学强度优良；而球状、无定形粉末填料则加工性优良，力学强度比纤维状和片状差。图 6-19 给出了不同填料形状对 PP 缺口冲击强度和弯曲模量的影响。

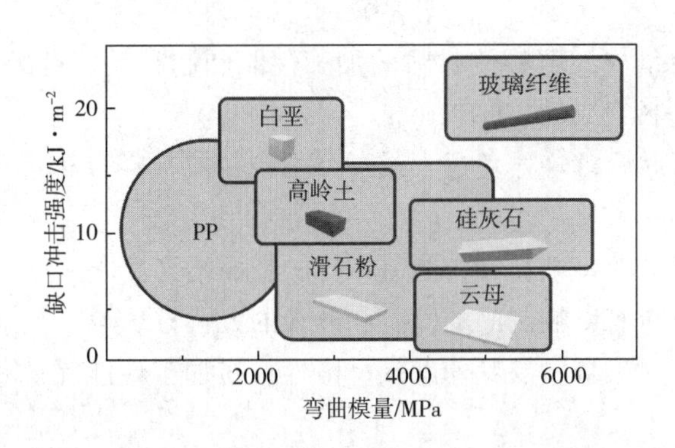

图 6-19　填料形状对 PP 缺口冲击强度和弯曲模量的影响

3. 粒径及其分布

填料粒径越细，比表面积越大，聚合物分子对填料的吸附作用越大。相同填料量时，粒子越细对制品的刚性、冲击强度、拉伸强度、尺寸稳定性和外观的改进越大。但粒径太细，粒子的内聚能高，塑料中不易分散，加工过程易出现团聚，反而使材料力学性能下降。

通常填料粒径可用实际尺寸（μm）来表示，也可以用可通过的筛子的目数来表示。目是英制单位，指每平方英寸上圆孔的个数。

填料粒径分布影响填充体系中的分布。粒径分布宽时，填充体系中分布不均匀，影响填充体系的性能。

表 6-12　　不同粒径碳酸钙对 PP 复合材料力学性能的影响

碳酸钙粒径/目	拉伸强度/MPa	断裂伸长率/%	缺口冲击强度/（kJ/m^2）	弯曲强度/（kg/cm^2）
400	110	164	6.5	208
800	122	186	7.0	245
1250	130	210	8.1	266
2250	108	180	6.9	221

4. 吸油值

填料与增塑剂并用时，如果增塑剂被填料所吸收，将降低对树脂的增塑效果。填料本身在等量填充时因各自吸油值不同，对体系影响明显。

5. 色泽（白度）

填料颜色往往影响使用范围，白色是最容易着色的基本颜色。碳酸钙的白度可以达到 90~95 度，而赤泥则是棕色。

6. 表面特性

填料表面化学结构不尽相同，尤其是表面官能团的存在，对树脂的影响也不同。为提高其黏结力，常用表面活性剂（如脂肪盐等）或偶联剂（硅烷类、钛酸酯类）进行处理，复合材料性能可大幅提高。

（三）填料使用原则

①用量合理。大量加入填料使材料的加工性能和制品表面变差，同时也影响性能。一般情况加入量为塑料组成的 40%以下。

②颗粒直径和形状合理。避免过大或过小的粒径或粒径分布，注意填料形状对塑料熔体流动性的影响。

③表面适当改性。改善填料和树脂基体间的界面结合性能。

④颗粒均匀。不得有影响制品的性能和外观的大颗粒。

⑤分散性能好。对聚合物及其他助剂呈惰性、对加工性能无严重损害、对设备无严重磨损。

（四）常用填料

1. 碳酸钙

碳酸钙是目前最常用的无机粉状填料。特点：无毒性，白度高、成本低廉、环境友善，可以实现高填充、低成本的目的。碳酸钙可分为轻质碳酸钙、重质碳酸钙、胶质碳酸钙，一般常用轻质碳酸钙。重质碳酸钙用天然方解石粉碎研磨而成，轻质碳酸钙以石灰石为原料经煅烧等化学过程制成。在 PBAT 中使用 $CaCO_3$ 作为填料的可降解地膜可能引起土壤结块。

2. 滑石粉

组成为 $3MgO \cdot 4SiO_2 \cdot H_2O$，结构与云母类似，呈片状结构。外观为白色或淡黄色细粉，柔软而有滑腻感，有利于复合材料的刚性和耐热性。硬度低、有一定润滑性、对设备磨损轻，是仅次于碳酸钙的第二大填料品种。滑石粉因片状结构，其补强增刚作用比碳酸钙大，但填充量大时，影响制品的焊接性能。滑石粉对波长为7~25μm的红外线有阻隔作用，可用于农用大棚夜间保温。滑石粉可作为PP的成核剂，还可用于聚烯烃类薄膜的爽滑剂。滑石粉含量对PP加工黏度的影响如图6-20所示。

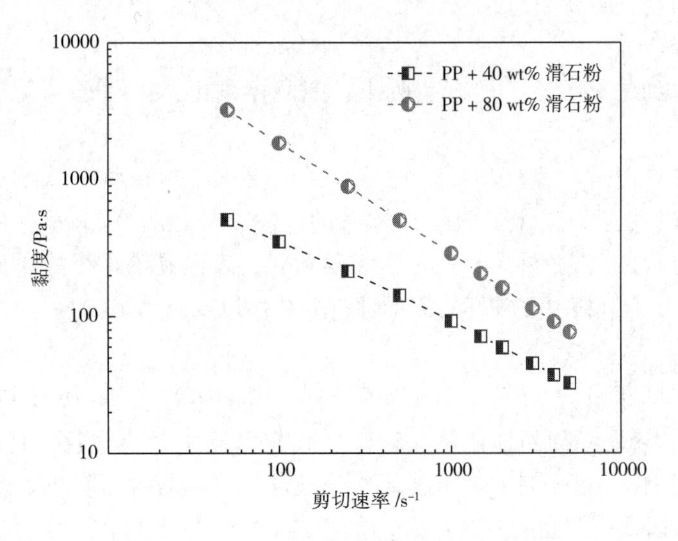

图6-20 滑石粉含量对PP加工黏度的影响

3. 高岭土

一种以高岭石或多水高岭石为主要成分，具可塑性的软质黏土，是一种天然的水合硅酸铝矿物，又称为陶土。高岭土化学成分中含有大量的Al_2O_3、SiO_2和少量的Fe_2O_3、T_iO_2以及微量的K_2O、Na_2O、CaO和MgO等。本身含有的结合水在高温下方可除去，但在空气中极易吸附水，用做填料的高岭土要特别注意水分的影响。

作为塑料填料，由于具有优良的电绝缘性能，可作为绝缘电线包皮。例如在PVC中加入质量分数为10%的高岭土，可使电绝缘性能提高5~10倍；还可掺入PS基的薄膜复合材料中，用来制备印刷纸张；在聚酯中可调节树脂的黏度及成型加工性能，提高耐磨性；用作PP成核剂时，还有一定的阻燃作用。

4. 云母粉

云母粉是含钾、铝、镁、铁、锂等元素的层状含水铝硅酸盐矿物，呈片状晶形，径厚比大，除具有补强作用外，还可提高塑料的刚性、耐热性和尺寸的稳定性。云母粉的透光率比其他任何无机粉体都好，红外线阻隔功能优于具有同类功能的滑石粉和高岭土，被广泛应用于大棚膜中。云母颗粒表面能高，不易实现包覆和偶联处理等，因此用量一直不高，只用于补强或棚膜保温。

5. 硫酸钡

硫酸钡填充复合材料的表面光泽度高于其他填充材料。主要用于：①利用其密度高，制备高密度塑料制品，如音箱等；②利用其可吸收X射线和γ射线，制备防辐射制品；③用作吸音和导热填充材料。

6. 玻璃微珠

有两类：一类是从粉煤灰中提取，略带灰色，沉珠是实心，漂珠是空心；另一类是人工合成，全部是空心，本身白色。空心玻璃微珠由于具有密度小、大小均匀、孔隙率和比表面积小、化学性质稳定、不燃和抗龟裂等性能而被应用于很多领域中，用于轻质填充、隔热、隔音、防振等。

7. 黏土

除了前面提到的高岭土，还有蒙脱土、凹凸棒黏土、伊利石、海泡石、羟基磷灰石等。

8. 多孔粉石灰

一种火山灰沉积岩，属于二氧化硅体系的一种。粒径为 0.5μm 左右，颗粒分布均匀，比表面积为 $8.3m^2/g$，外形近似球形无菱角状，表面是纳米级的介孔，平均孔径为 8.8nm。用于高分子材料中有较好的流动性、分散性以及不易沉淀。

9. 硅灰石

自然界中的硅灰石的主要成分是偏硅酸钙（$CaSiO_3$），一般还有 Fe、MnO、TiO_2、Al_2O_3、MgO 等。它是一种晶体矿物，粉碎后颗粒呈纤维状或针状，具有较大长径比，最大可达 15∶1。作为增强剂可用于替代部分玻璃纤维；与含卤有机阻燃剂配合使用具有协同作用，可以提高制品的阻燃效果。

10. 白炭黑

一种人工合成的白色二氧化硅微粉。和炭黑一样具有补强作用，可以提高塑料的电绝缘性和刚硬度；广泛用于橡胶（特别是有机硅橡胶工业），可提高产品的拉伸强度、耐磨强度和抗压强度，延长老化时间，减轻质量等。白炭黑的整体结构为无定形态，表面羟基有亲水性。经高温煅烧可得到疏水 SiO_2。

11. 膨润土

一种吸水后能高度膨胀的黏土岩，最大特点是吸附性和膨胀性。可做黏结剂、悬浮剂、增塑剂、增稠剂、触变剂、稳定剂等。

12. 碳系填料

炭黑，一种无定形碳。轻、松而极细的黑色粉末，比表面积大，为 $10 \sim 3000m^2/g$，是含碳物质在空气不足的条件下经不完全燃烧或受热分解而得的产物，是仅次于钛白粉的重要化工原料，用作填充剂、补强剂和着色剂。

碳纳米管，又名巴基管，是一种具有特殊结构（径向尺寸为纳米量级，轴向尺寸为微米量级，管子两端基本上都封口）的一维量子材料。碳纳米管主要由呈六边形排列的碳原子构成数层到数十层的同轴圆管。层与层之间保持固定的距离，约 0.34nm，直径一般为 2~20nm。并且根据碳六边形沿轴向的不同取向可以将其分成锯齿形、扶手椅形和螺旋形 3 种，其中螺旋形的碳纳米管具有手性，而锯齿形和扶手椅形碳纳米管没有手性。用碳纳米管材料增强的塑料的力学性能优良、导电性好、耐腐蚀、屏蔽无线电波。

石墨烯（Graphene）是一种由碳原子以 sp^2 杂化轨道组成六角形呈蜂巢晶格的二维碳纳米材料。英国曼彻斯特大学物理学家安德烈·盖姆和康斯坦丁·诺沃肖洛夫用微机械剥离法成功从石墨中分离出石墨烯，因此共同获得 2010 年诺贝尔物理学奖。石墨烯具有优异的光学、电学、力学特性，是世上最薄却也是最坚硬的纳米材料，几乎是完全透明的，只吸收2.3%的光；热导率高达5300W/（m·K），高于碳纳米管和金刚石，常温下其电子迁移率超过15000cm^2/（V·s），又比纳米碳管或硅晶体高，而电阻率只有约10^{-6}Ω·cm，比铜或银更低。

13. 玻璃纤维

以玻璃球或废旧玻璃为原料经高温熔制、拉丝、络纱、织布等工艺制造成的，其单丝的直径为几到二十几微米，每束纤维原丝都由数百根甚至上千根单丝组成，主要成分为二氧化硅、氧化铝、氧化钙、氧化硼、氧化镁、氧化钠等。根据玻璃中碱含量的多少，可分为无碱玻璃纤维（氧化钠0~2%，属铝硼硅酸盐玻璃）、中碱玻璃纤维（氧化钠8%~12%，属含硼或不含硼的钠钙硅酸盐玻璃）和高碱玻璃纤维（氧化钠13%以上，属钠钙硅酸盐玻璃）。玻璃纤维常用作复合材料中的增强材料。

14. 天然纤维

指以木材、秸秆、果实壳等原料粉碎的产物。由纤维素、半纤维素及木质素等有机物质组成，并以纤维素为主要成分，以木粉和纸粉最常用。

15. 碳纤维

由碳元素组成的一种特种纤维。具有耐高温、抗摩擦、导电、导热及耐腐蚀等特性，外形呈纤维状、柔软、可加工成各种织物，由于其石墨微晶结构沿纤维轴择优取向，因此沿纤维轴方向有很高的强度和模量。碳纤维的密度小，比强度和比模量高。碳纤维的主要用途是作为增强材料与树脂、金属、陶瓷及炭等复合，制备先进复合材料。

（五）典型应用实例

1. 木粉在塑料中的应用

碎木屑、农作物秸秆纤维、竹制品废边等都是常见的可再生的植物资源，来源广泛、回收成本低且可再生。木塑复合材料具备植物纤维与塑料两者的优点，可替代木材和塑料，有效缓解我国木材资源供不应求的现状和减少因塑料使用量日益增多所导致的环境问题。木塑复合材料的研究，一方面能够很好地解决废弃植物资源利用率低的问题和提高农副产品的附加价值；另一方面还能够降低木材的使用量，节约资源，保护环境。

2. 玻璃纤维在塑料中的应用

玻璃纤维是一类具有典型长径比的纤维状填料，在塑料中使用根据玻璃纤维保留长度分为短玻璃纤维、长玻璃纤维和连续玻璃纤维，其中连续玻璃纤维主要出现在热固性塑料中起到骨架作用。不论是长玻璃纤维还是短玻璃纤维，随着树脂熔体的流动都出现明显的取向作用，使塑料在流动和垂直流动两个方向上存在明显的力学性能差异，在长期停放过程中，受两个方向内应力的差异导致制品发生翘曲和变形，因此要注意玻璃纤维的用量、表面处理和制品的后处理。另外，受树脂熔体和玻璃纤维流动速率差的影响，制品表面易出现浮纤、凹坑等表面缺陷，因此还要注意成型过程中树脂流动性的控制。

此外，填料在聚合物基体中可充当异相成核的成核剂。对高温聚酰胺PA6T/6I而言，加入50%质量分数的玻璃纤维后复合材料的冷结晶现象变得明显，冷结晶过程迅速完成，熔体冷却过程的结晶温度由267℃升高到285℃，如图6-21所示。

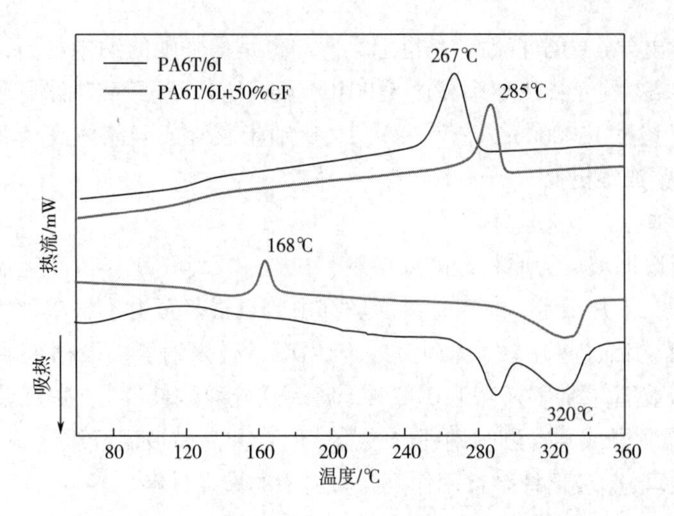

图 6-21　玻璃纤维对 PA6T/6I 结晶的加速作用

思考题

1. 对于绝缘 PVC 电缆的应用，如何确定适宜的填料？
2. 简述填料应用时需要考虑的因素。
3. 简述炭黑和白炭黑的区别。
4. 简述空心玻璃微珠的特点与应用优势。
5. 简述玻璃纤维增强材料的特点。

二、偶联剂

偶联剂是一类具有两种不同性质官能团的物质，在复合材料中的作用在于它能在增强材料与树脂基体之间形成一个界面层来传递应力，从而增强了增强材料与树脂之间的黏合强度，提高了复合材料的性能，同时还可以防止其他介质向界面渗透，改善了界面状态，有利于制品的耐老化、耐应力及电绝缘性能。

（一）偶联剂的分类

工业上使用的偶联剂按照化学结构分类可分为：硅烷类、钛酸酯类、铝酸酯类、有机铬络合物、硼化物、磷酸酯、锆酸酯、锡酸酯等。

1. 硅烷类偶联剂

硅烷类偶联剂是研究得较早且被广泛应用的品种之一，由美国联合碳化物公司（U. C. C. ）为发展玻璃纤维增强塑料而开发。对含有极性基团的或引入极性基团的填充体系偶联效果较明显，而对非极性体系则效果不显著，对碳酸钙填充复合体系的效果不佳。

硅烷类偶联剂的结构通式为 $Q-R'-Si-(R)_n-X_{(3-n)}$，其化合物中都含有硅官能团

（X）和有机官能团（碳官能团 Q），这两类官能团都是可进行化学反应的活性基团。X 为可水解基团，遇水溶液、空气中的水分或无机物表面吸附的水分均可引起分解，与无机物表面有较好的反应性；Q 为非水解、可与聚合物结合的有机官能团。此外，还有将硅官能团和碳官能团键合在一起的具有惰性的连接基团 R′，以及硅—碳键合的惰性烃基 R。不同硅烷偶联剂的硅官能团可进行的化学反应基本类似，而碳官能团所能进行的化学反应则不同，各具特色。

根据聚合物的不同性质，Q 应与聚合物分子有较强的亲和力或反应能力，如甲基、乙烯基、氨基、环氧基、巯基、丙烯酰氧丙基等。典型的 X 基团有烷氧基、芳氧基、酰基、氯基等，但最常用的则是甲氧基和乙氧基。硅烷偶联剂在国内有 KH550、KH560、KH570、KH792、DL602、DL171 等型号。

2. 钛酸酯偶联剂

美国肯里奇（Kenrich）石油化学公司于 1975 年开发的一类偶联剂。钛酸酯偶联剂进一步扩大了硅烷偶联剂的使用范围，使非极性的钙塑填充体系的偶联效果明显提高。

这类偶联剂可用通式 $ROO_{(4-n)}Ti(OXR'Y)_n$（$n=2$，3）表示。其中 RO—是可水解的短碳链烷氧基，能与无机物表面羟基起反应，从而达到化学偶联的目的。根据官能团的不同，可以分为单烷氧基类、螯合型及配位型 3 种。单烷氧基适合于不含游离水，只含化学键合水或物理键合水的干燥填充剂体系；螯合型适用于高湿填充剂和含水聚合物体系；配位型可以避免四价钛酸酯在某些体系中的副反应，如在聚酯中的酯交换反应。—OX 可以是羧基、烷氧基、磺酸基、磷基等，这些基团很重要，决定钛酸酯所具有的特殊性能。磺酸基赋予有机聚合物一定的触变性；焦磷酰氧基有阻燃、防锈和增强黏结的性能；亚磷酰氧基可提供抗氧、耐燃性能等。因此，通过—OX 的选择，可使钛酸酯兼具偶联和其他特殊性能。R′是长碳键烷烃基，比较柔软，能和有机聚合物进行弯曲缠结，使有机物和无机物的相容性得到改善，提高材料的冲击强度。Y 是羟基、氨基、环氧基或含双键基团等，这些基团连接在钛酸酯分子的末端，可与有机聚合物进行化学反应而结合在一起。

3. 铝酸酯偶联剂

国内自行开发的品种，可改善制品的物理力学性能，如提高冲击强度、热变形温度，可与钛酸酯偶联剂相媲美。具有色浅、无毒、使用方便等特点，热稳定性比钛酸酯好。与钛系偶联剂的最大差异在于对炭黑等颜料的分散性有极优效果。用量一般为复合材料填料量的 0.3%～1.0%。

4. 锆类偶联剂

锆类偶联剂不仅可以促进无机物和有机物的结合，而且还可以改善填料体系的性能。它的特点是能显著降低填料体系的黏度，可以抑制填充粒子间的相互作用，降低填料体系的黏度，从而可提高体系的分散性和增加填充量。锆类偶联剂对于碳酸钙、二氧化硅、氧化铝、氧化钛及陶土等填充体系有良好的改性效果。

5. 有机铬络合物偶联剂

由美国杜邦公司开发，是一种由羧酸与三价铬氯化物形成的配位络合物（Volan）。铬与甲基丙烯酸的络合物一直被用作聚酯和环氧树脂增强用的玻璃纤维的标准处理剂，玻璃纤维的 Volan 处理剂还能赋予玻璃纤维优良的抗静电性和其他工艺性能。因此，由铬产生的绿色普遍看作是“偶联了的”玻璃纤维对塑料增强的标准。

6. 其他类型偶联剂

包括磷酸酯、硼酸酯、锡酸酯、锆酸酯以及锆铝酸酯等。

(二) 偶联剂的作用机理

偶联剂在两种不同性质材料之间界面上的作用机理包括化学键合、物理吸附理论等。其中，化学键合理论是最早却又是迄今为止被认为是比较成功的一种理论。

1. 化学键合理论

此理论认为偶联剂含有一种化学官能团，能与玻璃纤维表面的硅醇基团或其他无机填料表面的分子作用形成共价键。此外，偶联剂还含有至少另外一种不同的官能团与聚合分子键合，以获得良好的界面结合。偶联剂就起着在无机相与有机相之间相互连接的桥梁作用。

2. 浸润效应和表面能理论

1963 年，Zisman 在回顾与黏合有关的表面化学和表面能的内容时，曾得出结论，在复合材料的制备中，液态树脂对被黏物的良好浸润是头等重要的，如果能获得完全的浸润，那么树脂对高能表面的物理吸附将提供高于有机树脂的内聚强度的黏结强度。

3. 可变形层理论

为了缓和复合材料冷却时由于树脂和填料之间热收缩率的不同而产生的界面应力，希望与处理过的无机物邻接的树脂界面是一个柔曲性的可变形相，这样复合材料的韧性最大。偶联剂处理过的无机物表面可能会择优吸收树脂中的某一配合剂，可能导致一个比偶联剂在聚合物与填料之间的多分子层厚得多的挠性树脂层。这一层就被称之为可变形层。该层能松弛界面应力，阻止界面裂缝的扩展，因而改善了界面的结合强度，提高了复合材料的力学性能。

4. 约束层理论

与可变形层理论相对，约束层理论认为在无机填料区域内的树脂应具有某种介于无机填料和基质树脂之间的模量，而偶联剂的功能就在于将聚合物结构“紧束”在相间区域内。从增强后的复合材料的性能来看，要获得最大的黏结力和耐水解性能，需要在界面处有一个约束层。

(三) 偶联剂的使用方法

1. 硅烷偶联剂的使用方法

主要包括预处理法和整体掺合法。预处理法就是先用硅烷偶联剂对无机填料进行表面处理，然后再加入到聚合物中。根据处理方式不同又可分为干式处理法和湿式处理法。干式处理：在高速搅拌机中，首先加入无机填料，在搅拌的同时将预先配制的硅烷偶联剂溶液慢慢加入，并均匀分散在填料表面进行处理。湿式处理：在填料的制备过程中，用硅烷偶联剂处理液进行浸渍或将硅烷偶联剂添加到填料的浆液中，然后再进行干燥。

在不能使用预处理的情况下，或者仅用预处理法还不够充分时，可以采用整体掺合法，即将硅烷偶联剂掺入无机填料和聚合物中，一起进行混炼。此法的优点是偶联剂的用量可以随意调整，并且一步完成配料，因此在工业上经常使用。

硅烷偶联剂的使用量与其种类以及填料的表面积有关，当填料表面积不确定时，硅烷偶联剂的用量可以确定为填料量的 1.0%左右。偶联剂对填料/塑料相容性的影响如图 6-22所示。

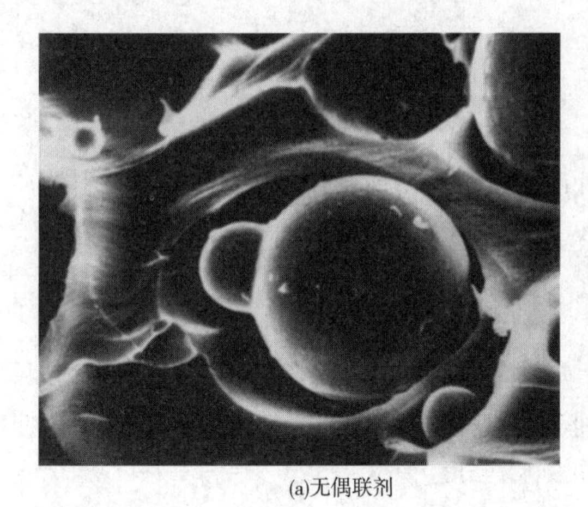

(a)无偶联剂

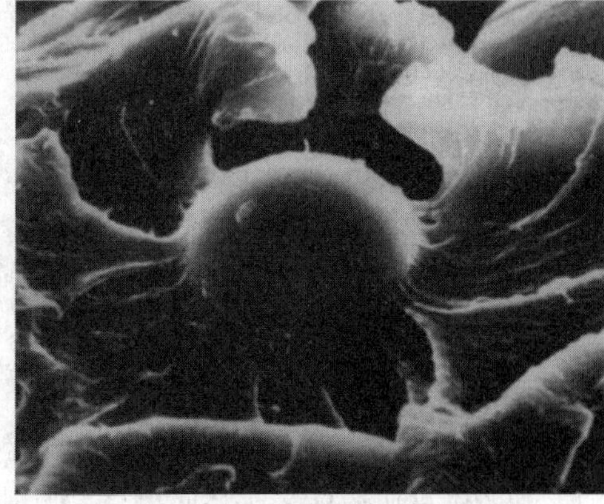

(b)有偶联剂

图 6-22　偶联剂对填料/塑料相容性的影响

2. 钛酸酯的使用方法

与硅烷偶联剂类似，由于钛酸酯偶联剂适应的无机填料非常广泛，特别是对硅烷偶联剂不能有效处理的碳酸钙等廉价的非硅系填料有明显的作用而具有较高的使用价值，一般为获得最大的偶联效果，应遵循如下原则：不要另外再添加表面活性剂，因为它会干扰钛酸酯在填料表面上的反应；氧化锌和硬脂酸具有某种程度的表面活性剂作用，故应在钛酸酯处理过的填料、聚合物以及增塑剂充分混合后再添加它们；大多数钛酸酯具有酯基转移反应活性，所以会不同程度地与酯类或聚酯类增塑剂反应，酯类增塑剂一般在混炼后再掺加；钛酸酯及硅烷并用，有时会产生加和增效作用；用螯合型钛酸酯处理已浸渍过硅烷的玻璃纤维，可以产生双层护套作用；单烷氧基钛酸酯用于经干燥和煅烧处理过的无机填料，效果最好。

以无机填料为基础，一般为 0.5%～2.5%的偶联剂即可满足应用要求，但适宜的用量要根据填料的种类、粒度、使用聚合物的性质、制品的最终用途等做出选择。

（四）偶联剂应用

以硅藻土改性 PE 为例。为了改善复合材料的界面，必须采用偶联剂处理硅藻土表面。偶联剂含量为 1 份时，研究发现：采用 KH590 改性后其拉伸强度提高了 23.8MPa，是原来的 20 倍；冲击强度提高了 122.1kJ/m^2，是原来的 1.8 倍；KH550 改性后其拉伸强度提高近 15 倍，冲击强度提高 1.6 倍；而用 Si69 改性后其拉伸强度只提高 3 倍，冲击强度提高 1.1 倍。偶联剂 KH590 分子中一端侧基为—OH，KH550 为—NH_2，Si69 为 · S_4 · 基。与 KH550 和 Si69 相比，KH590 的—OH 更容易吸附在酸化硅藻土表面，改善复合材料界面。

思考题

1. 简述偶联剂的概念。
2. 简述硅烷偶联剂的结构与功能。
3. 简述钛酸酯偶联剂的结构与功能。

三、冲击改性剂

冲击改性剂（Impact modifier），又名抗冲改性剂、增韧剂，可以改善高分子材料的冲击强度。目前，冲击改性剂主要用于硬质 PVC，但在 PP、PA 和 PS 等塑料中也有应用。

（一）增韧机理

1. 弹性体增韧机理

当试样受到冲击时产生微裂纹，这时橡胶颗粒跨越裂纹两边，裂纹要发展必须拉伸橡胶，橡胶形变吸收能量，从而提高了塑料的冲击强度。

2. 屈服理论

橡胶的热膨胀系数和泊松比均大于塑料，成型过程中冷却阶段的热收缩和形变过程中的横向收缩对周围基体产生静张应力，使基体树脂的自由体积增加，T_g 降低，易于产生塑性形变而提高韧性。

3. 裂纹核心理论

橡胶颗粒作为应力集中点，产生大量小裂纹而不是少量大裂纹，扩展众多的小裂纹比扩展少数大裂纹需要较多的能量。同时，大量小裂纹的应力场相互干扰，减弱了裂纹发展的前沿应力，从而减缓裂纹发展并导致裂纹终止。

4. 多重银纹理论

由于增韧塑料中橡胶粒子的数目多，大量的应力集中物引发大量银纹，如图 6-23 所示，耗散大量能量。橡胶粒子还是银纹终止剂，但粒子尺寸过小，则不能终止银纹。

图 6-23　聚合物银纹区的 TEM 照片

5. 银纹-剪切带理论

聚合物形变机理包括剪切形变过程和银纹化过程。剪切过程包括弥散性的剪切屈服形变和局部剪切带两种情况。剪切形变只是物体形状的改变，分子间的内聚能和物体密度不变。银纹化则使物体密度下降。一方面，银纹体中有空洞，说明银纹化造成了材料一定的损伤，是亚微观断裂破坏的先兆；另一方面，银纹形成、生长过程中消耗大量能量，约束裂纹扩展，使材料韧性提高。聚合物形变过程中，剪切带和银纹同时存在，相互作用时，使聚合物从脆性破坏转变为韧性破坏。

6. 空穴化理论

橡胶改性塑料在外力作用下，分散相橡胶颗粒由于应力集中，导致橡胶与基体的界面和自身产生空洞。橡胶颗粒一旦被空化，周围张应力被释放，空洞之间薄的基体韧带的应力状态从三维变为一维，并将平面应变转化为平面应力，有利于剪切带的形成。空穴化只是导致材料应力状态的转变，引发剪切屈服，阻止裂纹进一步扩展，消耗大量能量，材料韧性得以提高。

7. 刚性粒子增韧机理

分为有机刚性粒子和无机刚性粒子。在PC/ABS、PC/AS共混体系中，ABS、AS都是以球形微粒状分散在PC基体中。拉伸时，基体树脂发生形变，分散相有机刚性粒子的极区受到拉应力，赤道区受到压应力，脆性粒子屈服并与基体产生同样大小的形变，吸收能量，共混物的韧性提高。

20世纪90年代初发展了无机刚性粒子增韧理论。拉伸时基体对粒子的作用是在两极表现为拉应力，在赤道位置为压应力。由于力的相互作用，粒子赤道附近的基体受到来自粒子的反作用力，3个轴向应力的协同作用有利于基体屈服，韧性提高。如果界面黏结不太牢，在大的拉应力作用下，基体和填料粒子在两极首先产生界面脱黏、形成空穴，而赤道区域的压应力以及拉应力使局部区域产生剪切屈服。界面脱黏及基体剪切屈服消耗能量使复合材料表现出高韧性。

（二）常用的冲击改性剂

1. 氯化聚乙烯（CPE）

CPE是PE-HD水相悬浮氯化的粉状产物，含氯量为20%~50%。依树脂相对分子质量、含氯量、分子结构和形态的不同，呈现出从硬质塑料到橡胶弹性体的不同状态变化。

CPE中氯含量大小对改性效果的影响很大，含氯量过低时，本身结晶性高而韧性差，与PVC的相容性差。含氯量过高时，CPE的内聚作用强，但分散性比较差。CPE在PVC中用量一般为5%~15%。CPE的耐寒性、化学稳定性、阻燃性、耐油性和电绝缘性能均良好。相对分子质量在100×10^4以上的CPE不仅抗冲击性良好，而且耐候性优秀，其主要缺点是制品透明性差、拉伸强度低。

2. ACR

ACR为甲基丙烯酸甲酯、丙烯酸酯等单体的共聚物，可使材料的冲击强度增大几十倍。ACR属于核壳结构的冲击改性剂，以甲基丙烯酸甲酯-丙烯酸乙酯高聚物组成外壳，以丙烯酸丁酯类交联形成的橡胶弹性体为核，尤其适用于户外使用的 PVC 塑料制品的冲击改性。

ACR 作为冲击改性剂与其他改性剂相比具有加工性能好，表面光洁，耐老化好的特点，一般用量为 6~10 份。

3. 甲基丙烯酸甲酯-丁二烯-苯乙烯共聚物（MBS）

MBS 是向聚丁二烯或聚丁二烯-苯乙烯乳液中加入甲基丙烯酸甲酯进行接枝共聚而得到的一种核-壳型结构，内核是丁苯橡胶，外壳是聚甲基丙烯酸甲酯。MBS 可提高 PVC 的冲击韧性，增加 PVC 的透明度，MBS 中橡胶含量越高，其冲击强度也越高，是唯一适应于透明 PVC 制品的改性剂。但 MBS 的耐候性差，不适于做户外长期使用制品。MBS 添加量一般为 5~15 份。

4. 苯乙烯-丁二烯-苯乙烯共聚物（SBS）

主要用于改变 HIPS、PP、PS 的增韧、耐寒和抗冲击强度，添加量一般为 5%~10%，可提高低温冲击韧度。SBS 的耐候性差，不适于做户外长期使用制品。

5. 丙烯腈-丁二烯-苯乙烯共聚物（ABS）

ABS 树脂是一种接枝共聚物，是向聚丁二烯胶乳中加入苯乙烯和丙烯腈单体进行共聚而得。ABS 用作 PVC 的抗冲击剂具有良好的效果，其增韧效果好，而拉伸强度和断裂伸长率下降小，一般用量为 5~20 份。ABS 树脂与 PVC 的相容性不及 MBS，故制品透明性也不如 MBS 共聚物好。此外，耐候性差，不宜用于长期在户外使用的制品。

6. 乙烯-醋酸乙烯共聚物（EVA）

作为 PVC 的改性剂，EVA 中的醋酸乙烯含量一般为 30%~60%。EVA 的耐候性好，改性 PVC 制品可用于户外，但透明性和拉伸强度都有所下降，添加量一般为 5%~10%。EVA 还可以用在聚烯烃的改性，改善其耐候、耐寒性能。

7. 橡胶类抗冲击改性剂

POE 是以茂金属催化剂制备的具有窄相对分子质量分布的热塑性弹性体，具有耐老化、耐臭氧、耐化学介质等优异性能，作为 PE、PP、PA 的抗冲击改性剂，增韧同时，刚性下降小。三元乙丙橡胶（EPDM）具有良好的柔软性、弹性、抗撕裂性、耐酸碱、耐候性和抗冲击性。由乙烯、丙烯共聚而成的乙丙胶（EPR）是无定形橡胶，具有很好的抗冲击性能。丁腈橡胶（NBR），一般选用丙烯腈含量为 26%~32%时作为抗冲击剂。还有丁苯橡胶、顺丁橡胶、氯丁橡胶、丁二烯橡胶等，均可作为抗冲击改性剂，一般添加量为 10%~20%。

（三）冲击改性剂 POE 在 PP 体系中的应用

PP 对缺口敏感，导致其缺口冲击强度较低。采用 POE 增韧改性 PP 为普遍采用的改性方法。在共聚 PP 中，添加 20%滑石粉前提下，当 POE 含量小于 7%时，冲击强度增加趋于平缓；当 POE 含量为 7%~11%时，冲击强度急剧增加，发生脆韧转变；POE 含量大于 11%时，冲击强度增加趋缓。当添加 11%的 POE 时，复合材料的缺口冲击强度为 35.6kJ/m^2，是未添加 POE 材料的 6.2 倍。

思考题

1. 简述冲击改性剂的作用机理。
2. 针对汽车保险杆的应用要求，设计 PP 配方。
3. 针对透明 PVC 制品，如何选择合适的冲击改性剂？
4. 简述有机和无机刚性粒子增韧机理。
5. 针对硬质 PVC 门窗，如何选择合适的冲击改性剂？

四、相容剂

相容剂为改善两种以上高分子之间共混互不相容的聚合物（通常，一种是极性聚合物，另一种是非极性聚合物）而加入的第三组分。高分子合金体系中使用的相容剂一般具有较高的相对分子质量，在不相容的高分子体系中添加相容剂并在一定温度下经混合混炼后，相容剂将被局限在两种高分子之间的界面上，起到降低界面张力、增加界面层厚度、降低分散粒子尺寸的作用，使体系最终形成具有宏观均匀、微观相分离特征的热力学稳定的相态结构。

（一）相容剂分类

相容剂之所以能使两种性质不同的聚合物相容化，是因为在其分子中具有分别能与两种聚合物进行物理或化学结合的基团的缘故。根据相容剂基体与高分子之间的作用特征，相容剂可分为两类，即非反应型相容剂和反应型相容剂。

1. 非反应型相容剂

目前比较通用的相容剂。一般为共聚物，可以是嵌段共聚物，也可以是接枝共聚物或无规共聚物。

2. 反应型相容剂

在不相容或相容性较差的共混体系中加入（或就地形成）反应性聚合物，在混合过程中（例如挤出过程）与共混聚合物的官能团之间在相界面上发生反应，使体系的相容性得到改善，起到增容剂的作用。按其反应形式可分为 3 类：

（1）利用带官能团的组分在熔融共混时就地形成接枝共聚物或嵌段共聚物。

官能团多为酸酐基团、羧基或羧酸衍生物基团、氨基、羟基、环氧基、唑啉等基团。工业上最常用的是马来酸酐基团（MAH）。含羧酸官能团的反应性聚合物多为以丙烯酸（AA）或甲基丙烯酸（MAA）为共聚单体与其他聚合物形成带羧基的接枝共聚物。

在 PA、聚酯、PC、PPO 等共混体系中，含有羧酸衍生物基团的反应性聚合物与共混组分之间通过酯交换、胺酯交换、开环等反应形成嵌段或接枝共聚物增容剂，使不相容聚合物体系的相容性提高。

（2）加入至少能与其中一种共混组分起反应的聚合物，通过共价键或离子键起增容的作用。

向聚合物中引入能够产生离子相互作用的基团（如离子键、酸碱相互作用及氢键作用等）或共价键，也可以达到增容的目的。例如，聚合物中所含的吡啶或叔胺等基团可以与磺酸、羟酸以及离聚物形成离子键，从而改善高分子合金的相容性；PA6/PE 共混体系中引入了含羧盐的乙烯-丙烯酸酯共聚物，反应形成离子键，达到增容效果。

（3）加入低分子组分起催化作用，使共混物的形成与交联反应同时进行。

使共混组分在熔融共混过程中形成共聚物或产生交联，因而增加了体系的相容性。如，在 PS/PE 共混体系中添加反应性的过氧化二异丙苯（DCP）等。

（二）相容剂的品种

1. 环状酸酐型

常用的一类反应型相容剂。以 MAH 接枝到聚烯烃上的 MAH 相容剂为主，接枝率一般为0.8%~1.0%，主要应用于聚烯烃塑料的改性。将 MAH 接枝到 PS 或以 PS 为基体的二元或多元共聚反应型相容剂，可应用于 PA/PC、ABS/GF、PA/ABS 的改性、共混或合金。一般用量为5%~8%。

2. 羧酸型

代表产品为丙烯酸型相容剂，通常是将丙烯酸接枝到聚烯烃树脂上。

3. 环氧型

环氧树脂或具有环氧基的化合物与其他聚合物接枝共聚而成。

4. 噁唑啉型

用噁唑啉接枝的 PS，即 RPS，接枝率为1%，不仅能与一般的含氨基或羧基的聚合物反应，还可与含羰基、酸酐、环氧基团的聚合物反应，生成接枝共聚物。

（三）相容剂的应用

1. 应用于塑料合金

高分子合金、共混、改性的关键材料就是相容剂，广泛应用于 PP/PE、PP/PA、PA/PS、PA/ABS、ABS/PC、PBT/PA、PET/PA、PP/POE、PE/EPDM、TPE/PU 等合金。

2. 应用于聚合物的改性

由于相容剂是以活跃自由基分子羧基掺入非极性与极性聚合物之间起“桥梁”作用，将其改性成为极性的改性聚合物，再使其与极性的聚合物共混，两者之间进行反应而获得良好的共混效果。

3. 应用于回收废旧塑料

利用相容剂回收废旧塑料，使之成为新的塑料合金或新的改性塑料，是废物综合利用比较好的可行办法，并可解决白色污染问题。

4. 应用于塑料与填料的偶联

又称大分子偶联剂。由于具有高分子部分与高分子聚合物相容，对聚合物与填料之间的偶联效率优异，可用于 PE/$CaCO_3$、PE/滑石粉、PA/GF 等偶联处理。

5. 应用于极性树脂的增韧

热塑性弹性体，添加一定量的相容剂可以作为 PP、PE、PS、PA、PC 等塑料的增韧剂，而相容剂正是这些增韧剂的最关键性的“核”“壳”相容作用。如 EPDM 接枝 MAH 增韧剂，可在-45℃的温度下，保持优良的物理性能。一般用量 5%~10%。

6. 应用于改善塑料的性能

改善塑料的黏结性和改善塑料的抗静电、印刷性、光泽性等表面性能。

五、交联剂

交联剂是能在线性分子间起架桥作用从而使多个线性分子相互键合交联成网络结构的物质，提高聚合物的耐热性、耐油性、耐磨性、力学强度等性能。主要用于环氧树脂、不饱和聚酯、酚醛树脂、PE、纤维素树脂、PVC 及氯乙烯共聚物等热固性和热塑性塑料。橡胶用交联剂也称硫化剂。

树脂的交联方式主要有辐射交联和化学交联两种方式，有机过氧化物是工业上应用最广泛的交联剂类型，如过氧化二异丙苯（DCP）、过氧化苯甲酰（BPO）等。

有时为了提高交联度和交联速度，常常需要并用一些助交联剂和交联促进剂。助交联剂是用来抑制有机过氧化物交联剂在交联过程中对聚合物树脂主链可能产生的自由基断裂反应，提高交联效果，改善交联制品的性能，其作用在于稳定聚合物自由基。交联促进剂则以加快交联速度、缩短交联时间为主要功能。交联剂对树脂的交联效果受温度的影响明显，半衰期随温度的升高呈现指数化下降的趋势。

选择交联剂除了满足一些具体要求外，还应具备如下基本条件：交联效率高，交联结构稳定；加工安全性大，使用方便，加入聚合物后的有效使用期适中，既不可过早，也不能过迟；不影响制品的加工性能和使用性能；无毒、不污染、不刺激皮肤和眼睛；价格便宜。

必须指出的是，PP 由于结构上存在活性的 α 氢，使用过氧化物对其进行加工，降解效应远大于交联效应，控制不善将出现明显的断链式的相对分子质量下降，目前这一方法主要用于高流动性的熔喷级纺丝用 PP 树脂的开发，但应注意部分过氧化物含有浓郁的刺激性气味，并不适合医用级熔喷 PP 树脂的开发，如双二四、双二五等。

第四节　塑料助剂——改善燃烧性能

一、阻燃剂

阻燃剂是一类能阻止聚合物材料引燃或抑制火焰传播的添加剂。目前消费量已经成为仅次于增塑剂的第二大助剂品种。抗滴落剂是在高分子材料燃烧时防止滴落的添加剂。抑烟剂是减少高分子材料燃烧过程生烟量的助剂。

（一）聚合物燃烧过程以及阻燃机理

聚合物燃烧大致分为以下 5 个阶段。

1. 加热阶段

由外部热源产生的热量给予聚合物，聚合物温度升高，升温的速度取决于外界热源供给能量的多少、接触聚合物的体积大小、火焰温度的高低，同时也取决于聚合物的导热容和导热系数。

2. 降解阶段

聚合物被加热到一定温度后，聚合物分子中最弱的键断裂，即发生降解，这一阶段取决于该键的键能大小。

3. 分解阶段

当温度上升到一定程度时，除弱键断裂外，强键也开始断裂，即发生裂解，产生低分子化合物，可燃体：H_2、CH_4、C_2H_6、CH_2O、CH_2COCH_2、CO 等；不燃性气体：CO_2、HCl、HBr 等；液态产物：聚合物部分分解为液态产物；固态产物：聚合物可部分焦化为焦炭，也可不完全燃烧产生危害很大的烟雾等。聚合物不同，其分解产物的组成也不同，但大多数为可燃烃类，而且所产生的气体多是有毒或有腐蚀性的。

4. 点燃阶段

当分解阶段所产生的可燃性气体达到一定浓度，且温度也达到其燃点或闪点，并有足够的氧或氧化剂存在时，开始出现火焰，这就是点燃。

5. 燃烧阶段

燃烧释放出的能量使活性游离基引起链式反应，不断提供可燃物质，使燃烧自动传播和扩散，火焰越来越大。

阻燃剂对上述燃烧反应的影响表现在如下几个方面：

（1）位于凝聚相内的阻燃剂吸热分解，从而使凝聚相内的相对温度减慢上升，以延缓聚合物热分解，利用阻燃剂热分解时生成的不燃性气体的汽化热来降低温度。

（2）阻燃剂受热分解，释放出捕获燃烧反应中的·OH（羟基）自由基的阻燃剂，自由基链式反应进行的燃烧过程终止连锁反应。

（3）热作用下，阻燃剂出现吸热相变，阻止凝聚相内温度的升高，使燃烧反应变慢直至停止。

（4）催化凝聚相热分解，产生固相产物（焦化层）或泡沫层，阻碍热传递作用。使凝聚相温度保持在较低水平，导致作为气相反应原料（可燃性气体分解产物）的形成速度降低。

阻燃剂应具备以下性能：阻燃效率高，赋予聚合物良好的自熄性或难燃性；具有良好的互容性，与聚合物很好相容且易分散；具有适宜的分解温度；无毒或低毒、无臭、不污染，阻燃过程中不产生有毒气体；不降低聚合物的力学性能、电性能、耐候性及热变形温度等；耐久性好，能长期保留在聚合物中，发挥阻燃作用；来源广泛，价格低廉。

（二）阻燃剂分类

阻燃剂根据使用方法可分为添加型和反应型两大类。添加型阻燃剂使用方便、适应面广。目前添加型阻燃剂主要有：有机阻燃剂和无机阻燃剂；卤系阻燃剂（有机氯化物和有机溴化物）和非卤。有机阻燃剂是以溴系、磷氮系、氮系和红磷及化合物为代表的一些阻燃剂，无机阻燃剂主要是三氧化二锑、氢氧化镁、氢氧化铝、硅系等阻燃体系。

反应型阻燃剂对使用性能的影响较小，阻燃持久，但价高，目前仅用于环氧树脂、聚酯、ABS等中。

1. 氯系阻燃剂

氯化石蜡是工业上重要的阻燃剂，挥发性小，阻燃效果持久，添加型阻燃剂，与三氧化二锑、硼酸锌等协同效果好，热稳定性差，仅适用于加工温度低于200℃的复合材料；四氯邻苯二甲酸酐为反应型阻燃剂，适用于不饱和树脂、环氧树脂，赋予体系阻燃性和高温稳定性。

2. 含溴阻燃剂

包括脂肪族、脂环族、芳香族及芳香-脂肪族的含溴化合物。阻燃效果好，相对用量少，对复合材料的力学性能几乎没有影响，并能降低燃气中卤化氢的含量。与基体树脂互容性好，无喷出。

阻燃机理是气相“游离基捕获”理论。如十溴联苯醚（DBDPO）在高温下分解生成的溴化氢，与·OH和·O·等游离基反应，捕获游离基，达到阻燃灭火的目的。另外，DBDPO分解出密度较大的不燃性气体，产生覆盖作用，隔绝或稀释空气。

当添加了多溴联苯类阻燃剂的塑料产品在未受控制的热制程中（指温度低于1200℃）或焚烧处理时，可能形成溴化二苯二噁英或呋喃（PBDD/F），此二者均属于致癌性和致畸胎性物质。国际上在2005年、2006年分别发布了《报废电子电器设备指令》（WEEE）和《电子电器设备中禁用某些有害成分的指令》（RoHS），以及在2007年提出的《能源消耗产品》（EuP）等多部相关指令，将八溴联苯醚和五溴联苯醚纳入RoHS法令限制，十溴联苯醚几经周折后也未获彻底赦免。为此，发展了溴系环保型阻燃剂。

（1）十溴二苯乙烷8010。在燃烧中不可能产生PBDD或PBDF；溴含量为82%，和DBDPO含溴量相当（82%）；初熔点为345℃，热稳定性较DBDPO（305℃）高。8010工业品为平均粒度3μm、微颗粒化的白色结晶粉末，是DBDPO最理想的替代品。作为添加型溴系阻燃剂，和锑化物配合使用；和DBDPO相比，8010更适用于高温高黏特性的工程塑料。首先对8010进行工业化生产的是美国雅宝公司。

（2）溴化环氧树脂。又称为四溴双酚A环氧树脂低聚物，溴含量为50%。商业品溴化环氧树脂是乳黄色半透明晶片和白色粉末的混合物。具有较高的阻燃效率、优良的热稳定性和光稳定性，且能赋予阻燃基材良好的力学性能，产品不起霜。在使用过程中需要和锑化物配合使用。以色列死海溴公司是国际最为著名的溴化环氧树脂阻燃剂生产商。

（3）溴化聚苯乙烯。白色或淡黄色粉末或颗粒，溴含量≥60%，热分解温度≥310℃，具有相对分子质量大，在高聚物中的分散性和混容性好，不起霜，热稳定性好，易于加工等优点。分为溴化聚苯乙烯和聚溴化苯乙烯，前者是通过对聚苯乙烯进行溴化来完成的；后者是通过将苯乙烯首先进行烯键保护，然后进行溴化，再将烯键恢复，合成溴化苯乙烯，再次进行聚合完成的。主要应用在PA、PBT、PET等热塑性树脂中，使用过程需要和锑化物配合使用。美国大湖公司和雅宝公司是著名的溴化聚苯乙烯生产商。

3. 磷系阻燃剂

该类阻燃剂燃烧时生成的偏磷酸可形成稳定的多聚体，覆盖于复合材料表面隔绝氧和可燃物，起到阻燃作用。无机磷系阻燃剂包括红磷、聚磷酸铵、磷酸盐等。有机磷系阻燃剂主要有磷酸酯和含卤磷酸酯及卤化磷等。

（1）红磷。普通红磷易吸潮，引起自燃，不能实际使用。微胶囊化红磷阻燃剂为紫红色粉末，红磷含量为85%，可用于阻燃聚烯烃、PS、聚酯、PA、PC、POM、环氧树脂、不饱和聚酯等，对于PET、PC及酚醛树脂等含氧高聚物的阻燃尤为有效。

（2）聚磷酸铵。又称多聚磷酸铵或缩聚磷酸铵（简称APP），1965年美国孟山都公司首先开发成功。聚磷酸铵为白色粉末，无毒无味，不产生腐蚀气体，吸湿性小，热分解温度在250℃以上。

（3）次磷酸铝。简称AlHP，是一种无机磷系阻燃剂，化学式为$Al(H_2PO_2)_3$。含磷量高，热稳定性好。适用于PBT、PET、PA、TPU、ABS的阻燃改性。阻燃PET，用CONE方法测试发现：着火时间明显延长，放热率和燃烧时产生的热量急剧减少，燃烧后残炭量增加，阻燃性能达到UL94 V-0级。对于聚酯或聚酯型TPU，ALHP的添加量只需8%～12%即可满足阻燃要求。

（4）间苯二酚双（二苯磷酸酯）。高相对分子质量有机磷系阻燃剂，磷含量为10.8%。具有阻燃和增塑双重功能，可使阻燃剂完全实现无卤化，改善塑料成型中的流动加工性能和降低烧蚀，改善热老化性能，提高热变形温度，并可抑制燃烧后的残余物。使用时，不需要和其他阻燃剂配合。主要用于一些高功能的苯乙烯系共聚物。阻燃PPO/HIPS时，用量在11%左右，氧指数达到37%，UL94级别（1.6mm）达到V-0级。阻燃PC/ABS合金时，用量一般在6%～10%，氧指数达到29%，UL94级别（1.6mm）达到V-0级。不同磷系阻燃剂的阻燃性能如图6-24所示。

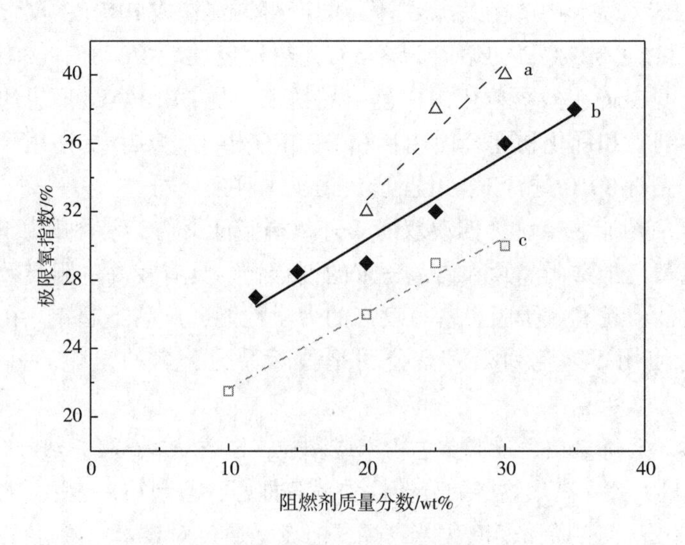

图6-24 不同磷系阻燃剂的阻燃性能

a：聚磷酸铵+聚（三嗪-哌嗪） b：乙二胺磷酸酯+三聚氰胺 c：磷酸三聚氰胺+二季戊四醇

4. 氮系阻燃剂

三聚氰胺及其与磷的化合物，主要是三聚氰胺、三聚氰胺氰尿酸和三聚氰胺磷酸酯。高效阻燃；不含卤素；无腐蚀作用；耐紫外光照；电性能好，在电子电器制品中优势最为明显；不褪色，不喷霜；可回收再利用。主要应用在聚烯烃和PA中，不需要和其他阻燃剂配合使用。对于非增强PA，添加量在8%时可燃等级就能达到UL94 V-0级；对于PP，添加量在25%时可燃等级达到UL94 V-0级。

氮系阻燃剂受热分解后，易放出氨气、氮气、氮氧化物、水蒸气等不燃性气体。不燃性气体的生成和阻燃剂分解吸热带走大部分热量，降低聚合物的表面温度，稀释空气中的氧气和高聚物受热分解产生可燃性气体的浓度，与空气中氧气反应生成氮气、水及深度的氧化物，在消耗材料表面氧气的同时，达到良好的阻燃效果。

5. 硅系阻燃剂

作为一种新型阻燃剂，其不仅具备较好的抑烟性能，而且具备较高的耐热性能以及较好的加工性能，但是成本略高。常用的硅系阻燃剂为：聚硅氧烷、硅酸盐、硅胶等。硅系阻燃剂可以在聚合物燃烧前沿富集，与聚合物本身的炭化物结合形成含Si—C的耐高温保护层，起到阻燃作用。

6. 硼系阻燃剂

主要包含有机硼系阻燃剂和无机阻燃剂。前者主要是将硼元素引入到分子链结构中合成有机硼阻燃剂，而后者主要是硼酸锌（ZB）、偏硼酸铵等，其中以硼酸锌的应用最为广泛。与磷系阻燃剂类似，硼系阻燃剂在受到高温时也可以产生硼酸，是一种较好的脱水剂，同时其产物是一种玻璃状物质，可以覆盖在聚合物的燃烧前沿，起到阻隔作用而阻燃。

硼酸锌具有无毒、低水溶性、高热稳定性、粒度小、密度小、分散性好等特点。水合硼酸锌的阻燃机理是：当温度高于300℃时，硼酸锌热分解，释放出结晶水，起到吸热冷却作用和稀释空气中氧气的作用。高温下硼酸锌分解生成B_2O_3（若材料中含有氯或溴时还生成ZnX_2、ZnOX，X为Cl或Br），附着在聚合物表面上形成一层覆盖层，抑制可燃性气体产生，也可阻止氧化反应和热分解。此外，在含卤材料中，燃烧时还可产生BX_3，BX_3与气相中的水作用生成HX，在火焰中有卤素原子游离基生成，该游离基能阻止羟基游离基的链反应，从而起到阻燃作用。硼酸锌可以作为氧化锑或其他卤素阻燃剂的多功能增效添加剂，可以有效提高阻燃性能，减少烟雾产生。

7. 其他无机阻燃剂

包括氧化锑、氢氧化铝、氢氧化镁等。除了有阻燃效果外，还有抑制发烟和氯化氢生成的作用。

氢氧化镁受热分解出水，同时吸收大量的潜热，抑制聚合物温度上升，延续其热分解并降低燃烧速度。分解后生成的氧化镁是良好的耐火材料，切断氧气的供给，阻止可燃性气体的流动，帮助提高树脂抵抗火焰的能力。在中等填充时出现较厚的氧化炭层。炭化层的生成，阻挡了热量和氧气的进入及可燃性气体的逸出，使脱水稀释，吸热降温发挥更大作用。

氢氧化铝和氢氧化镁都为白色粉末。氢氧化铝开始脱水温度为200℃，氢氧化镁开始脱水温度为 340℃。添加氢氧化镁的材料可以承受更高加工温度。氢氧化铝和氢氧化镁作为阻燃剂单独使用时，用量一般在 40%～60%。氢氧化镁对不同树脂阻燃性能的影响如图 6-25 所示。

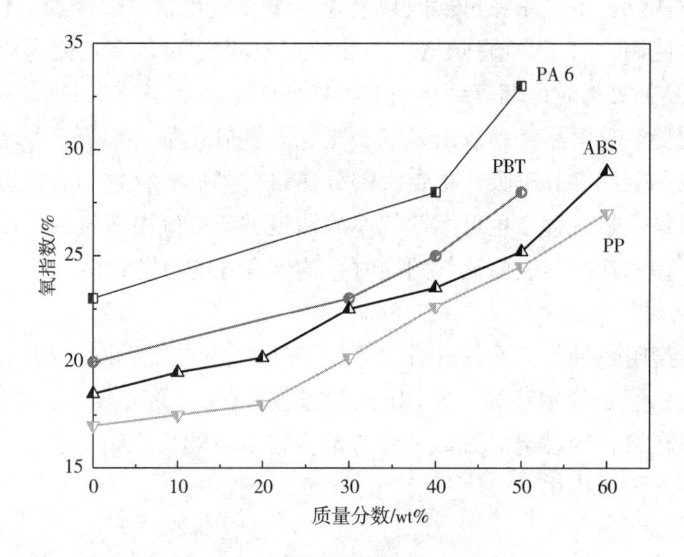

图 6-25　氢氧化镁含量对不同树脂阻燃性能的影响

三氧化二锑（化学式：Sb_2O_3）天然产物称锑华，俗称锑白，白色结晶性粉末。单独使用时阻燃效果低，与磷酸酯、含氯化合物（如氯化石蜡、多氯联苯、全氯戊环癸烷等）、含溴化合物（如六溴联苯、六溴苯）并用，有良好的协同效应。三氧化二锑与氯化物或溴化物并用时，生成氯化锑或溴化锑，在固态时可以促进卤素的移动和碳化物的生成，在气态时可以捕捉自由基，有助于阻燃。

8. 复合阻燃剂

复合阻燃体系兼有多种阻燃剂的特性，阻燃剂的复合可以在有机类、无机类及它们相互之间进行。其中，有机和无机类阻燃剂的复合体系兼有有机阻燃剂的高效和无机阻燃剂的低烟、无毒功能，并能有效降低成本和减少无机阻燃剂的用量，改善材料的功能。

红磷母粒是红磷与氢氧化铝、膨胀性石墨等无机阻燃剂复配使用、以基体树脂为载体的暗红色粒子，安全问题得到了解决，低烟、阻燃效率高，加工过程中不起霜、不迁移、不腐蚀模具。

膨胀型阻燃剂（IFR）是一种以氮、磷为主要组成的复合阻燃剂，不含卤素，也不采用氧化锑作为协效剂。该类阻燃剂在受热时发泡膨胀，故称为膨胀型阻燃剂，是一类高效低毒的环保型阻燃剂。IFR 有 3 个基本要素，即酸源、炭源和气源。酸源又称脱水剂或炭化促进剂，一般是无机酸或燃烧中能原位生成酸的化合物，如磷酸、硼酸、硫酸和磷酸酯等；炭源也叫成炭剂，是形成泡沫炭化层的基础，主要是一些含碳量高的多羟基化合物，如淀粉、蔗糖、糊精、季戊四醇、乙二醇、酚醛树脂等；气源也叫发泡源，是含氮化合物，如尿素、三聚氰胺、PA 等。3 组分中，酸源最为主要，比例最大；炭源和气源则是协效剂。

此外，纳米氢氧化镁、纳米二氧化硅、蒙脱土、碳纳米管、富勒烯、聚倍半硅氧烷等，也可用作阻燃剂的协效剂。

（三）阻燃性能表征

对材料进行阻燃抑烟性能表征的方法主要有常规燃烧指标的测试、烟密度测试以及锥形量热仪（CONE）测试。常规燃烧性能测试包括氧指数、水平及垂直燃烧。

1. 氧指数（OI）

规定试验条件下，材料在氧氮混合气流中刚好能保持有焰燃烧状态所需要的最低氧浓度，以氧百分数（OI,%）表示。氧指数越高，保持燃烧状态所需要的氧气浓度越高，材料越难燃。一般认为氧指数<22%属于易燃材料，氧指数在22%~27%属可燃材料，氧指数>27%属难燃材料，常见材料的氧指数如图6-26所示。

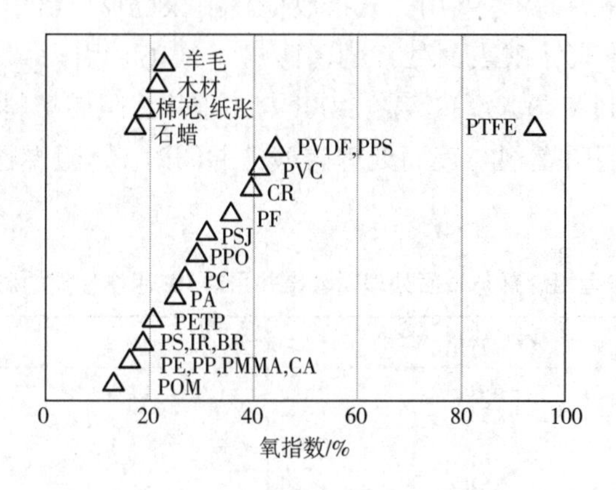

图6-26　不同材料燃烧的氧指数

2. UL94

UL94中的垂直燃烧试验根据样品燃烧时间、熔滴是否引燃脱脂棉等试验结果，判定为V-2、V-1、V-0及HB。

在无通风试验箱中进行。试样上端（6.4mm的地方）用支架上的夹具夹住，并保持试样的纵轴垂直。试样下端距灯嘴9.5mm，距干燥脱脂棉表面305mm。将本生灯点燃并调节至产生19mm高的蓝色火焰，把本生灯火焰置于试样下端，点火10s，然后移去火焰（离试样至少152mm远），记下试样有焰燃烧时间。若移去火焰后30s内试样的火焰熄灭，必须再次将本生灯移到试样下面，重新点燃试样点火10s，然后再次移开本生灯火焰，记下试样的有焰燃烧和无焰燃烧的续燃时间。若试样滴落，让其落入试样下305mm的脱脂棉上，看其是否引燃脱脂棉。

HB：UL94标准中最低的阻燃等级。要求对于3~13mm厚的样品，燃烧速度小于40mm/min；小于3mm厚的样品，燃烧速度小于70mm/min；或者在100mm的标志前熄灭。V-2：对样品进行两次10s的燃烧测试后，火焰在30s内熄灭，可以引燃30cm下方的药棉。V-1：对样品进行两次10s的燃烧测试后，火焰在30s内熄灭，不能引燃30cm

下方的药棉。V-0：对样品进行两次10s的燃烧测试后，火焰在10s内熄灭，不能有燃烧物掉下。

3. 锥形量热

锥形量热仪（CONE）是以氧消耗原理为基础的聚合物材料燃烧性能测定仪。由CONE获得的可燃材料在火灾中的燃烧参数有多种，包括热释放速率（RHR）、总热释放量（THR）、有效燃烧热（EHC）、点燃时间（TTI）、烟及毒性参数和质量变化参数（MLR）等。通过这些数据，可以定量地判断材料的燃烧危害性。

（四）阻燃剂在聚合物中的应用

1. 膨胀型阻燃剂与磷酸锆并用在PP阻燃体系中

在PP树脂中引入膨胀型阻燃剂［IFR，三聚氰胺聚磷酸盐（MPP）与季戊四醇（PER）混合比例为2∶1］，发现25%阻燃剂含量下氧指数只有17.5%，燃烧过程出现滴落。直接与磷酸锆（α-ZrP）并用，氧指数提高到28.6%，UL94燃烧等级达到V-1。进一步将三聚氰胺和三聚氰酸表面处理的磷酸锆（AMC）引入，氧指数进一步提高到30.2%，UL94级别达到V-0，没有滴落。IFR与二维片状阻燃填料磷酸锆并用表现了很好的协同作用。膨胀型阻燃剂与表面处理磷酸锆并用对PP阻燃性能的影响如表6-13所示。

表6-13　膨胀型阻燃剂与表面处理磷酸锆并用对PP阻燃性能的影响

PP含量/%	IFR含量/%	AMC含量/%	α-ZrP含量/%	OI/%	UL94	是否滴落
75	25	0	0	17.5	没有分级	是
75	25	1	0	27.1	V-1	是
75	24	2	0	29.4	V-0	否
75	23	3	0	30.2	V-0	否
75	24	0	2	28.6	V-1	否

2. 反应性阻燃剂阻燃环氧树脂

阻燃剂9,10-二氢-9-氧杂-10-磷杂菲-10-氧化物（DOPO），白色片状或颗粒。分子结构中含有联苯环和菲环结构，具有较高的热稳定性、抗氧化性和耐水性，是反应型和添加型阻燃剂。DOPO结构中含有活泼的P—H键，可以与双键、环氧基团和羰基等反应。

DOPO与双酚A环氧反应、DOPO与邻甲线性酚醛环氧树脂反应，形成含DOPO结构的环氧树脂固化后具有阻燃性能好、燃烧中产生烟气量少的优点，含磷量为1.4%~2.2%即可达到UL94 V-0等级，而四溴双酚A环氧体系达到相同阻燃等级需要的溴含量为13%~20%。

DOPO与六臂星形结构丁香酚衍生物（HEP）加成反应，制备磷腈-磷杂菲双功能生物基阻燃添加剂（HEP-DOPO）。添加到环氧树脂体系中，添加量到5%时，OI由初始的26%增加至35%，同时达到UL94 V-0等级。

思考题

1. 简述聚合物的燃烧机理。
2. 阻燃机理有哪些?
3. 简述无机阻燃剂种类以及阻燃机理。
4. 简述膨胀型阻燃剂的阻燃机理。
5. 请设计可用于PP阻燃的无卤阻燃体系。

二、抑烟剂

火灾时烟是最先产生且最易致命的因素，对某些高聚物而言，“抑烟”比“阻燃”更为重要。常用的抑烟剂有三氧化钼和八钼酸铵。目前国外开发出系列不含铵的钼酸盐抑烟剂，能耐200℃以上的加工温度。钼化合物可以与其他阻燃剂复配使用。

作为抑烟剂及阻燃剂，钼化合物在固相而不是气相起作用。通过Lewis酸或还原偶合机理促进炭层的生成和减少烟量。如在PVC体系中，以Lewis酸机理催化PVC脱HCl，形成反式多烯，后者不能环化成芳香族环状化合物结构，而此类化合物乃是烟的主要成分。抑烟剂含量在每100份PVC中为0.5~50份范围内，生烟量降低30%~80%，氧指数提高10%~20%。ABS中若用5%三氧化钼代替5%锑白，生烟量可减少约30%。

比光密度（Ds）表示材料或部件在规定的试验条件下产烟浓度的光学特性，又称烟密度。固体材料产烟的比光密度试验方法按照标准GB/T 10671—1989进行。烟密度是指材料在规定的试验条件下发烟量的量度，用透过烟的光强度衰减量来描述。烟密度越大的材料，对火灾时疏散人员和灭火越为不利。

三、抗滴落剂

用聚四氟乙烯（PTFE）树脂加工得到的纯白色颗粒状，高分子材料燃烧时能产生抗滴落性能的添加剂。抗滴落剂的相对分子质量在400×10^4~500×10^4。大相对分子质量的PTFE在受到螺杆的剪切力的作用下纤维化从而形成网状结构，起到防滴落效果。抗滴落剂有乳液型、纯粉型、包覆型。其中，包覆型是为了使PTFE能更好地分散在原料树脂中而在PTFE的外层包覆了一层SAN或者PMMA、PS等。抗滴落剂与溴类、磷氮类及硅类阻燃剂均能配合使用，添加量为0.1%~0.5%。

第五节　塑料助剂——其他常用助剂

一、发泡剂

泡沫塑料是通过把一种气体或一种挥发性液体注入熔融的塑料或液态的化工原料中形成的，这种气体在塑料中形成气泡，并在其硬化时留下多孔性结构。泡沫塑料具有质轻、隔热、绝缘等优点，可以防止成型部件大面积区域出现收缩，可用于包装、建筑、交通与航空航天等诸多领域。用来形成泡沫塑料中孔洞结构的助剂称为发泡剂。

按照泡沫塑料的微观孔洞结构形貌，可分为：开孔泡沫塑料和闭孔泡沫塑料。闭孔泡沫塑料中，孔结构是关闭的，气体充填在由聚合物构成的互不相通的格子中。开孔泡沫塑料中，孔形成时是开放的，气体充填在聚合物构成的互相连通的格子内。相对来说，闭孔结构的吸水性、透气性、导热性均较开孔结构小，强度和刚度比开孔结构高。发泡 PLA 的微观形貌如图 6-27 所示。

图 6-27　发泡 PLA 的微观形貌

按照泡沫塑料硬度，可分为：硬质、半硬质、软质泡沫塑料。将泡沫塑料压缩，使其变形达到 50%，后减压观察残余变形。残余变形大于 10%称为硬质泡沫塑料；在2%~10%称为半硬质泡沫塑料；小于 2%称为软质泡沫塑料。

（一）泡沫塑料的制备过程

泡沫塑料的制备一般可分为 4 个阶段：

第一阶段，发泡剂完全均匀地分散在聚合物内，聚合物通常呈液体或熔融态。发泡剂此时在聚合物中可以形成真正的溶液，或者仅仅是均匀地分散在聚合物中，形成二相系统。

第二阶段，大量单个的气泡形成后，该系统即转变成一个气体分散在液体中的系统。

第三阶段，单个泡孔互相接触，形成更大泡孔。一旦泡孔聚结无限制地进行下去，泡沫就会塌陷。

第四阶段，聚合物黏度增加，泡孔不再增长，泡沫稳定。采用冷却、交联或其他方法都可以增加聚合物黏度。

泡沫塑料的生产过程与普通塑料生产过程一样，经过挤塑、滚塑和注塑，以及增塑糊加工和热成型等过程。PVC（硬质和软质都可）、PS、PP、ABS 和 PE 都已工业规模地制成泡沫塑料。

（二）发泡剂分类

按照气体产生的方式，发泡剂可分为物理发泡剂和化学发泡剂。

物理发泡剂：通过物理状态变化而发泡。包括压缩惰性气体（如空气、氮气、氦气、氢气和二氧化碳等气体）；可溶性易升华固体；低沸点挥发性液体（如脂肪烃、氯代烃、液态二氧化碳、液态水以及低沸点的醇、醚酮和芳烃等，最为常用）。根据《蒙特利尔议定书》相关条款，我国规定从2008年1月1日起全面禁止使用氯氟烃（CFCs）作为发泡剂。目前生态环境部已经启动聚氨酯行业第二阶段氢氯氟烃（HCFCs）淘汰计划。聚氨酯泡沫行业HCFC将在2025年年底完全淘汰。

超临界CO_2发泡技术最早由意大利康隆集团开发。超临界CO_2具有近似液体的密度和气体的黏度，对聚合物熔体有很好的增塑作用，能降低聚合物熔体的黏度，提高熔体的流动性，降低挤出温度。超临界CO_2作为发泡剂具有无毒、不可燃、发泡效率高等优点。超临界发泡成型是在注塑、挤出以及吹塑成型工艺中，先将超临界状态的CO_2等气体注入特殊的塑化装置中，使气体与熔融原料充分均匀混合/扩散后，形成单相混合溶胶，然后将该溶胶导入模具型腔或挤出口模，使溶胶产生大的压力降，从而使气体析出形成大量的气泡核；在随后的冷却成型过程中，溶胶内部的气泡核不断长大成型，最终获得微孔发泡的塑料制品。

化学发泡剂：在树脂受热时发生化学反应并至少产生一种气体的物质，包括无机发泡剂和有机发泡剂两类。

无机发泡剂包括碳酸氢钠、碳酸氢铵、碳酸铵、亚硝酸钠以及硼氢化钠等，与树脂相容性差，分解温度低。一般不单独使用，常与有机发泡剂并用。碳酸氢钠是典型的无机吸热型发泡剂，但它的分解温度低，分解温度范围较宽，在塑炼过程中会提前分解损失，引起塑化效果较差，在聚合物中其应用范围受到限制。放热型发泡剂与碳酸氢钠混用，可以得到热值较小的复合发泡剂，有利于塑料加工工艺条件的控制。

有机发泡剂在树脂中分散性好，分解温度窄，产生的气体不易从泡孔中逸出。主要有偶氮类、亚硝基类、磺酰肼类、叠氮类、三唑类以及胍类等。20世纪40年代由美国杜邦公司率先推出有机发泡剂二偶氮氨基苯（DAB），但是它在毒性和污染性方面有一些弊端，限制了其应用。有机发泡剂最重要的是偶氮二甲酰胺（AC）发泡剂，为淡黄色或橘黄色结晶粉末，分解放出的气体主要是氮气（65%）、一氧化碳（32%）和少量二氧化碳（3%），发气量为200~300mL/g。具有发泡量大，分解时间短，不助燃、无毒、无臭味、不污染、不变色、颗粒细，易分解以及在常压、加压下均可使用的特点。

单纯AC发泡剂的分解温度高于许多烯烃树脂的分解和软化温度，在进行发泡加工时必须提高加工温度，导致树脂发泡制品变色、老化等。可以通过添加活化剂把分解温度从200℃降低至150~190℃。常用的活化剂包括含锌、铅、钡和镉的金属盐类，氧化锌，硬脂酸锌，有机金属化合物，二元醇及经过处理的尿素助剂。

此外，单一品种的发泡剂难以满足发泡成型对发泡剂多方面性能的要求，通常是几种发泡剂配合使用。添加适当的发泡助剂，配成复合发泡剂，以达到价格、溶解性、放热性、分散性以及分解温度、发气量、发气速率等性能的均衡。Hydrocerolbih™ 是 $NaHCO_3$ 和柠檬酸复合形成的一种吸热型发泡剂，其发泡过程比较缓慢。Exocerol232 是以 AC、$NaHCO_3$ 和柠檬酸复合形成的吸放热型发泡剂，分解温度在 180℃左右，具有热分解过程平缓，分解时吸放热基本平衡，发泡过程、泡体结构与尺寸易于控制等优点。

（三）发泡剂的选择

（1）对于热塑性树脂，发泡剂的分解温度应稍高于树脂的熔融温度，以保证气体在熔体中产生，有足够的膨胀空间；对于热固性树脂，发泡剂的分解温度应稍高于树脂的固化温度。

（2）发泡剂的加入量依泡沫密度要求和自身发气量而定。密度要求低时，发泡剂加入量相应增大；发泡剂加入量影响泡沫结构和发泡温度，加入量少时泡孔大，发泡温度可适当提高。

（3）对于固体树脂发泡，如分解温度与熔融温度不相匹配，可加入活化剂进行调整。为改善泡沫质量，得到泡孔均匀致密的泡沫，一般加入成核剂（如二氧化碳、氮气、碳酸氢钠以及滑石粉、二氧化硅、高岭土等）。对于液体树脂发泡，促进发泡可加入催化剂，主要为胺类和锡类化合物。改善泡沫质量，一般加入泡沫稳定剂，为表面活性剂，可降低发泡液体的表面张力，使之可以产生大量小气泡并控制小气泡分布均匀，自动恢复泡孔壁的薄弱处使之不破裂。加入量一般为 0.5%~2.5%。

（4）树脂配方体系中许多其他助剂与发泡剂会相互影响。如 PVC 中的热稳定剂会降低发泡剂的分解温度，而发泡剂消耗了 PVC 中部分热稳定剂，影响其热稳定性。PVC 发泡配方中需相应增加热稳定剂的用量。

（5）发泡剂的粒度越小，在树脂中分散越均匀，单位体积内产生泡孔的数量越多，泡孔越细小。

（四）发泡剂应用

1. 发泡剂在 PP 树脂中的应用

普通 PP 发泡温度范围窄，从其熔点到微孔壁开始破裂的温度区间约 4℃。由于 PP 黏度低，熔体强度差，生产发泡制品时易出现气泡破裂现象，限制了在挤出低密度泡沫材料方面的应用。HMSPP 树脂是一种含有长支链的 PP，熔体强度是普通 PP 均聚物的 9 倍。HMSPP 具有较高的熔体强度和拉伸黏度，拉伸黏度随剪切应力和时间的增加而增加，应变硬化行为促使泡孔稳定增长，抑制微孔壁的破坏。目前，发泡 HMSPP 已经应用于汽车、包装和隔热材料等各个领域。

PP 珠粒（EPP）发泡材料具有优异的耐热、隔音、抗冲击以及耐化学腐蚀等性能。与传统的直接成型工艺相比，PP 珠粒发泡最大的优势在于它的自由成型性，发泡珠粒均匀的尺寸与稳定的发泡倍率适合模塑成型，可以生产具有复杂几何结构以及高维尺寸精度的制品。

2. 发泡剂在 PP 模压木塑复合材料中的应用

现有的木塑复合材料制品存在密度较高（远高于木材）、冲击强度和弯曲强度等力学性能不足、残余内应力大、易发生翘曲变形等缺点。微发泡木塑复合材料有望解决这些问题。

以纳米磷酸锆（α-ZrP）为载体，使AC发泡剂插入到α-ZrP的片层间或是吸附于片层表面，制成α-ZrP-AC纳米复合发泡剂。添加质量分数为1%的α-ZrP-AC复合发泡剂，PP木塑复合材料体系在模压发泡时均形成了大量直径小于10μm的闭孔微泡结构，并且制品表面形成了厚度为30~40μm的未发泡的致密皮层。所制备的木塑复合发泡材料在木粉含量为30%时，表观密度约为0.67g/cm^3，与普通木材的密度接近，产品平整无翘曲，复合材料的弯曲强度比直接采用AC发泡剂的木塑发泡材料提高了近50%。若直接采用AC发泡剂，同样条件下模压发泡的制品表皮呈现哑光，遍布肉眼可见的气孔，表面硬度也较小。

3. 微发泡注射成型

微发泡注射成型是在气体内压的作用下，使制品中间层密布尺寸从十到几十微米的封闭微孔而两侧有着致密的表皮结构，从而达到省料和减重的目的。同时产品又具有较高的刚度，减少产品的翘曲变形程度，提高尺寸精度；降低注塑时的锁模力，通常能降低30%~80%，减少模具磨损，减少模具维修次数。

MuCell微发泡成型工艺主要靠气孔的膨胀来填充制品，并在较低且平均的压力下完成制件的成型。微发泡成型分成3个阶段：首先，将超临界流体（CO_2或N_2）溶解到热熔胶中形成单相熔体，并在一定的恒定压力下保持；然后，通过开关式射嘴将单相熔体射入温度和压力较低的模具型腔中，形成微发泡产品。由于温度和压力降低引发分子的不稳定性，从而在制品中形成大量的气泡核，这些气泡核逐渐长大生成微小的孔洞。制件的表层是未发泡的实体层，这是由于模具温度较低，表面树脂冷却迅速，气泡核没有成长的时间而导致的。

如采用30%玻璃纤维增强的PBT材料注射成型制件，由于横纵方向上的收缩率不一致，采用传统注塑工艺生产时，易发生翘曲变形；采用MuCell微发泡成型得到的部件，翘曲变形程度降低了约75%。

思考题

1. 简述物理发泡剂和化学发泡剂的作用机理。
2. 简述泡沫塑料的制备过程。
3. 对于热塑性树脂体系，描述有机发泡剂分解温度与加工温度之间的关系。如何调控有机发泡剂的分解温度？
4. 开发PP泡沫塑料，请给出简单的配方设计方案。
5. 简述微发泡的制备过程以及效能。

二、成核剂

成核剂是适用于PE、PP等不完全结晶塑料，通过改变树脂的结晶行为，加快结晶速率、增加结晶密度和促使晶粒尺寸微细化，达到缩短成型周期、提高制品透明性、表面光泽、拉伸强度、刚性、热变形温度、抗冲击性、抗蠕变性等物理力学性能的功能助剂。

（一）成核剂分类

可分为无机成核剂和有机成核剂。无机成核剂以超细滑石粉和超细二氧化硅为主。同时包含碳酸钙、云母粉、无机颜料或填料等。对制品的透明性和光泽度有一定影响。

有机成核剂一般是指具有成核作用的低相对分子质量有机化合物，主要涉及二（苯亚甲基）山梨醇（DBS）及其衍生物、芳香有机磷酸酯盐类化合物、芳香族羧酸金属盐和高级脂肪酸的金属皂等。有机成核剂可改善制品的透明性和表面光泽。

以 PP 为例，根据对结晶形态改性的不同，可分为 α 晶型成核剂和 β 晶型成核剂。

1. α 晶型成核剂

诱导 PP 树脂以 α 晶型成核，提高结晶度、结晶速度、结晶温度和使晶粒尺寸微细化，赋予制品增透、增光、增刚、抗蠕变性和提高热变形温度。从应用角度出发，α 晶型成核剂可以分为通用型、透明型和增刚型 3 种。

（1）通用型成核剂。如滑石粉、炭黑、SiO_2、$CaCO_3$ 等。美国肯塔基州的 Nyacol Nano 技术公司推出两个 PP 成核剂牌号 NGS-1000 和 NGS-2000，是尺寸为 50nm、表面改性的 SiO_2 粒子，提高 PP 结晶温度，改善材料的弯曲模量、抗冲击性，降低材料的雾度，抗粘连，改进薄膜的使用性能。

（2）透明型成核剂。俗称增透剂，降低聚合物的雾度、提高透光率。代表产品是二苄叉山梨醇及其衍生物。美国目前市售的透明剂分为 3 代，并分别以 Miliad 3905（DBS）、Miliad 3940［二（对甲基苯亚甲基）山梨醇 MDBS］和 Miliad 3988［二（3,4-二甲基苯亚甲基）山梨醇 DMDBS］为每一代典型产品，应用于注塑、吹塑、挤出和薄膜等加工过程中，是生产透明 PP 的最佳选择。

（3）增刚型成核剂。俗称增刚剂，包括芳基磷酸酯（盐）类和羧基及其金属盐类。提高聚合物透明性的同时，明显改善耐热性和刚性。芳基磷酸盐类成核剂以日本旭电化公司开发的 NA-10［双（4-叔丁基苯基）磷酸钠］、NA-11［2,2′-亚甲基双（4,6-叔丁基苯基）磷酸钠］和 NA-21［2,2′-亚甲基双（4,6-二叔丁基苯基）磷酸钠］3 代产品为代表，其中第 3 代产品 NA-21 对 PP 的成核效率高，在配合量低于 0.1 份时，增透和增刚效果均优于二苄叉山梨醇类成核剂。

羧基及其金属盐类是 PP 成核剂中开发研究较早的类型之一，代表品种是 Shell 化学公司开发的 AL-PTBBA，化学名称为对叔丁基苯甲酸羟基铝。效率虽不及 DBS 类和磷酸酯（盐）类，但在提高 PP 的抗冲击性能、刚性以及表面光泽等方面具有良好的平衡性。

2. β 晶型成核剂

β 结晶改性最突出的特征是使材料的抗冲击性和热变形温度这一对矛盾得到有机统一，这在聚烯烃的工程化改性方面具有非常重要的意义。β 晶型成核剂主要有两类：一类是少数具有准平面结构的稠环化合物；另一类是由某些二元羧酸与周期表ⅡA 族金属的氧化物、氢氧化物与盐组成，如 2,6-萘二甲酰胺类化合物（TMB-4）、芳酰胺类化合物（TMB-5）。

（二）成核剂应用评价

加入成核剂后的结晶为异相成核。由于成核剂的熔点比聚合物高，聚合物可以在成核剂表面形成稳定晶核，因此，可以在很小的过冷度（熔融峰温度与结晶峰温度的差值）下大量结晶，使表面结晶温度明显提高，同时提高成核密度、半结晶时间。

可以采用偏光显微镜观察加有成核剂样品与没加成核剂样品的球晶形貌。采用DSC法测试结晶温度提高幅度更为直观而实用。可以采用相同扫描速度下加有成核剂样品与没加成核剂样品的结晶峰温差来评价成核剂的成核效率。结晶峰温提高越大，成核效率越高。

（三）成核剂的应用

1. PP 体系

PP是结晶型聚合物，内部存在的大球晶造成制品韧性下降、低温抗冲击强度低，同时后收缩严重。PP中加入成核剂，使分子链在较高温度下具有很高的结晶速度，形成细小致密的球晶颗粒，提高产品的抗冲击强度、屈服强度，提高产品的透明性和表面硬度，改善产品的表面光洁度，缩短注射周期，提高生产效率，同时减少注射产品的后收缩。

适合作PP成核剂的有：芳香族或脂环族的碱金属盐或铝盐，其中以苯甲酸钠和碱性二甲酸铝效果最好，苯甲酸钾、β苯甲酸钠、苯甲酸铝及环己烷酸钠也是好的成核剂，加入量为0.1%~1%。

此外，利用β晶型成核剂加入PP中，诱发体系形成β晶型。由于β晶型不够稳定，在拉伸或高温外在场作用下发生晶型转变，形成更稳定的α晶型。

2. PET 体系

PET是结晶型聚合物中结晶速率很慢的一种，分子中刚性的苯环结构使分子链要在较高的温度下才能运动，故排列成有序结构的结晶过程也要在较高的温度下（130~150℃）才行，如壁厚3mm的PET制品在室温模具中成型时制品内的结晶度几乎为零。但在加工过程中要将注塑模保持这样高的温度，设备要求上有困难。常用的成核剂有苯甲酸钠、滑石粉、云母、碳酸钙、碳酸镁、二氧化硅、二氧化钛等。同时添加增塑剂如磷酸酯等，降低分子链活化能，与成核剂协同使用，可加快结晶速率，使PET的应用从纤维、薄膜扩大到塑料制品。

3. PA 体系

PA具有较强的结晶能力，结晶度可达40%~60%，受极性键的影响，大型的PA制品成型、一模多个薄壁制品存在容易黏模，冷却时间长、脱模难的问题。添加成核剂可以提高流动性和快速的结晶速度，从而缩短产品成型周期。

在选择PA成核剂时，不仅要看对结晶速度和结晶程度的提升，还要关注成核剂对二次结晶现象的影响。通过使PA快速结晶，可以显著缩短成型周期，提高加工效率。加入成核剂后，晶核密度提高大，晶粒尺寸减小，结晶结构更为完善。而晶粒细化，也在一定程度上提高了冲击强度。还可使收缩率有所下降，从原来的1.2%降到0.8%，从而有效抑制使用过程中的尺寸收缩和变形，提高PA的尺寸稳定性。

4. PLA体系

与常规聚合物树脂相比，PLA的突出优势在于生物降解性。但由于结晶速度慢、结晶度低而导致制品的热变形温度低、成型周期长，限制了PLA的加工和应用。

最常用的无机成核剂有滑石粉和蒙脱土。有机成核剂如*N*，*N'*-乙撑双（1,2-羟基硬脂酰胺）（EBHSA）；环糊精、杯环烃等超分子化合物；均苯三甲酸三酰胺；二羧酸水杨酸酰肼等。EBHSA可以加速PLA的结晶，同时结晶速度提升2个数量级以上。

思考题

1. 简述成核剂的作用机理。
2. 简述成核剂的分类。
3. 简述成核剂作用的表征方法。
4. 开发透明PP热水壶产品，成核剂如何选用？
5. 简述降低PET成型温度的方法。

三、抗静电剂

当塑料制品因摩擦而产生静电时，由于其电阻很高，吸水性低，静电不易消除，积累的静电压很高，可达几千伏甚至几万伏。静电影响塑料制品的美观（吸尘等），更主要的是影响塑料制品的制备和使用。

消除塑料制品静电的方法有调节环境湿度法和机械除电器法，这两种方法受工艺过程及设备条件的限制，并且抗静电有效期短，只能在特定条件下使用。比较常用的消除塑料制品静电的方法是：添加抗静电剂或添加导电填料法及表面涂覆导电。抗静电剂Antistatic agent，简称ASA，可以在材料表面形成导电层，降低电阻，形成导电网络使电荷转移，避免电荷滞留在材料表面形成静电。另一方面，抗静电剂还可润滑材料表面、降低摩擦因数，从而抑制和减少静电荷的产生。

（一）抗静电剂类型

外涂型抗静电剂是通过刷涂、喷涂、浸涂等方法涂覆于制品表面，该法见效快，但易因摩擦、洗涤而脱失。

内添加型抗静电剂是在树脂配料时将抗静电剂加进去，均匀分散于树脂中，起到比较永久性的抗静电作用，有些抗静电剂既可外涂，又可内加。

目前实用的塑料抗静电剂以表面活性剂和亲水性高分子为主。

表面活性剂作为抗静电剂使用时，要在材料表面形成抗静电剂分子层，其分子的亲油性基团植于树脂内部，亲水性基团则在空气一侧取向排列。前者使抗静电剂和塑料保持一定的相容性，后者吸附空气中的水分子在材料表面形成一层均匀分布的导电溶液，或自身离子化传导表面电荷达到抗静电效果。主要有：

（1）阳离子型抗静电剂也是用量最多的抗静电剂，通常是长链的烷基季铵、磷或磷盐，以氯化物作平衡离子。如抗静电剂SN为硬脂酰胺丙基二甲基-β-羟乙基胺硝酸盐、抗静电剂SP为硬脂酰胺丙基二甲基-β-羟乙基胺二氢磷酸盐。它们在极性基质中，如硬质PVC和苯乙烯类聚合物中效果很好，但对聚合物的热稳定性有不良影响。这类抗静电剂通常不得用于与食物接触的物品中，而且抗静电效果仅为乙氧基化胺类之类内用抗静电剂的1/10~1/5。

（2）阴离子型抗静电剂。通常是烷基磺酸、磷酸或二硫代氨基甲酸的碱金属盐，如抗静电剂NP为对壬基苯氧基丙基磺酸钠、抗静电剂DPE为对壬基二苯醚磺酸钾。主要用于PVC和苯乙烯类树脂中。它们在聚烯烃类树脂中的应用效果与阳离子抗静电剂相似。在阴离子抗静电剂中，烷基磺酸钠已广泛应用于苯乙烯系树脂、PVC、PET和PC中。

（3）非离子型抗静电剂。乙氧基化烷基胺是很有效的抗静电剂，即使是在相对湿度低的情况下亦然，而且长期有效。这类抗静电剂已获美国联邦食品医药管理局（FDA）批准，应用于与食品间接接触的物品中，其他商业上有价值的非离子型抗静电剂还有乙氧基化烷基酰胺如乙氧基月桂酰胺及混合单硬脂酸甘油酯（GMS）。乙氧基月桂酰胺适用于在湿度小的环境里使用的PE和PP，而且要求有速效长效的抗静电功能的场合。GMS类抗静电剂则只考虑用于加工过程中的静电保护。尽管GMS向聚合物表面迁移的速度快，但它不能像乙氧基化烷基胺或乙氧基化烷基酰胺那样发挥持久的抗静电作用。

（4）两性离子型抗静电剂。与阳离子、阴离子、非离子型抗静电剂有良好的配伍性，对树脂的附着力强、抗静电效果显著，主要有烷基二羟甲基铵乙内酯、十二烷基二甲基甜菜碱。

表面活性剂型抗静电剂可以用水、醇等溶剂配成溶液直接喷涂、浸渍或涂刷材料表面，脱除溶剂后形成抗静电涂层。这种方法使用时以阳离子型表面活性剂的效果最好。但目前最常用的使用方法是将表面活性剂混配到树脂中，并均匀分布在聚合物内。加工后，抗静电剂分子向外迁移，并形成抗静电层。当表面的抗静电层缺失或损坏时，内部的抗静电剂分子可以继续向外迁移，具有持续的抗静电效果。这种方法使用非离子表面活性剂应用最多。

表面活性剂型抗静电剂存在缺点：抗静电效果缺乏永久性、析出使表面变差、加工时受热分解、对于温度和湿度依赖性大等。

用各种亲水性聚合物作为抗静电剂可以解决以上问题。将聚氧化乙烯（PEO）等作为导电单元的各种亲水性聚合物加入到基体树脂中形成合金，可永久地保持抗静电效果。这些含有导电单元的亲水性化合物由于相对分子质量较高而区别于低相对分子质量的表面活性剂型抗静电剂，称为高分子型永久抗静电剂。

（二）影响抗静电效果的因素

1. 抗静电剂与塑料的相容性

相容性太好，由于分子间引力使抗静电剂分子迁移困难，增加用量又会影响到塑料的其他物性。相容性太差，抗静电剂容易析出塑料表面，造成渗出过剩，影响制品的外观和加工性能，缩短抗静电的有效期限。

采用外部涂敷法时，若两者的相容性过好，则抗静电剂分子容易向塑料内部迁移，表面抗静电剂的含量相应减少，同样会降低塑料的抗静电作用效果。

2. 塑料的 T_g

当 T_g 低于室温时，由于链段分子的运动，使内部抗静电剂分子容易向表面迁移，如 PE 和 PP 等塑料的抗静电性能比较容易维持。对于 T_g 高于室温的塑料，如 PS、PVC、ABS 等，由于在室温条件下其链段分子已处于冻结状态，抗静电剂很难迁移到塑料表面。

3. 塑料的结晶性

通常，内部混合型抗静电剂分子存在于塑料的非结晶部分，并且处于微胶粒状的混合状态。结晶度越高，表面迁移越困难，抗静电效果越差。

4. 其他因素的影响

环境温度越高，塑料链段分子的运动越剧烈，有利于抗静电剂向表面迁移，则抗静电效果越好。空气中的相对湿度越大，塑料的抗静电性能也越好。

此外，抗静电剂与塑料中其他助剂之间的相互作用也会影响其抗静电性能。如抗静电剂与润滑剂同时加入，抗静电剂与无机阻燃剂的复合使用等必须考虑它们之间的相互影响。

（三）抗静电剂要求

抗静电效能好且持久；耐热性好，在加工中不分解；与塑料既有一定相容性，也需要一定的不相容性，以保证当表面的抗静电分子受到破坏时，内部的抗静电剂能及时渗出，形成新的分子层，恢复抗静电功能；不影响塑料的加工性能和制品性能；与其他助剂无对抗效应；无毒、无臭、安全、价廉。抗静电剂的发展趋势是持久、耐热、适用性广和品种系列化。

（四）抗静电效果测量方法

可以通过测量表面电阻来表征导电性，也可以测量体积电阻。对于塑料薄膜的静电性，可以参照 GB/T 14447—1993 标准测试静电半衰期，即静电电压衰减到原始数值的 1/2 所需要的时间。

（五）抗静电剂在双向拉伸 PP 薄膜（BOPP）中的应用

对于 BOPP 而言，消除静电最常用的方法是添加抗静电剂，以使薄膜表面电阻率降低到 $1\times10^{12}\Omega\cdot m$ 以下。将抗静电剂与 PP 载体共混制备抗静电母料，在 BOPP 薄膜加工过程中加入。之后借助 PP 分子运动，抗静电剂分子逐渐迁移到薄膜表面，吸收空气中的水分，形成均匀的导电层。

思考题

1. 简述抗静电剂的作用机理。
2. 抗静电剂按照化学结构和作用机理可分为哪几类?
3. 简述抗静电剂的选用要求。
4. 简述抗静电剂加入后抗静电效果的表征手段。

四、抗菌剂

大部分聚合物材料在不加助剂的纯态情况下是不受微生物侵蚀的。但是,当添加了各种助剂之后,就有可能使微生物滋生、繁殖、扩展,加之表面附着细菌的生长和繁殖,影响塑料制品的外观及性能,特别是使应用的安全性大大降低。抗菌剂是具有抑制和杀菌性能的助剂,通常在聚合物材料中添加一种或者几种特定的抗菌剂成分可以制得功能性新材料,如抗菌塑料、抗菌纤维等。

(一)抗菌剂分类

抗菌剂通常分为无机、有机、天然和高分子 4 大类。

无机抗菌剂采用含有抗菌性金属负载在一定载体上,通过离子交换、吸附、合金化或者化合而成。纳米级 TiO_2 超微粒子接受波长 388nm 以下的紫外光照射时,内部吸收光能激发产生电子-空穴对,即光生载流子,然后迅速迁移到表面激活被吸收的氧和水分,产生氢氧自由基和超级阴氧离子自由基,当污染物或细菌吸附到表面后发生链式降解反应。此外还有银系抗菌剂、沸石类抗菌剂、磷酸盐系抗菌剂。具有降解性的磷酸钙类物质,包括磷酸三钙、羟基磷灰石、磷酸四钙及它们的混合物。

合成有机抗菌剂虽然杀菌力强,但是存在耐热性差、易水解、针对性强等缺点,并具有一定的挥发性和毒性。目前国外市场上的有机抗菌剂多为有机含氮离子化合物,如有机碘化物、有机氯化物或它们的复合物,以及氨基酸金属盐类。

天然抗菌剂是从动植物中提炼精制的,重点开发超细壳聚糖微粉、甲壳素等。甲壳素是一种重要的天然动物纤维素,在蟹、虾壳中含量高达 15%~30%,分子结构是一种天然直链状酰胺类多糖,其重要的衍生物便是壳聚糖。另外,天然抗菌剂还有日柏醇、氨基葡糖苷等,但其耐热性差、药效持续时间短,大规模商业化有待时日。

有机抗菌剂在短期内杀菌效果明显,但稳定性差,且有一定毒性和挥发性,而在聚合物中直接引入抗菌基团可以有效克服以上缺点。抗菌高分子材料是通过引入抗菌官能团获得,根据官能团不同,可以分为季铵盐型、季磷盐型、胍盐型、吡啶型及有机金属共聚物等,抗菌官能团可以通过带官能团单体均聚或共聚引入,也可以通过接枝的方式引入。

由于银系无机抗菌剂的价格居高不下,而有机抗菌剂的耐热性能差,无机-有机复合体系兼具了有机系的高效性与无机系的安全性与耐热性。

（二）塑料抗菌剂的应用

生产抗菌塑料制品，可采用抗菌剂、抗菌母粒、抗菌塑料来生产。抗菌剂直接添加法工艺简单，但抗菌剂在塑料中分散较差。抗菌母粒法的核心技术是抗菌母粒的研制。抗菌母粒是抗菌剂分散在载体树脂中的高度浓缩体，抗菌剂含量为10%~40%。抗菌塑料的生产成本较高，目前国际上较多采用添加抗菌母粒的方法生产抗菌塑料制品。

对于制备注塑类抗菌塑料制品，具体实施方案一般有两种：一种是将超细的抗菌剂粒子制成喷雾液，喷涂在塑料模具表面，在塑料注塑成型时抗菌剂就进入到塑料件的表面；另一种是将抗菌剂与塑料制成薄膜，然后将薄膜附在模具表面，在塑料成型时将抗菌塑料膜结合到制件表面。

此外，在塑料中加入抗菌剂有时还可以减少其散发的气味，延缓制品表面老化、变色和变脆。加工过程中，极性较强的抗菌功能团易分布在表面，一方面提高了抗菌功能团的有效利用率，另一方面又提高了表面的极性和亲水性，从而改善了制品抗静电性能。例如，抗菌母料可以使丙纶表面的亲水性达到PA纤维的水平，表面电阻率可降低5~6个数量级，改善了材料的加工和使用性能。

五、可降解添加剂

由于降解塑料在一定条件下会转化成对环境无害的产物，又称为“绿色塑料”，有的可以通过吸收太阳光，通过光化学反应而分解，称为“光降解塑料”；有的可以通过微生物作用而分解，称为“生物降解塑料”；有些则可以通过空气中光和氧气的作用而分解，称为“化学降解塑料”。

可降解添加剂的降解机理：引起聚合物内部的各种反应，如随机性断键反应、交联反应、侧链基团脱除反应、解聚反应、解链反应和取代反应等。

工业性开发塑料降解的目标集中到3个方面：一是从阳光或紫外线（UV）开始，称为光可降解；二是从微生物，如真菌、细菌或藻类的生物作用开始，称为生物可降解；第三是可实现生物堆肥，“可堆肥”塑料除可通过微生物生物降解外，还必须符合标准规定的时间要求。例如，ASTM 6400（可堆肥塑料规范）、ASTM D6868（用于纸张或其他可堆肥介质表面涂层的生物降解塑料规范）或EN 13432（可堆肥包装）标准中规定，这些材料在工业化堆肥环境中应在180天以内生物降解。工业化堆肥环境指规定温度约为60℃，并必须存在微生物。按照该定义，可堆肥塑料在残留物中不会留下存在时间长于约12周的碎片，不含重金属或有毒物质，并可维系植物的生命。常见的可降解剂可分为以下几类。

1. 生物降解添加剂

加入一种玉米淀粉制备的添加剂，可以促进塑料表面生物降解，通常添加剂的加入量是最终产品的6%~15%，如淀粉添加的PS、聚烯烃。

2. 光降解添加剂

单组分乙烯基甲酮聚合物添加剂可加速塑料的光降解，每100份PE或PS中加5份或更多。对于被要求暴露在室外大约3个月即开始降解的塑料，采用这种添加剂适宜。

第二种是一种有机金属盐，例如硬脂酸钙或硬脂酸铁。可加强紫外线作用，使塑料在日光照射下迅速降解。第三类是使一种稳定剂和一种加速剂混合在单组分母料中，可用于PE-LD、PE-HD、HMW-HDPE、PP，母料的最终浓度为2%。一旦诱导期（2周至12个月）结束，塑料就会迅速地自动加速发生不可逆降解反应。必须指出的是光降解产生的微塑料仍不能彻底分解，对人与环境安全仍有危害。

3. 混合用添加剂

有些制造商把有光降解作用的组分和有生物降解作用的组分（比如，一种有机金属螯合物自动氧化剂和淀粉颗粒）混合使用，以制成一种降解较快，又不失其物理性能的产品，而使用纯生物降解添加剂则会发生与之相反的结果。

六、着色剂

着色剂是能使制品着色的有机与无机的、天然与合成的色料的总称。着色剂有染料和颜料两类。染料是施加于基材使之具有颜色的强力着色剂，但耐温性差。颜料是粒度较大，通常不溶于普通溶剂的有机物或无机物。

无机颜料是传统塑料着色剂，尽管其着色力差，但是其耐热性、耐候性、耐迁移性优越，而且价格低廉。尽管常含有重金属，其毒性问题导致用途受到限制，但目前在塑料着色领域中仍占据重要的地位。按化学结构分，主要有以下几类：金属氧化物，主要有二氧化钛、三氧化二铬、氧化铁、氧化锌、氧化锑等；炭黑；金属硫化物，如硫化镉、硫化汞等；铬酸盐，如铬黄、铬橙等；钼酸盐，如钼红等；其他如群青、铁蓝、锰颜料、钴颜料及钒酸铋等颜料。

有机颜料由于品种繁多、色彩鲜艳、着色力高、应用性能优良，成为塑料重要的着色剂。按其结构类型不同，适用于塑料着色的颜料主要包括：不溶性偶氮颜料、酞菁类颜料、吡咯并吡咯二酮类颜料等。

塑料着色剂按物理形态分为4种：粉状着色剂——色粉；糊状着色剂——色浆；液状着色剂；固状着色剂——色母。其中，广泛应用的是粉状着色剂和固状着色剂。

1. 色粉着色特点

直接用色粉（颜料或染料）添加适量粉状助剂对塑料粒子进行着色的方法，又称干法着色。其分散性好、成本低，可小批量操作。但颜料在运输、仓储、称量、混和过程中会飞扬，产生污染，严重影响工作环境。

2. 色母着色特点

色母粒，即采用某种工艺与相应设备，在助剂的作用下，将颜料（或染料）混入载体，通过加热、塑化、搅拌、剪切作用，最终使颜料粉的分子与载体树脂的分子充分地结合起来，再制成与树脂颗粒相似大小的颗粒。

（1）改善了由于色粉飞扬带来的环境污染问题，使用过程换色容易，不必对挤出机料斗进行特别的清洗。

（2）针对性强，配色正确。

（3）减少塑料制品经二次加工后所造成的树脂性能老化，有利于塑料制品使用寿命的提高。

此外，无机颜料几乎可适用于所有树脂品种；染料只适于加工温度低的树脂品种，如PVC、PMMA、PS及热固性树脂。要求制品透明时，一般不用无机颜料。含有铜、锌等金属的着色剂易使有些树脂降解，需慎用。工程塑料尽量不用钛白粉，以免影响其力学强度和电性能。

第七章　塑料材料的选用及配方设计

塑料制品应用领域众多，应用需求不同。单一的基体树脂难以满足最终的制品要求，这时，不可避免地要涉及制品开发的配方设计，包括基体树脂种类的确定、合适助剂的选择、配方组成的确定。

塑料制品性能的好坏与塑料材料的选用息息相关。如何根据产品的应用需求选择合适的塑料基体树脂是产品开发的关键与基础。需要注意的是，各种书目上给出的塑料性能数据都是在特定条件下测定的，我们参考时需注意与使用条件和使用环境是否相吻合。选材不仅关系到制品的质量，还与制品的成本等密切相关。因此，选材需考虑的因素有：①制品要求基础树脂满足的使用性能；②原料的可加工性；③原料的成本；④原料的来源。

一、制品要求基础树脂必须满足的主要性能

首先需要区分制品要求的使用性能中主要、相关以及次要的性能。其中，主要性能是关键性能，是必须具备的性能；相关性能是辅助性能，是最好具备的性能；次要性能是关系不大的性能，是可有可无的性能。

例如用于手表的无声齿轮，需要考虑的主要性能包括材料的疲劳强度、冲击性能以及耐磨性等；相关性能包括材料的耐热性能、尺寸精度、自润滑性等；而次要性能指材料的耐溶剂性、加工性能等。这样，选择材料时一定要从满足主要性能出发，在满足主要性能的前提下，更多关注相关性能的满足。

此外，塑料产品的使用性能是由其使用条件和使用环境决定的，在不同的使用条件和使用环境下，塑料产品要求的使用性能不同。

例如同为齿轮产品，在重载荷作用下，要求其力学性能、耐磨性好；在食品及纺织机械中，为防止污染，不能用润滑剂，要求其具有自润滑性能；在电力设备中，要求其电绝缘性能好；在化工设备中，要求其耐腐蚀性能要好；在矿井中，要求其具有抗静电性，以防产生电火花引起爆炸。在选择材料时，一定要考虑制品的使用环境和使用条件。

二、塑料制品的使用要求

1. 塑料制品受力要求

不同的受力情况要求满足的主要性能侧重点不同，如拉杆、绳索等制品，要求材料的拉伸强度要高；垫片、密封圈等制品，要求材料的压缩强度要高；汽车保险杠、仪表盘等制品，要求材料的冲击强度要高；体育器材的单、双杠等制品，要求材料的弯曲强度要高；传动轴等制品，要求材料的扭曲强度要高；轴承、导轨、活塞等制品，要求材

料的抗磨损性要高；螺栓等制品，要求材料的剪切强度要高；饮料瓶、上水管、煤气管等制品，要求材料的耐爆破强度要高。

制品所受作用力是恒定力还是非恒定力，要求也不同。例如螺母、垫片、密封圈等要求所用材料的耐蠕变性能要好，即在长期载荷作用下，制品的尺寸变化尽可能小。常用的材料有：PPO、ABS、PSF、PC、POM 等。例如齿轮、凸轮、活塞环等要求所用材料的耐冲击性能和耐疲劳性能要好，常用的材料有：PO、PA、PET、PBT、PC、POM 等。

制品受力作用时与施予力物体之间是静止接触还是摩擦接触，对应要求也不同。对于摩擦接触的受力制品，不仅要求所选材料的力学性能要好，而且要求材料具有高耐磨损性、低摩擦因数及自润滑性。如滚动滑轮要求摩擦因数低、滑动噪声小，同时承受负载作用下蠕变要小。

对于受力较大的塑料制品，需要增强改性以提高其强度。

2. 塑料制品尺寸精度要求

塑料制品的精度受原料的收缩率、吸水率、蠕变、线膨胀系数及耐溶剂性能等因素制约。对于高精度（如 1、2 级精度）要求的制品不宜选用塑料材料。

（1）收缩率。结晶型塑料的收缩率高于非晶塑料，对应制品的尺寸精度不如非晶塑料制品。塑料材料经无机填充改性后，其收缩率降低，如玻璃纤维增强塑料制品。此外，塑料的收缩率还与加工条件和制品设计有关，如快速冷却和高压注塑可降低收缩率。

（2）蠕变。生产在长期载荷作用下的较高精度制品时一定要选用耐蠕变性能好的塑料材料，如 PPO、ABS、PSF、PC 等。纯塑料材料经增强或填充改性后，其耐蠕变性能会大大提高，如玻璃纤维增强 PET 的耐蠕变性能大幅改善。

（3）原料线膨胀系数。原料线膨胀又称为热膨胀，指制品在温度升高时的尺寸变大的现象。纯塑料材料经增强或填充改性后，其线膨胀系数可下降 2~3 倍。

（4）吸水性。塑料原料在吸水后引起体积膨胀，导致尺寸增加。在潮湿环境下应用的塑料制品不宜选用高吸水性塑料，如 PA、PVA 等。

（5）耐溶剂性。除氟塑料外，大部分塑料在相应的溶剂中都会产生一定的溶胀现象。PE 类树脂面临活性物质时发生环境应力开裂现象，经交联后有一定改善。

3. 塑料制品阻隔性能要求

气体、液体在塑料制品中渗透性大的材料称为透过材料，渗透性小的材料称为阻隔材料。

（1）透过性制品。透过性制品包括微孔材料及选择性透过材料，主要用于液体或气体的过滤和分离。如富氧膜、离子交换膜、渗透膜、反渗透膜和微孔过滤膜等。聚砜多孔膜用于海水淡化处理用反渗透膜；聚烯烃多孔膜用于锂离子电池用隔离膜；具有离子交换能力的 Nafion 树脂用于制备燃料电池用质子交换膜；具有多孔结构的 PP 或 PMP 中空纤维膜用于氧气/二氧化碳分离。

（2）阻隔性制品。常用于碳酸性饮料、食品保鲜包装、医药包装等材料。如 PVDC 高阻隔材料用于火腿肠包装；PVDC 与 PVC 复合片材用于药品包装；EVOH 与 PE 或 PP

五层共挤材料用于果冻等食品包装。

4. 塑料制品透明性要求

有些制品需要透明性，如农用大棚膜及地膜、各种透镜、透明包装材料、光传播材料如光纤等。高透明性材料有 PMMA、PC、PS、APET、AS 等；中等透明性材料有 PVC、PP、PE、EP 等；不透明性材料有 ABS、POM 等。对于中等透明的 PP 而言，可采用加入成核剂的方法改善透明性，制备高透明 PP 材料。

5. 塑料制品外观要求

用 ABS、PP、MF、PS 等原料制成的制品表面光泽性好；用 PS、ABS 等原料制成的制品色泽鲜艳；PE-HD 高结晶对应高收缩率，模内注塑成型制品时表面细致图案难以清晰再现；纯塑料材料经增强或填充改性后，其制品外观性能往往下降，如玻璃纤维增强材料中“浮纤”现象。

三、塑料制品的使用环境

塑料制品的使用环境包括环境温度、环境湿度、接触介质，环境的光、氧和辐射等。

1. 环境温度

在具体选材时要注意环境温度不能超过材料的热变形温度、使用温度和脆化温度。温度升高，几乎所有的热塑性塑料的力学性能（冲击强度外）都随之明显下降；温度升高，塑料的电绝缘性能变差，体积电阻率和介电强度下降，介电常数和介电损耗升高；在高温下，塑料材料的耐腐蚀性能下降。通常，通用热塑性塑料的使用温度不超过 100℃，工程塑料的使用温度不超过 150℃。PP 的 HDT 约 110℃，可用于高温蒸煮食品袋。

2. 环境湿度

环境湿度对高吸水性的塑料制品的影响很大。湿度升高，塑料的力学性能（冲击强度外）随之下降；湿度升高，塑料的电绝缘性能变差，体积电阻率和介电强度下降，介电常数和介电损耗升高。环境湿度高，高吸水性材料如 PVA 薄膜制品表面发黏。

3. 接触介质

腐蚀性介质会对塑料制品产生强烈的降解等破坏作用；一些强极性溶剂会使塑料制品产生应力开裂、溶胀及溶解等破坏作用；一些微生物介质会对塑料制品产生生物降解破坏作用。

4. 环境的光、氧和辐射

带来塑料制品老化的外在因素主要有光、氧和热。在光、辐射、热外在作用下，聚合物中薄弱链发生断裂形成自由基，氧的作用将加速制品的老化。相比 PP，PE-HD 的耐候性稍好，可用于垃圾箱、室外用仪器外壳等。

四、塑料材料的加工性能

塑料的加工性能是指其树脂转变成制品的难易程度。一般需要考虑：树脂的可加工性、加工成本、加工废料 3 方面的问题。

1. 树脂的可加工性

难加工树脂可分为如下3类：

（1）易热分解类树脂。易热分解类树脂是指熔融温度接近于或超过热分解温度的一类树脂。如PVC、CPE及纤维素等，对于这类树脂材料，在加工过程中必须加入增塑剂以降低熔融温度或加入热稳定剂以提高热分解温度，具有足够的加工温度区间。另外，POM、PA等在加工中易发生热氧化降解，常加入抗热氧化稳定剂等。相比均聚POM，共聚POM的耐热稳定性改善。

（2）热固性树脂。热固性树脂如PF、AF等，纯树脂性能不好，且熔融黏度低，难以用熔融方法加工，常用压制方法成型。在加工中要加入可使大分子交联（固化）的固化剂以及固化促进剂等。常用的固化剂有：胺类、酸酐类、咪唑类等以及硫黄类和过氧化物类。

（3）高熔融黏度类树脂。高熔融黏度类树脂包括PTFE、PE-UHMW、PPO等。其共同特点为：在达到熔融温度时树脂处于熔融状态，但由于其熔融黏度高，虽熔融但不流动，具有类似于金属的非黏性流动特性。

高熔融黏度类树脂一般采用烧结或冷挤压的方法加工成坯料，再用机械手段加工成具体尺寸的制品，如PTFE薄膜。此外，高熔融黏度类树脂与易于加工的树脂共混物可用常规方法加工，如PPO/PS合金。对于PE-UHMW也有采用添加稀释剂如液体石蜡方法等制备PE-UHMW纤维或薄膜。

2. 塑料的加工成本

塑料的加工成本包括设备成本和加工能耗两个方面。

（1）加工设备成本。例如生产一次性饮水杯既可采用注塑成型，也可采用吸塑成型，从设备投资考虑，采取吸塑成型。PE-HD面包周转箱，可用注塑也可压制成型，由于压制成型投资少，建议采用压制成型加工。

（2）加工能耗。尽可能选用无须预干燥而可直接加工的塑料原料；尽可能选用无须加工后处理（如调湿、退火）的原料；尽可能选用加工温度低的塑料原料；尽可能选用对加工设备磨损和腐蚀小的塑料原料，以延长设备的使用寿命，降低设备的年折旧成本。

3. 塑料加工的废料

具体选用时应尽可能选用产生废料少的加工方法和废料可重复利用的塑料原料，以最大限度地增加原料利用率。在挤出片材或者薄膜时，流延时“缩颈”使得片材或者薄膜两边厚度大、中间厚度小，现场生产过程中将切边部分在线粉碎、以一定比例添加在线回收使用。

五、塑料制品的成本

塑料制品的成本构成主要包括原料的价格、加工费用、使用寿命、使用维护费等。

1. 塑料原料的价格

塑料原料的价格对塑料制品的成本影响最大。如注塑制品原料的价格可占产品总成本的60%~70%；挤出制品原料的价格可占产品总成本的70%~80%。高价位塑料，如

PPS、PSF、PEK、PEEK 以及 LCP 等，一般为具有特殊功能的材料，除非特殊需要，在一般情况下尽可能不选用，而选用一般的工程塑料的改性品种替代。

2. 塑料制品的使用寿命

我们在考虑产品的价格时，往往只考虑产品成本的整体价格，不考虑产品的单次使用价格。单次使用价格是指产品在使用寿命内，每使用次数的产品价格。选材时尽可能选单次使用价格低的塑料，即首选长寿的塑料原料；其次选添加防光、氧、热及生物降解剂的抗老化改性塑料材料。

3. 塑料制品的维护费用

塑料制品的维护费用是指产品在使用过程中为保证正常运行而必须产生的费用。选材时要尽可能选用不需进行维护的原料。

例如，用作齿轮和轴承的塑料制品，往往需要加入润滑剂以保证正常运行，并且延长其使用寿命。PA、POM、PC、PBT 等均可用作齿轮，但从维护费用考虑，选具有自润滑性能的 PA 和 POM 更合适。

六、原料的来源

尽可能利用库存原料，降低原料成本；尽可能选用批量稳定供应的塑料原料；尽可能选用通用塑料；尽可能不要选用市场上的紧俏原料；尽可能选用产地近的原料。

七、塑料配方设计

1. 主要目的

（1）改善加工性能。如 PVC 树脂的加工性能不好，软化温度高于热分解温度，必须加入增塑剂和热稳定剂。对于硬质 PVC 制品而言，为了改善加工性能，还必须加入润滑剂。

（2）改善树脂的内在性能。如改善阻燃性、抗静电性、阻隔性、外观性能以及增强增韧改性等以达到制品的要求。

（3）降低成本。实现物美价廉的目的，如填充和发泡。

2. 进行塑料配方设计时需考虑的因素

（1）制品性能。制品需要什么性能，选用相应的助剂。如 PP 注塑成型塑料椅，在北方需改善低温冲击性能；而用在矿井下则需进行防静电和阻燃处理。

（2）助剂与树脂的相容性。需要考虑的是助剂的效能与持久性。外润滑剂主要用于改善与加工设备的摩擦作用，需要相容性弱，便于析出；抗静电剂、防雾剂、爽滑剂等需要析出在制品表面才能起到相应的作用。

（3）助剂的加工性。需要考虑助剂在加工过程中的稳定性。如 AC 发泡剂的分解温度高于树脂的加工温度，需要加入助发泡剂调整分解温度。塑料材料加工方法不同，加入助剂品种可能不同。如 PVC 薄膜，吹塑法常选内润滑剂，加入量较少；而压延法需用外润滑剂，且加入量稍大。

（4）助剂对制品透明性的影响。对于 PVC 透明制品，铅盐类热稳定剂就无法满足要求。为了改善 PP 的透明性，可以考虑在配方体系中引入成核剂，如羧酸钠盐类。

（5）助剂的毒性以及成本等。特别是用于医用产品以及儿童接触的产品。金属皂类热稳定剂中的硬脂酸铬，虽然热稳定效果好，但有毒性。此外，也要考虑助剂价格。

八、典型塑料配方设计案例

从交通设施、活动房屋、建筑墙体、汽车部件、电器外壳，到室内装修、儿童玩具、装饰摆件、家庭用品、包装材料等，木塑复合材料有着广泛的应用空间。但当前木塑复合材料还存在许多不足，例如冲击强度和弯曲强度等力学性能比未填充塑料材料大幅降低；内应力比较大，产品易发生翘曲变形；密度比一般木材高，产品的安装费用相对较高。木塑复合材料在很多领域还不能很好地替代木材，应用受到限制。例如，PE 基木塑复合材料的密度是木材的 1 倍，比纯 PE 高 1/3 左右。承载 1t 的 1. 2m×1. 2m 的托盘纯塑料仅 20kg，而木塑托盘要 30kg 以上。

针对上述木塑复合材料开发过程面临的问题，考虑采用微发泡方法，实现制品密度接近木材，同时减少树脂用量，降低产品成本，提高尺寸稳定性。具体配方实例如下：

PE-HD 50 份，基体树脂；

木粉（80 目）40 份，填料；

PE-g-MAH 5 份，相容剂，改善木粉和 PE 的界面性能；

抗氧剂 1010 0. 1 份，主抗氧剂；

抗氧剂 DLTP 0. 2 份，辅助抗氧剂；

受阻胺 770 0. 2 份，紫外线吸收剂；

润滑剂 EBS 2. 0 份，改善加工性；

聚乙烯蜡 2. 0 份，增加润滑和流动性；

α-ZrP-AC 纳米复合发泡剂 0. 5 份，物理发泡剂。

制备过程如下：按配方称好料，高速混合机混合，混合时间 20min，转速 1000r/min，放出待用。将混合好的 PE 木塑粉在开炼机上混炼均匀，温度 160℃。混炼好的木塑复合材料放置于预热好的模具中，在 180℃、10MPa 压力下热压 5min，然后冷压 5min 定型，即制备出 PE 木塑微发泡板。

测试后产品的物理力学性能如下：

拉伸强度：15. 8MPa（测试标准，GB/T 1040—1992）；

弯曲强度：20. 3MPa；弯曲模量：990MPa（测试标准，GB/T 9341—2000）；

无缺口冲击强度 9. 6kJ/m^2（测试标准，GB/T 1842—1996）；

密度 0. 788g/cm^3（测试标准，GB/T 1463—2005）。

参考文献

[1] 凌绳．聚合物材料［M］．北京：中国轻工业出版社，2006.

[2]（德）埃伦斯坦（Ehernstein，G. W.）．聚合物材料：结构·性能·应用［M］．张萍，赵树高，译．北京：化学工业出版社，2007.

[3] 王经武．塑料改性技术方法与新配方新材料实用手册［M］．北京：中国知识出版社，2006.

[4] 肖卫东，何本桥．聚合物材料用化学助剂［M］．北京：化学工业出版社，2003.

[5] 李杰，郑德．塑料助剂与配方设计技术：第2版［M］．北京：化学工业出版社，2005.

[6] 张克惠．塑料材料学［M］．西安：西北工业大学出版社，2000.

[7] 王澜，王佩璋，陆晓中．高分子材料［M］．北京：中国轻工业出版社，2009.

[8] 张丽珍，周殿明．塑料工程师手册［M］．北京：中国石化出版社，2017.

[9] 童忠良．化工产品手册树脂与塑料：第6版［M］．北京：化学工业出版社，2015.

[10] 王文广，田雁晨，吕通建．塑料材料的选用：第2版［M］．北京：化学工业出版社，2007.

[11] 黄险波，叶南飚，姜苏俊．聚合物共混改性与加工实用技术［M］．北京：科学出版社，2018.

[12] 陈宇，王朝晖，辛菲．实用塑料助剂手册：第2版［M］．北京：化学工业出版社，2014.

[13] 杨杰．聚苯硫醚树脂及其应用［M］．北京：化学工业出版社，2005.

[14] 赵纯，张玉龙．聚醚醚酮［M］．北京：化学工业出版社，2008.

[15] 丁孟贤．聚酰亚胺——化学、结构与性能的关系及材料：第2版［M］．北京：科学出版社，2012.

[16] 孙正显．聚烯烃之填充母料［M］．北京：化学工业出版社，2016.

[17] 刘殿凯，崔春芳，张美玲．新型塑料包装膜［M］．北京：化学工业出版社，2016.

[18]（罗）瓦塞尔（Vasile. C）．聚烯烃手册：第2版［M］．李杨，乔金梁，陈伟，译．北京：中国石化出版社，2005.

[19] 张玉龙．实用工程塑料手册：第2版［M］．北京：机械工业出版社，2019.

[20] 吴忠文．特种工程塑料及应用［M］．北京：化学工业出版社，2000.

[21] 周达飞，吴张永，等．汽车用塑料——塑料在汽车中的应用［M］．北京：化学工业出版社，2000.

[22] 张玉龙．塑料品种与选用［M］．北京：化学工业出版社，2012.

[23] 王飞镝，邱威扬，邱贤年．淀粉塑料——降解塑料研究与应用［M］．北京：化学工业出版社，2003.

[24] 王兴为，王玮，刘琴，等．塑料助剂与配方设计技术：第4版［M］．北京：化学工业出版社，2017.

[25] 郑裕国．抗氧化剂的生产及应用［M］．北京：化学工业出版社，2000.

[26] 吴茂英．PVC 热稳定剂及其应用技术［M］．北京：化学工业出版社，2000.

[27] 郭宝华，张增民，徐军．聚酰胺合金技术与应用［M］．北京：机械工业出版社，2010.

[28] 邓如生，魏运方，陈步宁．聚酰胺树脂及其应用［M］．北京：化学工业出版社，2002.

[29] 魏家瑞．热塑性聚酯及其应用［M］．北京：化学工业出版社，2012.

[30] 许建雄．聚氯乙烯和氯化聚乙烯加工与应用［M］．北京：化学工业出版社，2016.

[31] 李杨．聚苯乙烯树脂及应用［M］．北京：化学工业出版社，2015.

[32] 周祥兴，陆佳平．塑料助剂应用速查手册［M］．北京：印刷工业出版社，2010.

[33] 张玉龙，李萍．实用塑料助剂手册［M］．北京：机械工业出版社，2012.

[34]（美）琼斯（Roger F. Jones）．短纤维增强塑料手册［M］．詹茂盛，等译．北京：化学工业出版社，2002.

[35] 钟世云，许乾慰，王公善．聚合物降解与稳定化［M］．北京：化学工业出版社，2002.

[36] 欧育湘，李建军．阻燃剂：性能、制造及应用［M］．北京：化学工业出版，2006.

[37] 周洪福，王向东．热塑性聚合物改性及其发泡材料［M］．北京：化学工业出版社，2020.

[38] John Murphy. Additives for Plastics Handbook：2nd Edition［M］．Elasevier Advanced Technology，2003.

[39] James M. Margolis. Engineering Plastics Handbook［M］．McGraw-Hill Companies，2006.

[40] John A. Brydson. Plastics Materials：7th Edition［M］．Butterworth-Heinemann，1999.

[41] Mel Schwartz. Encyclopedia of materials，parts，and finishes：2nd Edition［M］．CRC press LLC，2002.

[42] Charles A. Harper. Handbook of Plastics Technologies［M］．McGraw-Hill Companies，2006.

[43] Jan C. J. Bart. Additives in polymers：industrial analysis and applications［M］．John Wiley & Sons Ltd.，2005.

[44] L. A. Utracki. Polymer Blends Handbook（Volume 1）［M］．Kluwer Academic Publishers，2002.

[45] George Wypych. Handbook of Plasticizers［M］．William Anderw Publishers，2004.